入门实战与提高
GETTING STARTED WITH THE ACTUAL RAISING

Dreamweaver CS3+ASP 动态网站设计

U0148843

Dw ASP

王桐　崔宾阁　徐贺　编著
飞思教育产品研发中心　监制

入门实战与提高

GETTING STARTED WITH THE ACTUAL RAISING

電子工業出版社
Publishing House of Electronics Industry
北京·BEIJING

内容简介

本书面向网页开发初中级读者，全书分别介绍了Dreamweaver CS3的网站管理、表格与框架、层、CSS样式、表单等功能；ASP的各种对象操作、如何与Web数据库连接等内容；最后通过多个应用实例将学到的知识融会贯通，将开发实践中的技术重点难点一网打尽。

本书内容翔实、排列紧凑、安排合理、图解清楚、讲解透彻、案例丰富实用，能够使用户快速、全面地掌握Dreamweaver CS3以及ASP编程方法。它既可以作为各类培训学校的教材用书，也可作为工程技术人员及高职高专、本科院校相关专业师生的参考书。

未经许可，不得以任何方式复制或抄袭本书之部分或全部内容。

版权所有，侵权必究。

图书在版编目（CIP）数据

Dreamweaver CS3+ASP动态网站设计入门实战与提高／王桐，崔宾阁，徐贺编著.—北京：电子工业出版社，2008.10

（入门实战与提高）

ISBN 978-7-121-06926-0

I. D… Ⅱ.①王…②崔…③徐… Ⅲ.①主页制作－图形软件，Dreamweaver CS3②主页制作－程序设计 Ⅳ.TP393.092

中国版本图书馆CIP数据核字（2008）第088383号

责任编辑：王树伟 杨源
印　　刷：北京东光印刷厂
装　　订：三河市鹏成印业有限公司
出版发行：电子工业出版社
　　　　　北京海淀区万寿路173信箱　邮编：100036
开　　本：787×1092　1/16　印张：23.75　字数：684　千字
印　　次：2008年10月第1次印刷
印　　数：5000　册　定价：39.80　元（含光盘1张）

凡所购买电子工业出版社图书有缺损问题，请向购买书店调换。若书店售缺，请与本社发行部联系，联系及邮购电话：（010）88254888。

质量投诉请发邮件至zlts@phei.com.cn。盗版侵权举报请发邮件至dbqq@phei.com.cn。

服务热线：（010）88258888。

关于丛书

在竞争日趋激烈的今天，不懂电脑，就好像缺少一件取胜的法宝，无论在职场，还是日常生活中，都会遇到与电脑亲密接触的机会。鉴于此，我们特别设计了本套丛书，从电脑的基础知识到办公自动高效，从图形图像处理到网页制作，从Flash动画到三维图形设计……涵盖了在人们的日常生活工作中电脑的方方面面应用。

特色一览

➲ 知识全面，内容丰富

我们采用知识点与实例相结合的方式，突破传统讲解的束缚，根据实例的具体操作需要，将各项功能充分融合到实例中，使实例和知识点功能达到完美的融合。同时在每章最后还有针对每章内容的大量习题，帮助读者通过填空、选择、判断等多种复习方式，重温本章所学重点知识，以此帮助读者巩固并掌握本章的相关知识点，提升读者解决实际问题的能力。

➲ 视频教学，书盘互动

考虑到读者朋友们的学习兴趣与习惯，本套书绝大部分图书均配有多媒体视频讲解，基本上每个实例配一个视频文件。读者在看书学习的过程中，如果遇到疑难问题，可以通过观看配书视频文件来解决学习过程中遇到的难点，同时还可以在学习之余，换一种方式来轻松掌握各个知识点的内容。

➲ 双栏排版，超大容量

本套书采用了双栏排版方式，版面既美观，同时又超出了430页内容的范畴，该套书目前的知识容纳了600页的内容，使读者既节省了费用，又得到了超值的实惠。我们在有限的篇幅内，通过科学的排版加工，来为读者奉献更多的知识与实例。

➲ 光盘饱满，融会精华

本套书的光盘采用两种方式，即DVD与CD，图形图像类图书基本采用DVD方式，包括了实例视频讲解、各种使用技巧、各式各样的素材，真正做到了物有所值、物超所值的双值理念；而基础类图书基本采用CD方式，包括大量实例视频讲解、大量来源于实际工作的经典模板等内容。本套书的配套光盘采用了全程语音讲解、详细的图文对照等方式，紧密结合书中的内容对各个知识点进行了深入的讲解，大大扩充了本书的知识范围。

 光盘运行方式：

（1）将光盘放入光驱中，注意有字的一面朝上，几秒钟后，光盘会自动运行，读者可根据运行画面中的提示来进行操作。

（2）如果没有自动运行光盘，请双击桌面上的"我的电脑"图标，打开"我的电脑"窗口，双击光盘图标，或者在光盘图标上单击鼠标右键，在弹出的菜单中选择【自动播放】命令，光盘就会运行了。

提示：

光盘所配的文件中，除视频讲解文件外，其他文件如实例源文件、各式素材、模板等，需要复制到硬盘上方可正常使用，否则在使用过程中，是无法存盘的，但可以另存到硬盘上。

关于本书

ASP编程语言是Microsoft公司的产品，语法简单而且功能强大，同时与Windows操作系统有着100%的兼容性。网络上大大小小的网站，多数都采用ASP技术制作。目前，实现各种功能的ASP源代码在网络上随处可见，这也大大降低了网站制作的门槛。

Dreamweaver与ASP的珠联璧合，是目前开发动态网站的首选工具和语言。本书全面、系统、深入地介绍用Dreamweaver和ASP建设网站的方法和技巧，并结合多年积累的实际制作网站的经验，对网站开发经常会遇到的问题进行专家级的指导。

本书涵盖了使用Dreamweaver和ASP来进行网页设计制作的基本内容，全书从内容上可分为三大部分。第一部分（第1～6章）主要介绍了Dreamweaver网页设计基本功能，第二部分（第7～13章）主要介绍了ASP基础知识，第三部分（第14～16章）通过两个实例介绍如何使用Dreamweaver和ASP开发动态网页，是对前面提到的各种技术的总结和实践。

本书特色

全面的知识点讲解＋65个经典实例＋若干个小型实例
＋实用技巧＝超值

- 100种以上的不同样式的练习题，便于读者理解和深入地学习。
- 100个软件操作使用技巧，使本书真正物超所值。
- 1100种丰富实用的网页模版，为设计者的创作之路提供灵感。

附赠电子书包括：300种常用技巧、CSS属性速查表、JavaScript语法集锦、html标记与属性速查表，以及非常实用的配色表。

读者对象

- 学习网页设计的初级读者；
- 具有一定网站建设基础知识、希望进一步深入掌握网页开发的中级读者；
- 大中专院校计算机相关专业的学生；
- 从事网站建设开发的工程技术人员。

本书由王桐、崔宾阁、徐贺编著，其中第2～7章、14、16章由王桐撰写，第9～12章、15章由崔宾阁撰写；第1、8章、附录A、附录B由徐贺撰写；第13章由郐宇撰写。全书由王桐统稿。参与本书编写的还有林宣佐、管殿柱、宋一兵、李忠伟、刘健、张志强、周博、李强、齐薇、向华、宿晓宁、王正成、张剑、向宁、孙文新、郐宇等。

感谢您选择了本书，希望我们的努力对您的工作和学习有所帮助，也希望您把对本书的意见和建议告诉我们。

编 著 者

ℓ 联系方式

咨询电话：（010）88254160 88254161-67
电子邮件：support@fecit.com.cn
服务网址：http://www.fecit.com.cn http://www.fecit.net
通用网址：计算机图书、飞思、飞思教育、飞思科技、FECIT

第1章 Dreamweaver CS3 的工作环境

学习要点

随着因特网的家喻户晓，众多网站建设软件随之产生。Dreamweaver CS3 是美国著名的软件开发商 Adobe 公司推出的"所见即所得"的可视化网站开发工具。可以说，它是一个集网页创作和站点管理两大利器于一身的超重量级的创作工具。

学习提要

- Dreamweaver CS3 运行所需的安装环境
- Dreamweaver CS3 的安装过程
- Dreamweaver CS3 的工作环境
- 使用 Dreamweaver CS3 制造第一个网页

01
Chapter

1.1
1.2
1.3
1.4
1.5

1.1 Dreamweaver CS3 的安装和运行

随着软件功能的不断增加，Dreamweaver CS3 系统对用户计算机的软硬件要求也不断提高。不过，目前主流的计算机都能够满足这个要求。

（1）Windows 系统

- Intel Pentium 4、Intel Centrino、Intel Xeon 处理器或相当的配置
- Microsoft Windows XP（带有 Service Pack 2）或 Windows Vista
- 512MB 内存
- 1GB 的可用硬盘空间 （在安装过程中需要其他可用空间）

（2）Macintosh 系统

- PowerPC® G4 或 G5 或多核 Intel® 处理器
- Mac OS X v.10.4.8
- 512MB 内存
- 1.4GB 的可用硬盘空间（在安装过程中需要其他可用空间）

下面以 Windows XP 操作系统为例，来讲述安装 Dreamweaver CS3 的过程。

Step 01 运行安装程序后，首先进入许可协议界面，如图 1-1 所示。

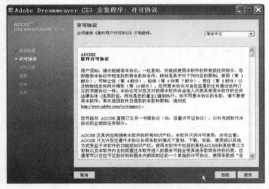

图 1-1　安装 Dreamweaver CS3 许可协议

Step 02 单击 接受 按钮，进入安装位置界面，如图 1-2 所示。单击 浏览... 按钮可以选择程序安装的路径。界面显示了每个驱动器所剩空间以及安装所需空间。如果 C 盘空间不足，可以选择安装到其他磁盘空间。如果没有特殊要求，使用默认安装即可。

图 1-2　安装 Dreamweaver CS3 安装位置

Step 03 单击 下一步 > 按钮，进入安装摘要界面，检查相关的"安装位置"、"应用程序语言"、"安装驱动器"等选项无误后，单击 安装 > 按钮开始安装，如图 1-3 所示。

图 1-3　安装 Dreamweaver CS3 的摘要页面

Step 04 如果安装顺利，将会出现图 1-4 所示的完成界面，表示软件安装成功。

图 1-4　安装 Dreamweaver CS3 的完成页面

1.2　Dreamweaver CS3 的操作界面

Dreamweaver+ASP

我们在学习 Dreamweaver CS3 之前，先了解它的工作环境。在安装 Dreamweaver CS3 后，它会在【开始】菜单中创建 Adobe Dreamweaver CS3 的菜单项，选择后即可启动 Dreamweaver CS3；也可以选择要编辑的 HTML 文档，单击鼠标右键，在弹出的下拉菜单中选择【使用 Dreamweaver CS3 编辑】命令，即可进入并直接编辑所选定的文件。

启动 Dreamweaver CS3 后，可以看到如图 1-5 所示的 Dreamweaver CS3 程序欢迎界面。

> ○ **小提示**
>
> 如果在起始页中勾选了"不再显示此对话框"复选框，那么再次启动 Dreamweaver CS3 时将不再显示该页。如以后想显示该页，用户可以选择【编辑】/【首选参数】命令，打开"首选参数"对话框，在"常规"选项卡中勾选"显示欢迎页面"复选框

图 1-5　Dreamweaver CS3 欢迎界面

图 1-6　Dreamweaver CS3 主界面

Dreamweaver CS3 的主界面主要由标题栏、菜单栏、插入栏、文档窗口、属性面板和浮动面板组成，如图 1-6 所示。

显而易见，标题栏主要显示当前文档的标题和文件名。

1.2.1　菜单栏

Dreamweaver CS3 中几乎所有功能都可以在菜单中体现，菜单栏如图 1-7 所示。

文件(F)　编辑(E)　查看(V)　插入记录(I)　修改(M)　文本(T)　命令(C)　站点(S)　窗口(W)　帮助(H)

图 1-7　Dreamweaver CS3 的菜单项

- 【文件】菜单：包含新建、保存、导入和导出等常用文件命令。

- 【编辑】菜单：文本编辑所用到的命令在这里基本都可以找到。

- 【查看】菜单：包含文档的各种视图，通过它可以显示和隐藏不同类型的页面元素及不同的 Dreamweaver CS3 工具。

- 【插入】菜单：与插入栏中的功能基本相近，可以将任何对象插入到页面中。

- 【修改】菜单：使用该菜单可以更改选定页面元素或项的属性，可以编辑标签属性、更改表格和表格元素，并且为库项和模板执行不同的操作。

- 【文本】菜单：使用该菜单可以轻松地设置文本的格式。

- 【命令】菜单：提供对各种命令的访问，包括根据格式参数选择设置代码格式的命令和创建相册的命令，以及使用 Macromedia Fireworks 优化图像的命令。

- 【站点】菜单：用来对站点进行操作，例如创建、打开和编辑等。

- 【窗口】菜单：提供对 Dreamweaver CS3 中的所有面板、检查器和窗口的访问。

- 【帮助】菜单：提供 Dreamweaver CS3 的帮助。

1.2.2 插入栏

插入栏包含用于将各种类型的"对象"（例如图像、表格和层）插入到文档中的按钮，如图 1-8 所示。实际上，每个"对象"都是一段 HTML 代码，都允许在插入"对象"时设置不同的属性。同时，使用菜单也可以达到与插入栏等效的操作。例如，可以在插入栏中单击 按钮插入一个图像，也可以选择菜单栏中的【插入】/【图像】命令来插入图像。当我们把鼠标移动到每个对象图标上时，会显示该对象的名字，下面就将对应的对象图标和它们的名字加以说明。

1．"常用"插入栏

使用"常用"插入栏可以插入一些常用的对象，如图 1-8 所示。

图 1-8 "常用"插入栏

"常用"插入栏中的各个按钮介绍如下。

- 超级链接：插入超链接。

- 电子邮件链接：插入电子邮件链接，只要指定要链接邮件的文本和邮件地址，就会自动插入邮件发送链接。

- 命名锚记：设置链接到网页文档的特定部分的链接。

- 表格：可以用于建立网页的基本构成元素——表格。

○ 小提示

如何知道每个图标都是什么名称？将鼠标停留在插入栏的图标上，就会弹出相应的图标说明。

- 插入 Div 标签：可以使用 Div 标签创建 CSS 布局块并在文档中对它们进行定位。

- 图像：在文档中插入图像、导航栏等，单击该按钮右侧的小三角，可以看到其他与图片相关的按钮。

- 媒体：插入 Flash 动画，单击该按钮右侧的小三角，可以看到其他类型的按钮。

- 日期：插入当前时间和日期。
- 服务器端：它指示 Web 服务器在将页面提供给浏览器前，在 Web 页面中包含指定的文件。
- 注释：在当前光标位置插入注释，便于以后进行修改。
- 模板：单击该按钮右侧的小三角，可以从下拉列表中选择与模板相关的按钮。
- 标签选择器：可以用于查看、指定和编辑标签的属性。

2．"布局"插入栏

"布局"插入栏是在网页编辑中使用布局视图和标准视图编辑的结合处理，如图 1-9 所示。

图 1-9　"布局"插入栏

"布局"插入栏中的各个按钮介绍如下。

- 表格：在当前光标所在的位置插入表格。
- 插入 Div 标签：用于插入 Div 标签，为布局创建一个内容块。
- 绘制层：单击该按钮后，在文档窗口中拖动鼠标，就可绘制出适当大小的绘制层。
- 标准模式：在一般状态下显示视图状态，可以插入、编辑图表和层。
- 扩展表格模式：用于使用扩展的表格样式进行显示。
- 布局模式：单击该按钮后，可以插入布局表格和布局单元格，但此时无法对表格和层的内容进行编辑。
- 布局表格：当 Dreamweaver 自动创

建布局表格时，该表格最初显示为填满整个设计视图。

- 绘制布局单元格：可以在布局表格内插入其他布局表格或布局单元格，只有在布局模式状态下才能激活该项。
- 在上面插入行：在当前行的上方插入一个新行。
- 在下面插入行：在当前行的下方插入一个新行。
- 在左边插入列：在当前列的左边插入一个新列。
- 在右边插入列：在当前列的右边插入一个新列。
- 框架：在光标所在位置插入框架。
- 表格数据：打开"导入表格式数据"对话框导入数据。

3．"表单"插入栏

"表单"插入栏中包含一些常用的表单元素按钮，如图 1-10 所示。

图 1-10　"表单"插入栏

在制作表单文档之前，首先单击该按钮插入表单，"表单"插入栏中的各个按钮介绍如下。

- 文本字段：插入文本字段，用于输入文字。
- 隐藏域：插入用户看不到的隐藏字段。
- 文本区域：插入文本区域，可以输入多行文本。
- 复选框：插入复选框。
- 单选按钮：插入单选按钮。
- 单选按钮组：一次生成多个单选按

Dreamweaver CS3+ASP 动态网站设计入门实战与提高

01
Chapter

1.1
1.2
1.3
1.4
1.5

钮组。插入普通单选按钮之后，将其组合为一个群组。

- 列表/菜单：插入列表或菜单。

- 跳转菜单：使用列表/菜单对象，建立跳转菜单。

- 图像域：在表单中插入图像字段。

- 文件域：插入可以在文件中进行检索的文件字段，使用此字段，可以添加文件。

- 按钮：插入可以传输样式内容的按钮。

- 标签：在表单控件上设置标签。

- 字段集：在表单控件中设置文本标签。

4.“数据”插入栏

“数据”插入栏包含对数据细节进行调整的按钮和 Spry 数据的处理，如图 1-11 所示。

图 1-11 “数据”插入栏

“数据”插入栏中的各个按钮介绍如下。

- 导入表格式数据：首先将文件（例如 Microsoft Excel 文件或数据库文件）保存为分隔文本文件，可以将表格式数据导入到文档中。可以导入表格式数据并设置其格式并且从 Microsoft Word HTML 文档中导入文本；还可以将文本从 Microsoft Excel 文档添加到 Dreamweaver 文档中，方法是将 Excel 文件的内容导入到 Web 页中。

- Spry XML 数据集：必须先确定要处理的数据，才能向 HTML 页面中添加 Spry 区域、表格或列表。

- Spry 区域：创建 Spry 区域。

- 记录集：使用查询语句从数据库中提取记录集。

- 预存过程：该按钮用来创建存储过程。

- 动态数据：通过 HTML 属性绑定到数据，可以动态地更改页面的外观。

- 重复的区域：将当前选定的动态元素值传给记录集，重复输出。

- 显示区域：单击此按钮，可以使用一系列其他用于显示控制的按钮。

- 记录集分页：插入一个可以记录集内向前、向后、向第一页、向最后一页移动的导航条。

- 转到详细页面：转到详细页面或转到相关页面。

- 显示记录计数：插入记录集中重复页的第一页、最后一页和总页数等信息。

- 主详细页集：用来创建主/细节页面。

- 插入记录：使用记录集自动创建表单文档。

- 更新记录：使用表单文档传递过程的数值更新数据库记录。

- 删除记录：用于删除记录集中的记录。

- 用户身份检验证：必须在登录页中添加“登录用户”服务器行为来确保用户输入的用户名和密码有效。

- XSL 转换：整个 XSLT 页面转换为完整的 HTML 页面。

5.“文本”插入栏

“文本”插入栏中包含对字体文本段落具有调整辅助功能的按钮，如图 1-12 所示。

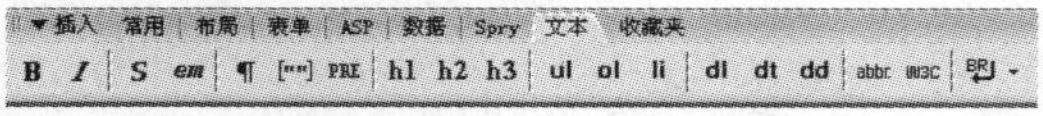

图 1-12 “文本”插入栏

"文本"插入栏中的各个按钮介绍如下。

- 字体标签编辑器：对字体相关标记进行更为详细的设置。

- 粗体：将所选文本改为粗体。

- 斜体：将所选文本改为斜体。

- 加强：为了强调所选文本，增强文本厚度。

- 强调：为了强调所选文本，以斜体表示文本。

- 段落：将所选文本设置为一个新的段落。

- 块引用：将所选部分标记为引用文字，一般采用缩进效果。

- 已编排格式：所选文本区域可以原封不动地保留多处空白，在浏览器中显示其中的内容时，将完全按照输入的原有文本格式显示。

- 标题 1/标题 2/标题 3：使用预先制作好的标题，数值越大，字号越小。

- 项目列表：创建无序列表。

- 编号列表：创建有序列表。

- 列表项：将所选文字设置为列表

项目。

- 定义列表：创建包含定义术语和定义说明的列表。

- 定义术语：定义文章内的技术术语、专业术语等。

- 定义说明：在定义术语下方标注说明，以自动缩进格式显示与术语区分的结果。

- 缩写：为当前选定的缩写添加说明文字。虽然不会在浏览器中显示，但是可以用于音频合成程序或检索引擎。

- 首字母缩写词：指定与 Web 内容具有类似含义的同义词，可以用于音频合成程序或检索引擎。

- 字符：插入一些特殊字符。

6."收藏夹"插入栏

"收藏夹"插入栏可以将常用的按钮添加到该插入栏中，以方便使用，如图 1-13 所示。

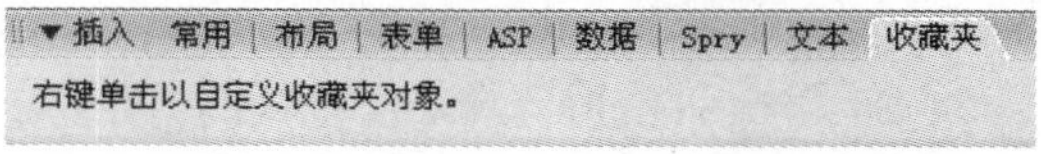

图 1-13　"收藏夹"插入栏

1.2.3　文档窗口

Dreamweaver CS3 文档窗口是一个使用 MDI（多文档界面）的集成工作区，其中全部文档窗口和面板被集成在一个更大的应用程序窗口中，并将面板组停靠在右侧。文档窗口由文本编辑区、文档工具栏和状态栏 3 部分组成，如图 1-14 所示。

在使用文档窗口显示文档时，可以选择下列任意一项视图来进行文本编辑。

- "设计"视图："设计"视图是一个用于可视化页面布局、可视化编辑和快速应用程序开发的设计环境。在该视图中，显示文档的完全可编辑的可视化表示形式，类似于

在浏览器查看页面时看到的内容。可以配置"设计"视图以便在处理文档时显示动态内容。

图 1-14　文档窗口

01
Chapter

1.1

1.2

1.3

1.4

1.5

- "代码"视图:"代码"视图是一个用于编写和编辑 HTML、JavsScript、服务器语言代码(例如 PHP 或 ColdFusion 标记语言)(CFML)以及任何其他类型代码的手工编码环境。

- "设计"视图和"代码"视图:该视图可以在单个窗口中同时看到同一文档的"代码"视图和"设计"视图。

当文档窗口有一个标题栏时,标题栏显示页面标题,并在括号中显示文件的路径和文件名。如果做了更改但仍未保存,则 Dreamweaver 会在文件名中显示一个信号。当文档窗口在集成工作区布局(仅适用于 Windows)中处于最大化状态时,它没有标题栏。在这种情况下,页面标题及文件的路径和文件名显示在主工作区窗口的标题栏中。当文档窗口处于最大化状态时,出现在文档窗口区域顶部的选项卡中显示所有打开的文档的文件名。如果要切换到某个文档,请单击相应的选项卡即可。

1. 文档工具栏

Dreamweaver CS3 的文档工具栏包含按钮,这些按钮可以在文档的不同视图间快速切换:"代码"视图、"设计"视图,同时显示"代码"和"设计"视图的拆分视图。工具栏中还包含一些在本地和远程站点间传输文档有关的常用命令和选项,以下选项出现在文档工具栏中。

- 显示"代码"视图:仅在文档窗口中显示"代码"视图,如图 1-15 所示。

- 显示"代码"视图和"设计"视图:在文档窗口的一部分中显示"代码"视图,而在另一部分中显示"设计"视图。当选择了这种组合视图时,"视图选项"菜单中的"在顶部查看设计视图"选项变为可用。使用该选项可以指定在文档窗口的顶部显示哪种视图,如图 1-16

所示。

- 显示"设计"视图:仅在文档窗口中显示"设计"视图,如图 1-17 所示。

图 1-15 "代码"视图

图 1-16 "代码"视图和"设计"视图

图 1-17 "设计"视图

- 服务器调节器:显示一个报告,帮助调试当前 Coldfusion 页,该报告包括页面中的错误(如果有的话)。

- 标题: 允许为文档输入一个标题, 它将显示在浏览器的标题栏中。如果文档已经有了一个标题, 则该标题将显示在该区域中。

- 没有浏览器/检查错误: 可以检查跨浏览器兼容性。

- 文件管理: 显示 "文件管理" 弹出菜单。

- 在浏览器中预览/调试: 允许在浏览器中浏览或调试文档, 从弹出菜单中选择一个浏览器。

- 刷新 "设计" 视图: 在 "代码" 视图中进行更改后刷新文档的 "设计" 视图。在执行某些操作 (如果保存文件或单击该按钮) 之前, 在 "代码" 视图中所做的更改不会自动显示在 "设计" 视图中。

- 视图选项: 为 "代码" 视图和 "设计" 视图设置选项, 其中包括对哪个视图显示在上面进行选择。该菜单中的选项用于当前视图: "设计" 视图、"代码" 视图或两者。

1.2.4　属性面板

通过 "属性" 面板可以检查和编辑当前选定的页面元素 (例如文本和插入的对象) 的属性, 如果要显示或隐藏 "属性" 面板, 可以选择【窗口】菜单中的【属性】命令项。

对属性所做的大多数更改会立刻应用在文档窗口中, 但是对于有些属性, 需要在属性编辑域外单击【Enter】键, 或者按下

1.2.5　浮动面板

使用浮动面板可以控制对页面的编写, 而不是使用繁琐的对话框, 这是 Dreamweaver 编辑网页中最令人称道的特性。其他的一些网页编辑器 (例如 Frontpage) 经常需要打开一个对话框来设置

2．状态栏

状态栏位于文本编辑区的下部, 使用它可以快速进行一些功能的设置。

- 标签选择器: 标签选择器有两个用途, 显示当前插入点位置的 HTML 代码和选择文档当前标记的内容。当使用者编辑页面中的内容时, 标签选择器会显示相应的位置标记。如果希望选中文档中某些内容, 可以直接在标签选择器中单击相应的标记。

- 窗口大小弹出菜单 (仅在 "设计" 视图中可见): 用来将 "文档" 窗口的大小调整到预定义或自定义的尺寸。

- 文档大小和下载速度的显示: 该区域显示的是当前文档的大小和该文档在网络下载时所需要的时间。由于存在着不同的网速, 因此我们在制作网页时应该尽可能地减小网页的大小。

【Tab】键切换到其他属性时才会使应用更改有效, 如图 1-18 所示。

图 1-18　"属性" 面板

各种属性, 在关闭对话框后才能看到设置结果。而在 Dreamweaver 中通过在浮动面板中进行设置, 直接就可以在文档窗中看到结果, 从而提高了工作效率。

Dw **Dreamweaver CS3+ASP 动态网站设计入门实战与提高**

01

Chapter

1.1

1.2

1.3

1.4

1.5

在面板组中选定的面板显示为一个选项卡，每个面板组都可以展开或折叠，并且可以和其他面板组停靠在一起或取消停靠。面板组还可以停靠到集成的应用程序窗口中，这使得我们能够很容易地访问所需的面板，而不会使工作区变得混乱，如图 1-19 所示。

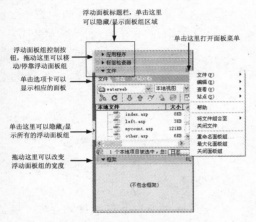

图 1-19 "浮动"面板组

下面具体介绍面板组的常用操作。

1．查看面板和面板组

可以按需要显示或隐藏工作区中的组合面板。

如果要展开或折叠一个面板组，请执行下列操作：

单击面板组标题栏左侧的展开箭头或者单击面板组的标题。

如果要关闭面板组使之在屏幕上不可见，请执行以下操作：

从面板组标题栏中的【选项】菜单中选择【关闭面板组】命令，该面板组即从屏幕上消失。

如果要打开屏幕上不可见的面板组或面板，请执行以下操作：

选择【窗口】菜单，然后从菜单中选择一个面板名称。【窗口】菜单中项目旁的复选标记指定项目当前是打开的（注意它可能隐藏在其他窗口后面）。

如果要在展开的面板组中选择一个面板，请执行以下操作：

单击该面板的名称。

如果要查看未显示的面板组的【选项】菜单，请执行以下操作：

通过单击面板组名称或它的展开箭头展开该面板组，【选项】菜单仅当面板组展开时才可见。

2．停靠和取消停靠面板和面板组

可以按需要移动面板和面板组，并能够对它们进行排列，使其浮动或停靠在工作区中。多数面板仅能停靠在集成工作区中的"文档"窗口区域的左侧或右侧，而另外一些面板（例如属性检查器和"插入"面板）则仅能停靠在集成窗口的顶部或底部。

- 如果要取消停靠一个面板组，可通过手柄（在面板组标题栏的左侧）拖动面板组，直到其轮廓表明它不再处于停靠状态为止。

- 如果要将一个面板组停靠到其他面板组（浮动工作区）或集成窗口，可以通过手柄拖动面板组，直到其轮廓表明它处于停靠状态为止。

- 如果要从面板组中取消停靠一个面板，请执行以下操作：从面板组标题栏中的【选项】菜单中选择【组合至】中的【新建面板组】选项（【组合至】命令的名称根据活动面板的名称而改变）。该面板出现在一个由它自己组成的新的面板组中。

- 如果要在面板组中停靠一个面板，可以在面板组中的【选项】菜单中的【组合至】子菜单中选择一个面板组名称（【组合至】命令的名称会根据活动面板的名称而改变）。

- 如果要拖动一个浮动（取消停靠）面板组而不停靠它，可以通过面板组标题栏上方的条来拖动它，只要不通过手柄拖动面板组，它就不会停靠。

3．重新调整面板组大小和重命名面板组

可以根据自己的需要更改面板组的大小和名称。

（1）如果要更改面板组的大小，可以执行以下操作：

- 对于浮动面板，可以像通过拖动方式调整操作系统中任何窗口的大小一样，通过拖动来调整面板组集合的大小。例如，可以拖动面板组集合的右下角来调整大小区域。

- 对于停靠的面板，可以拖动面板与"文档"窗口之间的拆分条。

（2）如果要扩大一个面板组，可以执行如下操作：

从面板组标题栏中的【选项】菜单中选择"最大化面板组"，或者在面板组标题栏的任何位置双击，面板组将垂直增长以填充全部可用的垂直空间。

（3）如果要重命名面板组，请执行如下操作：

从面板组标题栏中的【选项】菜单中选择"重命名面板组"，输入一个新的名称，然后单击 确定 按钮。

4．保存面板组

Dreamweaver 允许保存和恢复不同的面板组，以便针对不同的活动自定义工作区。当保存工作区布局时，Dreamweaver 会记住指定布局中的面板以及其他属性，例如面板的位置和大小、面板的展开或折叠状态、应用程序窗口的位置和大小，以及"文档"窗口的位置和大小。

1.3　实例：一个简单的网页

Dreamweaver+ASP

Dreamweaver CS3 提供了十分强大的网页建立向导，能帮助初学者很快上手做出漂亮的网页。下面，举一个简单的例子加以说明。

Step 01 选择【文件】/【新建】命令，弹出如图 1-20 所示的对话框。

图 1-20　"新建文档"对话框

Step 02 这里选择"示例中的页"，展开"示例文件夹"，如图 1-21 所示。

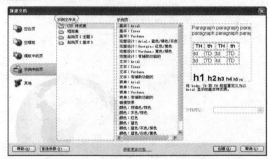

图 1-21　示例中的页

Step 03 在"示例文件夹"列表框中选择"起始页"，在展开的"示例页"中选择"住宿－主页"，如图 1-22 所示。

Step 04 单击 创建(R) 按钮，弹出如图 1-23 所示的"另存为"对话框，输入新建文件的文件名，如"test3.htm"，然后单击 保存(S) 按钮，保存文件并生成新网页，如图 1-24 所示。

图 1-22　起始页

图 1-23 "另存为"对话框

图 1-24 根据向导新生成的网页

Step 05 接下来，就可以在这个网页上填充、更改文字内容了，一个简单的网页做好了。

○ **小提示**

如何知道每个图标都是什么名称？将鼠标停留在插入栏的图标上，稍后会弹出相应的图标说明。

1.4 本章技巧荟萃

Dreamweaver+ASP

本章主要介绍了 Dreamweaver CS3 运行所需的软硬件环境，界面组成、工作环境即视图切换的方法，并通过一个简单的实例说明了使用 Dreamweaver 生成网页的简单快捷方法。

本章主要技巧有以下几点：

- 网站的主题可谓是网站的灵魂，它直接决定整个站点的定位及其所提供的服务内容。主题的选取应该明确，专而精，有自己的特色，不应盲目追求大而全。比如一些网站仅仅提供搜索引擎而深受网民的喜爱，英文有 google、yahoo，中文有百度等。

- 网站的布局中最重要的一点是界面的简单、朴素，所谓"KISS"法则 – "Keep It Simple Silly"它适用于所有的站点。

- 清晰的导航在网站布局中也很重要。应该让访问者知道自己在网站中的位置，并且通过导航游览网站。例如，"下一步"的选择数目

尽量少；选择项目类别控制在五组以内，使访问者能够快速找到其想选择的项目。

- 控制网页中图像的大小，使访问者进入站点后可以不费力地找到所需资料。有一条不成文的法则：当访问者在决定下一步该去哪之前，不要让其等待当前页面下载时间超过 30 秒钟。

- 一个 800×600 分辨率的屏幕对于 Dreamweaver CS3 来说确实小了些，显然放不下所有的面板。可以关闭那些在编辑中暂时用不到的面板，把常用的面板组织在一起，以节省屏幕空间。

- Dreamweaver CS3 的帮助是非常强

大的，除了包含扩展 Dreamweaver CS3、在线帮助资源等，还包含很多新功能，例如 Spry 框架帮助、Dreamweaver API 参考等。编程高手都会很好地使用这些"原版"的电子教科书。

1.5 学习效果测试

Dreamweaver+ASP

一、选择题

（1）下列各选项中，_____不属于控制面板。

　　A．标签选择器　　　B．应用程序　　　C．历史记录　　　D．组件

（2）状态栏位于文本编辑区的下部，使用它可以快速进行一些功能的设置。下面不属于状态栏的工具是_____。

　　A．标签选择器　　　　　　　　　B．窗口大小弹出菜单

　　C．代码选择器　　　　　　　　　D．文档大小和下载速度显示

二、填空题

（1）Dreamweaver CS3 提供了_____、_____、_____3 种视图方式。

（2）Dreamweaver CS3 程序主界面中包括_____、_____、_____、_____、_____及_____等。

读书笔记

第 2 章　管理和设置 Web 站点

学习要点

能拥有自己的网站，是每个网页制作者的梦想。在基本了解了 Dreamweaver CS3 的工作界面后，就可以迈出制作网页的第一步了。本章将首先介绍发布站点所必须的 Internet Information Server 的安装与设置，然后介绍 Dreamweaver 网站管理功能。

学习提要

- 了解并安装、配置 IIS
- 创建 Web 站点并设置属性
- 管理 Web 站点
- 浏览器的动态检查
- 网站的测试与上传

2.1 认识 IIS

当我们写出 ASP 文件后，如果直接在浏览器中打开，会发现文件无法显示，因为 ASP 文件是在网页服务器（Web Server）上执行的服务器端程序，用户访问这些文件时，服务器将对文件内容进行解释，然后将内容以 HTML 格式返回到用户的计算机上，这样浏览器就能够显示了。

ASP 文件必须发布到网站服务器上。对于网站服务器，首先必须安装 Windows 系统中的 TCP/IP 协议（一般为 Windows 默认安装）和 Internet Information Server，然后，就可以使用 Dreamweaver CS3 来建立一个本地站点，管理网站并将网站上传至 Web 服务器。

2.1.1 IIS 简介

IIS 是 Internet 信息服务器（Internet Information Server）的缩写，是目前 Windows 系统中最稳定的网站服务器，其最新的版本是 Windows Server 2003 里面包含的 IIS 6。

IIS 是包含 WEB、FTP、SMTP 等各种服务的一套整合软件，Windows 2003、Windows 2000 Server 和 Windows 2000 Advanced Server 的默认安装都带有 IIS，而 Windows 2000 Professional 和 Windows XP Professional 则需安装完毕后加装 IIS。下面以 Windows XP Professional 为例，说明如何添加 IIS。

在控制面板上的"添加/删除程序"中选择"添加/删除 Windows 组件"，然后勾选 IIS 复选框，如图 2-1 所示。

双击查看 IIS 的详细信息，如图 2-2 所示，勾选其中所有的复选框，单击 确定 按钮，继续单击 下一步(N) > 按钮，则开始安装 IIS，在安装过程中，系统会要求用户提供 Windows 系统光盘。

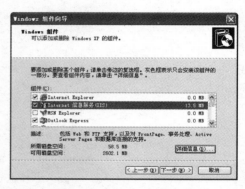

图 2-1　Windows 组件向导

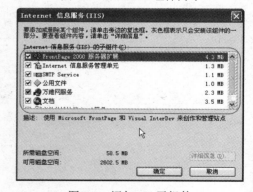

图 2-2　添加 IIS 子组件

2.1.2 在 IIS 中配置 Web 站点

完成安装后，在【开始】菜单的管理工具中会出现"Internet 信息服务"选项。选择该项，可以看到如图 2-3 所示的 IIS 主界面。

右击图 2-3 中已存在的"默认 Web 站点"，选择"属性"，可以看到图 2-4 所示的页面，其中包含"网站"、"主目录"、"文档"

和"目录安全性"等选项卡。

○ 小提示

　　安装好后的 IIS 已经自动建立了管理和默认两个站点，其中管理 Web 站点用于站点远程管理，可以暂时停止运行，但最好不要删除，否则重建时会很麻烦的。

图 2-3　IIS 主界面

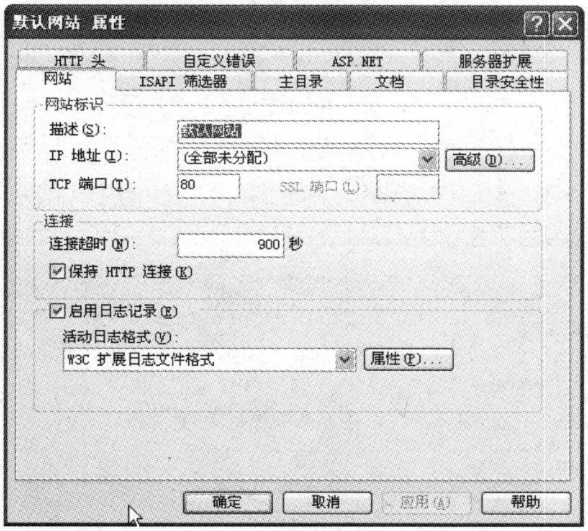

图 2-4　"网站"选项卡

　　下面开始配置 IIS 中的 Web 站点。每个 Web 站点都具有唯一的、由 3 个部分组成的标识，用来接收和响应请求的分别是端口号、IP 地址和站点标识。浏览器访问 IIS 时是按照这样的顺序的：IP、端口、站点标识、该站点主目录、该站点的默认首文档。IIS 的整个配置流程也是按照这种顺序进行设置的。

1. 配置 IP 和站点标识

　　在图 2-4 中选择"网站"选项卡，配置 IP 和站点标识。

○ 小提示

　　如果修改了站点端口，则访问者需要在地址栏输入"ip 地址＋端口"才能够进行正常访问。那么 TCP/IP 协议中的端口指的是什么呢？如果把 IP 地址比作一间房子，端口就是出入这间房子的门。真正的房子只有几个门，但是一个 IP 地址的端口可以有 65536（即：256×256）个之多，端口是通过端口号来标记的，端口号只有整数，范围是从 0 到 65535。

- 说明：站点标识是出现在 IIS 管理界面中的站点名称。如果 IIS 只有一个站点，则无须写入站点标识。
- IP 地址：常规情况下可以选择"全部未分配"。单击【高级】按钮可以设定高级 Web 站点标识等设置。
- TCP 端口：指定该站点的访问端口，浏览器访问 Web 的默认端口是 80。
- 连接：选择无限选项允许同时发生的连接数不受限制，选择限制同时连接到该站点的连接数，在该对话框中键入允许连接的最大数目。设定连接超时；例如选择无限，则不会断开访问者的连接。
- HTTP 激活：允许客户保持与服务器的开放连接，而不是使用新请求逐个重新打开客户连接。禁用保持 HTTP 激活会降低服务器性能，默认情况下启用保持 HTTP 激活。
- 日志记录：可以选择日志格式：IIS、ODBC 或 W3C 扩充格式，并可以定义记录选项，例如访问者 IP、连接时间等。

2. 配置站点主目录

　　在图 2-4 中选择"主目录"选项卡，配置站点主目录。主目录用于设定该站点的文件目录，可以选择本地目录或另一台计算机的共享位置。在访问设置中可以指定资源的可用性，例如"目录浏览"、"读取"的"记录访问"等，只需将相应的复选框勾选即可。

Dreamweaver CS3+ASP 动态网站设计入门实战与提高

02

Chapter

2.1

2.2

2.3

2.4

2.5

2.6

如果选择"日志访问", IIS 日志会记录该站点的访问记录, 例如访问者的 IP 及访问时间等。

（1）更改站点主目录。

在"本地路径"文本框中设置 Web 站点的主目录, 默认的路径是"C:/Inetpub/wwwroot", 如果自定义主目录, 可以单击 浏览... 按钮设置 Web 站点的主目录, 如图 2-6 所示。

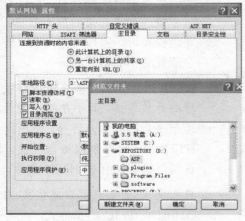

图 2-5 "主目录"选项卡

（2）配置应用程序。

单击 配置(G)... 按钮, 弹出"应用程序配置"对话框, 选择"选项"选项卡, 如图 2-7 所示。在这里设置启动会话状况、启动缓冲、启动父进程、默认 ASP 语言、ASP 脚本超时等应用程序的默认配置。在"会话超时"文本框中可以设置会话超时的时间, 默认是 20 分钟。如果勾选"启动父路径"

复选框, 在访问"父路径"时可以使用"./", 如果不勾选, 则访问不了父路径。在"默认 ASP 语言"文本框中可以设置 ASP 程序的默认脚本语言, 设置默认 ASP 语言后, 当在程序中没有声明脚本语言时, 程序就采用这里设置默认的脚本语言, 系统默认的是 VBScript（读者也可以根据自己的喜好设置其他的默认脚本语言）。

图 2-7 "应用程序设置"对话框

（3）设定默认文档。

选择"文档"选项卡, 设定默认文档, 如图 2-8 所示。

○ 小提示

　　每个网站都会有默认文档, 默认文档就是访问者访问站点时首先要访问的那个文件; 例如 index.htm、index.asp default.asp 等, 也可以手动添加默认文档。

图 2-8 "文档"选项卡

- 要在浏览器请求指定文档名的任何时候提供默认文档，先勾选该复选框，要添加一个新的默认文档，请单击 添加(D)... 按钮，也可指定多个默认文档。按出现在列表中的名称顺序提供默认文档，服务器将返回所找到的第一个文档。

- 要更改搜索顺序，请选择一个文档并单击【箭头】按钮。

- 要从列表中删除默认文档，请单击 删除(R) 按钮。

3．设定访问权限

选择"属性"面板中的"目录安全性"

选项卡，一般的 Web 站点应赋予访问者匿名访问的权限，其实 IIS 默认已经在系统中建立了一个例如"IUSR_机器名"形式的匿名用户，如图 2-9 所示。

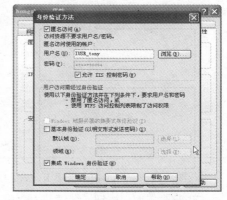

图 2-9　"目录安全性"选项卡

2.2　在 Dreamweaver 中配置 Web 站点

Dreamweaver+ASP

无论是网页制作的新手，还是专业的网页设计师，都要从创建站点开始，理清网站结构的脉络。要制作一个能够被公众浏览的网站，首先需要在本地磁盘上制作一个网站，然后把这个网站上传到互联网的 Web 服务器上。放置在本地磁盘上的网站被称为本地站点，位于互联网上 Web 服务器里的网站被称为远端站点。Dreamweaver CS3 提供了对本地站点和远端站点强大的管理功能。

2.2.1　实例：使用站点向导创建本地站点

对于不熟悉 Dreamweaver CS3 的新手，可以使用"站点定义向导"来构建站点。下面我们就来创建一个名为"hongsheng"的站点，该站点的文件保存在"d:/hongsheng"。

Step 01 选择【站点】/【新建站点】命令，弹出"站点定义"对话框，在对话框中可以选择"基本"或"高级"选项卡，这里选择"基本"选项卡，它采用的是向导式的设置方法。在对话框中输入新建站点名称，例如"hongsheng"，如图 2-10 所示。

Step 02 单击 下一步(N) > 按钮，进入第二部分设置。由于本例仅设置本地网站，因此选择"否，不想使用服务器技术"单选按钮，如图 2-11 所示。

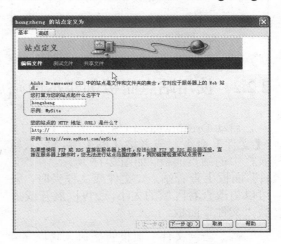

图 2-10　"基本"选项卡

02

Chapter

2.1

2.2

2.3

2.4

2.5

2.6

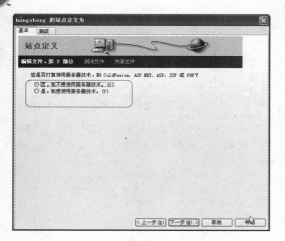

图 2-11　服务器技术选项卡

Step 04 单击 下一步(N) 按钮，继续进行"站点定义"设置，如果采用远程服务器，则选择相关技术，一般采用 FTP 方式，这将在 2.4 节进行介绍。本例没有设置远程服务器，因此选择"无"，如图 2-13 所示。

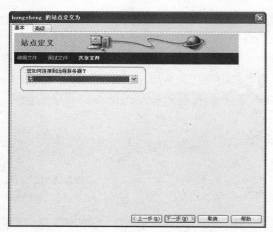

图 2-13　远程服务器选项卡

Step 03 单击 下一步(N) 按钮，进入第三部分设置。可以根据需要选定本地站点存储的位置，单击 □ 按钮可以选择存储路径，如图 2-12 所示。

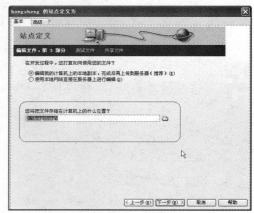

图 2-12　存储文件信息卡

Step 05 单击 下一步(N) 按钮，弹出对话框提示刚才按照向导进行的站点设置，再单击 完成(D) 按钮即可，如图 2-14 所示。

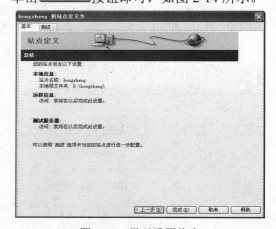

图 2-14　显示设置信息

2.2.2　使用站点面板创建本地站点

启动 Dreamweaver CS3，选择【窗口】/【文件】命令，或者按【F8】键，显示导航栏中的站点面板，如图 2-15 所示。在"文件"面板上查看站点、文件或文件夹时，您可以更改查看区域的大小，还可以展开或折叠"文件"面板。

- 当"文件"面板折叠时，它以文件

列表的形式显示本地站点、远端站点或测试服务器的内容。

- 在"文件"面板展开时，它显示本地站点和远端站点或者显示本地站点和测试服务器。

图 2-15 "站点"面板

下面对主要按钮加以介绍：

- ⊹ —— 连接到远端主机，在本机站点与远端站点间建立连接。

- ⟳ —— 刷新，也可以按【F5】键来代替。

- ⇩ —— 获取文件，即从远端站点下载文件到本地站点。

- ⇧ —— 上传文件，即从本地站点上传文件到远端站点。

- ⇧ —— 取出文件，对将被验证的文件进行登记操作，登记之后其他人可以对文件进行编辑。

- 🔒 —— 存回文件，对需要进行编辑的文件进行验证，从而使他人不能修改该文件。

- ⟳ —— 同步，对站点文件与 Dreamweaver 进行同步时，可以将文件的本地版本与远端版本进行比较。

当建立站点以后，就可以对站点进行各种管理操作。

2.2.3 实例：编辑站点

Step 01 选择【站点】/【管理站点】命令。

Step 03 双击"管理站点"对话框中的站点名称或单击 编辑(E)... 按钮，会弹出如图 2-17 所示的"站点定义"对话框，给站点起名字，并且指定站点对应的 HTTP 地址。

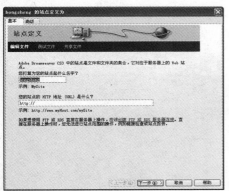

图 2-17 本地基本信息卡

在弹出的对话框上方有"基本"和"高级"两个选项卡，如图 2-18 所示。可以在基本设置面板和高级设置面板之间进行切

Step 02 在弹出如图 2-16 所示的"管理站点"对话框中选中站点列表中需要编辑的站点"hongsheng"。

图 2-16 "管理站点"对话框

Step 04 全部设置完以后，单击 确定 按钮，返回到如图 2-16 所示的"管理站点"对话框。

换。"基本"选项卡中记录了使用向导创建站点时的信息，前文已经提及，在此不累述。

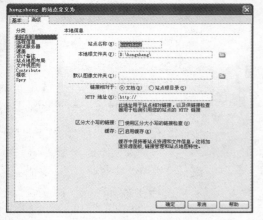

图 2-18　本地高级信息卡

下面，对"高级"选项卡左侧列表中几个常见页面加以说明。

（1）本地信息

在"站点名称"文本框输入站点的名称，在"本地根文件夹"文本框中设置站点在本地电脑中的存放路径。勾选"自动刷新本地文件列表"复选框后可以自动刷新网站中的文件和文件夹。在"默认图像文件夹"文本框中设定默认的存放网站图片的文件夹，这样做便于对网站的管理。在"HTTP 地址"文本框中输入网站的网址，勾选"启用缓存"，以加速链接和站点管理的速度。

（2）文件遮盖

如图 2-19 所示，在进行站点操作时，如果不希望操作某种文件，可以进行遮盖。例如，勾选"遮盖具有以下扩展名的文件"复选框，就可以在网站上传时屏蔽该种文件的上传。

图 2-19　"遮盖选项"选项

（3）站点地图布局

站点地图具有显示网站结构的功能，如图 2-20 所示。"主页"不必进行设置，网站建立 index.htm 后会自动填入，"图标标签"为网站地图中给文件图标标注的名称，可以选择 Windows 下的文件名，也可以选择"网页标题"，其余选项可采用默认值。

图 2-20　"站点地图布局"选项

网站地图是一种树型的链接方式，非常简洁明快。在图 2-15 所示的站点面板中的视图列表选项中选择"地图视图"即可显示站点地图，图 2-21 所示显示的是某网站内网页的站点地图。

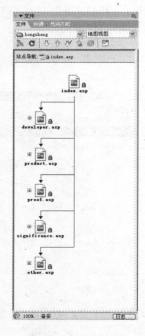

图 2-21　站点地图

2.2.4　实例：删除站点

如果不再需要使用某一站点，可以从站点列表中将其删除，删除站点的具体操作步骤如下。

Step 01　选择【站点】/【管理站点】命令，弹出"管理站点"对话框，如图 2-22 所示。

Step 02　在对话框中选择要删除的站点，然后单击 删除(R) 按钮即可将站点删除，如图 2-23 所示。

图 2-22　管理站点

图 2-23　删除站点

2.2.5　实例：复制站点

在如图 2-22 所示的"管理站点"对话框中可以复制站点，其操作步骤如下。

Step 01　在左边的站点列表中选中需要复制的站点，例如选择站点"wt"。

Step 02　单击 复制(P) 按钮，这时在左边的站点列表中会出现一个新的站点，站点名为"wt 复制"，表明这个站点是站点 wt 的拷贝，如图 2-24 所示。

文件面板下部则是站点文件夹的列表框，如图 2-25 所示便是本地文件的本地视图显示，在此我们可以对站点文件进行各种管理操作，包括新建、删除、剪切、复制文件或文件夹等。

图 2-24　复制站点

2.2.6　实例：创建文件夹和文件

为了便于管理网站，通常将不同内容的网页或资源通过文件夹进行归类。文件夹创建好以后，便可以在文件夹中创建相应的文件。

Step 01　选择【窗口】/【文件】命令，打开"文件"面板，在要创建文件夹的地方单击鼠标右键，在弹出的下拉菜单中选择【新建文件夹】命令，如图 2-25 所示。

Step 02　此时，新建文件夹的名称处于可编辑状态，如图 2-26 所示。

Step 03　选择【窗口】/【文件】命令，打开"文件"面板，在要创建文件的地方单击鼠标右键，在弹出的下拉菜单中选择【新建文件】命令，如图 2-27 所示。

Step 04　新建的文件的名称，例如"test2.html"处于可编辑状态，如图 2-28 所示。

图 2-25　新建文件夹

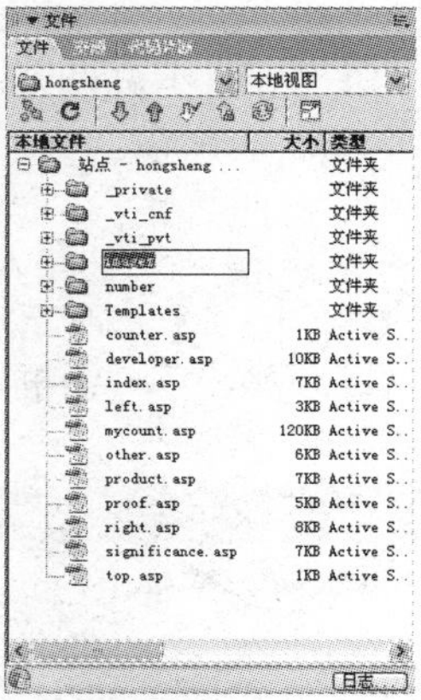

图 2-26　为文件夹命名

图 2-27　新建文件

图 2-28　为文件命名

2.2.7　移动和复制文件

在文件面板的文件列表中，可以像在
Windows 的资源管理器中处理文件一样，使
用剪切、复制和粘贴命令来实现文件或文件
夹的移动和复制，而且还可以直接拖放文件
到适当位置。

选择【窗口】/【文件】命令，打开"文
件"面板。在"文件"面板中选中要移动的

文件，然后拖到相应位置即可，也可以用复
制、粘贴进行操作。

在面板中选择要复制的文件并单击鼠
标右键，在弹出的下拉菜单中选择【编辑】
/【复制】命令，在选中文件的下方会出现
复制的文件。

2.3　检查网页链接错误

Dreamweaver+ASP

如果站点中存在错误的链接，这种情况是很难觉察的。采用常规的方法进行
测试，只有打开网页单击链接时才可能发现错误，而 Dreamweaver 可以
帮助快速检查站点中网页的链接，避免出现的链接错误，检查网页链接错误的
具体操作步骤如下。

Step 01 打开一个网页，选择【站点】/【检查站点范围的链接】命令，打开"结果"面板，如图 2-29 所示。

图 2-29　"结果"面板

Step 03 检查外部链接。在"显示"下拉列表中选择"外部链接"选项，可以检查出与外部网络链接的全部信息，如图 2-31 所示。

图 2-31　选择"外部链接"选项

Step 05 清除方法是先选中文件，然后按【Delete】键删除，此时会弹出提示对话框，如图 2-33 所示，确认后选中的孤立文件即被删除。

Step 02 在"显示"下拉列表中选择"断掉的链接"选项，单击 ⬜ 按钮选择正确的文件，可以修改断掉的链接，如图 2-30 所示。

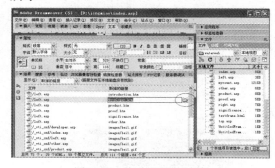

图 2-30　修改断掉的链接

Step 04 检查孤立文件。孤立文件在网页中没有使用，不必对其进行修改，但是存放在网站文件夹里，上传后它会占据有效空间，应该把它清除。在"显示"下拉列表中选择"孤立文件"选项，如图 2-32 所示。

图 2-32　选择"孤立文件"选项

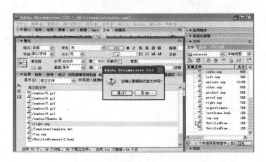

图 2-33　提示对话框

2.4　网站的测试和上传

Dreamweaver+ASP

由于目前多数的远端服务器采用的都是 FTP 技术，因此本节将以 FTP 服务器的设置为例，介绍 Dreamweaver 中定义远端服务器的操作方法。

02
Chapter

2.1

2.2

2.3

2.4

2.5

2.6

2.4.1 实例: 在 Dreamweaver 中设置 FTP 服务器

当远端服务器采取的是 FTP 技术时,就需要在 Dreamweaver 中设置 FTP 的相关参数。这也是互联网中最常采用的远端站点维护技术,如果要使用 FTP 远程上传、管

Step 01 执行【站点】/【管理站点】命令,在弹出的如图 2-34 所示的"管理站点"对话框中选中站点列表中需要编辑的站点。

图 2-34 编辑站点

Step 03 选择"高级"选项卡,或是单击左侧窗口的"定义远程站点"链接,会弹出"远程站点管理"对话框,如图 2-36 所示,在左侧的分类中选择"远程信息",然后在"访问"下拉列表中选择 FTP。

图 2-36 远程信息选项卡

Step 05 设置完毕后,单击【测试】按钮可以测试与服务的连接,如连接成功将会出现"已成功连接到 Web 服务器"上的提示。

理站点,首先必须有一个远端的 FTP 服务器提供服务,用户必须拥有自己的用户名和密码,然后需要在 Dreamweaver 中设置远程服务器信息。

Step 02 双击"管理站点"对话框中的站点名称或单击 编辑(E)... 按钮,会弹出如图 2-35 所示的"站点定义"对话框,在此可以对站点进行必要的修改。

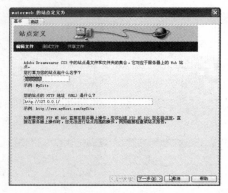

图 2-35 站点定义选项卡

Step 04 填入各项基本参数:在"FTP 主机"中填入远程主机的域名或 IP 地址,例如本例中填入 IP 地址为 221.208.174.78。在"主机目录"中填入远程主机为站点定义的目录,如果为根目录则可以不填。在"登录"和"密码"文本框中填入服务器提供的用户名和密码,勾选"保存"复选框可以保存密码,下次用户连接服务器时可不必输入密码,如图 2-37 所示。

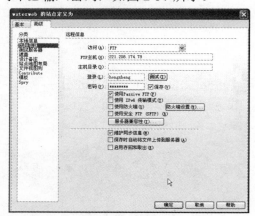

图 2-37 填写 FTP 远程信息

Step 06 按照下面的方法设置高级参数。如果该连接需要通过防火墙，并需要使用被动 FTP 时，可勾选"使用 Passive FTP"复选框。如果该连接是通过防火墙同远端服务器链接的，那么就要勾选"使用防火墙"复选框。保存时自动将文件上传到服务器，选中该选项表示当修改了本地站点文件并保存时，自动将保存的文件上传至 Internet 服务器。

Step 07 设置完毕后，单击 确定 按钮关闭对话框，返回到"管理站点"对话框，可以继续选择其他站点进行管理。管理完毕后，单击 完成① 按钮关闭对话框。

至此，Dreamweaver 远程站点建立完毕，可以进行上传和下载文件了。

2.4.2　上传本地站点

网站的页面制作完毕，相关的信息检查完毕，并且连接到远程服务器后，就可以开始上传站点了。

在"文件"面板中选择站点的本地根文件夹。单击"文件"面板上的 ⬆ 按钮，Dreamweaver 会自动将所有文件上传到服务器默认的远程文件夹，如图 2-38 所示。

> ○ **小提示**
>
> 如果该文件尚未保存，则会出现一个对话框（如果已在"首选参数"对话框的"站点"类别中设置了此首选参数），让您在将文件上传到远程服务器之前保存文件。请单击【是】按钮保存该文件；如果不保存文件，则自上次保存之后所做的任何更改都不会上传到远程服务器。

当在本地和远程站点之间传输文件时，Dreamweaver 会在这两种站点之间维持平行的文件和文件夹结构。在这两种站点之间传输文件时，如果站点中不存在必须的文件夹，则 Dreamweaver 将自动创建这些文件夹。

图 2-38　上传文件

2.5　本章技巧荟萃

Dreamweaver+ASP

本章首先介绍编程准备 IIS 的使用，然后介绍使用 Dreamweaver 的网站管理功能创建网站，包括如何创建本地站点、编辑管理站点、管理站点文件以及测试和上传网站。

本章常用技巧主要有以下几点：

- 在预览网页之前最好先保存一下。有时不能正确预览网页，而保存一下就可能会解决这个问题。

- 依据操作系统的不同，所使用的 Web 服务器软件也不同。Windows 2000 以前的服务器软件采用 PWS4.0（Personal Web Server）；从 Windows 2000 以后，都是用 IIS 作为服务器软件。

- 当 Web 站点域名表示为 local host 或指定 IP 地址为 127.0.0.1 时，表

Dreamweaver CS3+ASP 动态网站设计入门实战与提高

02
Chapter

2.1
2.2
2.3
2.4
2.5
2.6

示本机。

- 由于 IIS 需要和外界进行交互，在微软的服务中属于比较脆弱的，黑客经常使用其漏洞进行网络攻击，应及时下载微软的最新补丁以确保安全性。

2.6 学习效果测试

一．选择题

（1）应用 Dreamweaver 提供的网站定义向导可以不费吹灰之力完成网站的创建，网站定义向导共分为 3 个区域，下面哪个不属于网站定义向导区域＿＿＿＿。

    A．共享文件   B．编辑文件   C．测试文件   D．修改文件

（2）应用定义网站的"高级"选项卡，可以设置本站网站、远程网站和备注等。如果要启用或禁用遮盖，应选择"分类"中的＿＿＿＿选项。

    A．遮盖   B．测试服务器   C．Contribute   D．设计备注

二．填空题

（1）在 Dreamweaver 中，我们可以使用＿＿＿＿和＿＿＿＿两种方法构建网页站点。

（2）Dreamweaver 中默认状态下可以检查的浏览器有两种：＿＿＿＿和＿＿＿＿。

三．操作题

建立一个站点，将其命名为"website1"，主目录设为"c:\www1"。

第 3 章　基础网页设计

学习要点

　　Dreamweaver CS3 具有方便的可视化编辑功能，使得用户可以快速创建 Web 页面而无须编写任何代码 HTML。本章从介绍网站设计最基本的 HTML 入手，对 HTML 有一个大体的了解，然后引导大家使用 Dreamweaver CS3 方便的"所见即所得"操作来进行基本的编辑工作，例如插入包括文本、日期、图像、音乐和影片等各种对象，设置各种超链接等。

学习提要

- HTML 语言简介
- HTML 基本语法和常用标记
- 在 Dreamweaver CS3 中编写 HTML 源代码
- 页面属性设置
- 编辑文本
- 插入水平线、日期等对象
- 插入图像、音乐、影片
- 插入 Flash 对象
- 创建超链接

03

Chapter

3.1

3.2

3.3

3.4

3.5

3.6

3.7

3.8

3.9

3.10

3.11

3.1　HTML 基础

HTML 是一种网页制作语言，通过标记可以将文字、图像和声音等多媒体素材组合在一起，并且按照一定的格式显示出来。网页基本上都是由 HTML 语言组成的，万丈高楼平地起，要精通网站建设必须从网页的基本语言学起。

3.1.1　HTML 语言简介

HTML 是英文 HyperText Markup Language 的缩写，其含义是"超文本标记语言"，用它编写的文件扩展名是".html"或".htm"，它们都是可供浏览器解释浏览的文件格式。

在制作网页时，大都采用一些专门的网页制作软件，例如 FrontPage 和 Dreamweaver 等。这些软件都是所见即所得的，非常方便。使用这些编辑软件可以像使用 Word 一样来制作网页，而不用编写代码。在不熟悉 HTML 语言的情况下，照样可以制作网页，这是网页编辑软件的最大成功之处；但是它们的最大不足之处是受软件自身的约束，将产生一些垃圾代码，这些垃圾代码将会增大网页体积，降低网页的下载速度。在很多时候为了实现一些特殊的效果和进行灵活控制，需要用户手动对 HTML 代码进行调整，这就需要对 HTML 有基本的了解。由于 HTML 是网页制作的标准语言，无论什么样的网页制作软件，都提供直接以 HTML 的方式来制作网页的功能。即使使用"所见即所得"的编辑软件来制作网页，最后生成的其实都是 HTML 文件，HTML 语言有时候可以实现"所见即所得"工具所不能实现的功能。

3.1.2　HTML 的基本语法

HTML 的任何标记都用"<"和">"围起来。夹在起始标记和终止标记之间的内容受标记的控制，例如<a>生日快乐</a>，夹在标记 a 之间的"生日快乐"将受标记 a 的控制。

1．单标记

某些标记称为"单标记"，因为它只需单独使用就能完整地表达意思，这类标记的语法是：

* <标记名称>

最常用的单标记是
，它表示换行。

2．双标记

另一类标记称为"双标记"，它由"始标记"和"尾标记"两部分构成，必须成对使用，其中始标记告诉 Web 浏览器从此处开始执行该标记所表示的功能，而尾标记告诉 Web 浏览器在这里结束该功能。始标记前加一个斜杠（/）即成为尾标记。这类标记的语法是：

* <标记> 内容</标记>

其中"内容"部分就是要被这对标记施加作用的部分。例如想突出对某段文字的显示，就将此段文字放在<EM> </EM>标记中：

* <EM>第一：</EM>

3．标记属性

许多单标记和双标记的始标记内可以包含一些属性，其语法是：

* <标记名字 属性 1 属性 2 属性 3 … >

各属性之间无先后次序，属性也可省略（即取默认值），例如单标记<HR>表示在文档当前位置画一条水平线，一般是从窗口中当前行的最左端一直画到最右端，带一些属性：

```
<HR SIZE=3 ALIGN=LEFT WIDTH="75%">
```

其中 SIZE 属性定义线的粗细，属性值取整数，默认为 1；ALIGN 属性表示对齐方式，可以取 LEFT（左对齐，默认值），CENTER（居中），RIGHT（右对齐）；WIDTH 属性定义线的长度，可以取相对值，（由一对""号括起来的百分数，表示相对于充满整个窗口的百分比），也可取绝对值（用整数表示的屏幕像素点的个数，例如 WIDTH=300），默认值是"100%"。

3.1.3　HTML 代码的编写

下面是一个最基本的超文本文档源代码，如图 3-1 所示。

图 3-1　一个简单的源代码

可以看到，HTML 的基本结构分为 3 部分：

1．HTML 标记

<HTML>标记用于 HTML 文档的最前边，用来标识 HTML 文档的开始。而</HTML>标记恰恰相反，它放在 HTML 文档的最后边，用来标识 HTML 文档的结束，两个标记必须一块使用。

2．Head 标记

<head>和</head>构成 HTML 文档的开头部分，在此标记对之间可以使用 <titic></title>，<script></script>等标记对，这些标记对都是描述 HTML 文档相关信息的标记对，<head></head>标记对之间的内容不会在浏览器的框内显示出来，两个标记必须一块使用。

3．Body 标记

<body></body>是 HTML 文档的主体部分，在此标记对之间可以包含<p></p>、<h1></h1>、
</br>等众多标记，它们所定义的文本、图像等将会在浏览器内显示出来，两个标记必须一块使用。

下面继续介绍其他常见的 HTML 标记：

4．区段格式标记

此类标记的主要用途是将 HTML 文件中的某个区段文字以特定格式显示，增加文件的可看度，主要有：

- <title>...</title>：文件题目。
- <hi>...</hi>：i=1, 2, ..., 6 网页标题。
- <hr>：产生水平线。
-
：强迫换行。
- <p>...</p>：文件段落。
- <pre>...</pre>：以原始格式显示。
- <address>...</address>：标注联络人姓名、电话和地址等信息。
- <blockquote>...</blockquote>：区段引用标记。

5．字符格式标记

用来改变 HTML 文件文字的外观，增加文件的美观程度，主要有：

- <b>...</b>：粗体字。
- <i>...</i>：斜体字。
- <u>…</u>：下划线。
- <font>...</font>：改变字体设置。

Dw

Dreamweaver CS3+ASP 动态网站设计入门实战与提高

03

Chapter

3.1

3.2

3.3

3.4

3.5

3.6

3.7

3.8

3.9

3.10

3.11

- <center>...</center>：居中对齐。

- <blink>...</blink>：文字闪烁。

- <big>...</big>：加大字号。

- <small>...</small>：缩小字号。

- <cite>...</cite>：参照。

○ **小提示**

经常使用 Word 的读者对这 3 对标记<b></b>，<i></i>，<u></u>一定很快就能掌握。另外，<font></font>是一对最有用的标记对，它可以对输出文本的字体大小、颜色进行随意改变，这些改变主要是通过对其属性 size（字体大小）和 color（文本颜色）的控制来实现的。

6. 链接标记

链接可以说是 HTML 超文本文件的命脉，HTML 通过链接标记来整合分散在世界各地的图、文、影和音等信息。此类标记的主要用途为标示超文本文件链接，其形式为：

- <a>...</a>：建立超级链接。

本标记对的 href 属性是必不可少的。href 的值可以是 URL 形式，即网址或相对路径，也可以是 mailto 形式，即发送 Email 形式。如：

```
<a href="index.htm">我的主页</a>
```

○ **小提示**

<img>标记并不是真正把图像加入到 HTML 文档中，是将标记对的 src 属性赋值，该值是图像文件的文件名，当然包括路径，该路径可以是相对地址，也可以是绝对地址。实际上就是通过路径将图像文件嵌入到文档中。

表示单击"我的主页"链接则进入 index.htm 网页中。

3.1.4 实例：标签选择器

很多程序员习惯手工编码，为此，Dreamweaver 特意制作了标签选择器和标签编辑器。使用"标签选择器"可以将

Step 01 选择【查看】/【代码】命令，切换到代码视图，确定插入点在代码中的位置，单击鼠标右键，在弹出的下拉菜单中选择【插入标签】命令，如图 3-2 所示。

7. 多媒体标记

此类标记用来显示图像数据，主要有：

- <img>：嵌入图像。

- <embed>：嵌入多媒体对象。

- <bgsound>：背景音乐。

8. 表格标记

此类标记对于制作网页是很重要的，现在很多网页都是使用多重表格，使用表格可以实现各种不同的布局方式，而且可以保证当浏览器改变页面字体大小时保持页面布局不变，其中：

<TABLE></TABLE> 显示二维表格，包括下列属性：

- BORDER：二维表格的立体边框厚度点数。

- CELLPADING：是指 TABLE 中框架与元素的边界距离。

- CELLSPACING：表格中每项之间的空间点数，包括横向和纵向。

<TR></TR> 在表格的每一行开头加上<TR>（Text Row），其属性定义如下：

- ALIGN：CENTER（中）对齐、LEFT（左）对齐、RIGHT（右）对齐。

- <TH></TH> 在表格的每一种类项目开头加上<TH>（Text Head），显示为黑体字。

- <TD></TD> 在表格的每一个项目开头加上<TD>（Text Data）。

Dreamweaver 标签库（包括 ColdFusion 标签库和 ASP.NET 标签库）中的任何标签插入页面中。

Step 02 弹出"标签选择器"对话框，左窗格包含支持的标签库列表，包括 ASP、CFML、JSP 等内容；右窗格显示选定标签库文件夹中的各个标签。首先从标

签库选择标签类别，或者展开该类别并选择一个子类别，然后在右窗格中选择要插入的标签，如图 3-3 所示。

图 3-2　选择"插入标签"选项

图 3-3　"标签选择器"设置

Step 03　如果该标签确实需要其他信息，则会出现标签编辑器，如图 3-4 所示。如果标签编辑器打开，则输入其他信息并单击 确定 按钮完成操作。

图 3-4　"标签编辑器"设置

3.2　页面属性设置

Dreamweaver+ASP

选择【修改】/【页面属性】命令，弹出"页面属性"对话框，如图 3-5 所示，在此对话框中可以设置关于整个网页文档的一些信息，包括网页"外观"、"标题/编码"和"跟踪图像"等。

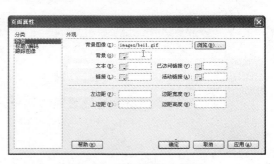

图 3-5　"页面属性"设置

1．设置外观

在左窗格选择"外观"选项，其常用参数设置方法如下。

- 背景图像：为网页选择背景图片，可以单击 浏览... 按钮进行选择。

- 背景：为网页设置背景色，可以单击 按钮，在下拉框中选择颜色或输入颜色的代码，如图 3-6 所示。

- 文本：为网页设置文本颜色。

- 链接：为网页设置超链接文本颜色。

- 已访问链接：为网页设置已访问超链接文本颜色。

- 活动链接：为网页设置单击超文本链接时的文字颜色。

Dw

Dreamweaver CS3+ASP 动态网站设计入门实战与提高

03

Chapter

3.1

3.2

3.3

3.4

3.5

3.6

3.7

3.8

3.9

3.10

3.11

图 3-6　背景颜色的选取

2. 标题/编码

在左窗格选择"标题/编码",如图 3-7 所示,其中常用参数设置方法如下。

- 标题:在该文本框设置网页的题目。

- 编码:在该下拉列表中设置网页中文本的编码。

图 3-7　"标题/编码"设置

3. 跟踪图像

在左窗格选择"跟踪图像",如图 3-8 所示,其中常用参数设置方法如下。

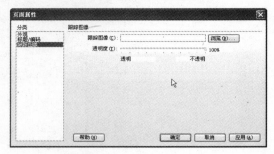

图 3-8　"跟踪图像"设置

- 跟踪图像:跟踪图像是放在文档窗口背景中的 JPEG、GIF 或 PNG 图像。可以隐藏图像、设置图像的不透明度和更改图像的位置。单击[浏览...]按钮,在弹出的对话框中可以选择图像作为跟踪图像。

- 透明度:拖动"透明度"右边滑块可以设置图像的透明度,透明度越高图像显示越明显。

3.3　编辑文本

Dreamweaver+ASP

实际上网页的核心是所传达的内容,而文本应该说是浏览网页时,最重要、最直接的传递内容的方式。在第 1 章已经介绍了使用向导创建一个网页,这里介绍如何插入一个新的空白文档。

3.3.1　实例:插入一个新的空白文档

Step 01　选择【文件】/【新建】命令,弹出"新建"对话框。

Step 03　除了创建新文档外,在 Dreamweaver CS3 中还可以直接打开已经存在的 HTML 文件,这样就可以在现有的文档基础上编辑它。选择【文件】/【打开】命令,弹出如图 3-10 所示的对话框,选择要打开的文件即可。

Step 02　由于采用默认类型,直接单击[创建(R)]按钮即可,创建如图 3-9 所示的网页,需要指出的是,新建的网页没有名字,需要在编辑完成后对它命名,例如命名为"test6.htm",再把它保存到本地网站文件夹中。

图 3-9 新建的空白文档

图 3-10 "打开"对话框

3.3.2 编辑文本

完成文档建立后,可以直接输入文本内容。使用鼠标在网页编辑窗口空白区域单击一下,窗口中出现闪动的光标,提示输入文字的起始位置,选择适当的输入法输入文字即可。

文本的属性可在"属性"面板上设置,如果屏幕下方的"属性"面板没有展开,可以选择【窗口】/【属性】命令,打开"属性"面板,如图 3-11 所示。"属性"面板上各项目的操作对象是不同的,有时会对整个段落操作,有时仅对选中的文字进行操作。

图 3-11 "属性"面板

输入文字的过程中进行换行是文字排版中的常见现象,如果一直输入文字,中间不停顿,文字到编辑窗口的另一边时会自动换行。按【F12】键预览,文字也会自动进行换行,同时当浏览器缩放时,换行也会随之改变。这是最初级的换行,但要加上图像、表格,自动换行就不能胜任了。

还有一种方法是使用【Enter】键,生成的段落前后都会有一行空白。如果不要在换行的前后出现空行,可以使用【Shift+Enter】快捷键添加换行符,此种换行方式会在网页中大量地用到。

要实现文本的空格,可以按键盘上的空格键,这和很多文本编辑软件都一样。但在

Dreamweaver CS3 中,在每个位置只能使用一次空格键,否则没有效果,也就是说,每个位置只能有一个空格。要使每个位置能有一个以上的空格,需要采用其他方法。调出任意一种输入法,切换到全角设置,然后键入空格就可以了。

下面,我们使用 3.1 节的例子"test6.html"来进行"属性"面板的说明,如图 3-12 所示。

图 3-12 文本编辑实例

网页的文本分为段落和标题两种格式,选中一段文本,在"属性"面板中"格式"后的下拉列表框中选择"段落",即可把选中的文本设置为段落格式。段落格式在Dreamweaver CS3 主窗口中的效果如图3-13 所示。

"标题 1"～"标题 6"分别表示各级标题,应用于网页的标题部分。对应字体由大到小,同时文字全部加粗。如图 3-14 所

Dw Dreamweaver CS3+ASP 动态网站设计入门实战与提高

03
Chapter

3.1
3.2
3.3
3.4
3.5
3.6
3.7
3.8
3.9
3.10
3.11

示的是将"Dreamweaver_CS3+ASP 动态网站设计全程自学手册"字样设置为"标题 2"后的效果。

图 3-13　文本编辑实例 2

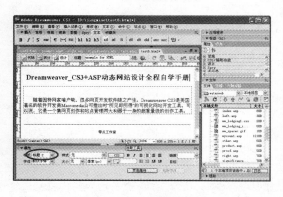

图 3-14　文本编辑实例 3

设置文本格式后，可以设置文本的字体。使用"属性"面板中的"字体"下拉列表框可以为文本设置字体。Dreamweaver CS3 默认的字体设置是"默认字体"，如果选择"默认字体"，则网页在被浏览时，文本字体显示为浏览器默认的字体。Dreamweaver CS3 预设的可供选择的字体都是英文字体，共有 6 个选项可供选择，如图 3-15 所示。

要想使用中文字体，必须重新编辑新的字体。在"格式"后的下拉列表框中选择"编辑字体列表"，弹出"编辑字体列表"对话框，如图 3-16 所示。

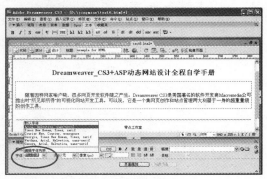

图 3-15　文本编辑实例 4

○ **小提示**

实际使用中，每台电脑拥有的字体都是不同的，如果使用了电脑上没有的字体，后果会很难预料。有时会用浏览器默认的字体显示，否则会出现乱码，致使网页外观受到很大影响。仅有以下的几种字体是十分保险的：黑体、楷体、宋体、隶书和仿宋，如果要使用较新奇的字体，最好用图像形式插入网页。

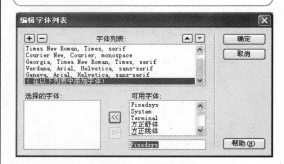

图 3-16　文本编辑实例 5

在"属性"面板中可以定义文字的字号、颜色、加粗、加斜和水平对齐等内容，这些属性用法和 Word 中的用法极为相似，这里就不多叙述了。

3.4　插入对象

Dreamweaver+ASP

实际上，Dreamweaver CS3 提供了强大的插入对象功能，包括特殊字符，水平线、图像和媒体等各种控件，基本上都是"所见即所得"的，下面以几个常用的对象进行说明。

3.4.1　网页中插入特殊字符

网页中可以插入多种特殊字符来表达更丰富的含义，例如"版权"、"破折线"、"左引号"和"注册商标符号"等。

如果想在网页中插入特殊字符，需要将光标插入到要加入特殊字符的位置，然后选择【插入记录】/【HTML】/【特殊字符】命令，如图 3-17 所示。选择所需的符号，单击后插入到光标所在位置即可。

图 3-18 显示的是插入"商标符号"的效果图。

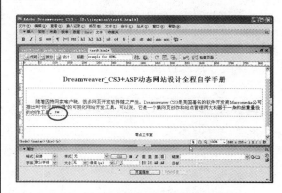

图 3-18　插入"商标符号"效果

图 3-17　插入特殊字符

3.4.2　实例：网页中插入水平线

水平线对于组织信息很有用，在页面上

Step 01 选择【插入记录】/【HTML】/【水平线】命令，就可以插入水平线，如图 3-19 所示。

使用水平线可以直观地将文本和对象分开。

Step 02 完成操作后，我们可以看到插入一条默认水平线的效果，如图 3-20 所示。

图 3-20　插入水平线后的效果图

图 3-19　插入水平线

Step 03 选中水平线，在"属性"面板中将"宽"和"高"分别设置为 500 像素和 5 像素，效果如图 3-21 所示。

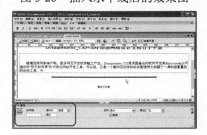

图 3-21　设置水平线的属性

03
Chapter

3.1

3.2

3.3

3.4

3.5

3.6

3.7

3.8

3.9

3.10

3.11

3.4.3　实例：网页中插入日期

浏览者经常会在网页上看到最近一次修改网页的时间，这说明网页是在不断更新的，从而吸引访问者下次再来光顾。Dreamweaver

Step 01 将光标置于文档中要插入日期的位置，选择【插入记录】/【日期】命令，弹出"插入日期"对话框，如图 3-22 所示。

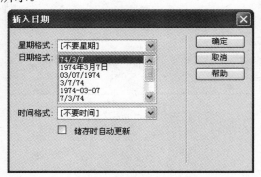

图 3-22　"插入日期"对话框

Step 03 单击 确定 按钮，插入日期后的效果如图 3-23 所示。

CS3 提供了一个方便的日期对象，该对象可以按照任何格式插入当前日期。

Step 02 在"插入日期"对话框中"星期格式"右边的下拉列表中选择星期格式，在"日期格式"右边的下拉列表中选择日期格式，在"时间格式"右边的下拉列表中选择时间格式，如果想更新时间，就勾选"储存时自动更新"复选框。

图 3-23　插入日期效果图

3.5　插入与编辑图像

Dreamweaver+ASP

美化网页最简单、最直接的方法就是在网页上添加图像，图像不但使网页更加美观、形象和生动，而且使网页中的内容更加丰富多彩，使用图像可以创建精美的网页，能够给网页增加勃勃生机，从而吸引更多的浏览者，因此图像在网页中的作用是非常重要的，作为一名网页设计者必须掌握网页图像的运用。

3.5.1　实例：插入图像

图像是网页构成中最重要的元素之一，美观的图像会为网站增添生命力，同时也加深用户对网站风格的印象，在网页中插入图像主要有以下 3 种方法。

1. 使用【插入】菜单

Step 01 打开网页文档，将光标置于网页文档中要插入图像的位置，如图 3-24 所示。

图 3-24　打开网页

Step
02 选择【插入】/【图像】命令，弹出"选择图像源文件"对话框，从中选择需要的图像文件，如图 3-25 所示。

图 3-25 "选择图像源文件"对话框

Step
03 单击 确定 按钮，图像就插入到网页中了，插入后的效果如图 3-26 所示。

图 3-26 插入图像后的效果图

2. 使用插入栏

单击"常用"插入栏中的图按钮，如图 3-27 所示，弹出"选择图像源文件"对话框，其余步骤同上。

图 3-27 使用"常用"插入栏插入图像

3. 使用资源面板

选择【窗口】/【资源】命令，打开"资源"面板。在"资源"面板中单击图按钮，展开图像文件夹，选定图像文件，如图 3-28 所示，然后使用鼠标将其拖曳到网页中合适的位置。

> ○ **小提示**
>
> 网页中图像的格式通常有 3 种，即 GIF、JPEG 和 PNG。目前 GIF 和 JPEG 文件格式的支持情况最好，PNG 文件具有较大的灵活性而且文件小的优势，所以它对于几乎任何类型的网页图形都是最适合的，然而 Microsoft Internet Explorer 和 Netscape Navigator 只能部分支持 PNG 图像的显示，建议使用 GIF 或 JPEG 格式以满足更多浏览者的需求。

图 3-28 使用"资源"面板插入图像

3.5.2 设置图像属性

要设置图像属性，先选中插入的图像，如果此时"属性"面板隐藏，可以选择【窗口】/【属性】命令，打开"属性"面板，单击该面板右下角的箭头，打开扩展的图像属性面板，从而可以看到图像的全部属性，如图 3-29 所示。

在图像属性面板中设置图像的具体参数如下所示。

- 图像：图像的缩略图及图像的大小。

- 宽和高：图像的宽和高，默认的是图像的原始尺寸，默认单位是 pixels（像素）。

- 源文件：用来指定图像文件的位

03
Chapter
3.1
3.2
3.3
3.4
3.5
3.6
3.7
3.8
3.9
3.10
3.11

置，单击按钮浏览并选择图像文件，或直接在文本框中输入图像文件的路径。

- 链接：为图像设置超级链接，可以单击按钮浏览并选择要链接的文件，或者可以直接手工输入 URL 路径。

- 替代：当浏览器为纯文本浏览器或者已经设置为人工下载图像时的替代文本。

- 地图：用于创建客户端的图像的地图。

- 垂直边距和水平边距：垂直边距设置图像上下的空白，水平边距设置图像左右两边的空白。

- 目标：指定链接所指向的网页加载到哪个帧或窗口。

- 低解析度源：指定在图像下载完成之前显示的低质量图像。

- 边框：设置图像周围边框的宽度，宽度为 0，则没有边框。无论图像有没有链接，都可以加上边框。

- 编辑：打开设定的图像编辑器来编辑所选图像。

- 对齐：可以设置图像或文字的对齐方式，如图 3-30 所示。

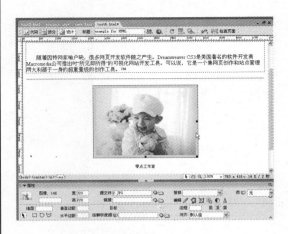

图 3-29　设置图像属性面板

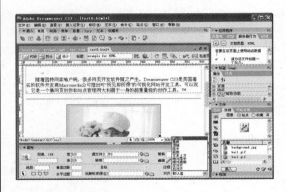

图 3-30　设置图像对齐方式

3.6　插入 Flash 对象

Dreamweaver+ASP

多媒体的发展使得互联网变得更加丰富、活泼、有吸引力。众所周知，Flash 动画是互联网上最流行的动画格式，大量用于网站的首页中。那么如何将这些丰富的资源嵌入到我们的网站中呢？下面就讲述在网页中插入 Flash 的几种方法。

3.6.1　实例：网页中插入 Flash 动画

Flash 动画是在专门的 Flash 软件中完成的，在 Dreamweaver CS3 中能将现有的 Flash 动画插入到文档中，具体操作步骤如下。

Step 01 打开光盘第 3 章中的"test6.htm"文件，将光标置于要插入 Flash 动画的位置，如图 3-31 所示。

Step 02 选择【插入记录】/【媒体】/【Flash】命令，弹出"选择文件"对话框，如图 3-32 所示。

图 3-31 打开网页

图 3-32 "选择文件"话框

在对话框中选择一个 Flash 文件，单击 确定 按钮，插入 Flash 后的效果如图 3-33 所示。这里只是插入到网页中，只有在运行时才能播放 Flash。

单击 确定 按钮后，可能会出现如图 3-33 所示的对话框，此时在"标题"处起一个 Flash 名字即可。如果以后插入 Flash 时不想再输入，可以通过"辅助功能"中的首选参数进行修改。选择【编辑】/【首选参数】命令，弹出如图 3-35 所示的对话框。在左窗格选择"辅助功能"，在右窗格取消勾选"媒体"复选框，再次插入 Flash 时，就不会出现图 3-34 那样的提示了。

图 3-33 插入 Flash 后的效果

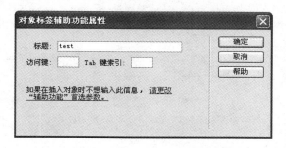

图 3-34 对象标签辅助功能属性

选中插入的 Flash 动画，在"属性"面板中对该 Flash 动画进行设置。

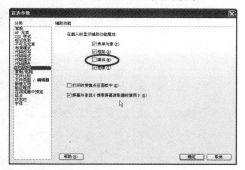

图 3-35 "辅助功能"首选参数修改

该面板中主要有以下属性：

- Flash：在文本框中为 Flash 命名，这个名称在使用程序控制时用到。

- 宽和高：用来设置文档中 Flash 动画的尺寸。可以输入数值改变其大小，也可以在文档中拖动缩放手柄来改变其大小。

- 文件：指定 Flash 文件的路径。

- 循环：如果选定该项，动画将在浏览器中循环播放。

- 垂直边距和水平边距：用来指定动画边框与网页上边界和左边界的距离。

Dreamweaver CS3+ASP 动态网站设计入门实战与提高

03
Chapter

3.1
3.2
3.3
3.4
3.5
3.6
3.7
3.8
3.9
3.10
3.11

- 品质：用来设置 Flash 动画在浏览器中播放质量，有"低品质"、"自动低品质"、"自动高品质"和"高品质"等选项。

- 比例：用来设定显示比例，有"全部显示"、"无边框"和"严格匹配" 3 个选顶。

- 对齐：有 9 种对齐方式。

- 背景颜色：为当前 Flash 动画设置背景颜色。

- 编辑：用于自动打开 Flash 软件对源文件进行处理。

- 重设大小：用于恢复 Flash 动画的原始尺寸。

- 播放：用于在设计视图中播放 Flash 动画。

- 参数：用来打开一个对话框，在其中输入能使该 Flash 顺利运行的附加参数、一般采用默认设置即可。

3.6.2 实例：网页中插入 Flash 按钮

Dreamweavcr CS3 内置了很多 Flash 按钮样式，可以使用户自定义并插入预先设计好的 Flash 按钮，而不必在 Flash 软件

Step 01 打开光盘第 3 章中的"test6.htm"文件，将光标置于要插入 Flash 按钮的位置，如图 3-36 所示。

图 3-36　打开网页

下面将"插入 Flash 按钮"对话框的主要参数介绍如下。

- 范例：展示所选不同样式按钮的预览。

- 样式：在该列表框中列出了所有可选的 Flash 按钮，读者可以根据自己的需要选择。

- 按钮文本：在该文本框中输入显示在按钮上的文字。

中制作动画，然后保存文件，再将带按钮的 Flash 动画插入到网页中，具体操作步骤如下：

Step 02 选择【插入记录】/【媒体】/【Flash 按钮】命令，弹出"插入 Flash 按钮"对话框，如图 3-37 所示。

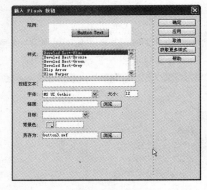

图 3-37　"插入 Flash 按钮"话框

- 字体和大小：设置文字的字体和字号。

- 链接：单击 浏览… 按钮，从打开的对话框中选择按钮链接的目标。

- 目标：选择打开链接的目标位置，该下拉列表框共有以下 4 个选项。

   _blank：在新的未命名浏览器窗口中打开链接文件(例如 Flash 文件)。

   _parent：在父框架组或包含该链

接的框架窗口中打开链接文件。

_self: 在链接所在的框架或窗口中打开链接文件，默认选项通常无须指定。

_top: 将链接的文件在整个浏览器窗口中打开。

- 背景色: 用于设置按钮的背景色。

- 另存为: 设置保存该按钮的路径及文件名，必须将该按钮名保存在站点中。

- 应用: 单击该按钮，在网页中将会显示出按钮的样式。

- 获取更多样式: 单击该按钮，可以从网上获得更多的按钮样式。

Step 03 选中链接的 Flash 动画以后，将"按钮文本"设置为"start"，"样式"选择为"eCommerce-Cash"，"字体"选择为"宋体"，"大小"选择为"24"，如图 3-38 所示。

Step 04 单击 确定 按钮，完成插入 Flash 按钮的过程，如图 3-39 所示。

图 3-39 插入 Flash 按钮后的效果

图 3-38 "插入 Flash 按钮"对话框设置

Step 05 保存文档，按【F12】键在浏览器中预览效果，如图 3-40 所示。

图 3-40 浏览器中的效果

3.6.3 实例: 网页中插入 Flash 文本

不用在 Flash 软件中制作动画，在 Dreamweaver 中可以直接使用"插入 Flash 文本"对话框插入动画效果，具体操作步骤如下。

Step 01 打开光盘第 3 章中的"test6.htm"文件，将光标置于要插入 Flash 文本的位置，如图 3-41 所示。

Step 02 选择【插入记录】/【媒体】/【Flash 文本】命令，弹出"插入 Flash 文本"对话框，如图 3-42 所示。

图 3-41 打开网页

Dreamweaver CS3+ASP 动态网站设计入门实战与提高

03
Chapter

3.1
3.2
3.3
3.4
3.5
3.6
3.7
3.8
3.9
3.10
3.11

○ **小提示**

只有当勾选了"显示字体"复选框后，在文本框中才能看到所选择的字体样式。

图 3-42 "插入 Flash 文本"对话框

下面将"插入 Flash 文本"对话框的主要参数介绍如下。

- 字体和大小：设置文字的字体和字号。

- 颜色：设置文字颜色。

- 转滚颜色：指鼠标指针指向 Flash

Step 03 选中链接的 Flash 动画以后，将按钮文本设置为"单击播放"，"字体"选择为"隶书"，"大小"选择为"48"，如图 3-43 所示。

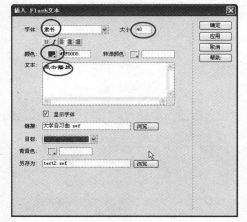

图 3-43 "插入 Flash 文本"对话框设置

Step 05 保存文档，按【F12】键在浏览器中预览效果，如图 3-45 所示。

文件时所呈现的颜色。

- 文本：输入要显示的文字。

- 链接：单击 浏览... 按钮，从打开的对话框中选择按钮链接的目标。

- 目标：选择打开链接的目标位置，该下拉列表框共有以下 4 个选项。

  _blank：在新的未命名浏览器窗口中打开链接文件(例如 Flash 文件)。
  _parent：在父框架组或包含该链接的框架窗口中打开链接文件。
  _self：在链接所在的框架或窗口中打开链接文件，默认选项通常无须指定。
  _top：将链接的文件在整个浏览器窗口中打开。

- 背景色：用于设置按钮的背景色。

- 另存为：设置保存该按钮的路径及文件名，必须将该按钮名保存在站点中。

Step 04 单击 确定 按钮，完成插入 Flash 按钮的过程，如图 3-44 所示。

图 3-44 插入 Flash 文本后的效果

图 3-45 浏览器中的效果

3.7 实例：插入 Shockwave 影片

/Dreamweaver+ASP

Shockwave 是用于在网页中播放丰富的交互式多媒体内容的业界标准，其真正含义就是插件。可以通过 Macromedia Director 来创建 Shockwave 影片，它生成的压缩格式可以被浏览器快速下载，并且可以被目前的主流服务器（例如 IE）所支持。

Step 01 打开光盘第 3 章中的"test6.htm"文件，将光标置于网页中要插入 Shockwave 影片的地方，如图 3-46 所示。

Step 02 选择【插入记录】/【媒体】/【Shockwave】命令，弹出"选择文件"对话框，选择合适的文件，如图 3-47 所示。

图 3-46　打开网页

Step 03 单击 确定 按钮插入 Shockwave 影片，在"属性"面板中可以设置相应的参数，如图 3-48 所示。

图 3-47　选择 Shockwave 文件

图 3-48　插入 Shockwave 影片后的效果

3.8 实例：使用插件插入背景音乐

/Dreamweaver+ASP

有时我们打开网页，美妙的背景音乐会使网站增色不少，下面介绍如何在网页中插入声音文件。

Step 01 打开光盘第 3 章中的"test6.htm"文件。选择【插入记录】/【媒体】/【插件】命令，弹出"选择文件"话框，如图 3-49 所示。

Step 02 选中合适的文件，如图 3-50 所示，按【F12】键在浏览器中打开该网页时会听到已插入的背景音乐。

Dw

Dreamweaver CS3+ASP 动态网站设计入门实战与提高

03

Chapter

3.1

3.2

3.3

3.4

3.5

3.6

3.7

3.8

3.9

3.10

3.11

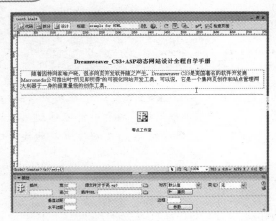

图 3-49 "选择文件"对话框　　　　　　　　图 3-50 插入音乐后的效果

3.9 插入超链接

Dreamweaver+ASP

网页之所以能够组成庞大的 Internet，是因为有超链接把它们组织到一起。应该说，浏览者从一个网页可以到达另一个相关的网页，像一个大的蜘蛛网一样，使信息资源得以共享，这是 Internet 最具魅力之处。

网页中的链接可以分为文本超级链接、电子邮件超级链接、图像热点超级链接和锚点超级链接等。下面，我们就来介绍如何在网页中插入超链接。

3.9.1 链接简介

大家都知道，在我们平时使用计算机时，要找到需要的文件就必须知道文件的位置，而表示文件位置的方式就是路径。网页中的链接按照所连接路径的不同，可以分为相对路径和绝对路径。

绝对路径提供所链接文档的完整URL，我们不需要知道其他任何信息就可以根据绝对路径判断出文件的位置。例如"www.hrbeu.edu.cn/index.html"就是一个绝对路径，尽管对本地链接也可使用绝对路径链接，但不建议采用这种方式，因为一旦将此站点移动到其他服务器，则所有本地绝

对路径链接都将断开。

如果链接时，源文件和引用文件在同一个目录里，直接用引用文件名即可，这就是相对路径。在当前文档与所链接的文档处于同一文件夹内，文档相对路径特别有用。文档相对路径还可用来链接到其他文件夹中的文档，方法是使用文件夹层次结构，指定从当前文档到所链接的文档的路径。文档相对路径的基本思想是省略掉对于当前文档和所链接的文档都相同的绝对 URL 部分，而只提供不同的路径部分。

3.9.2 实例：文本超级链接

最常见的就是文本超级链接，此外还有图像超级链接等。下面就以文本超级链接为例，介绍在网页中创建链接的 3 种方法。

1. 使用"属性"面板

Step **01** 打开光盘第 3 章中的"test6.htm"文件，如图 3-51 所示，选中需要添加链接的文本"零点工作室"。

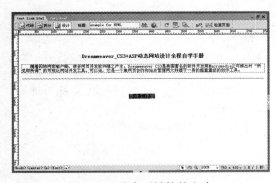

图 3-51 选中要链接的文本

图 3-52 "选择文件"对话框

Step 02 单击"属性"面板上的链接文本框右边的▭图标，弹出如图 3-52 所示的"选择文件"对话框，从中选择一个文件"3/zero.html"作为超链接目标。

Step 03 单击 确定 按钮，在"属性"面板上的"链接"文本框中出现链接文件，如图 3-53 所示。

Step 04 在"属性"面板上的"目标"下拉列表中选择文档的打开方式，如图 3-54 所示。

图 3-54 选择链接的"目标"项

"目标"下拉列表的 4 个选项含义如下。

- _blank：在新的未命名浏览器窗口中打开链接文件。

- _parent：在父框架组或包含该链接的框架窗口中打开链接文件。

- _self：在链接所在的框架或窗口中打开链接文件，默认选项通常无须指定。

- _top：将链接的文件在整个浏览器窗口中打开。

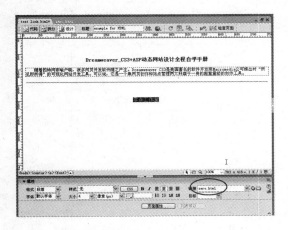

图 3-53 插入后的效果图

Step 05 按【F12】键在浏览器中预览效果，如图 3-55 所示。

图 3-55 在浏览器中预览

2. 使用"常用"插入栏

Step 01 选中文本或图像，单击"常用"插入栏中的【超级链接】按钮 ，如图 3-56 所示。

图 3-56 "常用"插入栏

Step 02 弹出如图 3-57 所示的"超级链接"对话框，单击链接文本框右边的 按钮，弹出"选择文件"对话框，从中选择一个文件作为超链接目标，"目标"项设置参照第 4 步。

图 3-57 "超级链接"对话框

3.9.3 实例：电子邮件超级链接

无论是商业网站还是个人网站，人们习惯于将自己的联系方式留在页面的下方，这样便于网友信息的反馈。下面用一个例子来讲述在主页上建立电子邮件链接的方法。

Step 01 选择页面下方的"联系我们"，如图 3-58 所示。

图 3-58 选中文本

Step 02 在"属性"面板上的"链接"文本框中输入"mailto:"和邮箱地址，例如输入"mailto:wangtong@hrbeu.edu.cn"，如图 3-59 所示。

图 3-59 设定 Email 链接

Step 03 在"属性"面板上设置时，还可以替浏览者加入邮件的主题，即在输入的电子邮件地址后面加行如"?subject=主题名"的语句，实例中的主题可以输入"网友的留言"，完整的语句为"mailto:wangtong@hrbeu.edu.cn?subject=网友的留言"。预览页面后，用户单击链接弹出的发信窗口中会有现成的主题，如图 3-60 所示。

图 3-60 设定 Email 主题

Step 04 如果希望网站的浏览者发信时顺便将邮件抄送到至另一个邮箱，可以继续改写链接地址，完整的语句为"mailto:wangtong@hrbeu.edu.cn?subject=网友的留言&cc=wangtong1977@tom.com"。在浏览器中预览时会看到，用户单击链接弹出的发信窗口会形成现成的抄送地址，如图 3-61 所示。

图 3-61 设定 Email 抄送

3.9.4 实例：图像热点超链接

实际上，图像链接与文本链接的操作是一样的。我们这里介绍的是在一幅图像上同时有多个链接的情况，这是一个非常有用的功能。图像映射是将整张图片作为链接的载体，将图片的整个部分或某一部分设置为链接。

Step 01 打开 3.5 节例子，选中要做图像热点链接的图片，如图 3-62 所示。

图 3-62 选中图片

Step 03 当鼠标指针转变为十字形时，在当前选定的图像上单击鼠标来选择待做链接的部分，此时，用透明的蓝色显示指定图像热点区域，如图 3-64 所示。

图 3-64 在图中选中矩形热点部分

Step 05 选中图像中的热点，在"属性"面板上为图像热点设置超链接，如图 3-66 所示。"链接"选项可以选择要链接的网页；"替换"选项中可以设置在网络浏览器中当鼠标移到该热点时出现的提示文字。

图 3-66 "属性"面板上的热点工具选项

接。热点链接的原理就是使用 HTML 语言在图片上定义一定形状的区域，然后给这些区域加上链接，这些区域被称为热点，这种链接被称作图像热点链接。

Step 02 单击"属性"面板左侧"地图"选项中的"矩形热点工具"，如图 3-63 所示。

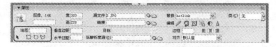

图 3-63 "属性"面板上的热点工具选项

Step 04 使用同样的方法，使用"椭圆形热点工具"或"多边形热点工具"为这张图像指定不同的热点区域，如图 3-65 所示。

图 3-65 在图中选中圆形热点部分

Step 06 按【F12】键在浏览器中预览效果，当鼠标经过不同区域时，鼠标的形状会发生变化；单击后可以访问指定的链接地址，如图 3-67 所示。

图 3-67 浏览器中预览效果图

Dw

Dreamweaver CS3+ASP 动态网站设计入门实战与提高

03

Chapter

3.1

3.2

3.3

3.4

3.5

3.6

3.7

3.8

3.9

3.10

3.11

3.9.5 实例: 锚点超级链接

锚点链接又称页内链接,即链接到页内的不同部分。例如介绍某个内容时,分为几项,使得该页很长。在页面顶部为每项做"目录"——锚点链接,这样浏览者直接单击这些锚点链接,就可以直达该页相关的章节。下面以常用的"返回顶部"为例,对锚点链接步骤加以说明。

Step 01 打开"product2.html",在这个较长页面的下方,输入"返回顶部"文本,如图 3-68 所示。

Step 02 将光标移到页面顶部,如图 3-69 所示。

图 3-68 在页面下方输入"返回顶部"

图 3-69 光标移至页面顶部

Step 03 在"常用"工具栏中单击 🔩 按钮,弹出如图 3-70 所示对话框,在其中输入该锚记点的名称,如"up"。

Step 04 单击 确定 按钮,看到锚记标志插入了页面光标位置,如图 3-71 所示。这个锚记标志所在位置是页面跳转时所达到的位置。

图 3-70 输入锚记点名称

Step 05 选中"返回顶部",对其进行锚记链接,输入例如"#锚记名"的链接,这里是"#up",如图 3-72 所示。这样在浏览器中单击【返回顶部】按钮就可以跳转到该锚记所插入的位置。

图 3-71 插入锚记以后的页面顶部

图 3-72 设置锚记链接

Step 06 按【F12】键在浏览器中预览效果,单击【返回顶部】按钮,页面就可以跳转到该锚记所插入的顶部位置,如图 3-73 和图 3-74 所示。

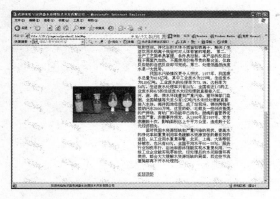

图 3-73 单击锚记链接

图 3-74 跳转至设锚记位置

3.10 本章技巧荟萃

Dreamweaver+ASP

本章首先介绍网站编程语言 HTML，然后举例讲述了在 Dreamweaver CS3 中如何插入各种"对象"的强大功能，包括插入文本、插入符号、插入图像、插入影片、插入背景音乐和插入链接等。

本章技巧主要有以下几种：

- 注意绝对路径和相对路径问题，一般网页制作中多采用相对路径。

- 在初学者看来，通过鼠标单击完成下载似乎是件很神秘的事。实际上，在 Dreamweaver 中凡是不被浏览器识别的格式文件（HTM、HTML、ASP、PHP.PERL、SHTML 等以外的）作为链接目标时，默认的操作都是下载。

- 网页命名尽量避免中文名称。虽然给网页起一个具有代表性的中文名称容易记忆和引用，但是由于 Dreamweaver 对中文支持的问题，无论在 HTML 或是 Dreamweaver 中，经常会有调用不正确的情况发生，因此建议采用英文结合数字对网页命名。

- 如果对一张图片不满意，想更换另一张，最简单的方法是双击该图片，直接选择要替换的图片即可。

- 为了提高操作的效率，请使用快捷键，例如，使用【Ctrl＋B】或【Ctrl＋I】来为文字应用黑体或斜体格式，也可以使用以下一些键盘快捷键来为选中的文本属性：【Ctrl＋0】无格式；【Ctrl＋T】段落；【Ctrl＋1】标题 1，【Ctrl＋2】标题 2，依此类推。

- 图像的来源可以是任意位置，如当前站点中的图像，位于本地磁盘中的图像，位于远程站点上的图像等都可以使用。如果被选择的文件是站点文件，会提示是否将图像复制到站点内。

Dw

Dreamweaver CS3+ASP 动态网站设计入门实战与提高

03

Chapter

3.1

3.2

3.3

3.4

3.5

3.6

3.7

3.8

3.9

3.10

3.11

3.11 学习效果测试

一、选择题

（1）_____标签必须嵌套于 head 标签之中。

  A．body   B．title   C．image   D．html

（2）一个 HTML 文件中只能有_____个 body 标签。

  A．1   B．2   C．3   D．4

二、填空题

（1）插入多个不换行空格的方法有很多种，应用"插入"工具栏中的按钮插入，应单击"插入"工具栏左侧的按钮，从中选择_____选项。

（2）网页可以支持的图像格式有_____、_____、_____ 3 种。

三、思考题

（1）如何为热点建立链接？

（2）如何在网页中插入文本并设置文本属性？

第4章 表格与框架

学习要点

网页内部的布局对网站整体效果起着重要的作用，Dreamweaver CS3 提供了表格、框架和导航条等实用的工具来做布局和规划。这些强大的工具就像网站规划师一样，帮助我们开发出更适宜、更人性化的网页结构。

学习提要

- 创建表格、单元格
- 设置表格属性
- 增加、删除表格行列
- 拆分、合并表格
- 创建、保存框架
- 设置框架的属性面板
- 使用镶嵌框架集
- 创建导航条
- 设置导航条

4.1 使用表格

04
Chapter
4.1
4.2
4.3
4.4
4.5
4.6

网页设计时，我们通常使用表格来分隔页面元素、导入表格式数据、设计页面分栏、定位页面上的文本和图片等。

4.1.1 表格基本概念

在强大的 Dreamweaver CS3 中，表格不但可以用于制作简单的图表，还可以用于安排网页文档的整体布局。使用表格设计页面布局，可以不受分辨率的限制。事实上，在 IE 4.0 或 Netscape 4.0 以上版本的浏览器支持的图层技术具有更强大、更灵活的功能，但并不是所有人都使用这些版本以上的浏览器，因此使用表格仍具有更加广阔的市场。

表格由行、列和单元格 3 部分组成。顾名思义，行是指表格中的水平间隔；列是指表格中的垂直间隔；而单元格则指表格中一行与一列相交的区域。使用表格可以排列页面中的文本、图像以及各种对象。表格的行、列和单元格都可以进行复制、粘贴。此外，在表格中还可以插入表格，层进的表格嵌套使设计更加方便。

4.1.2 实例：创建表格

表格可以清晰地显示列表的数据，从表格的组成来看，它与文本处理软件中的表格没有什么不同。实际上二者既有相似也有不同，表格是网页设计制作时不可缺少的重要元素。

Step 01 打开光盘第 4 章中的例子 "test6.html"，将光标放在文档中，选择【插入】/【表格】命令，弹出"表格"对话框，如图 4-1 所示。

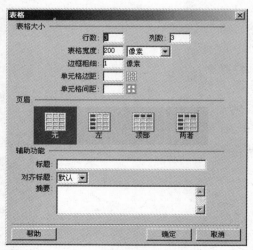

图 4-1 "表格"对话框

可以在"表格"对话框中设置以下参数。

- 行数：在该文本框中输入新建表格的行数。

- 列数：在该文本框中输入新建表格的列数。

- 表格宽度：用于设置表格的宽度，其中右边的下拉列表中有两个选项，百分比和像素。

- 边框粗细：用于设置表格边框的宽度，如果设置为 0，在浏览时看不到表格的边框。

- 单元格边距：单元格内容和单元格边界的像素值。

- 单元格间距：单元格之间的像素值。

- 页眉：可以定义表头样式，其中有 4 种样式可以选择。

- 标题：定义表格的标题。

- 对齐标题：用来定义表格标题的对

齐方式。

- 摘要：用来对表格进行注释。

Step 02 在对话框中将"行数"设置为 4，"列数"设置为 4，"表格宽度"设置为 600 像素，其他保持默认设置，单击 确定 按钮，插入表格，如图 4-2 所示。

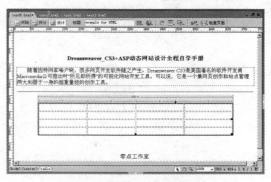

图 4-2　插入表格的效果图

4.1.3　实例：设置表格和单元格属性

下面介绍如何对表格的属性进行设置，使创建的表格更加美观、醒目。

选中表格，在"属性"面板中将"边框"设置为 3，"边框颜色"设置为 #CC0033，"背景颜色"设置为 #33FF33，如图 4-3 所示。

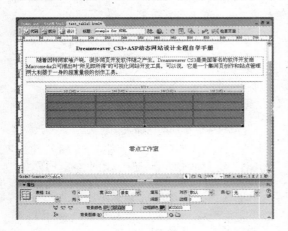

图 4-3　修改表格属性举例

在表格"属性"面板中可以设置以下参数。

4.1.4　实例：设置单元格属性

在 Dreamweaver 中可以单独设置单元格的属性，选中第 1 列单元格，在"属性"面板中将"背景颜色"设置为 #FFFF00，如图 4-4 所示。

在单元格"属性"面板上可以设置以下参数。

- 对齐：设置表格的对齐方式，该下拉列表框中包含 4 个选项即默认、左对齐、居中对齐和右对齐。

- 背景颜色：设置表格的背景颜色。

- 背景图像：设置表格的背景图像。

- 边框颜色：设置表格的边框颜色。

- 填充：单元格内容和单元格边界之间的像素值。

- 间距：相邻的表格单元格间的像素值。

- 边框：用来设置表格边框的宽度。

- 用于清除表格的列宽。

- 用于清除表格的行高。

- ： 将表格宽度由百分比转换为像素。

- 将表格宽度由像素转换为百分比。

图 4-4　选中第一列单元格

- 水平：设置单元格中对象的对齐方

式，"水平"下拉列表中包含 4 个选项即默认、左对齐、居中对齐和右对齐。

- 垂直：设置单元格中对象的对齐方式，"垂直"下拉列表中包含 5 个选项即默认、顶端、居中、底部和基线。

- 宽与高：用于设置单元格的宽与高。
- 不换行：表示单元格的宽度将随文字长度的不断增加而加长。
- 标题：将当前单元格设置为标题行。
- 背景：用于设置表格的背景图像。
- 边框：设置表格边框的颜色。

4.1.5　实例：添加行、列

Step 01 在已经创建的表格中添加行、列，首先需要将光标置于待插入行、列的单元格内，然后通过以下方式添加行、列和表格，如图 4-5 所示。

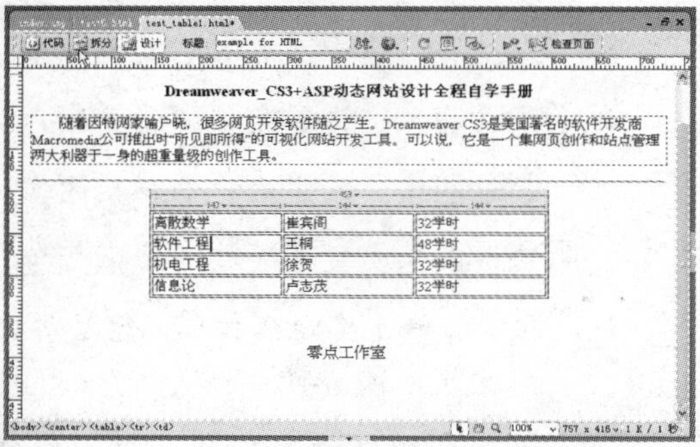

图 4-5　将光标放置于待编辑的位置

Step 03 选择【修改】/【表格】/【插入列】命令，则在光标所在单元格左边增加了一列，如图 4-7 所示。

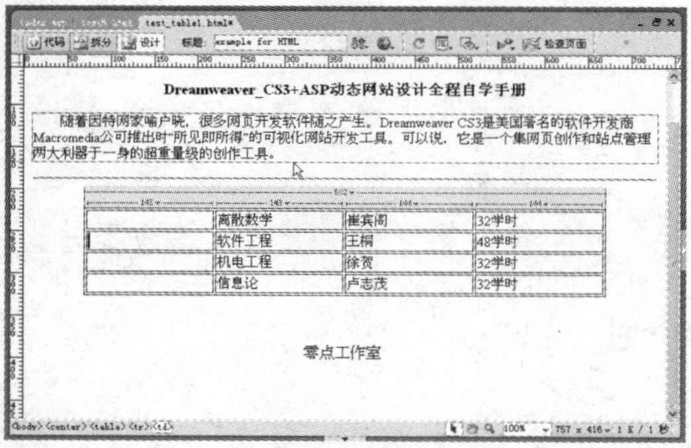

图 4-7　插入一列

Step 02 选择【修改】/【表格】/【插入行】命令，则在光标所在单元格上面增加了一行，如图 4-6 所示。

图 4-6　插入一行

Step 04 选择【修改】/【表格】/【插入行或列】命令，则弹出如图 4-8 所示的对话框，可以选择行或列的数目。例如，在"插入"项选中【列】单选按钮，在"行数"文本框中输入"2"，"位置"项选中【当前列之后】单选按钮，如图 4-9 所示。插入单元格后的效果如图 4-10 所示。

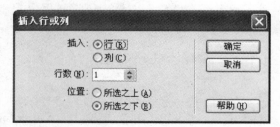

图 4-8　插入行或列对话框

○ **小提示**

也可以通过单击鼠标右键，在弹出的快捷菜单中选择进行添加行、列等命令。

图 4-9 插入行或列对话框举例

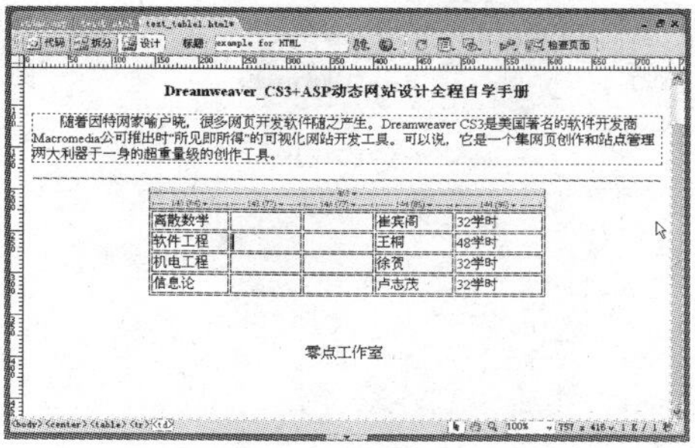

图 4-10 插入后效果图

4.1.6 实例：删除行、列、表格

首先将光标置于待删除行、列的单元格

Step 01 选择【修改】/【表格】/【删除行】命令，则在光标所在单元格一行删除，如图 4-11 所示。

内，然后通过以下方式删除行、列。

Step 02 选择【修改】/【表格】/【删除列】命令，则在光标所在单元格一列删除，如图 4-12 所示。

> ○ **小提示**
>
> 也可以通过单击鼠标右键，然后在弹出的快捷菜单中选择命令进行删除行、列等。

图 4-11 选中要删除的位置

图 4-12 删除后行效果图

4.1.7 实例：合并与拆分单元格

Step 01 拆分单元格是针对某个单元格而言的。如果要拆分单元格，选择【修改】/【表格】/【拆分单元格】命令，弹出"拆分单元格"对话框，如图 4-13 所示。

Step 02 在"拆分单元格"对话框中，如果在"把单元格拆分"项选择"行"单选按钮，下边将出现"行数"，然后在文本框中输入需要拆分的行数。在"把单元格拆分"项选择"列"，下边将出现"列数"，然后在文本框中输入需要拆分的列数。如图 4-14 所示是把当前单元格拆分为行后的效果。

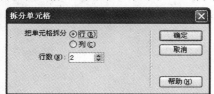

图 4-13 "拆分单元格"对话框

Dw

Dreamweaver CS3+ASP 动态网站设计入门实战与提高

04

Chapter

4.1

4.2

4.3

4.4

4.5

4.6

图 4-14 拆分单元格后效果图

图 4-15 选中待合并的单元格

Step 03 首先选中要合并的单元格，然后选择【修改】/【表格】/【合并单元格】命令。如图 4-15 和图 4-16 所示是合并单元格后的效果。

图 4-16 合并单元格后效果图

4.2 使用框架

Dreamweaver+ASP

前面介绍了如何运用表格来对页面进行布局，但是对于有些网站来讲，如果所有的页面都只使用静态的表格来规划的话就显得过于死板，这时就需要用到另一种常用的页面布局方法——框架。

4.2.1 框架的概念

框架的出现极大地丰富了网页格局以及页面间组织形式。它使得浏览者很方便地在不同的页面之间跳转，以尽可能地方便其操作。常见的 BBS 论坛页面、邮箱的操作界面等都是用框架来实现的。框架的作用在于它把浏览器的显示空间分割成若干部分，每个部分都可以独立显示不同的网页。如图 4-17 所示就是一个使用了框架后的网页，该网页分为上、左和右 3 部分框架。

在 Dreamweaver 中有两种创建框架集的方法，既可以从预定义的框架集中选择，也可以自己设计框架集。

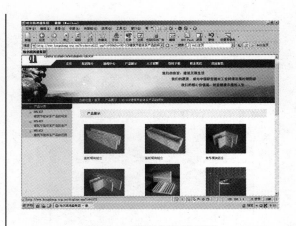

图 4-17 使用框架效果图

4.2.2　实例：使用预设方式创建框架网页

选择预设方式的框架集将自动设置创建所需的所有框架集和框架。它是迅速创建基于框架布局最简单的方法。只能在"文档"窗口的"设计"视图中插入预定义的框架集。通过预定义的框架集，可以很容易地选择要创建的框架集类型。其具体操作步骤如下：

Step 01　选择【文件】/【新建】命令，弹出"新建文档"对话框，在"常规"选项卡中选择"框架集"选项，在右边的"示例页"列表中选择【上方固定，左侧嵌套】选项，如图 4-18 所示。

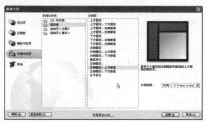

图 4-18　使用向导创建框架文档

Step 02　单击　创建(R)　按钮，新建一个框架网页，如图 4-19 所示。

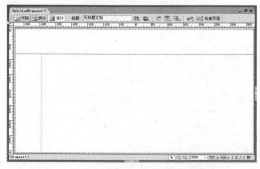

图 4-19　使用向导生成的框架文档

4.2.3　实例：保存框架网页

Step 01　选择【文件】/【保存全部】命令，整个框架边框会出现一个阴影框，同时弹出"另存为"对话框。因为阴影出现在整个框架集内侧，所以提示输入整个框架集的名称，如图 4-20 所示。将整个框架集命名为"all.htm"，单击　保存(S)　按钮。

图 4-20　"另存为"对话框

Step 03　接下来，会出现第三个"另存为"对话框，此时左边框架内侧出现阴影，如图 4-22 所示。询问左边框架的文件名，将文件命名为"left.htm"，单击　保存(S)　按钮。

Step 02　然后，会出现第二个"另存为"对话框，此时右边框架内侧出现阴影，如图 4-21 所示。询问右边框架的文件名，将文件命名为"right.htm"，单击　保存(S)　按钮。

图 4-21　右框架命名

> ○ **小提示**
>
> 注意到图 4-21 中，右边的框架呈现虚线，说明现在编辑的是该框架，其他同理。

Step 04　最后，出现第 4 个"另存为"对话框，此时顶部框架内侧出现阴影，如图 4-23 所示。询问顶部框架的文件名，将文件命名为"top.htm"，单击　保存(S)　按钮。

图 4-22　左框架命名

图 4-23　顶部框架命名

Step 05　将整个框架集命名为"all.htm"，单击 保存(S) 按钮。

至此，整个框架集保存完毕。以上 3 个框架就组成了该框架集，这 3 个框架之间是并列关系，可以对其分别进行网页编辑，或者直接把某个已经存在的页面赋给一个框架，如图 4-24 所示。

○ **小提示**

选择【窗口】/【框架】命令，打开"框架"面板，在"框架"面板上单击要选择的框架，所选择的框架边框内侧会出现虚线，如图 4-23 所示，此时可以用鼠标选中待编辑的框架。

图 4-24　框架的"属性"面板

4.2.4　框架与框架集的属性面板

按照上述方法选中一个框架，打开"属性"面板，如图 4-25 所示。

图 4-25　框架的"属性"面板

框架"属性"面板中各选项说明如下。

- 框架名称：用来作为链接指向的目标。

- 源文件：确定框架的源文档，可以直接输入名字，或单击文本框右侧的浏览文件图标查找并选取文件；也可以通过将插入点放在框架内并选择【文件】/【在框架中打开】命令来打开文件。

- 滚动下拉列表：确定当框架内的内容显示不下的时候是否出现滚动条，选项有"是"、"否"、"自动"和"默认"。

- 不能调整大小：限定框架尺寸，防止用户拖动框架边框。

- 边框：用来控制当前框架边框，选项有"是"、"否"和"默认"。

- 边框颜色：设置与当前框架相邻的所有框架的边框颜色。

- 边界宽度：设置框架边框和内容之间的左右边距，以像素为单位。

- 边界高度：设置框架边框和内容之间的上下边距，以像素为单位。

下面介绍框架集的"属性"面板设置方式。

首先选中框架集,当鼠标指针靠近框架集的边框且出现上下箭头时,单击整个框架集的边框,可以选择整个框架集,如图 4-26 所示是将 all.htm 加入内容后的效果。框架集的"属性"面板如图 4-27 所示。

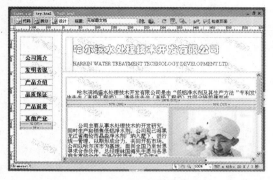

图 4-26　选中框架集

图 4-27　框架集的"属性"面板

框架集"属性"面板上各选项说明如下。

* 边框: 设置是否有边框,其下拉列表中包含"是"、"否"和"默认"。选择默认,将由浏览器端的设置来决定。

* 边框宽度: 设置整个框架集的边框宽度,以像素为单位。

* 边框颜色: 用来设置整个框架集的边框颜色。

* 行或列: 属性面板中显示的是行还是列,是由框架集的结构而定。

* 单位: 行、列尺寸的单位,其下拉列表中包含【像素】、【百分比】和【相对】3 个选项。

4.2.5　实例: 创建嵌套框架

框架允许嵌套,框架的嵌套可以帮助网页更加错落有致。

Step 01　打开"all.htm"文件,如图 4-26 所示,将其中的"right.htm"文件进行拆分,选中此右侧框架,如图 4-28 所示。

图 4-28　选中右框架

Step 02　选择【修改】/【框架集】命令,在子菜单中选择【拆分框架集】命令,选项有"拆分左框架"、"拆分右框架"、"拆分上框架"和"拆分下框架"。选择"拆分右框架",得到如图 4-29 所示的嵌套框架。

图 4-29　"拆分右框架"后的效果图

4.3　创建导航条

Dreamweaver+ASP

导航条由一个图像或一组图像组成,这些图像的显示内容随用户动作而变化。导航条通常为在站点上的页面和文件之间移动提供一条简捷的途径,可以将导航条元素视为按钮,单击时导航条元素将用户转到其链接页面。

4.3.1　导航条简介

导航条元素有以下 4 种状态。

- 一般：用户尚未单击或尚未与此元素交互时所显示的图像。

- 滑过：用户将鼠标指针滑过"一般"图像时所显示的图像。元素的外观发生变化（例如变得更亮），以便让用户知道可以与这个元素进行交互。

- 按下：用户单击该元素时显示的图像。例如，用户单击某元素后，加

载一个新的页面，而导航条仍然显示，只是被单击的元素可能变暗，表示它曾被选择过。

- 按下时鼠标经过：用户单击元素后，将鼠标指针滑过"按下"图像时显示的图像。例如，该元素可能变淡。此状态为用户提供可视提示，说明此时不能再单击此元素。

实际使用中，不必包含所有这 4 种状态的导航条图像。例如，可以只选用"一般"和"按下"这两种状态。

4.3.2　实例：插入导航条

Step 01 选择【插入】/【图像对象】/【导航条】命令，弹出"插入导航条"对话框，按图 4-30 所示进行设置。

图 4-30　"插入导航条"对话框

下面对选项加以说明：

- 和 ：单击加号可以插入元素；再单击加号会再添加另外一个元素。需要删除元素，先选择所要删除的元素，然后单击减号。

- 项目名称：键入导航条元素的名称。每一个元素都对应一个按钮，该按钮具有一组图像状态，最多可达 4 个。元素名称在"导航条元素"列表中显示。用箭头按钮排列元素

在导航条中的位置。

- 一般、经过、按下和按下时鼠标经过：浏览以选择这 4 种状态的图像。

- 替换文本：为该元素输入描述性名称。在纯文本浏览器或手动下载图像的浏览器中，替代文本显示在图像的位置。屏幕阅读器读取替换文本，而且有些浏览器在用户将指针滑过导航条元素时显示替换文本。

- 按下时，前往的 URL：单击 浏览 按钮，选择要打开的链接文件，然后指定是否在同一窗口或框架中打开文件。如果要使用的目标框架未出现在菜单中，可以关闭"插入导航条"对话框，然后在文档中命名该框架。

- 预先载入图像：选择此选项可以在下载页面的同时下载图像。此选项可以防止在用户将指针滑过鼠标经过图像时出现延迟。

- 页面载入时就显示鼠标按下图像：对于希望在初始时为"按下"状态，

而不是以默认的"一般"状态显示的元素，选择此选项。例如，在第一次下载页面时，导航条上的"主页"元素应处于"按下"状态。在对元素应用此选项时，在"导航条元素"列表中其名称后面将出现一个星号。

- 插入：指定是垂直插入还是水平插入各元素。

- 使用表格：选择以表的形式插入各元素。

Step 02 单击 确定 按钮，完成"插入导航条"对话框的设置。

○ **小提示**

　　为文档创建导航条后，可以使用【修改导航条】命令向导航条添加图像，或从导航条中删除图像。此命令可以用于更改图像或图像组、更改单击元素时所打开的文件、选择在不同的窗口或框架中打开文件以及重新排序图像。

4.4 实例：制作框架网页

Dreamweaver+ASP

Step 01 选择【文件】/【新建】命令，弹出"新建文档"对话框，如图 4-31 所示。

图 4-31　新建框架文档

Step 03 单击 创建(R) 按钮，创建一个空白文档，如图 4-33 所示。

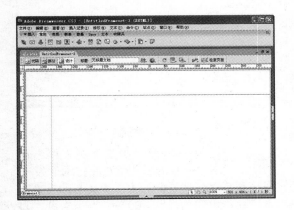

图 4-33　生成空白文档

Step 02 在对话框中选择"常规"选项卡中的"框架集"类别，从"框架集"列表框中选择"上方固定，左侧嵌套"的框架集，如图 4-32 所示。

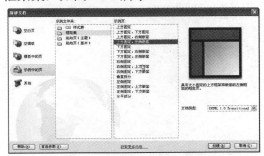

图 4-32　选中框架

Step 04 选择【文件】/【保存全部】命令。弹出"另存为"对话框，此时整个框架集内侧出现虚线，提示要保存的是整个框架集，在"文件名"中输入"all.htm"，如图 4-34 所示。

图 4-34　"另存为"对话框

Dw

Dreamweaver CS3+ASP 动态网站设计入门实战与提高

04

Chapter

4.1

4.2

4.3

4.4

4.5

4.6

Step 05 单击 保存(S) 按钮，此时右边框架内侧出现虚线，提示要保存右边框架。将文件名命名为"right.htm"，如图 4-35 所示。

图 4-35　右侧框架

Step 07 单击 保存(S) 按钮，此时顶部框架内侧出现虚线，提示要保存顶部框架。将文件名命名为"top.htm"，如图 4-37 所示。

图 4-37　顶部框架

Step 09 选择【插入记录】/【表格】命令，插入一个 1 行 2 列的表格，如图 4-39 所示。

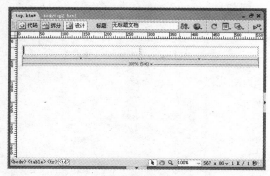

图 4-39　在顶部插入表格

Step 06 单击 保存(S) 按钮，此时左边框架内侧出现虚线，提示要保存左边框架。将文件名命名为"left.htm"，如图 4-36 所示。

图 4-36　左侧框架

Step 08 单击"框架"面板中的"topFrame"，选择顶部框架，如图 4-38 所示。

图 4-38　框架窗口

Step 10 将光标放置在左侧的表格中，选择【插入记录】/【图像】命令，插入光盘第 4 章中的"icon.jpg"，如图 4-40 所示。

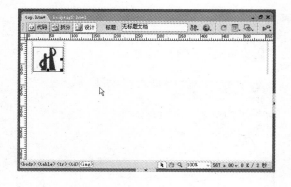

图 4-40　顶部插入图片

Step 11 调整表格宽度，在第 2 列表格中输入文字"哈尔滨水处理技术开发有限公司"，"字体"设置为"华文彩云"，"文本颜色"设置为"#ffff00"，"大小"设置为"6"，"位置"设置为"居中对齐"，如图 4-41 所示。

图 4-41 顶部插入文字

Step 12 单击"框架"面板中的"leftFrame"，选择左框架。

Step 14 单击"框架"面板中的"rightFrame"，选择右框架。

Step 16 在右框架中继续插入 1 行 2 列的表格，如图 4-44 所示。

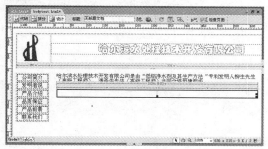

图 4-44 右框架插入图表

Step 17 在左侧表格中输入文字，在右侧表格中选择【插入记录】/【图像】命令，插入光盘第 4 章中的"map.gif"图片，如图 4-45 所示。

Step 13 选择【插入记录】/【表格】命令，插入一个 6 行 1 列的表格，输入相关文字，如图 4-42 所示。

图 4-42 在左框架插入表格

Step 15 在右框架中插入文字，如图 4-43 所示。

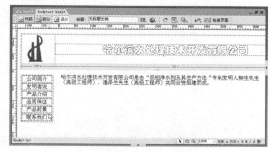

图 4-43 在右框架插入文字

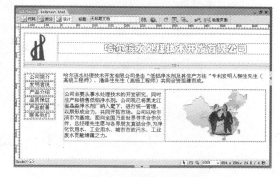

图 4-45 最终效果图

4.5 本章技巧荟萃

/Dreamweaver+ASP

本章讲述了 Dreamweaver CS3 中的网页布局定位技术：表格、框架和导航条。只有灵活掌握和运用这些工具，才能真正学到网页制作技术的精髓。本章首先介绍了表格的基本应用，使读者对表格有所了解，然后讲述了如何创建框架网页、框架集、设置框架和框架集的属性，接着讲述导航条的应用，最后通过一个综合实例来说明如何进行网页布局。

Dreamweaver CS3+ASP 动态网站设计入门实战与提高

04

Chapter

4.1

4.2

4.3

4.4

4.5

4.6

本章常用技巧主要有以下几种：

- 单元格在高度调整中不会出现和其他单元格或表格的叠加现象，但会出现吸附，条件是间距小于 8 个像素，可以按住【Alt】键避免吸附现象，无论如何调整，单元格大小不会超过所在表格。

- 使用表格时，整个表格不要都套在一个表格里，尽量拆分成多个表格。表格的嵌套层次尽量要少，最好嵌套表格不超过 3 层。

- 关于嵌套表格宽度的设定，一般来说，外层表格往往采用绝对尺寸，表格中所套的表格采用相对尺寸，这样定位出来的网页才不会随着

显示器分辨率的差异而引起混乱。

- 现在的网页最佳浏览分辨率大多是 800×600 或 1024×768，如何让网页兼容性更好，只需把表格的宽度设置为 100%即可该决这个问题。

- 需编辑一个框架系的名字时，按【Ctrl+F10】快捷键打开"框架"面板，单击最外面的框，按【Ctrl+J】快捷键，在弹出的对话框中输入文字。

- 虽然框架允许嵌套，但过多层次的框架对网页修改十分不利，所以框架的嵌套不宜设置太多。

4.6 学习效果测试

Dreamweaver+ASP

一、选择题

（1）在下面对表格的描述中错误的是（　　）。

    A．框架的每个部分都可以独立显示不同的网页。

    B．框架不允许嵌套。

    C．使用表格，可以很方便地实现网页元素的定位。

    D．框架的作用是把浏览器的显示空间分割成几个部分。

（2）＿＿＿＿＿提供将一个浏览器窗口划分为多个区域，每个区域都可以显示不同 HTML 文档的方法。

    A．框架   B．模板   C．HTML 文档   D．层

二、操作题

（1）在 Dreamweaver 文档窗口中建立一个 5 行 6 列的表格，居中对齐。

（2）制作一个含上下结构的框架主页，在上框架显示标题和导航条，下框架显示导航条对应的页面。

第 5 章　CSS 样式和层的使用

学习要点

本章重点介绍了在 Dreamweaver CS3 中 CSS 样式的使用方法。通过本章的学习，读者可以根据不同的需要灵活运用 CSS 技术；并重点介绍了 Dreamweaver CS3 中的层技术。由于层对象与动态效果有着密切的关系，因此完全掌握层技术是建立网页中动态效果的关键。

学习提要

- CSS 样式的基本概念
- 使用 CSS 编辑器
- 建立 CSS 样式
- 加载 CSS 样式
- 修改、删除已有 CSS 样式
- 层的基本概念
- 创建层
- 使用层模版
- 使用层制作特效

05
Chapter
5.1
5.2
5.3
5.4
5.5
5.6

5.1 CSS 简介

随着网站内容的不断丰富，网页上的图像、动画、字幕以及其他控件也不断增加，这时就提出了一个问题，如何使这些元素在网页中准确定位。传统的网页制作工具已显得力不从心。1998 年底，CSS 应运而生，很好地解决了这个问题。

层叠样式表（Cascading Style Sheets）是一系列格式规则，简称 CSS，它们控制网页内容的外观。使用 CSS，可以非常灵活并准确地控制网页的外观，从而精确地布局定位到特定的字体和样式。

层叠样式表（CSS）可以使用 HTML 标签或命名的方式定义，除了可以控制一些传统的文本属性，例如字体、字号、颜色等以外，还可以控制一些比较特别的 HTML 属性，例如对象位置、图片效果、鼠标指针等。层叠样式表可以一次性控制多个文档中的文本，而且 CSS 中的内容可以随时改动，来自动更新文档中文本的样式。

总体来说，层叠样式表（CSS）能够完成下列工作：

- 更加灵活地控制网页中文字的字体、颜色、大小、间距、风格及位置。

- 灵活地设置一段文本的行高、缩进并可以为其加入三维效果的边框。

- 方便地为网页中的任何元素设置不同的背景颜色和背景图像。

- 精确地控制网页中各元素的位置。

- 为网页中的元素设置各种过滤器，从而产生阴影、模糊和透明等效果。

- 与脚本语言结合，从而产生各种动态效果。

- 由于是直接的 HTML 格式的代码，因此网页打开的速度非常快。

层叠样式表有以下特点：

- 将格式和结构分离：

HTML 语言定义了网页的结构和各要素的功能，而层叠样式表通过将定义结构的部分和定义格式的部分分离，以便能够对页面的布局施加更多的控制。

- 以前所未有的能力控制页面布局：

HTML 语言对页面总体上的控制很有限，例如精确定位、行间距或字间距等，这些都可以通过层叠样式表（CSS）来完成。

- 制作体积更小、下载更快的网页：

样式表只是简单的文本。就像 HTML 那样，它不需要图像，不需要执行程序，不需要插件。使用层叠样式表可以减少表格标签及其他加大 HTML 体积的代码，减少图像用量从而减小文件尺寸。

- 将许多网页同时更新，比以前更快更容易：

没有样式表时，如果想更新整个站点中所有主体文本的字体，必须逐一修改每张网页。样式表的主旨就是将格式和结构分离。使用样式表可以将站点上所有的网页都指向单一的一个层叠样式表（CSS）文件，只要修改层叠样式表（CSS）文件中某一行，整个站点都会随之发生变动。

- 浏览器将成为更友好的界面：

样式表的代码有很好的兼容性。也就是说，如果用户丢失了某个插件时不会发生中断。或者使用老版本的浏览器时代码不会出

现杂乱无章的情况,只要是可以识别层叠样 | 式表的浏览器就可以应用。

5.2 使用 CSS 编辑器

在使用 CSS 样式改变页面外观之前,先要创建 CSS 样式,将想要实现的风格样式定义在 CSS 样式表中,然后才能套用该样式。

5.2.1 实例: 创建 CSS 样式

Step 01 创建一个 CSS,可以在 Dreamweaver 选择【文本】/【CSS 样式】/【新建】命令,弹出"新建 CSS 规则"对话框,也可以在"CSS 样式"面板上选择右下侧的"新建 CSS 样式"选项,如图 5-1 所示,打开"新建 CSS 规则"对话框。

图 5-1　CSS 样式

- 如果选择"标签(重新定义特定标签的外观)"单选按钮,如图 5-3 所示。这时新建样式对话框中的"名称"下拉列表会变为"标签"下拉列表。单击"标签"下拉列表,出现所有可重定义的 HTML 标记。从中选择要重定义 CSS 样式的 HTML 标记,或者直接输入 HTML 的标记。

- 如果选择"高级(ID、伪类选择器等)"单选按钮,如图 5-4 所示。"选择器"下拉列表中默认会有 4 个选项。

CS3 引导下很容易的完成。

Step 02 在弹出的对话框中选择"选择器类型",其相应设置有以下 3 种:

- 如果选择"类(可应用于任何标签)"单选按钮,如图 5-2 所示。在"名称"文本框中输入自定义样式的名称,自定义样式的名称前应该带有一个".",不过如果用户没有输入".",Dreamweaver 也会自动添加。

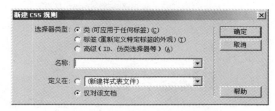

图 5-2　类(可应用于任何标签)

图 5-3　标签(重新定义特定标签的外观)

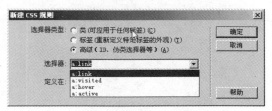

图 5-4　高级(ID、伪类选择器等)

Dw

Dreamweaver CS3+ASP 动态网站设计入门实战与提高

05

Chapter

5.1

5.2

5.3

5.4

5.5

5.6

.a:link：超链接的正常显示状态，没有任何动作。

.a:visited：超链接已访问的状态。

Step **03** 如果要将样式定义在当前文档中，可以选中"新建 CSS 样式"对话框中的"定义在"下的"仅对该文档"单选按钮；如果想将定义的 CSS 样式保存在一个文件中，则选中"定义在"的下拉列表前的单选按钮，并从下拉列表中选择要保存 CSS 样式的文件名，或者选择"新建样式表文件"选项保存在新文件中，如果这时没有输入新文件的文件名，单击 确定 按钮后则会弹出"保存样式表文件为"对话框，如图 5-5 所示。

图 5-5 "保存样式表文件"对话框

.a:hover：鼠标停留在超链接上时的状态。

.a:active：超链接被激活的状态。

Step **04** 在设置好后单击 保存(S) 按钮，将出现 "wwww 的 CSS 规则定义"对话框，如图 5-6 所示。根据需要设置 CSS 样式的格式化参数，可以设置文本的字体、大小、粗细和颜色等。

图 5-6 "wwww 的 CSS 规则定义"对话框

5.2.2 定义类型样式

使用"CSS 规则定义"对话框中的"类型"可以定义 CSS 样式的基本字体和类型设置。

如图 5-7 所示，在"CSS 样式定义"对话框中左侧的"分类"列表中选择"类型"选项，可以设置选定的 CSS 样式的类型参数。

图 5-7 CSS 样式的基本字体和类型设置

- 字体：在下拉菜单中选择当前样式的字体或字体组，如图 5-8 所示。如果我们希望在列表中选择隶书字体，但在字体列表中没有自己需要的字体，可以选择"编辑字体列表"，这时会弹出如图 5-9 所示的对话框。

图 5-8 选择当前样式的字体或字体组

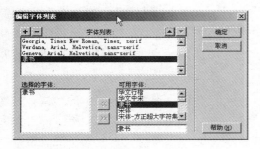

图 5-9　"编辑字体列表"对话框

- 大小：在下拉菜单中可以选择字体的大小。输入数值并选择单位来指定字体的大小，或者设置百分比来指定字体的相对大小。在属性设置中位置和大小的默认单位是像素。对于 CSS 层，还可以指定下列单位：px（像素）、pc（十二点活字）、pt（点）、in（英寸）、mm（毫米）、cm（厘米）或%（父级值的百分比）、em（字体高度）、ex（字母 x 的高度），单位必须紧跟在值之后，中间不留空格，例如，5mm、10pt，如图 5-10 和图 5-11 所示。

图 5-10　字体大小设置（型号）

图 5-11　字体大小设置（单位）

- 样式：默认设置是"正常"，也可以在下拉菜单中选择字体的其他风格例如"斜体"或"偏斜体"，如图 5-12 所示。

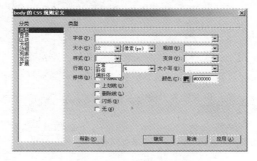

图 5-12　字体样式设置

- 行高：在下拉菜单中选择文本行的高度，列出的选项包括"正常"和"值"，如图 5-13 和图 5-14 所示。

图 5-13　文本行高度设置

图 5-14　文本行高度设置

- 粗细：选择字体的粗细格式，应用特定或相对的粗体量，如图 5-15 所示。

05
Chapter

5.1

5.2

5.3

5.4

5.5

5.6

图 5-15　字体粗细设置

○ **小提示**

在默认情况下，"正常"对应的数值是400，"粗体"对应的是700，可以自己设置需要的粗细。

- 大小写：在下拉菜单中选择文本大小写的方式，包括"首字母大写"、"大写"、"小写"和"无"。选择"首字母大写"选项，设置每个单词的首字母大写；选择"大写"选项，设置全部字体为大写；选择"小写"选项，设置全部字体为小写；选择"无"选项，字体保持原来的格式，如图5-16所示。

图 5-16　字体大小写设置

- 颜色：单击█按钮选取适当的颜色，或者在后面的文本框中输入颜色的十六进制代码，设置文本的颜色，如图5-17所示。

- 修饰：选择修饰文本的形式，勾选"上划线"复选框，给字体附加上划线；勾选"下划线"复选框，给字体附加下划线；勾选"删除线"复选框，给字体附加穿行线；勾选"闪烁"复选框，设置字体为闪烁格式，如图5-18所示。

图 5-17　字体颜色设置

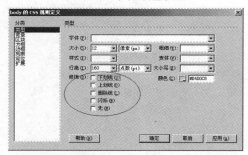

图 5-18　文本修饰形式设置

5.2.3　定义背景样式

使用"CSS 规则定义"对话框中的"背景"类别可以定义 CSS 样式的背景设置，可以对网页中的任何元素应用背景属性。例如，创建一个样式，将背景颜色或背景图像添加到任何页面元素中，例如在文本、表格和页面的后面还可以设置背景图像的位置。

如图5-19所示，在"CSS 规则定义"

对话框中左侧的"分类"列表中选择"背景"选项，可以设置背景样式的参数。

- 背景颜色：设定背景色，参照图5-17所示的字体颜色设置。

- 背景图像：设定背景图像。在下拉菜单中选择文件，或者单击 浏览... 按钮选择所需的背景图像。

图 5-19　设置背景图像

- 重复：在下拉菜单中选择背景图像的重复显示方式，包括“不重复”、“重复”、“横向重复”和“纵向重复”。选择“不重复”项，如图 5-20 所示，只在应用该样式的元素前端显示一次图像，不重复图像；选择“重复”项，如图 5-21 所示，相当于平铺显示图像；选择“横向重复”项，如图 5-22 所示，在水平方向上重复显示图像；选择“纵向重复”项，如图 5-23 所示，在垂直方向上重复显示图像。

图 5-20　不重复背景图像显示方式

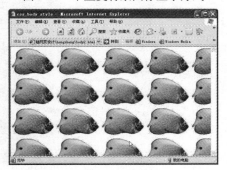

图 5-21　重复背景图像显示方式

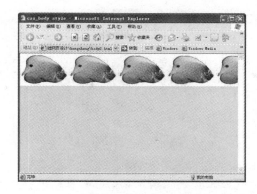

图 5-22　横向重复背景图像显示方式

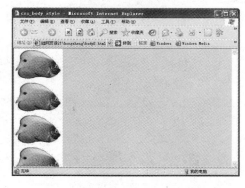

图 5-23　纵向重复背景图像显示方式

- 附件：在下拉菜单中选择背景图像的显示方式，如图 5-24 所示，包括“固定”和“滚动”。选择“固定”项，将背景图像固定在原来的位置；选择“滚动”项，则背景图像可以滚动。

- 水平位置：在下拉菜单中选择背景图像的水平位置，包括“左对齐”、“右对齐”、“居中”和“值”4 项，如图 5-25 所示。选择“左对齐”项，背景图像相对于元素左对齐；选择“右对齐”项，背景图像相对于元素右对齐；选择“居中”项，背景图像相对于元素居中；选择“值”项，精确设置背景图像在水平方向上的位置，在其后的下拉菜单中选择单位（只有此时，后面的下拉菜单才是可用的）。

05
Chapter

5.1

5.2

5.3

5.4

5.5

5.6

图 5-24　背景图像固定或者滚动的显示方式

图 5-25　背景图像的水平位置

- 垂直位置：在下拉菜单中选择背景图像的垂直位置，包括"顶部"、"居中"、"底部"和"值"4项。选择"顶部"项，则背景图像和元素顶部对齐；选择"居中"项，设置背景图像居中对齐；选择"底部"项，设置背景图像和元素的底部对齐。垂直位置的设置方式和水平位置设置方式相同。

> ○ **小提示**
>
> 对于"附件"、"水平位置"和"垂直位置"功能选项，Internet Explorer 能够支持，但 Netscape Navigator 不支持。

5.2.4　定义区块样式

使用"CSS 规则定义"对话框中的"区块"类别可以定义标签和属性的间距和对齐设置。如图 5-26 所示，在"CSS 规则定义"对话框中左侧的"分类"列表中选择"区块"选项，可以设置区块样式的参数。

图 5-26　标签和属性的间距和对齐设置

- 单词间距：在下拉列表中设置单词间距，包括"正常"和"值"两项。选择"值"项，输入数值并在后面的下拉列表中选择合适的单位，以精确设置单词间距，如图 5-27 所示。
- 字母间距：在下拉列表中设置字母间距，可以指定负值，但显示方式

取决于浏览器。**Dreamweaver** 不在文档窗口中显示此属性，如图 5-28 所示。

图 5-27　设置单词间距

图 5-28　设置字母间距

- 垂直对齐：在下拉列表中设置元素相对于其父对象在垂直方向上的对齐方式，如图 5-29 所示。

- 文本对齐：在下拉列表中设定文本的对齐方式，如图 5-30 所示。

图 5-29　设置垂直方向上的对齐方式

图 5-30　设置文本对齐方式

- 文字缩进：设置文字缩进距离。在该文本框中输入一个具体的数值，可以是负值，具体显示依赖于浏览器，如图 5-31 所示。

- 空格：选择在应用该样式的元素中处理空格的方式。选择"正常"项，则将多个空格等同于一个空格；选择"保留"项，保留元素的预格式化形式；选择"不换行"项，文本不能自动换行，如图 5-32 所示。

图 5-31　设置文字缩进距离

图 5-32　处理空格的方式

- 显示：用于设置一个对象是否在"画布"上显示以及如何在"画布"上显示。这里所指的"画布"可以是一张打印出来的页面，也可以是计算机显示器上的浏览器等，如图 5-33 所示。

图 5-33　设置对象在画布上的显示方式

5.2.5　定义方框样式

使用"CSS 规则定义"对话框中的"方框"类别可以用于控制元素在页面上的放置方式的标签和属性定义设置。可以在应用填充和边距设置时将设置应用于元素的各个边，也可以使用"全部相同"设置将相同的设置应用于元素的所有边。

如图 5-34 所示，在"CSS 规则定义"对话框中左侧的"分类"列表中选择"方框"

05
Chapter

5.1
5.2
5.3
5.4
5.5
5.6

选项，可设置方框样式的参数。

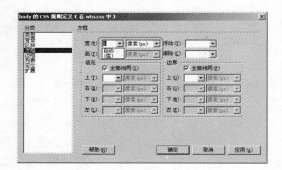

图 5-34 设置方框样式参数

- 宽和高：在对应的下拉菜单中分别设定元素的宽度（如图 5-35 所示）和高度（如图 5-36 所示）。

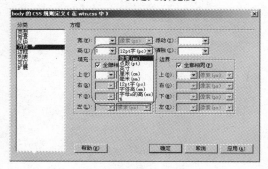

图 5-35 设定元素宽度

图 5-36 设定元素高度

- 浮动：选择元素的浮动位置，如图 5-37 所示。可以在此设置其他元素（例如文本、层和表格等）在哪个边围绕元素浮动。

- 清除：选择不允许应用样式的边界，如图 5-38 所示。当层出现在该边界之外时，层将会覆盖元素。

图 5-37 选择元素浮动位置

图 5-38 选择不允许应用样式的边界

- 填充：勾选"全部相同"复选框，指定元素内容与元素边框（如果没有边框，则为边距）之间的间距全部相同，如图 5-39 所示。取消勾选该复选框，则可以在对话框下面的"上"、"右"、"下"和"左"中指定具体的填充数值，如图 5-40 所示。

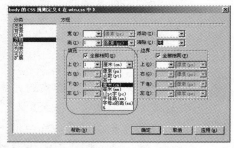

图 5-39 元素内容与元素边框的间距全部相同

图 5-40 指定具体的填充数值

○ **小提示**

仅当 CSS 样式应用于块级元素（例如段落、标签和列表等）时 Dreamweaver 才在文档窗口中显示边界属性。

- 边界：勾选"全部相同"复选框，指定一个元素的边框（如果没有边框，则为填充）与另一个元素之间的间距全都相同。取消勾选该复选框，则可以在下面的"上"、"右"、"下"和"左"中指定具体的边界数值。它的设置方法和上面的填充

方法基本相同，如图 5-41 所示。

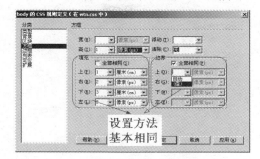

图 5-41　设置元素边框

5.2.6　定义边框样式

使用"CSS 规则定义"对话框的"边框"类别可以定义元素周围的边框的设置（例如宽度、颜色和样式）。

如图 5-42 所示，在"CSS 规则定义"对话框中左侧的"分类"列表中选择"边框"选项，可以设置边框样式的参数。

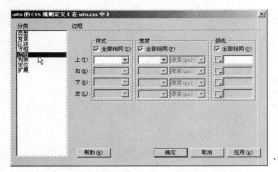

图 5-42　元素周围的边框设置

- 样式：设定边框的风格，包括"虚线"、"点划线"、"实线"、"双线"、"槽状脊状"、"凹陷"和"凸出"，如图 5-43 所示。

- 宽度：设定元素顶部、底部、左边、右边边框的宽度，包括"细"、"中"、"粗"和"值"。选择"值"项，在文本框中输入数值并选择单位，精确设置边框的宽度，如图 5-44 所示。

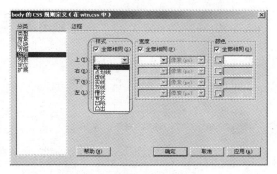

图 5-43　设置边框风格

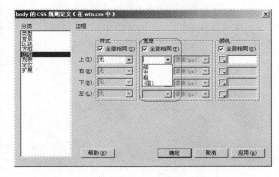

图 5-44　设置边框宽度

- 颜色：设定元素顶部、底部、左边、右边边框的颜色。可以在调色板中单击需要的颜色，也可以直接在文本框中输入颜色的十六进制值，如图 5-45 所示。

Dw Dreamweaver CS3+ASP 动态网站设计入门实战与提高

05
Chapter

5.1
5.2
5.3
5.4
5.5
5.6

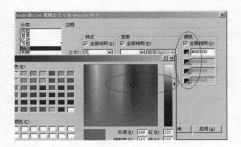

图 5-45　设置边框颜色

5.2.7　定义列表样式

使用"CSS 规则定义"对话框中的"列表"类别可以为列表标签定义列表设置，例如项目符号大小和类型。

如图 5-46 所示，在"CSS 规则定义"对话框中左侧的"分类"列表中选择"列表"选项，可以设置列表样式的参数。

- 类型：设置项目符号或编号的外观，如图 5-47 所示。

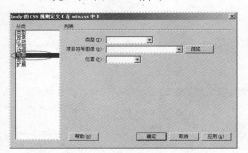

图 5-46　设置列表样式参数

图 5-47　设置项目符号或编号外观

- 项目符号图像：可以为项目符号指定自定义图像。单击【浏览】按钮，可以通过浏览选择图像，或键入图像的路径，如图 5-48 所示。

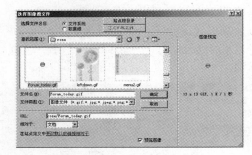

图 5-48　项目符号指定自定义图像

- 位置：设置列表项文本是否换行并缩进或者文本是否换行到左边距，如图 5-49 所示。

图 5-49　设置列表项文本位置

5.2.8　定义定位样式

定位样式属性用于确定与选定的 CSS 样式相关的内容在页面上的定位方式。

如图 5-50 所示，在"CSS 规则定义"对话框中左侧的"分类"列表中选择"定位"选项，可以设置定位样式的参数。

- 类型：设定放置层的方式，如图 5-51 所示。选择"绝对"选项，以页面的左上角为坐标原点；选择"相对"选项，以页面上的对象或文字为坐标原点；选择"静态"选项，保持原来的位置。

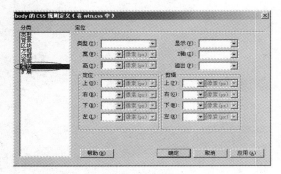

图 5-50　设置定位样式参数

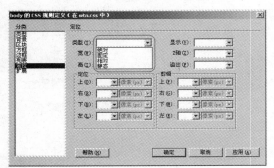

图 5-51　设定放置层的方式

- 宽和高：设定层的大小，如图 5-52 和图 5-53 所示。

图 5-52　设置层的宽度

图 5-53　设置层的高度

- 显示：通过其下拉菜单可以设定层的默认显示属性，如图 5-54 所示。选择"继承"选项，继承父级层的可见性；选择"可见"选项，显示层；选择"隐藏"选项，隐藏层。

- Z 轴：设定层的重叠顺序。Z 轴的大小决定了其在多个层之中的重叠顺序，如图 5-55 所示。

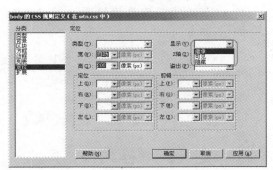

图 5-54　设定层的默认显示属性

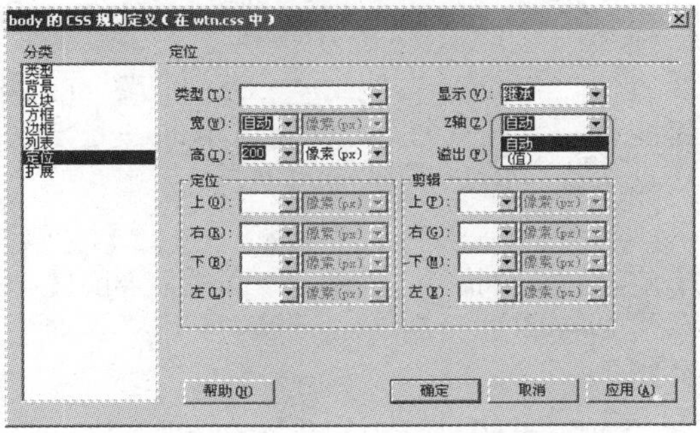

图 5-55　设定层的重叠顺序

- 溢出：设定溢出内容的显示属性，如图 5-56 所示。选择"可见"选项，层自动扩展以显示整个内容；

选择"隐藏"选项,层的大小不变,不会显示超出的部分;选择"滚动"选项,层的大小不变,在层的边缘出现滚动条,拖动滚动条显示超出的内容;选择"自动"选项,根据浏览器的默认设置决定是否出现滚动条。

图 5-56　设定溢出内容的显示属性

- 定位:在左、上、右、下的下拉菜单中设定层的位置,如图 5-57 所示。

- 剪辑:设定层的局部显示区域,在"剪辑"中限定只显示裁切出来的区域,裁切出来的区域为矩形,只要设定两个点即可。一个是矩形左上

角的顶点,由"左"和"上"两项设置完成;另一个是右下角的顶点,由"下"和"右"两项设置完成。坐标相对的原点是层的左上角顶点,如图 5-58 所示。

图 5-57　设定层的位置

图 5-58　设定层的局部显示区域

5.2.9　定义扩展样式

"扩展"样式属性包括滤镜、分页和指针选项。Dreamweaver 中提供了许多其他扩展属性,但是必须使用"CSS 样式"面板才能访问这些属性。可以通过下面的方法轻松查看提供的扩展属性的列表。

打开"CSS 样式"面板(选择【窗口】/【CSS 样式】命令),单击该面板底部的【显示类别视图】按钮,然后展开"扩展"类别。

如图 5-59 所示,在"CSS 规则定义"对话框中左侧的"分类"列表中选择"扩展"选项,可以设置扩展样式的参数。

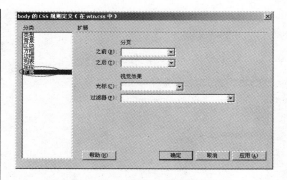

图 5-59　设置扩展样式的参数

- 分页:设置打印页面时有关分页的参数。选择"之前"选项,在分页符之前分页;选择"之后"选项,

在分页符之后分页，如图 5-60 和图 5-61 所示。

图 5-60　分页符之前分页

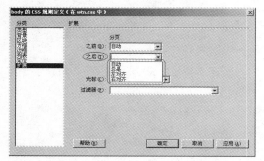

图 5-61　分页符之后分页

- 视觉效果：设定可视化效果，能够使光标的外观发生变化，或者给文本和图像加上滤镜效果。打开"光标"下拉列表，选择当光标经过元素时的光标形状，如图 5-62 所示。打开"过滤器"下拉列表，选择所需的滤镜效果，如图 5-63 所示。

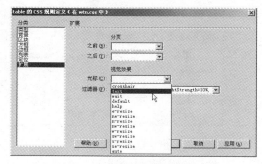

图 5-62　光标的外观发生变化

图 5-63　文本和图像加上滤镜效果

5.3　编辑 CSS 样式

Dreamweaver+ASP

一个优秀的 CSS 样式用于开发网站，不仅能使网页美观，更重要的是能使网站的风格统一。如图 5-64 和图 5-65 所示是应用 CSS 样式前后的效果对比。

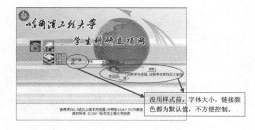

图 5-64　应用 CSS 样式前的网站

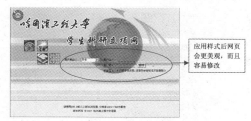

图 5-65　应用 CSS 样式后的网站

可以明显地看到，图 5-65 比图 5-64 更美观，这就是 CSS 起到的作用。

上面几节介绍了如何创建和设置 CSS 样式，学习这些内容的最终目的是要在网页设计中应用它们，下面，我们就来制作一个样式实例。

05

Chapter

5.1

5.2

5.3

5.4

5.5

5.6

5.3.1 实例：制作 CSS 样式

Step 01 选择【文本】/【CSS 样式】/【新建】命令，弹出"新建 CSS 规则"对话框，如图 5-66 所示。

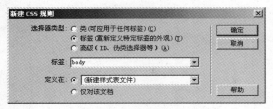

图 5-66 "新建 CSS 规则"对话框

Step 03 按照前面章节的讲述，分别设置网页所需要的"分类"属性。设置好后单击 确定 按钮，就生成了一个的样式，这里的文件名为"wtn.css"，最终生成的代码为：

```
BODY {
    font-size:12px;
    line-height:16px;
    font-family:"Verdana", "Arial", "宋体";
    scrollbar-3d-light-color : #5AAEFF;
    scrollbar-arrow-color : #5AAEFF;
    scrollbar-base-color : #F7F3F7;
    scrollbar-dark-shadow-color :#F7F3F7;
    scrollbar-face-color : #F7F3F7;
    scrollbar-highlight-color :#5AAEFF;
    scrollbar-shadow-color :#5AAEFF;
    SCROLLBAR-TRACK-COLOR: #F7F3F7;
}
.input {
    BACKGROUND: #F7F3F7;
    border:0 solid #5AAEFF;
    COLOR: #000000;
    FONT-SIZE: 11pt;
    FONT-STYLE: normal;
    FONT-VARIANT: normal;
    FONT-WEIGHT: normal;
    HEIGHT: 16pt;
    LINE-HEIGHT: normal;
    font-family:"Verdana", "Arial", "宋体";
}
.button {
```

Step 02 设置标签 body 的样式。选择完毕单击 确定 按钮，将弹出"CSS 规则定义"编辑框，如图 5-67 所示。

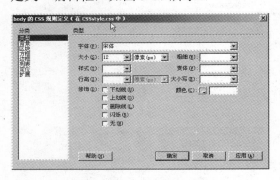

图 5-67 "CSS 规则定义"编辑框

```
    font-size:9pt;
    BACKGROUND: #F7F3F7;
    border:1 solid #5AAEFF;
    COLOR: #5AAEFF;
    FONT-STYLE: normal;
    FONT-VARIANT: normal;
    FONT-WEIGHT: normal;
    HEIGHT: 16pt;
    LINE-HEIGHT: normal;
    font-family:"Verdana", "Arial", "宋体";
}
.text {
    /*font-size:9pt;*/
    HEIGHT:16pt;
    size:16pt;
    border-color:#0033FF;
    font-size:12px;
    border-width:0px;
    border-bottom:1px solid #000000;
    background-color:#def1f7;
    position:relative;
    top:0px;
    left:5px;
    padding-bottom:0px;
    /*color:#a0a0a0; */
    color:#000099;
    background-color:transparent;
}
td {
```

```
            font-size:12px;
            line-height:17px;
    }
    A:link {
            text-decoration:blink;
            color:#000000
    }
    A:visited {
            text-decoration:none;
            color:#333333
    }
    A:active {
            text-decoration:none;
            color: #666666;
    }
    A:hover {
            text-decoration:blink;
            color:#FF0000
```

```
    }
    .SELECT {
            BACKGROUND-COLOR: #F7F3F7;
            BORDER-BOTTOM: #5AAEFF 1px solid;
            BORDER-LEFT: #5AAEFF 1px solid;
            BORDER-RIGHT: #5AAEFF 1px solid;
            BORDER-TOP: #5AAEFF 1px solid;
            COLOR: #000000
    }
    hr {
            color: #2f2f4f;
    }
    pre {
            font-family:Fixedsys;
            color: #ff0000;
            font-size:12pt;
    }
}
```

5.3.2　实例：应用 CSS 样式

下面将刚才制作的样式 "wtn.css" 应用

Step 01 打开一个需要加载 CSS 样式的网页。这里打开的是 "index.asp" 页面，如图 5-68 所示。

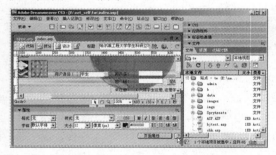

图 5-68　index.asp 页面

Step 03 在面板中单击■按钮，将弹出 "链接外部样式表" 对话框，选择样式文件，如图 5-71 所示。单击 确定 按钮就将样式文件链入到网页中。这里是将 wtn.css 链入 index.asp。<link href="wtn.css" rel="stylesheet" type="text/css">将在网页中自动生成。

图 5-71　"链接外部样式表" 对话框

到网页 "index.asp" 中。

Step 02 选择【窗口】/【CSS 样式】命令，打开"CSS 样式"面板，如图 5-69 所示，也可以在 Dreamweaver 底部的属性条中找到 CSS 按钮并单击，或者直接单击 Dreamweaver 右侧的 CSS 控件，打开"CSS 样式"面板，如图 5-70 所示。

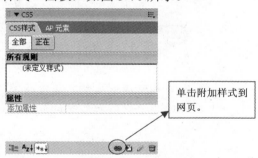

单击附加样式到网页。

图 5-69　选择【窗口】/【CSS 样式】命令

图 5-70　单击 Dreamweaver 右侧的 CSS 控件

5.3.3 修改 CSS 样式

原则上可以在.css 文件中直接修改 CSS 样式，但是这样的修改没有限制，很容易出错，而且很不方便。Dreamweaver CS3 为我们提供了方便精准的修改功能。

选择【窗口】/【CSS 样式】命令，打开 "CSS 样式" 面板，如图 5-72 所示。我们可以根据需要来增加、修改或删除每一项 CSS，而且不容易出错。

为了方便用户使用，CSS 样式的底部提供了 3 个控件用于显示 "属性"，显示类别视图，显示列表视图，只显示设置视图。图 5-72 所示是为了修改、添加的方

便而使用了显示类别视图。

图 5-72 "CSS 样式" 面板

5.3.4 删除 CSS 样式

对于不想保留的 CSS 样式可以将其删除。选中想要删除的 CSS 样式文档，单击鼠标右键或者单击 "CSS 样式" 面板右上角的按钮，在弹出的快捷菜单或者下拉菜单

中选择【删除】命令，即可将该 CSS 样式文档删除；也可直接单击 "CSS 样式" 面板右下角的按钮，将删除选中的 CSS 样式。

5.4 层

层 是 CSS 中的定位技术，在 Dreameaver 中对其进行了可视化操作，文本、图像、表格等元素只能固定其位置，不能互相叠加在一起。如果使用层功能，可以将其放置在网页文档内的任何一个位置，还可以按顺序排放网页文档中的其他构成元素。层体现了网页技术从二维空间向三维空间的一种延伸。如果读者觉得用表格定位页面元素太难掌握，不妨尝试使用层，层的好处是可以放置在页面任何位置。

5.4.1 创建层

最初的页面排版是完全平面式的。HTML 2.0 被应用以后，表格得到了广泛的应用，设计者可以精确地布置页面上的元素。但是随着页面复杂程度的增加，设计者越想精确布局，页面的表格就越复杂，从而给设计者和浏览者都带来了一定的困难。设计者无法随心所欲地放置页面元素，而表格的复杂化带来了浏览器解释时间的增加，使用户等待时间加长。

为了解除这些困扰，W3C 在新的 CSS 中包含了一个绝对定位的特性，它允许设计者将页面上的某个元素定位到任何地方，而且除了平面上的并行定位，还增加了三维空间的定位 x-index。因为 x-index 定义了堆叠的顺序，类似于图形设计中使用的图层，所以拥有 x-index 属性的元素被形象地称为层。

层主要有以下主要功能。

- 有了层以后，可以将元素置于子层中。因为层可以重叠，所以就产生了许多重叠效果。

- 层可以用来精确定位网页元素。它可以包含文本、图像甚至其他层，凡是 HTML 文件可包含的元素均可包含在层中。

- 层还有非常特殊的功能，就是通过应用时间轴使其移动和变换。这样就能够在层中放置一些图片或文本，实现动画效果。

- 层可以转换成表格，为不支持层的浏览器提供解决方法。层可以显示和隐藏，使用这一功能可以实现网页导航中的下拉菜单。

在 HTML 中，层的描述如下：

```
<div id="apDiv2" spry:region=""> </div>
```

层一般放置在<div>标签中，但是它也可以是<span>标签，只是在跨浏览器的情况下，<div>标签兼容性更好一些。

1. 插入层

将光标停留在页面中需要插入层的位置。选择【插入】/【布局】命令，在其属性栏中单击左侧第 3 个【描绘层】按钮，如图 5-73 所示。

![标准 扩展 toolbar]

图 5-73 单击【描绘层】按钮

在网页编辑窗口中拖动光标即可绘制出一个层，如图 5-74 所示。如果按住【Ctrl】键的同时拖动光标，可以连续绘制多个层。

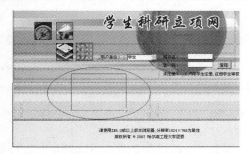

图 5-74 拖动光标绘制出一个层

2. 设置层

将光标放到层的左上角标记处，可以拖动层从而改变层的位置，如图 5-75 所示。将光标放到层的边缘处，此时光标会变成手柄，这时可以拖动鼠标改变层的大小，如图 5-76 所示。

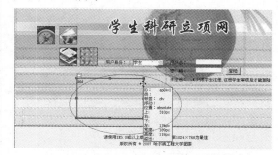

图 5-75 拖动层，改变层的位置

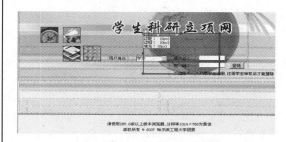

图 5-76 拖动鼠标改变层的大小

选择层有以下方法：

- 单击文档窗口左上角的层标签来选定层。

- 将光标置于层内，然后在文档窗口底边标签条中选择<div>标签。

- 单击层的边框线。

- 单击层面板上的层名称。

- 如果要选定两个以上的层，只要按住【Ctrl】键，然后逐个单击层手柄，可以将多个层同时选定。

Dreamweaver 专门为层设立了一个面板，在"层"面板中可以方便地处理层的操作、设定层的属性，选择【窗口】/【层】命令，打开"层"面板，或者直接按键盘上的【F2】键，打开"层"面板，如图 5-77 所示。

Dw

Dreamweaver CS3+ASP 动态网站设计入门实战与提高

05

Chapter

5.1

5.2

5.3

5.4

5.5

5.6

图 5-77 "层" 面板

从图 5-77 中可以看到面板中分为 3 栏。最左一栏的眼睛标记是显示、隐藏层的图标，中间一栏列出的是层的名字，最右一栏是层的 Z 轴排列情况。数值越大，显示便越靠前。在编辑页面时，为了保持页面的完整性，可以随时将层隐藏，只要单击"层"面板中的眼睛图标，就可以实现当前层的隐藏与显示，如图 5-78 和图 5-79 所示。

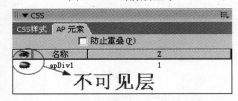

图 5-78 当前层显示

图 5-79 当前层隐藏

3. 设置层属性

选择一个层后，对应的属性面板如图 5-80 所示。

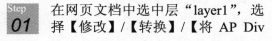

图 5-80 "属性" 面板

层属性面板主要有以下参数。

- 层编号：层的名称，用于识别不同

的层。

- 左：层的左边界距离浏览器窗口左边界的距离。
- 上：层的上边界距离浏览器窗口上边界的距离。
- 宽：层的宽。
- 高：层的高。
- Z 轴：层的轴顺序。
- 背景图像：层的背景图。
- 可见性：层的显示状态，包括 default、inherit、visible 和 hidden 四个选项。
- 背景颜色：层的背景颜色。
- 剪辑：用来指定层的哪一部分是可见的，输入的数值是距离层 4 个边界的距离。
- 溢出：如果层里面的文字太多或图像太大，层大小不足以全部显示时，有以下选项。

visible：超出的部分照样显示。

hidden：超出的部分隐藏。

scroll：不管是否超出，都显示滚动条。

auto：有超出时才出现滚动条。

虽然通过层定位网页元素比表格方便很多，但是由于受到浏览器版本的限制，不是所有的浏览器都支持层，只有 IE 4.0 以上的版本才能支持。Dreamweaver CS3 提供了层和表格相互转换功能，可以最大程度方便网页设计，同时还兼顾低版本浏览器的访问者。

5.4.2 实例：将层转换为表格

一般先使用层将元素精确定位，然后将层转换为表格，具体操作步骤如下。

Step 01 在网页文档中选中层 "layer1"，选择【修改】/【转换】/【将 AP Div 转换为表格】命令，弹出"将 AP Div 转换为表格"对话框，如图 5-81 所示。

在"转换层为表格"对话框中主要有以下参数。

图 5-81　"将 AP Div 转换为表格"对话框

- 最精确：以精确方式转换，为每一层建立一个单元格，并且创建所有附加单元格，以保证各单元格之间的距离。

- 最小：以最小方式转换，去掉宽度和高度小于指定像素数目的空单元格。

- 使用透明 GIF：用来定义是否使用透明 GIF 图像。

- 置于页面中央：选择该选项，转换的表格将在页面中居中对齐，否则将左对齐。

- 防止重叠：该选项一般要选择，如果有层发生重叠，将无法进行转换工作。

- 显示 AP 元素面板、显示网格、靠齐到网格这 3 个选项可以根据需要勾选。

Step 02　单击 确定 按钮，将层转换为表格。

5.4.3　实例：将表格转换为层

如果要改变网页中各元素的布局，使用表格将受到一定的限制。最灵活的方法就是将元素置于层内，然后通过移动层来灵活改变网页的布局。这可能就需要将表格转换为层，具体操作步骤如下。

Step 01　在上例的基础上选中转换后的表格。选择【修改】/【转换】/【将表格转换为 AP Div】命令，弹出"将表格转换为 AP Div"对话框，如图 5-82 所示。

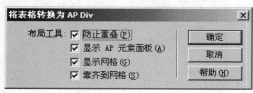

图 5-82　"将表格转换为 AP Div"对话框

Step 02　单击 确定 按钮，表格将转换为层。

创建层时会发现，层可以在网页上随意改变位置。设定层的属性面板时，层有显示或隐藏的功能。通过这两个特点可以实现很多令人激动的网页动态效果。

○ 小提示

层是一个十分实用的控件，除了应用于浮动显示之外，还能制作下拉菜单等常用网页。

5.4.4　实例：制作显示或隐藏层特效

"显示或隐藏层"动作可以显示、隐藏或恢复一个或多个层的默认可见性，此动作用于在用户与页面进行交互时显示信息。例如，当用户将鼠标指针滑过栏目图像时，可以显示一个层给出有关该栏目的说明、内容等详细信息。

Step 01　打开如图 5-83 所示的"index.asp"页面。

图 5-83　index.asp 页面

Dreamweaver CS3+ASP 动态网站设计入门实战与提高

05

Chapter

5.1

5.2

5.3

5.4

5.5

5.6

Step 02 单击【插入记录】的【布局】快捷栏中的"层"选项,然后在文档窗口中绘制一个层,如图 5-84 所示。

图 5-84 插入层的 index.asp 页面

Step 04 在"层"面板上单击层前面的眼睛图标,将层的属性设为隐藏,如图 5-85 所示。

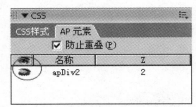

图 5-85 隐藏层

Step 06 在如图 5-87 所示的对话框中的"元素"列表中选择要更改其可见性的层,这里选样 apDiv2,单击 显示 按钮以显示该层。

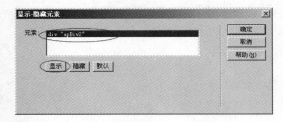

图 5-87 显示

Step 08 再次选择图片,单击"行为"面板中的 按钮并从弹出的下拉菜单中选择【显示-隐藏元素】命令。

Step 10 单击 确定 按钮后,将隐藏层的鼠标事件设定为"onMouseOut",表示当鼠标从图片上移开时,隐藏该层,如图 5-90 所示。

Step 03 在层中放置一张图像,这里为"images"文件夹下的"wenhua.gif"。

Step 05 选中页面中的图片,打开"行为"面板,单击 按钮并从弹出的下拉菜单中选择【显示-隐藏元素】命令,如图 5-86 所示。

图 5-86 显示-隐藏元素

Step 07 单击 确定 按钮后,将显示层的鼠标事件设定为"onMoweOver",表示当鼠标上滚到图片上时,显示该层,如图 5-88 所示。

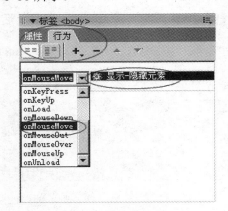

图 5-88 为显示选择事件

Step 09 在对话框中单击 隐藏 按钮以隐藏该层,如图 5-89 所示。

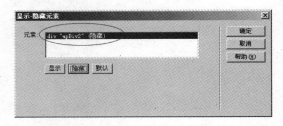

图 5-89 隐藏元素

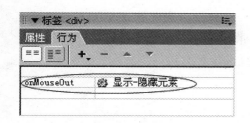

图 5-90　为隐藏选择事件

图 5-91　使用显示-隐藏元素的效果

Step 11 此时，该特效已添加完毕。保存文档并在浏览器中预览，可以看到显示-隐藏层的效果，如图 5-91 所示。

5.5　本章技巧荟萃

Dreamweaver+ASP

- 尽量不要在表格单元里面放层，不过在层里面放表格基本没问题。

- 选择层的方法有：单击文档窗口左上角的层标签来选定层；将光标置于层内，然后在文档窗口底边标签条中选择<div>标签；单击层的边框线；单击"层"面板上的层名称。

- 插入层时，按住【Clr1】键，在网页设计窗口中画出一个层；只要不释放【Ctrl】键就可以连续画多个层。

- 可以使用【Ctrl+C】快捷键复制层，然后使用【Ctrl+V】快捷键粘贴层。

5.6　学习效果测试

Dreamweaver+ASP

一．选择题

（1）下列关于 CSS 样式和 HTML 样式的不同之处说法正确的是＿＿＿＿＿。

　　A．HTML 样式只影响用它的文本和使用所选 HTML 样式创建的文本

　　B．应用 CSS 样式只能设置文字字体样式

　　C．应用 CSS 样式能设置背景样式

　　D．HTML 样式和 CSS 样式相同，没有区别

（2）新建 CSS 样式的哪一个选项特别适合应用在改变链接文本属性上＿＿＿＿＿。

　　A．类别　　　　　　B．标签　　　　　　C．高级　　　　　　D．标准

二．填空题

（1）打开"CSS 样式"面板的快捷键是＿＿＿＿。

（2）外部样式表是包含了样式格式信息的＿＿＿＿＿的文件。

三．简答题

（1）简述层的概念。

（2）简述 CSS 与层的区别。

四．操作题

（1）创建一个 CSS 样式，设置字体大小为 9px，样式为斜体，颜色为＃3598ff。

（2）创建一个名为 "ap1" 图，并在层里面插入一幅图片。

第 6 章　表单的使用

学习要点

随着互联网的发展，网页的交互性越来越强，网页不仅可以进行单向的信息传递，还可以与访问者进行交互的操作，接收访问者的反馈信息，了解访问者的需求。网页中的表单就可以实现这种功能，它起到网页与访问者之间的纽带功能。

学习提要

- 认识网页表单并了解其在网页中的应用
- 掌握创建网页表单的方法
- 认识表单对象并掌握其插入方法
- 使用本字段和文本区域
- 使用单选按钮及单选按钮组
- 使用列表/菜单、跳转菜单
- 使用复选框
- 使用按钮
- 使用隐藏域
- 使用图像域和文件域
- 使用标签和字段集

6.1 表单对象

形象地说，表单由两部分组成：一部分是前台显示程序；另一部分是后台处理程序。前台显示程序主要用来显示表单的内容，例如申请会员资格时提示输入的注册信息（如图 6-1 所示），在留言板上需要输入的建议意见等。主要形式有文本框、单选按钮、复选框、列表、菜单和提交按钮等。后台处理程序是用来处理用户提交的内容的程序，一般是使用应用程序来处理表单的内容。

当访问者在前台显示程序中填好了表单的内容后，单击【注册】按钮，信息将被送往后台的处理程序进行处理。

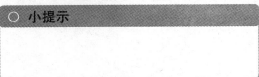

○ 小提示

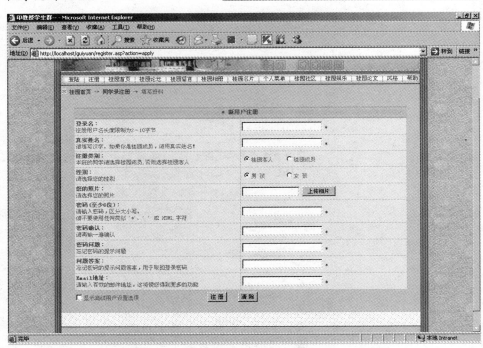

图 6-1　申请会员资格的注册页面

6.2 创建表单并设置表单属性

在Dreamweaver 中可以创建各种各样的表单，表单中可以包含各种对象，例如表单域、文本域和列表/菜单等。

每个表单都是由一个表单域和若干个表单元素组成的，所有的表单元素要放到表单域中才会有效。因此，制作表单页面的第

1 步是插入表单域。制作一个具有表单的页面，如图 6-2 所示。

图 6-2   创建表单

在设计窗口创建表单后,在代码窗口将自动生成以下表单程序:

```
<form                action="reg_save.asp"
method="post"  enctype="multipart/form-data"
name="form1" target="_blank" id="form1">

    </form>
```

其中"form"是表单的标示,"id"和"name"是 form 的标志和名称,用于唯一确定一个 form 表单。其余的都是名字为 form1 的表单的属性,如图 6-3 所示。

图 6-3   表单的属性

"method"用来选择表单提交的方法。GET 会将浏览者提供的信息附加在 URL 地址的后面并提交到服务器。因为 GET 为默认的提交表单的方式,所以如果选择 DEFAULT,将以 GET 方式提交表单。实际使用中不建议使用 GET 方法,一方面 GET 方法将表单内容附加在 URL 地址后面,对提交信息的长度进行了限制,最多不可以超过 8192 个字符。如果信息的长度太长,将被自动截去,从而导致意想不到的处理结果;同时 GET 方法不具有保密性,不适合处理例如信用卡卡号等要求保密的内容。这里选择 POST 方法。

"action"用来设置处理这个表单的服务器端脚本的路径。假设为某网站制作一个表单网页,需要一个用 ASP 编写的脚本进行处理,则路径可以写成 reg_save.asp(ASP 文件名)。

"enctype"是一个"MTME 类型","MTME 类型"指定对提交给服务器进行处理的数据使用 MIME 编码类型。默认设置"application/x-www-form-urlencode"通常与 POST 方法协同使用。如果要创建文件上传域,指定"multipart/form-data MIME"类型。

如果需要设置表单样式,它可以在"类(C)"里面选择。

设置好的属性面板如图 6-4 所示。

图 6-4   设置好的属性面板

6.3   使用表单对象

划定了表单的范围之后,就要通过具体的表单域从网页的访问者那里获取信息。各种表单域基本可以满足网站收集信息的要求。如果要求浏览者输入文字信息,例如姓名、年龄等,可以使用文本字段;如果要求浏览者在固定的范围内进行选择,可以选择单选按钮或者多选按钮,在实际应用中,性别、籍贯、爱好常常采用这种方法;常常还会有些浏览者有提交文件的需求,可以使用文件域。

6.3.1   实例:创建文本域

文本域可接受任何类型的字母、数字内容。文本可以以单行或多行的方式显示,也可以以密码域的方式显示。在这种情况下,输入文本将被替换为星号或项目符号,以避免旁观者看到这些文本。

最常见的表单域就是文本域。

Step 01   在 Dreamweaver 设计窗口中创建一个表单。

Step 02   将光标置于网页中表单域内,选择【插入表格】命令,在弹出的"表

Dw Dreamweaver CS3+ASP 动态网站设计入门实战与提高

06
Chapter

6.1

6.2

6.3

6.4

6.5

6.6

6.7

格"对话框中设置"行数"为 2,"列数"为 3,插入一个 2 行 3 列的表格,然后选中表格,在"属性"面板中将"间距"和"边框"都设置为 1,"边框颜色"设置为"#66CC00",如图 6-5 所示。

图 6-5　表单和表格

Step 04 在"属性"面板中设置"文本区域"属性,如图 6-7 所示。

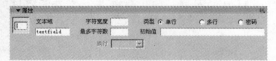

图 6-7　"文本域"属性面板

将"文本域"属性面板选项功能介绍如下。

- 文本域:在"文本域"文本框中可以为该文本域指定一个名称。每个文本域都必须有唯一的名称。文本域名称不能包含空格或特殊字符,可以使用字母、数字,字符和下划线的任意组合。所选名称最好与用户输入的信息有所联系。

- 字符宽度:设置文本域一次最多可显示的字符数,它可以小于"最多字符数"。

- 最多字符数:设置单行文本域中最多可输入的字符数。例如使用"最多字符数"将邮政编码限制为 6 位数,将密码限制为 12 个字符等。如果将"最多字符数"文本框保留为空白,则用户可以输入任意数量的文本;如果文本超过域的字符宽度,文本将滚动显示;如果用户输入超过最大字符数,则表单产生警告声。

- 类型:设置多行文本域的域高度,包括下列属性。

Step 03 在单元格第 1 行第 1 列中输入文字"姓名",在单元格第 2 行第 1 列中输入文字"密码",将单元格第 1 行第 3 列和第 2 行第 3 列合并单元格,再将光标放在第 1 行第 2 列,选择【插入记录】/【表单】/【文本框】命令,弹出"输入标签辅助功能属性"对话框,它包含了许多属性设置。如图 6-6 所示,这是一个通用的对话框,当插入其他表单控件时,它也会被调用。这里是创建【文本框】时调用的,因此设置的是文本框的属性。

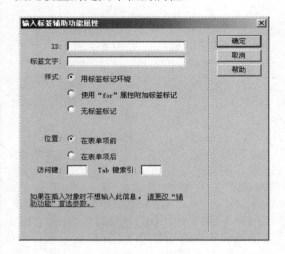

图 6-6　通用属性

如果选择"单行"将产生一个 type 属性为 text 的 input 标签。"字符宽度"设置映射为 size 属性,"最多字符数"设置映射为"maxlength"属性。

如果选择"密码"将产生一个 type 属性设置为 password 的 input 标签。"字符宽度"和"最多字符数"设置映射的属性与在单行文本域中的属性相同。当用户在密码文本域中输入时,输入内容显示为项目符号或星号,以保护它不被其他人看到。

如果选择"多行"将产生一个"textarea"标签。

- 初始值:指定在首次载入表单时文

本域中显示的值。例如，通过包含说明或示例值，可以指示用户在域中输入信息。

Step 05 将光标放在第 2 行第 2 列，选择【插入记录】中的【表单】快捷栏，单击【文本框】按钮，创建一个文本框，然后在"属性"面板中设置"密码区域"属性，如图 6-8 所示。

Step 06 将光标放在第 3 行第 1 列，选择【插入记录】中的【表单】快捷栏，单击【文本框】按钮，创建一个文本框，然后在"属性"面板中设置"多行区域"属性，如图 6-9 所示。

图 6-8　"密码区域"属性

图 6-9　"多行区域"属性

Step 07 经过上面的设置，最终的效果如图 6-10 所示。

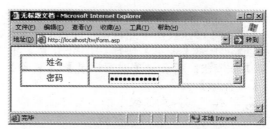

图 6-10　设置效果

6.3.2　实例：创建隐藏域

隐藏域在网页中不显示，只是将一些必要的信息提供给服务器。隐藏域存储用户输入的信息，例如姓名和电子邮件地址等，并在该用户下次访问此站点时使用这些数据。

Step 01 将光标置于任意一个单元格中，选择【插入】/【表单】/【隐藏域】命令，也可以在工具栏上单击 按钮创建隐藏域，如图 6-11 所示。

Step 02 在"属性"面板中将"隐藏区域"名称设置为"hiddenField"。在"值"文本框中输入"wtn"，如图 6-12 所示。

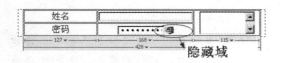

图 6-11　隐藏域

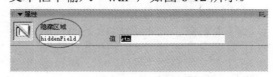

图 6-12　隐藏域属性面板

Step 03 生成的代码为：<input name="hiddenField" type="hidden" id="hiddenField" value="wtn" />

> ○ **小提示**
>
> 　这段代码可以在表单提交时，将值"wtn"传到下一页。正是由于隐藏域强大的功能，使得隐藏域在制作网站时经常用到。

6.3.3　实例：创建文件上传域

有的时候要求用户将文件提交给网站，例如 Office 文档，浏览者的个人照片或者其他类型的文件，这时就要用到文件域。

在 Dreamwearrer 中可以创建文件上传域，文件上传域使用户可以选择其计算机上的文件，如字处理文档或图形文件，并

06
Chapter

6.1

6.2

6.3

6.4

6.5

6.6

6.7

将该文件上传到服务器。文件域的外观与其他文本域类似，只是文件域还包含一个浏览...按钮，如图 6-13 所示。访问者可以手动输入需要上传文件的路径，也可以单击浏览...按钮，在自己的电脑中找到要上传的文件。

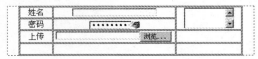

图 6-13 【浏览】按钮

文件域对表单的整体设定有一定的要求：

- 在表单属性中"方法"一项必须设

Step 01 将光标放在单元格中，选择【插入】中的【表单】快捷栏，单击【文件域】 按钮，或选择【插入记录】/【表单】/【文件域】命令。

Step 03 在"属性"面板上的"文件域名称"文本框中填写文件域的名称，应该以英文命名，并和文件域内容相关。在"字符宽度"文本框中设定文件域文本框的宽度，单位是字符，这里是指英文字符。在"最多字符数"文本框中设定文件域在文本框中所能添加的最多的字符数，如图 6-15 所示。

6.3.4 实例：创建复选框

浏览者填写表单时，有一些内容可以通过让浏览者选择的形式来实现。例如常见的网上调查，首先提出调查的问题，然后让浏览者在若干个选项中进行选择。又例如对个人信息进行管理时，选择要批量删除的人员等。

为了适应以上各种不同类型调查的需要，选择域分成以下两种。

Step 01 将光标放在单元格中，选择【插入】中的【表单】快捷栏，单击【复选框】按钮，或选择【插入记录】/【表单】/【复选框】命令。

Step 02 一个复选框便插入到了网页中，如图 6-16 所示。

成 POST。

- 文件将上传到"动作"一项填写的路径下。在设定此项之前应该确定"动作"所在的路径是否允许上传文件。

- "MIME 类型"要设置为"multipart/Form-data"。

当然，最简单的方法是将自己的邮箱作为上传文件的目的地，设定方法参考前面的小节。

Step 02 将一个文件域插入网页，如图 6-14 所示。

图 6-14 网页中文件域

图 6-15 文件域属性

- 单选按钮：即在若干选项中只允许选择其中一项，类似于像考试中的单项选择题。

- 复选框：可以在若干选项中选择多个项目，类似于像考试中的多项选择题。

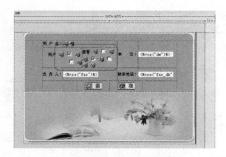

图 6-16 网页中的复选框

6.3.5　实例：创建单选按钮

Step 01　将光标放在单元格中，选择【插入】中的【表单】快捷栏，单击【单选】按钮，或选择【插入记录】/【表单】/【单选按钮】命令。

Step 02　一个单选按钮便插入到了网页中，如图 6-17 所示。

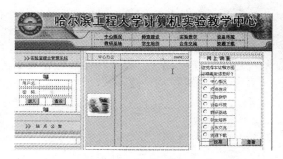

图 6-17　网页中的单选按钮

6.3.6　实例：创建单选按钮组

Step 01　将光标放在单元格中，选择【插入】中的【表单】快捷栏，单击【单选按钮组】按钮，或选择【插入记录】/【表单】/【单选按钮组】命令。

Step 02　弹出"单选按钮组"对话框，如图 6-18 所示。

Step 03　单击 确定 按钮，单选按钮组便插入到网页中了，如图 6-19 所示。

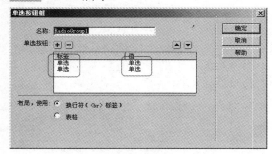

图 6-18　"单选按钮组"对话框

图 6-19　网页中的单选按钮组

6.3.7　实例：创建列表和菜单

　　假设要在表单中添加浏览者的头像，如果以上面讲过的单选按钮的形式将很多头像全部罗列在网页上，将是一件不堪设想的事情。于是，在表单的对象中出现了列表和菜单。列表和菜单主要是为了节省网页的空间而产生的，如图 6-20 所示。

　　列表可以表示一定数量的选项，如图 6-21 所示。如果超出了这个数量，会自动出现滚动条，如图 6-22 所示。浏览者可以通过拖动滚动条来查看各选项。

图 6-20　网页菜单

| 图 6-21 列表无滚动条 | 图 6-22 列表有滚动条 |

Step 01 将光标放在单元格中，选择【插入记录】中的【表单】快捷栏，单击【列表/菜单】按钮，或选择【插入记录】/【表单】/【列表/菜单】命令。

Step 02 在"属性"面板上的"类型"中选择当前是"菜单"或"列表"单选按钮，可以根据需要在两者之间转换。这里选择"列表"单选按钮，如图 6-23 所示。

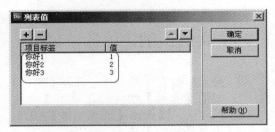

图 6-23 列表属性面板

Step 03 单击【列表值】按钮，弹出"列表值"对话框，如图 6-24 所示，在这里设置列表值。

图 6-24 "列表值"对话框

6.3.8 创建菜单

菜单是一种最节省空间的方式，正常状态下只能看到一个选项，如图 6-25 所示。单击按钮打开菜单后才能看到全部的选项，如图 6-26 所示。

前两步和创建列表相同，第三步时，在"属性"面板上的"类型"中选择"菜单"单选按钮，如图 6-27 所示。

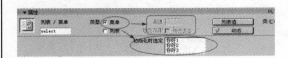

图 6-27 列表/菜单属性

如果菜单默认高度为 1，则不允许多选。

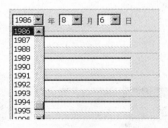

图 6-25 菜单正常情况

图 6-26 菜单下拉情况

> **○ 小提示**
>
> 这在默认的情况下，菜单项是被选中的，因此，很多人忘记了选用列表，列表比菜单更直观，可以多选，操作方便，但是要浪费一定的空间。

6.3.9 实例：创建跳转菜单

跳转菜单是创建链接的一种形式，但比起真正的链接，跳转菜单可以节省很大的空间。跳转菜单从表单中的菜单发展而来，浏览者单击【扩展】按钮打开下拉菜单，在菜单中选择链接，即可链接到目标网页。

Step 01 将光标定位到表格的一个单元格，然后，选择【插入记录】中的【表单】快捷栏，单击 ⊡ 按钮，如图 6-28 所示。

图 6-28 表单中的跳转菜单

Step 03 在"文本"框中填入项目的标题，这里输入"跳转"。

Step 05 在"菜单 ID"文本框中设定跳转菜单的名字，注意使用英文，内容要和跳转菜单相关。

Step 07 跳转菜单的效果制作完成后，单击菜单中的栏目即可打开相应的网页。接下来返回到 Dreamweaver，选择【窗口】/【行为】命令，打开"行为"面板，可以看到"行为"面板上出现了"跳转菜单"项，如图 6-31 所示。

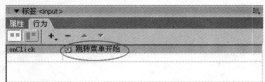

图 6-31 "行为"面板

双击"行为"面板上的"跳转菜单"，可以编辑跳转菜单的设置。

如果在设置的过程中勾选了"菜单之后插入前往按钮"复选框，可以在页面上的"跳转菜单"后面添加一个【前往】按钮。它的作用是，浏览者首先在下拉列表中选择要跳转的项目，之后单击【前往】按钮进行跳转。未勾选的效果是在下拉列表中选择要跳转的项目即可直接进行跳转。

软件生成的程序为：

```
<select name="jumpMenu2" id="jumpMenu2">
```

Step 02 单击该按钮后弹出"插入跳转菜单"对话框，如图 6-29 所示。

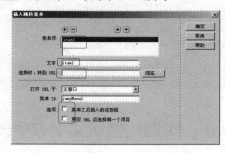

图 6-29 "插入跳转菜单"对话框

Step 04 在"选择时，转到 URL 文本"文本框中填入链接网页的地址为"http://localhost/tw/index.asp"，或直接单击 浏览... 按钮找到链接的网页。

Step 06 当一项链接的设置完成后，单击对话框中上方的 ⊞ 按钮，即可添加新的链接项目。选择项目后单击对话框中上方的 ⊟ 按钮，可以删除项目。选择已经添加的项目，然后单击对话框中上方的 ▲ 或者 ▼ 按钮，调整项目在跳转菜单中的位置。按照这种方法，设置好的对话框如图 6-30 所示。

图 6-30 "插入跳转菜单"对话框

```
        <option
value="http://localhost/tw/index.asp"
selected="selected">跳转</option>

        </select>

        <input              type="button"
name="go_button2" id= "go_button2" value="前
往                                          "
onclick="MM_jumpMenuGo('jumpMenu2','parent',
0)" />
```

动作程序为：

```
<script type="text/javascript">

<!--

function
MM_jumpMenu(targ,selObj,restore){ //v3.0
```

```
eval(targ+".location='"+selObj.options[selOb
j.selectedIndex].value+"'");
    if (restore) selObj.selectedIndex=0;
    }
    function
MM_jumpMenuGo(objId,targ,restore){ //v9.0
    var selObj = null; with (document) {
```

```
        if    (getElementById)    selObj    =
getElementById(objId);
        if                      (selObj)
eval(targ+".location='"+selObj.options[selOb
j.selectedIndex].value+"'");
        if (restore) selObj.selectedIndex=0; }
    }
    //-->
    </script>
```

6.3.10 实例：创建文本表单按钮

表单中的按钮起着至关重要的作用，按钮可以激发提交表单的动作，按钮可以在用户需要修改表单时，将表单恢复到初

Step 01 将光标定位到表格的一个单元格，然后，选择【插入记录】中的【表单】快捷栏，单击【按钮】选项，单击□按钮。

Step 03 如图 6-32 所示，在"属性"面板上的"动作"项中选择单击按钮时触发的动作。其中，"提交表单"单选按钮将按钮设置为"提交按钮"。浏览者单击该按钮，可以将表单提交到表单属性"动作"项设定的路径。"重设表单"单选按钮将按钮设置为重置按钮。浏览者单击该按钮时，将清除浏览者填写的表单内容。"无"设定单击无动作，之后可以通过脚本语言赋予按钮新的功能。这里选择"提交表单"单选按钮。

如果选中"重设表单"单选按钮，则按钮"值"的内容将变成"重置"。如果选中

始的状态，还可以依照程序的需要发挥其他的作用。

Step 02 随后一个按钮便插入到了网页中。

○ 小提示

若设定单击无动作，可以通过脚本语言实现其功能。一般地，在按钮的"action"属性中放置"单击事件"、"双击事件"或其他一些"事件"，然后通过函数调用完成预想功能。例如，OnClick="<script>form1.submit;</script>"

图 6-32 按钮的属性面板

"无"单选按钮，则按钮"值"的内容将变成"按钮"。不过，可以手动改变"值"。

6.3.11 实例：创建图形按钮

使用默认的按钮形式往往会让人觉得单调。如果网页使用了较为丰富的色彩或稍微复杂的设计，再使用表单默认的按钮形式

Step 01 创建和网页整体效果相统一的图像提交按钮。将光标定位到表格的一个单元格中，然后选择【插入记录】中的【表单】快捷栏，单击【图像域】按钮圖。

Step 03 单击[确定]按钮即可将其插入到网页中，效果如图 6-34 所示。

甚至会破坏整体的美感。这时，可以使用插入图像按钮功能。

Step 02 随后弹出"选择图像源文件"对话框，在对话框中选择一幅要作为按钮的图像，这里选择"images"文件夹下的"bh.gif"图像文件，如图 6-33 所示。

图 6-33 图像提交按钮属性设置

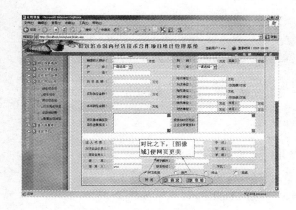

图 6-34　图像提交按钮效果

Step 04 在"图像区域"文本框中设置图像域的名字，应该以英文命名。"宽"和"高"的设置不应该改变，尽量使用图像原本的高度和宽度，也不应该删除图像的高度和宽度。因为这样浏览器下载图像时不知道图像的大小，图像区域会被缩小，影响网页整体的效果。如果要更改图像的高宽，应该在图像编辑软件中编辑。

Step 05 "替换"文本框用于设置图像的替换文字。图像无法下载时，图像位置会插入替换文字。如果图像下载完成，鼠标放在图像上方，替换文字会显示出来，起到说明的作用。这里输入"注册"，如图 6-35 所示。

> ○ **小提示**
>
> 在浏览器中当访问问者单击图像域时，表单中的信息和鼠标单击位置的信息同时被传送到服务器。

图 6-35　"替换"属性设置

6.3.12　标签和字段集

标签一般和用作输入的表单对象结合起来使用，其作用是提示在其后可输入表单对象中（例如文本域、按钮或文件域等）输入的内容。当插入标签时，Dreamweaver 会自动切换到"拆分"视图下，并在其中的"代码"视图中显示添加标记"<label>/</label>"标签，用户就可以在"代码"视图中或"设计"视图中编辑标签对象了。

需要插入标签时，将光标放在表单内，选择【插入】/【表单】/【标签】命令，或者选择"插入"面板上的"表单"标签，在"插入"面板上单击 abc 按钮。插入标签后"拆分"视图将自动打开，光标将定位到代码窗口中。

在"代码"视图中直接输入 HTML 标记语言，添加表单对象。

字段集对象用于布局表单的结构，在一个表单中可以插入多个字段集对象。字段集就是将一系列的表单对象分组。例如，可以将内容相近的一些表单对象放入一个字段集中。

在插入字段集时，将光标放置在表单内，选择【插入】/【表单】/【字段集】命令。或者选择【插入记录】中的【表单】快捷栏，单击 □ 按钮，弹出"字段集"对话框，如图 6-36 所示。

在对话框中输入字段集的标签内容，例如输入"姓名"，单击 确定 按钮，完成插入字段集，"拆分"视图将自动打开。

在"代码"窗口中可以直接输入 HTML 代码向字段集中插入表单对象。也可以在"设计"窗口中将光标定位在字段集标签后面，然后插入表单对象，方法同向表单中插入表单对象一样。

> ○ **小提示**
>
> 也可以在字段集内插入字段集，形成字段集嵌套。

图 6-36　字段集

Dw Dreamweaver CS3+ASP 动态网站设计入门实战与提高

06

Chapter

6.1

6.2

6.3

6.4

6.5

6.6

6.7

6.4 制作注册表单

Dreamweaver+ASP

上面已经介绍表单及其控件的使用方法，下面制作一个网页中常用的"注册表单"来加深一下对表单的理解。

6.4.1 实例：制作"注册协议"页面

Step 01 先创建一个表单，在表单里插入一个 1×1 的表格，其属性设置如图 6-37 所示。

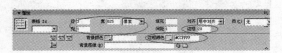

图 6-37 表格属性设置

此处的"同意"与"不同意"是两个图像域按钮。

Step 02 设置后的效果如图 6-38 所示。

图 6-38 表格效果

表单的"动作"属性设置为"action=reg.asp"。

6.4.2 实例：制作注册页面

Step 01 创建表单，属性如图 6-39 所示。

图 6-39 表单属性

Step 02 创建一个 7×4 的表格，合并首行和末行的 4 个单元格为一个单元格，为每行设置背景并添加控件，设计的效果如图 6-40 所示。

其中"用户名"的文本框属性设置为：

```
    <input name="username" id="username"
type="text" size="12" maxlength="12"
onchange="yanzheng();" />
    <script language="javascript">
        function yanzheng()
        {
         var username;

username=document.form1.username.value;

window.open("yanzheng.asp?username='"+
```

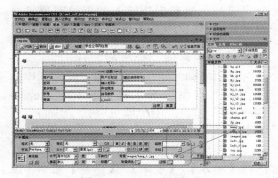

图 6-40 注册页面设置

```
username +"'","","scrollbars=no, width=200,
height=100, resizable=0, top=200, left=200" );
        }
    </script>
```

"密码"的文本框属性设置为：

```
    <input name="pwd" type="password"
size="12" maxlength="12" />
```

其他文本框按此设置，最终的效果如图 6-41 所示。

图 6-41 注册页面网页效果

6.5 综合实例——制作填报表单

Dreamweaver+ASP

上一节讲述了注册表单的创建方法，在实际制作网站时经常用到。下面将介绍的"填报表单"页面也是制作网站经常用到的实例。"填报表单"通常要比"用户注册"需要录入的数据量大，需要用到的控件多，制作起来有些困难。下面就介绍一下"填报表单"的制作方法。

Step 01 先创建一个表单，其属性"方法"为 POST。

○ **小提示**

这里的表格设为 1 行 1 列，是因为方便网页设置的原因，以后在这个表格里可以继续插入表格，只要把"宽"设置成 100%，当调整宽度时只需调整最外层表格就可以了。

Step 03 在 Step 02 中创建的表格中插入一个表格，其属性如图 6-43 所示。

图 6-43 Step 03 表格属性

○ **小提示**

在这里将需要用表单控件格式相同或相近的表单控件组织在一起，这是为了方便表格调整，减少单元格合并时的麻烦和表单控件大小不一所带来的对齐方面的困难。

Step 05 在 Step 02 中创建的表格中再插入一个表格，其属性如图 6-45 所示。

图 6-45 Step 05 表格属性

Step 02 在表单里面创建一个表格，其属性如图 6-42 所示。

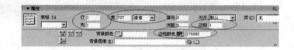

图 6-42 表格属性

Step 04 在表格单元格中插入表单控件，如图 6-44 所示。

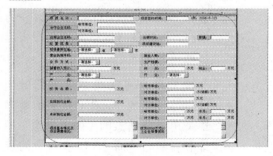

图 6-44 Step 04 表格效果

Step 06 在 Step 05 中创建的表格单元格中插入表单控件，其属性如图 6-46 所示。

图 6-46 Step 05 表格效果

06
Chapter
6.1
6.2
6.3
6.4
6.5
6.6
6.7

Step 07 在网页中附加上第 5 章所给的样式文件。附加的样式文件路径和名称通常放在 \<head\> 和 \</head\> 之间，代码为：

```
<link rel="stylesheet" href="CSSstype.css" type="text/css">
```

○ **小提示**

网页中的"投资者所在地"一项用到了二级级联。即选择"省"之后，"市"下拉菜单将列出该省的所有市，这是借助"JS"文件来实现的。

Step 08 在网站中浏览一下页面效果，如图 6-47 所示。

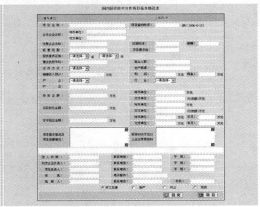

图 6-47　页面效果

表单可以帮助 Interent 服务器从用户处收集信息。例如收集用户资料、获取用户订单。在互联网上也同样存在大量的表单。让用户输入文字，进行选择。表单网页是设计与功能的结合，一方面要与后台的程序很好地结合起来；另一方面要制作出相对美观网页效果，所以应该掌握好表单元素的创建与设置。

6.6　本章技巧荟萃

Dreamweaver+ASP

本章讲解了表单的使用，其中包括文本框的创建、单选按钮与复选框的创建以及按钮的创建等内容。通过本章的学习，读者应掌握表单的基本操作方法，例如表单的创建方法、表单的设置等。

本章常用技巧主要有：

- 输入内容应该符合逻辑地划分为小组，这样就可以很好地处理大堆区域间的关系。

- 考虑到用户完成表单填写的时间应当尽可能的短，并且收集的数据都是用户所熟悉的（例如姓名、地址和付费信息等），垂直对齐的标签和文本框可以说是最佳的。

- 表单被一圈红色虚线所界定，如果插入的表单对象出现在红色虚线以外，访问者在该域中填入的信息将不能被发送到 Web 服务器中。

- 提交到服务器的动作文件必须存在并且能够恰当地处理该表单提交的内容，本书则统一使用了 ASP 程序来处理表单提交的请求。

- 可以在一个页面中使用多个表单，但是不能将一个表单插入到另一个表单中，即标签不能交叉。

- 对于单选按钮组，如果想让单选按钮选项为互斥选项，必须使用同一名称。单选按钮名称中不能出现空格或特殊字符。

6.7　学习效果测试

一、选择题

（1）能输入多行文本的是_____表单对象。

    A．文本字段　　　　　　B．文本区域　　　　　C．按钮　　　　　　D．复选框

（2）能够选择多项的是_____。

    A．单选按钮　　　　　　B．复选框　　　　　　C．列表　　　　　　D．菜单

（3）HTML 代码<select name="wtn"></select>表示的是_____

    A．创建表格　　　　　　　　　　　　B．创建一个隐藏的按钮

    C．创建一个列表　　　　　　　　　　D．创建一个下拉菜单

二、填空题

（1）表单文本域包括_____，_____和_____。

（2）如果用 GET 方法提交表单，最多能传参数_____个字符。

三、思考题

（1）表单中隐藏域的功能。

（2）简述表单的类型，怎样使用表单上传文件。

四、操作题

在网页中插入表单，打开属性面板，设置表单属性，方法为 GET，目标为_blank，表单名称为 first。

读书笔记

第 7 章　基础网页设计

学习要点

　　ASP 全称为 Active Server Pages，是由 Microsoft 公司开发的一套全新的服务器端脚本程序，是用来取代 CGI（Common Gateway Interface）的动态服务器网页技术。ASP 技术简单易学，环境配置简单，开发工具多，并有 Microsoft 公司的强大技术支持，是目前应用最广泛的动态网页技术。用户只需要掌握少量 HTML 和 VBScript 的基础知识，结合 HTML 语言、脚本语言和 ActiveX 组件，就可以编写出动态、交互而且高效的 Web 服务器应用程序。

学习提要

- ■　ASP 的基本概念
- ■　ASP 的基本语法和结构
- ■　配置 ASP 的调试开发环境
- ■　在 IIS 中创建 ASP 虚拟目录

07
Chapter
7.1
7.2
7.3
7.4
7.5

7.1 ASP 基础

ASP 是一种动态网页，文件后缀名为.asp。ASP 网页存放在 Web 服务器中，在 Web 服务器上建立动态、交互式、高效率的站点服务器应用程序。站点服务器会自动将 ASP 的程序代码解释为标准 HTML 格式的网页内容，然后送到用户端的浏览器上显示出来。下面介绍与 ASP 技术相关的基础知识。

7.1.1 动态网页技术

动态网页技术是与静态网页技术相对应的，应用了动态应用技术的动态网页会按照用户的不同需要，对用户输入的数据信息作出不同的响应，输出相应的数据信息，动态网页以.asp、.jsp、.php 等格式为后缀。目前，最常见的动态网页技术有 IIS 服务器+ASP 技术，Apache 服务器+PHP 技术，WebLogic 服务器+JSP 技术。其中 ASP 技术是目前 Interent/Intranet 采用的最普遍的动态网页技术。本章主要介绍 IIS 服务器+ASP 技术。

1. IIS 服务器

IIS 全称是 Internet Information Server，是一种 Web 服务组件，用于网页浏览、文件传输、新闻服务和邮件发送等方面，它使得在网络（包括因特网和局域网）上发布信息成为一件很方便的事。IIS 一个最重要的特性是支持使用 ASP 技术开发动态网页。

2. ASP 技术

ASP 全称是 Active Server Pages，是由 Microsoft 公司开发的服务器端脚本环境。使用它结合 HTML 语言、脚本语言和 ActiveX 组件，可以编写出动态、交互而且高效的 Web 服务器应用程序，具有与 HTML 和 Script 脚本语言完全兼容、独立于浏览器、存取数据库极其方便等优点。ASP 已成为开发动态网站的主要技术之一。ASP 主要使用两种脚本语言：VBScript 和 JavaScript。VBScript 是目前最流行的脚本语言，它具有学习简单、功能强大等特点，可以作为客户端编程语言，也可以作为服务器端编程语言。

ASP 提供了功能强大的 6 个内部对象和 5 个 ActiveX 组件供用户使用，使用这些对象和组件可以开发和扩充出完美的 Web 应用程序。6 个内部对象的简要说明如下。

- Response 对象：将信息传送给客户端浏览器。

- Request 对象：用于从客户端浏览器获取信息。

- Server 对象：可以在服务器上启动 ActiveX 对象。

- Application 对象：用于在一个 ASP 应用程序中让不同的客户端共享数据。

- Session 对象：用于为每个用户保存数据信息。

- ObjectContext 对象：用于配合 Microsoft Transaction Server 进行分布式事务处理。

5 个 ActiveX 组件的简要说明如下：

- Database Access 组件：ASP 提供 ADO 来存取符合 ODBC 标准的数据库。

- Ad Rotator 组件：用来维护、构建 Interent 广告。

- Browser Capabilities 组件：将浏览器的功能数据提供给服务器，以便送出适合于各种浏览器的 Web 页面。

- File Access 组件：提供文件读写的工具。

- Content Linking 组件：提供对 Web 页面的管理。

一个完整的网站是离不开数据库的。ASP 通过 ADO（ActiveX Data Object）组件可以访问和操作数据库。ADO 是应用程序与数据库之间的桥梁，使用它可以轻松地访问所有符合 ODBC 标准的数据库。

3．ASP 的特点

ASP 简单易学，功能强大，主要具有以下几个特点：

- ASP 语言无须编译，由 Web 服务器解释执行。

- ASP 文件是纯文本文件，编辑工具可以是任意的文字编辑器。命令格式简单，不分大小写。

- 与浏览器的无关性。ASP 的脚本语言在服务器端执行，用户只要使用可以执行 HTML 语言的浏览器，即可浏览由 ASP 设计的网页内容。

- ASP 与任何 ActiveX Scripting 语言相兼容。目前，ASP 最常使用的脚本语言是 VBScript、JavaScript 和 JScript，它们都是简单易学的脚本语言。服务器端的脚本可以生成客户端的脚本。

- ASP 的源程序在服务器端运行，不会传到客户端，传回客户端的是 ASP 程序运行生成的 HTML 代码。因此，避免了源程序的泄露，加强了程序的安全性。

- 方便的数据库操作。ASP 通过 ADO 实现对后台数据库的连接和操作，并可以方便地控制、管理和检索数据，具有很强的交互能力。

7.1.2 ASP 工作原理

用户在客户端浏览器中输入一个 URL，就可以向 Web 服务器提交一个调用 ASP 文件的请求，从而启动了 ASP。ASP 通过调用内嵌在服务器端的动态链接库 asp.dll 来完成处理工作。服务器接受用户的请求后，根据用户请求的 URL 在硬盘上找到相应的文件。如果用户请求访问的文件是服务器端的 HTML 文件，则服务器直接把该文件传送到客户端。如果用户请求访问的文件是服务器端的 ASP 文件，则服务器就解释执行这个文件。在解释 ASP 文件的过程中，将文件"<% %>"标记内的内容进行处理，产生相应的 HTML 标记信息，而"<% %>"标记外的信息保持不变。如果涉及到数据库的查询，则通过 ADO 组件连接并访问数据库，进行一系列解释和操作，最终生成一个纯 HTML 文件传送回客户端的浏览器。

图 7-1 说明了 ASP 文件的运行过程。

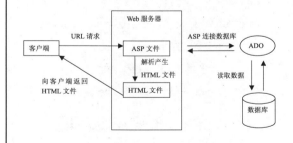

图 7-1   ASP 工作流程

7.1.3 ASP 基本语法和结构

ASP 文件的代码包含了 3 个部分：HTML 超文本标记代码、服务器端脚本语言和客户端脚本语言。其中服务器端和客户端代码的脚本语言可以是 VBScript 或

Dreamweaver CS3+ASP 动态网站设计入门实战与提高

07
Chapter

7.1

7.2

7.3

7.4

7.5

JavaScript，还可以是其他的脚本语言。本书中 ASP 代码采用的脚本语言是 VBScript。

1. HTML 代码

ASP 文件中的 HTML 代码与静态网页的 HTML 代码是相同的，都是用尖括号"<>"把标记包含起来的，而且标记大多是成对出现的，是网页的主体部分。HTML 代码被传送回客户端浏览器后，由浏览器直接解释执行。

2. 客户端脚本语言

客户端的脚本语言是标记"<script>"和"</script>"之间引用的代码，这些脚本语言不是在服务器端执行的，而是被传送回客户端浏览器以后，由浏览器解释执行的。由于客户端脚本语言是在客户端解释执行的，所以用户可以看到这些代码。

3. 服务器端脚本语言

服务器端的脚本语言是标记"<%"和"%>"之间包含的代码，嵌入在 HTML 代码中。在 ASP 文件的开始部分要使用<%@language="脚本语言"%>命令，指定程序使用的脚本语言如果不加以说明，则程序就使用默认的脚本语言，VBScript 是 ASP 的默认脚本语言。服务器端的脚本语言是在服务器端解释执行的，然后把解释生成的 HTML 代码传送回客户端浏览器。因为客户端脚本语言是在服务器端执行，只是把生成的纯 HTML 代码传送回客户端，所以在客户端浏览器看不到 ASP 的源程序，避免了源代码的泄露，提高了程序的安全性。

下面看一个例子：

【例 7-1】 程序代码

```
<%@ language="VBScript" %>
```

7.1.4 ASP 的调试开发环境

ASP 脚本语言是在服务器端 IIS 或 PWS 中解释和运行，并动态生成普通的 HTML 网页，然后再传送到客户端浏览器。我们要在本机上进行程序的调试，那就要在个人电脑上安装 IIS 或 PWS，使我们的个人电脑具有服务器的功能。这样我们就可以在自己的个人电脑上调试运行 ASP 程序了。

```
<html>
<head>
<title>ASP 代码示例</title>
</head>
<body>
<script language="JavaScript">
<!--
document.write("这是由客户端脚本语言输出的！")
-->
</script>
<br />
<%
response.write"这是由服务器端脚本语言输出的！"
%>
</body>
</html>
```

○ 小提示

普通的脚本语言是位于"<script>"和"</script>"之间的程序代码，而位于"<%"和"%>"之间的才是 ASP 脚本代码。它们之间的主要区别在于，普通的脚本代码是在客户端执行的，而 ASP 脚本代码则是在服务器端解释执行的。

运行的最终结果如图 7-2 所示。

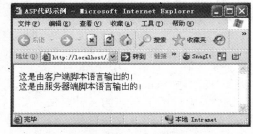

图 7-2 ASP 代码示例

PWS 是早期 Windows 98 操作系统中经常使用的 Web 服务器，但现在有些过时了。而 IIS 是现在最流行的 Web 服务器，它是 Microsoft 公司主推的 Web 服务器，也是我们所推荐使用的。具体的 IIS 配置请参见第 2 章，这里着重介绍如何在 IIS 中创建 ASP 虚拟目录。

7.2 实例：在 IIS 中创建 ASP 虚拟目录

Step 01 选择【开始】/【控制面板】/【管理工具】/【Internet 信息服务】命令，打开"IIS 5.0 的管理"界面，选择"默认网站"选项，右击并在弹出的菜单中选择【新建】/【虚拟目录】命令，如图 7-3 所示。

图 7-3　创建虚拟目录

Step 03 单击 下一步(N) 按钮，填写虚拟目录的别名，如图 7-5 所示。

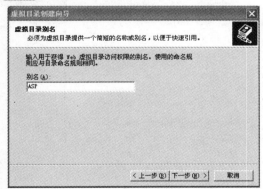

图 7-5　填写虚拟目录的别名

○ 小提示

　　如果存放网站文件的磁盘分区采用 NTFS 文件格式，可以在 Windows 资源管理器中用鼠标右键单击某个目录，选择"共享"，然后选择"Web 共享"属性页来创建虚拟目录。

Step 05 单击 下一步(N) 按钮，设置虚拟目录的访问权限，默认为"读取"和"运行脚本"，推荐用户使用默认值，可以保证网站的安全性，如图 7-7 所示。

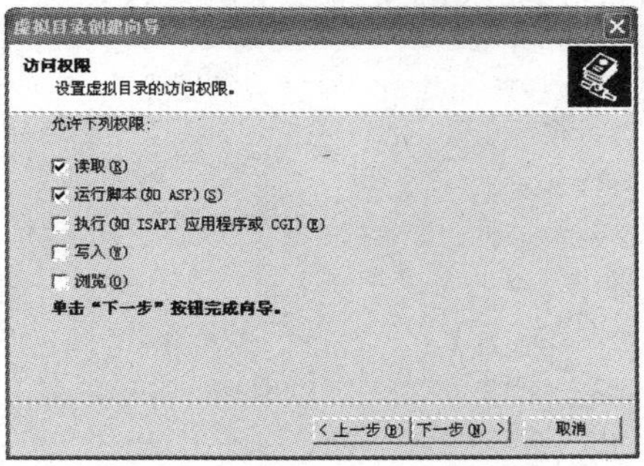

Step 02 选择"虚拟目录"后，会弹出"虚拟目录创建向导"对话框，如图 7-4 所示。

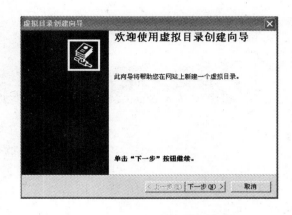

图 7-4　"虚拟目录创建向导"对话框

Step 04 单击 下一步(N) 按钮，选择要发布站点内容所在的目录路径，如图 7-6 所示。

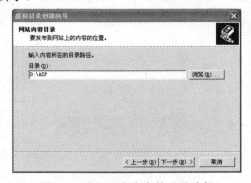

图 7-6　选择站点内容的目录路径

图 7-7　设置虚拟目录的访问权限

Dw
Dreamweaver CS3+ASP 动态网站设计入门实战与提高

07
Chapter

7.1

7.2

7.3

7.4

7.5

Step **06** 单击 下一步(N) > / 完成 完成虚拟目录创建向导的流程，结果如图 7-8 所示。

图 7-8 完成虚拟目录的创建

7.3 综合实例

Dreamweaver+ASP

通 过前面的学习，我们已经了解了 ASP 的基础知识以及配置开发调试环境的方法，下面通过做几个综合实例，对所学知识有一个感性的认识。

7.3.1 实例：Hello World!

Step **01** 首先启动 Dreamweaver，选择【文件】/【新建】/【ASP VBScript】命令，如图 7-9 所示。

图 7-9 启动 Dreamweaver CS3

Step **03** 在新建的工作区中编写代码，代码如下：

```
<%@ language= "VBScript" %>
<html>
<head>
<title>第一个 ASP 网页</title>
</head>
<body>
<%response.write " Hello World! "%>
</body>
</html>
```

Step **02** 单击 创建(R) 按钮，打开一个新的工作区，如图 7-10 所示。

图 7-10 创建一个新的工作区

Step **04** 选择【文件】/【另存为】命令，选择存储路径为 D:\ASP，在"文件名"文本框中输入"第一个 ASP 网页"，如图 7-11 所示。

○ **小提示**

当 Web 站点域名表示为 localhost 或指定 IP 地址为 127.0.0.1 时，表示本机。

○ **小提示**

也可以在浏览器的地址栏中输入正确的 URl 地址访问网页，其格式为：http://Web 站点 IP 地址/虚拟目录别名/文件名称，或者是 http://Web 站点域名/虚拟目录别名/文件名称。

图 7-11　保存新建的 ASP 文件

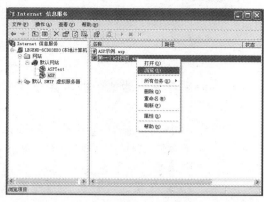

图 7-12　在 IIS 5.0 中浏览"第一个 ASP 网页"

浏览网页的效果如图 7-13 所示。

图 7-13　"第一个 ASP 网页"的浏览效果

Step 05　选择【开始】/【控制面板】/【管理工具】/【Internet 信息服务】命令，打开 IIS 5.0，选择默认网站"ASP"中的"第一个 ASP 网页.asp"文件，然后用鼠标右键单击并在弹出的菜单中选择【浏览】命令，我们就可以浏览刚刚创建的网页了，如图 7-12 所示。

7.3.2　实例：输出系统日期和时间

Step 01　首先启动 Dreamweaver CS3，选择【文件】/【新建】/【ASP VBScript】命令，单击 创建(R) 按钮，打开一个新的工作区。

Step 03　如同上例，选择【开始】/【控制面板】/【管理工具】/【Internet 信息服务】命令，打开 IIS 5.0，浏览"输出系统当前日期和时间.asp"文件，结果如图 7-14 所示。

图 7-14　输出系统的当前日期和时间

Step 02　在工作区中编写如下代码：

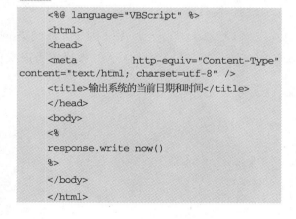

```
<%@ language="VBScript" %>
<html>
<head>
<meta            http-equiv="Content-Type"
content="text/html; charset=utf-8" />
<title>输出系统的当前日期和时间</title>
</head>
<body>
<%
response.write now()
%>
</body>
</html>
```

7.4　本章技巧荟萃

Dreamweaver+ASP

● 普通的脚本语言是位于"<script>"和"</script>"之间的程序代码，

而位于"<%"和"%>"之间的才是 ASP 脚本代码。它们之间的主

Dw Dreamweaver CS3+ASP 动态网站设计入门实战与提高

07
Chapter

7.1

7.2

7.3

7.4

7.5

要区别在于普通的脚本代码是在客户端执行的，而 ASP 脚本代码则是在服务器端解释执行的。

- 如果存放网站文件的磁盘分区采用 NTFS 文件格式，可以在 Windows 资源管理器中用鼠标右键单击某个目录，在弹出的快捷菜单中选择【共享】命令，然后选择"Web 共享"属性页来创建虚拟目录。

- 当 Web 站点域名表示为 localhost 或指定 IP 地址为 127.0.0.1 时，表示本机。

- 在 Windows XP Pro 中经常会出现

不能对数据库进行更新（例如添加、修改、删除）操作，只能进行读操作，办法是重装 IIS，另外就是重装另一个版本的 Windows XP Pro，所以建议使用 Windows 2000 Server+IIS。

- 虽然默认虚拟目录是系统盘:\Inetpub\wwwroot，但是在一般情况下，我们还是不直接的使用它。因为我们不可避免要操作多个 ASP 文件，或者调试多个 ASP 站点，如果文件都散放在 wwwroot 里，会造成很多不必要的麻烦，最好给每一个不相干的文件群单独建在一个文件夹里。

7.5 学习效果测试

Dreamweaver+ASP

一、思考题

（1）什么是 ASP，ASP 的特点有哪些？

（2）概述 ASP 文档的语法结构。

二、操作题

（1）怎样编写一个 ASP 程序并在浏览器中浏览显示效果？

（2）将目录路径"D:\ASP"设置为虚拟目录别名为"MyASP"的虚拟路径。

第 8 章　ASP 的脚本语言—VBScript

学习要点

　　ASP 程序是由文本、HTML 标记和脚本语言组成的。脚本语言是 ASP 程序运行的基石，在本章中将介绍 ASP 的脚本语言 VBScript。本章将对 VBScript 的基本概念、运算符、数据类型、常用函数等内容进行详细讲解。

学习提要

- ■　　关于 VBScript 的基本概念
- ■　　VBScript 的数据类型及运算符
- ■　　VBScript 的常量和变量
- ■　　VBScript 的控制语句
- ■　　VBScript 的过程和自定义函数
- ■　　VBScript 的常用函数

Dw

Dreamweaver CS3+ASP 动态网站设计入门实战与提高

08

Chapter

8.1

8.2

8.3

8.4

8.5

8.6

8.7

8.8

8.9

8.1 VBScript 概述

VBScript 全称是 Microsoft Visual Basic Scripting Edition，是 Microsoft 公司程序开发语言 Visual Basic 家庭的中的一员，是一种基于对象的编程语言。它语法简单、功能强大，是 ASP 的宿主语言，为 Microsoft 公司所推荐。VBScript 是目前最流行的脚本语言，也是 ASP 文件的默认脚本语言，既可以作为客户端脚本语言，也可以作为服务器端脚本语言，但一般不用 VBScript 编写客户端脚本。

VBScript 脚本语言作为 HTML 文档的一部分，要嵌入到 HTML 文档中，不仅具有格式化页面的功能，而且还可以对用户的操作作出反应，从而扩展了 HTML 的功能，增强了网页的灵活性和多样性。

如果您已经了解了 Visual Basic，就能很快学会 VBScript。由于 VBScript 的语法结构比较简单，即使您没有学过 Visual Basic，也能够很快学会使用 VBScript 进行网页设计。下面我们就介绍一下 VBScript 的基本语法结构。

由于 VBScript 既能编写客户端脚本，又能编写服务器端脚本，我们就分别介绍在两种情况下 VBScript 脚本的格式。

1. 使用 VBScript 编写客户端脚本

客户端脚本是在客户端浏览器解释执行的，不通过服务器端，其语句放在<script>和</script>标记之间。标记<script>有 type和 language 两个属性，<script type="text/VBScript">和<script language="VBScript">都表示<script>和</script>标记之间的代码是 VBScript，但是 language属性在 W3C 的 HTML 标准中已经不再推荐使用了。我们来看一个例子。

启动 Dreamweaver CS3，新建一个工作区，输入例 8-1 代码：

【例 8-1】 使用 VBScript 编写客户端脚本

```
<%@ language="VBScript"%>
<html>
<head>
<title>使用 VBScript 编写客户端脚本</title>
</head>
<body>
<script>
<!--
```

```
document.write("使用 VBScript 编写客户端脚本
")
-->
</script>
</body>
</html>
```

保存并运行，结果如图 8-1 所示。

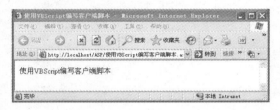

图 8-1　使用 VBScript 编写客户端脚本的
网页执行结果

2. 使用 VBScript 编写服务器端脚本

使用 VBScript 编写服务器端脚本有两种定义方式，下面分别进行介绍。

（1）使用<script>和</script>标记定义VBScript 服务器端脚本。

使用 <script> 和 </script> 标记定义VBScript 服务器端脚本时，语法结构与定义客户端脚本时类似，不同之处在于需要在<script type="text/VBScript">中加入属性"runat=Server"，例 8-2 代码如下：

【例 8-2】 使用 VBScript 编写服务器端脚本

```
<%@ language="VBScript"%>
<html>
<head>
<title>使用 script 标记定义 VBScript 服务器端脚本</title>
</head>
<body>
<script runat="server">
```

```
response.write(" 使用 script 标记定义
VBScript 服务器端脚本")
</script>
</body>
</html>
```

运行结果如图 8-2 所示。

图 8-2　使用 script 标记定义 VBScript 服务器
端脚本的网页执行结果

（2）使用<% %>标记定义 VBScript 服务器端脚本。

使用<% %>标记定义 VBScript 服务器端脚本时，一般在程序的开始部分输入命令<%@ language=“VBScript”%>说明<% %>标记之间的脚本语言是 VBScript，例 8-3 代码如下：

【例 8-3】　使用<% %>标记定义 VBScript
服务器端脚本

```
<%@ language="VBScript"%>
<html>
<head>
<title>使用&lt;%%&gt;标记定义 VBScript 服务
器端脚本</title>
</head>
<body>
<%
response.write(" 使用 &lt;%%&gt;标记定义
VBScript 服务器端脚本")
%>
</body>
</html>
```

运行结果如图 8-3 所示。

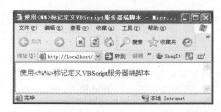

图 8-3　使用<% %>标记定义 VBScript 服务器端脚本

一般情况下，这两种脚本的定义方式不会同时使用，虽然在技术上是可行的，但是实际应用中习惯单独使用其中的一种。

在所有的语言中都有对代码加注释的做法，目的是为了增强程序的可读性、可修改性和可扩展性，VBScript 也不例外。

在 VBScript 脚本中使用单撇号来进行注释。例 8-4 是一个在脚本语言中加注释代码的例子。

【例 8-4】　注释信息

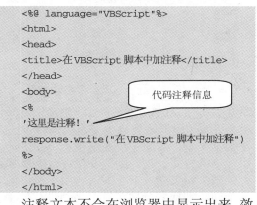

```
<%@ language="VBScript"%>
<html>
<head>
<title>在VBScript 脚本中加注释</title>
</head>
<body>
<%
'这里是注释！           代码注释信息
response.write("在VBScript 脚本中加注释")
%>
</body>
</html>
```

注释文本不会在浏览器中显示出来，效果如图 8-4 所示。

图 8-4　在 VBScript 脚本中加注释

8.2　VBScript 数据类型及运算符

Dreamweaver+ASP

1. VBScript 的数据类型

VBScript 虽然是程序开发语言 Visual Basic 家族中的一员，是 Visual Basic 的一个子集，但不像 Visual Basic 那样有整型、字符型、数值型等众多的数据类型。VBScript 只有一种数据类型，即 Variant 类型。Variant

Dw Dreamweaver CS3+ASP 动态网站设计入门实战与提高

08
Chapter

8.1

8.2

8.3

8.4

8.5

8.6

8.7

8.8

8.9

是一种特殊的数据类型，可以包含不同类型的数据信息，可以根据用途的不同选择最合适的子类型来存储数据，Variant 的子类型如表 8-1 所示。

表 8-1　Variant 的子数据类型

子数据类型	说　明
Empty	未初始化的 Variant 类型，对于数值变量值为 0，对于字符串变量值为空串（" "）
Null	说明没有有效的数据
Boolean	逻辑类型，值为 True 或 False
Byte	范围为 0~255 之间的整数
Integer	范围为-32,768~32,767 之间的整数
Currency	表示货币数据，范围为-922,337,203,685,477.5808~922,337,203,685,477.5807
Long	范围为-2,147,483,648~2,147,483,647 之间的整数
Single	单精度浮点数，负数范围为-3.402823E38~-1.401298E-45,正数范围为 1.401298E-45~3.402823E38
Double	双精度浮点数，负数范围为-1.79769313486232E308~-4.94065645841247E-324，正数范围为 4.94065645841247E-324~1.79769313486232E308
Date	日期类型，范围为公元 100 年 1 月 1 日~公元 9999 年 12 月 31 日
String	字符串类型，最大字符串长度为 20 亿个字符
Object	对象类型
Error	错误编号

一般高级编程语言都需要明确定义变量数据类型，VBScript 不需要明确定义数据类型，而是根据需要确定变量为何种 Variant 子数据类型。例如一个变量在上下文中适合用数字的方式处理，则把变量按数字类型进行处理；如果在上下文中适合用字符串的方式处理，则把变量按字符串类型进行处理。用户也可以根据需要强制转换 Variant 数据的子类型，转换子类型需要借助于类型转换函数，Variant 子类型转换函数如表 8-2 所示。

表 8-2　Variant 子类型转换函数

转换函数	说明
CBool(data)	将变量 data 转换成 Boolean 型
CByte(data)	将变量 data 转换成 Byte 型
CInt(data)	将变量 data 转换成 Integer 型
CDate(data)	将变量 data 转换成 Date 型
CDbl(data)	将变量 data 转换成 Double 型
CCur(data)	将变量 data 转换成 Currency 型
CLng(data)	将变量 data 转换成 Long 型
CSng(data)	将变量 data 转换成 Single 型
CStr(data)	将变量 data 转换成 String 型

○ **小提示**

任何 Variant 类型变量经过声明后，如果未对其指定任何值，则其值为一个未定义的值（Empty），这个未定义值与空值（Null）是不同的。值为 Empty 的变量在使用时，其值根据情况的不同取 0 或者空字符串，而值为 Null 的变量必须在为其赋初值后才能使用

2．VBScript 的运算符

VBScript 的运算符分为算术运算符、连接运算符、逻辑运算符和比较运算符 4 大类。

3．算术运算符

VBScript 的算术运算符如表 8-3 所示。

表 8-3　算术运算符

算术运算符	说明
+	加法
-	减法
*	乘法
/	除法
Mod	取模，13Mod5 结果为 3
^	幂，2^3=8
\	整除，10\3=3

4．连接运算符

VBScript 的连接运算符如表 8-4 所示。

表 8-4 连接运算符

连接运算符	说明
+	只能用于两个字符串的连接
&	可以用于任意类型的数据连接

5．逻辑运算符

VBScript 的逻辑运算符如表 8-5 所示。

表 8-5 逻辑运算符

逻辑运算符	说明
And	逻辑与
Or	逻辑或
Not	逻辑非
Xor	逻辑异或
Eqv	逻辑等价
Imp	逻辑蕴含

6．比较运算符

VBScript 的比较运算符如表 8-6 所示。

○ **小提示**

在 VBScript 中使用比较运算符时，总是认为字符串的值永远比数值和布尔值大；数值与布尔值比较时，与数值比较相同，布尔值在 VBScript 中是以整数形式存储的，True 为-1，False 为 0。

图 8-6 比较运算符

比较运算符	说明
=	等于
<>	不等于
<	小于
<=	小于等于
>	大于
>=	大于等于
Is	判断两个对象引用是否引用的是同一个对象

8.3 VBScript 变量与常量

Dreamweaver+ASP

变量与常量是编程语言中最基本的组成单位，学习一种语言应该从它的变量与常量开始，下面就介绍 VBScript 的变量和常量。

1．变量

变量是一个占位符，用于引用计算机内存的地址，在程序的运行过程中可以访问变量或改变变量的值。用户并不需要知道变量的计算机内存地址，只要通过引用变量名就可以引用相应的变量。

2．变量的命名规则

命名变量简单说来就是给变量取一个名字。在 VBScript 中命名变量需要遵循一定的命名规则，VBScript 中变量命名规则如下：

* 变量名必须以字母开头。
* 变量名不能包含句点。
* 变量名最大长度为 255。
* 变量名不能使用关键字。
* 变量名在其作用域中必须是唯一的。

3．变量的声明

根据变量赋值个数的不同，变量可以分为两类，即标量变量和数组变量。只赋一个值的变量就是标量变量，我们通常所说的变量一般就是指标量变量。赋有多个值的变量叫作数组变量，我们习惯称之为数组。

如前所述，VBScript 中只有 Variant 一种数据类型，所有变量的类型都是 Variant 类型，所以 VBScript 允许不用先声明就可以直接使用变量。如果想在程序中强制规定必须先声明后使用变量。先声明后使用变量是一个良好的编程习惯，所以还是推荐用户先声明后使用。

在 VBScript 中变量和数组声明与赋值的语法规则是相同的，常见的方法如下所示。

（1）使用 dim 声明。

使用 dim 声明变量的语法结构如下：

08
Chapter

8.1

8.2

8.3

8.4

8.5

8.6

8.7

8.8

8.9

```
dim 变量名
dim 数组名（数组下标）
```

○ 小提示

定义变量时应该注意以下几个方面：定义变量的 dim 语句应当放在脚本或过程的开头；定义的变量自动成为 Variant 类型。

当需要定义多个变量时，变量之间用逗号隔开，语法结构如下：

```
dim 变量1 , 变量2,......
```

例如：dim x

dim y , z

对变量和数组的赋值都是使用符号 "="，语法结构如下：

```
变量名=值
数组名（0）=值1
数组名（1）=值2
…
数组名（n）=值n+1
```

例如：x=10，把整数 10 赋值给变量 x。

使用 dim 声明的变量和数组，其作用域是其定义的脚本体内。

（2）使用 private 声明。

使用 private 声明变量的作用域是在其定义的脚本体内，是私有变量，声明的语法结构如下：

```
private 变量名
private 数组名（数组下标）
```

例如：

```
<%
Sub PrivateVariable()
private x
x=10
End Sub
%>
```

在 Sub 过程 PrivateVariable 中把 x 定义

为一个私有变量，变量 x 的作用域是在其定义的脚本体内，即在 Sub 过程 PrivateVariable 内。

（3）使用 public 声明。

使用 public 声明的变量的作用域是整个程序范围，是全局变量，声明的语法结构如下：

```
public 变量名
public 数组名（数组下标）
```

○ 小提示

在使用 Public 和 Private 语句声明变量时都必须在过程之前的脚本级使用，来控制变量的作用范围。

例如：

```
<%
Sub PrivateVariable()
public x
x=10
End Sub
%>
```

虽然把变量 x 定义在了 Sub 过程 PrivateVariable 内，但是变量 x 是 public 型变量，即为全局变量，所以变量 x 的作用域是整个程序范围。

4．常量

常量就是一个含有不变值的名称，用来表示固定的数字或者字符串等数据值，它的值在程序中是不变的，其命名规则与变量命名规则是一样的。

在 VBScript 中使用 const 语句定义常量，语法结构如下：

```
const 常量名=值
```

例如：

```
const x="Hello World!"
const y=20
```

8.4 VBScript 控制语句

Dreamweaver+ASP

在 程序中可以使用控制语句改变正常的流程，VBScript 提供了条件语句、循环语句等几种流程控制语句。

8.4.1　条件语句

条件语句可以根据判断条件实现程序的分支控制结构，是最基本的流程控制语句，它实现了程序的选择结构。常用的条件语句有 If 语句和 Select 语句，下面我们分别介绍。

1．If...Then...End if

语法格式：

```
if<条件>then
    <语句>
end if
```

说明：如果条件成立，就执行 Then 后面的语句；反之，则执行 end if 后面的语句。

○ **小提示**

<语句>中的内容不能与 then 在同一行上，否则 VBScript 会认为这是一个单行结构的条件语句。

【例 8-5】　if 条件语句示例 1

```
<html>
<head>
<title>例 8-1</title>
</head>
<body>
<script language="VBScript">
dim x
x=10
if x<=10 then
document.write("x 小于 10！")
end if
</script>
</body>
</html>
```

2．If...Then...Else...End if

语法格式：

```
if<条件>then
<语句 1>
else
<语句 2>
end if
```

说明：如果条件成立，就执行 Then 后面的语句 1；反之，则执行 else 后面的语句 2。

【例 8-6】　If 条件语句示例 2

```
<html>
```

```
<head>
<title>例 8-2</title>
</head>
<body>
<script language="VBScript">
dim x , y
x=10
y=20
if x>y then
document.write("x 大于 y！")
else
document.write("x 小于等于 y！")
end if
</script>
</body>
</html>
```

3．If...ElseIf...Else...End if

语法格式：

```
if<条件 1>then
<语句 1>
elseif<条件 2>
<语句 2>
elseif<条件 3>
<语句 3>
……
else
<语句 n+1>
end if
```

说明：如果条件 1 成立，就执行语句 1；如果条件 1 不成立则判断条件 2，如果条件 2 成立，则执行语句 2；如果条件 2 不成立再判断条件 3，依次类推；如果从条件 1 到条件 n 都不成立，则执行语句 n+1。

【例 8-7】　If 条件语句示例 3

```
<html>
<head>
<title>例 8-3</title>
</head>
<body>
<script language="VBScript">
dim x , y
x=10
y=20
if x>y then
document.write("x 大于 y！")
```

Dw
Dreamweaver CS3+ASP 动态网站设计入门实战与提高

08
Chapter

8.1
8.2
8.3
8.4
8.5
8.6
8.7
8.8
8.9

```
elseif x<y
document.write("x小于y! ")
 else
document.write("x等于y! ")
end if
</script>
</body>
</html>
```

4. Select case…End select

语法格式：

```
select  case<变量名或表达式>
case<选择值1>
<语句1>
case<选择值2>
<语句2>
……
case else
<语句n+1>
end select
```

说明：在条件语句实际应用中，如果条件表达式比较固定而且有多个选择值的情况下，使用 Select 语句使程序更加直观清楚，提高了程序的可读性。当"select case"后面<变量或表达式>的值与某个 case 后面的选择值相等时，则执行该选择值后面相应

的语句；如果所有选择值都与<变量或表达式>的值不相等，则执行 case else 后面的语句 n+1。

【例 8-8】 Select 语句示例

```
<html>
<head>
<title>例 8-4</title>
</head>
<body>
<script language="VBScript">
dim x
x=10
select case x
case 10
document.write("x等于10! ")
case 20
document.write("x等于20! ")
case else
document.write("x 既不等于 10，也不等于 20!
")
end select
</script>
</body>
</html>
```

8.4.2　循环语句

循环结构就是重复执行的一个语句块，循环结构是通过循环语句来实现的，在 VBScript 脚本中有 3 大类循环语句，即 do 语句、while 语句和 for 语句。

do 语句有 do while 和 do until 两种语句，它们都是通过判断条件来控制是否重复执行程序。

1. do while 语句

语法格式：

```
do while <条件>
重复执行的语句
loop
```

或者

```
do
重复执行的语句
loop while <条件>
```

说明：前一种语法格式是先判断条件，

后执行语句；后一种语法格式是先执行语句后判断条件。

2. do until 语句

语法格式：

```
do until <条件>
重复执行的语句
loop
```

或者

```
do
重复执行的语句
loop until <条件>
```

说明：前一种语法格式是先判断条件，后执行语句；后一种语法格式是先执行语句后判断条件。

【例 8-9】 do 循环语句示例

```
<%@ language="VBScript"%>
<html>
```

```
<head>
<title>例 8-5</title>
</head>
<body>
<%
dim x , sum
x=1
sum=0
do while x<=10
sum=sum+x
x=x+1
loop
response.write"1 至 10 的累加和是: "&sum
%>
</body>
</html>
```

3．while 语句

while 语句与 do 语句类似，但是只有先判断条件后执行语句的一种语法格式，缺少灵活性，是为熟悉其用法的用户提供的，所以在实际应用中不常见，推荐用户使用 do 语句。

语法格式：

```
while <条件>
重复执行的语句
wend
```

说明：只要条件成立，便重复执行语句，直到条件不成立。

【例 8-10】　while 循环语句示例

```
<%@ language="VBScript"%>
<html>
<head>
<title>例 8-6</title>
</head>
<body>
<%
dim x , sum
x=1
sum=0
while x<=10
sum=sum+x
x=x+1
wend
response.write"1 至 10 的累加和是: "&sum
%>
</body>
</html>
```

4．for 语句

for 语句主要在需要重复执行语句次数较多时使用，可以确定循环执行的次数，包括 for…Next 和 for each…next 两种语法格式。

（1）for…next 语句。

语法格式：

```
for 变量=初始值 to 终止值 [step 步长值]
执行语句
next
```

说明：从变量赋初始值开始执行，首先执行重复执行的语句，然后变量增加步长大小的值，再执行重复执行的语句，直到变量值大于终止值，就退出循环执行下面的语句。在 step 语句后面设置步长值，如果省略则默认步长值为 1。

【例 8-11】　循环语句示例

```
<%@ language="VBScript"%>
<html>
<head>
<title>例 8-7</title>
</head>
<body>
<%
dim sum
sum=0
for x=1 to 10
sum=sum+x
next
response.write("1 至 10 的累加和是: "&sum)
%>
</body>
</html>
```

（2）foreach…next 语句。

语法格式：

```
for each 变量 in 对象集合或数组
执行语句
next
```

说明：对集合中的每一个元素或数组中的每一项都执行一组相同的操作。当不知道数组合集合中元素的具体数目时，for each…next 语句是最好的选择。

【例 8-12】　For　each 循环语句示例

```
<%@ language="VBScript"%>
<html>
```

Dw Dreamweaver CS3+ASP 动态网站设计入门实战与提高

08

Chapter

8.1

8.2

8.3

8.4

8.5

8.6

8.7

8.8

8.9

```
<head><title>例8-7</title></head>
<body>
<%
dim sum
dim array(10)
sum=0
for x=1 to 10
array(x)=x
x=x+1
```

```
next
for each y in array
sum=sum+y
next
response.write"1 至10 的累加和是: "&sum
%>
</body>
</html>
```

8.5 VBScript 过程和自定义函数

Dreamweaver+ASP

在程序设计中，一般都会采用模块化的编程方式，即一个大的应用程序可以由若干个小的程序模块组成。因为在程序设计过程中，经常会出现一组程序块会重复出现多次，所以为了使程序简洁，增强程序的可维护性，就把该程序块编写成一个过程或者函数，之后在需要时随时调用这个过程或函数即可。

在 VBScript 中过程分为两类：Sub 过程和 Function 函数。

8.5.1 Sub 过程

Sub 过程的语法格式：

定义：[private][public]sub 过程名（参数 1，参数 2，…）

   语句

      end sub

调用：

      call 过程名（参数 1，参数 2，…）

或者

      过程名 参数 1，参数 2，…

【例 8-13】 Sub 过程示例

```
<html>
<head>
<title>例8-9</title>
```

```
<script language="vbscript">
sub abc()
document.write（"无参数过程！"）
end sub
sub xyz(s)
document.write（"有" & s & "过程"）
end sub
</script>
</head>
<body>
<script language="vbscript">
dim a="参数"
call abc
call xyz(a)
</script>
</body>
</html>
```

8.5.2 Function 函数

Function 函数的格式为：

定义：[private][public]function 函数名（参数 1，参数 2，…）

   语句
   函数名=返回值

      end function

调用：

      call 函数名（参数 1，参数 2，…）

或者

函数名（参数 1，参数 2，…）

使用和不使用 call 语句调用函数是不一样的，不使用 call 语句调用时函数会有一个返回值，而使用 call 语句调用时函数没有返回值。

【例 8-14】 Function 函数示例

```
<html>
<head>
<title>例 8-10</title>
<script language="vbscript">
function xyz(s)
```

```
xyz=s*s
end function
</script>
</head>
<body>
<script language="vbscript">
dim a=10
document.write(xyz(a))
</script>
</body>
</html>
```

VBScript 常用函数

下面介绍一些 VBScript 中的常用函数，供读者参考。

8.6.1　字符串函数

VBScript 脚本中常见的字符串函数如表 8-7 所示。

表 8-7　字符串函数

字符串函数	说明
Asc(string)	返回字符的 ASCII 码
Chr(charcode)	返回 ASCII 码相对应的字符
Lcase(string)	将字符串 string 转换为小写
Ucase(string)	将字符串 string 转换为大写
Instr(string1, string2)	返回字符串 string2 在字符串 string1 中的位置
Len(string)	返回字符串 string 的长度
Strcomp(string1, string2)	字符串比较
Left(string,num)	截取字符串 string 左边 num 个字符
Mid(string,start,len)	截取字符串 string 从第 start 个字符开始的 len 个字符
Right(string,num)	截取字符串 string 右边 num 字符
Ltrim(string)	删除字符串 string 左边的空白字符串
Rtrim(string)	删除字符串 string 右边的空白字符串
Space(num)	重复 num 个空白的字符串
String(len,char)	创建长度为 len 的字符串 char
Replace(string1,string2,string3)	用字符串 string1 代替字符串 string2 中的字符串 string3
Strreverse(string)	颠倒字符串 string

8.6.2 转换函数

VBScript 脚本中常见的转换函数如表 8-8 所示。

表 8-8 转换函数

转换函数	说明
CBool(data)	将变量 data 转换成 Boolean 型
CByte(data)	将变量 data 转换成 Byte 型
CInt(data)	将变量 data 转换成 Integer 型
CDate(data)	将变量 data 转换成 Date 型
CDbl(data)	将变量 data 转换成 Double 型
CCur(data)	将变量 data 转换成 Currency 型
CLng(data)	将变量 data 转换成 Long 型
CSng(data)	将变量 data 转换成 Single 型
CStr(data)	将变量 data 转换成 String 型

8.6.3 数学函数

VBScript 脚本中常见的数学函数如表 8-9 所示。

表 8-9 数学函数

数学函数	说明
Abs(num)	取 num 的绝对值
Exp(num)	返回 num 以 e 为底的指数
Log(num)	返回 num 的对数
Sgn(num)	返回 num 的符号
Sin(num)	正弦函数
Cos(num)	余弦函数
Tan(num)	正切函数
Sqr(num)	余切函数
Atn(num)	反正切函数
Rnd(num)	随机函数

8.6.4 时间和日期函数

VBScript 脚本中常见的时间和日期函数如表 8-10 所示。

表 8-10 时间和日期函数

时间和日期函数	说明
Now()	返回系统的当前时间和日期
Year(date)	返回日期 date 的年份
Month(date)	返回日期 date 的月份
Day(date)	返回日期 date 的日
Time()	返回系统的当前时间
Hour(time)	返回时间 time 的小时
Minute(time)	返回时间 time 的分钟
Second(time)	返回时间 time 的秒数
Dateserial(yesr,month,day)	合并日期
Timeserial(hour,minute,second)	合并时间
Date()	返回系统的当前日期
Datepart(interval, date)	取日期的各个部分
Dateadd(interval,number,date)	日期时间的增减
Datediff(interval,date1, date2)	计算日期时间的差
Weekday(date)	返回日期 date 是星期几

8.6.5 布尔函数

VBScript 脚本中常见的布尔函数如表 8-11 所示。

表 8-11 布尔函数

布尔函数	说明
IsArray(data)	如果 data 是数组类型，则返回 True；否则返回 False
IsDate(data)	如果 data 是日期类型，则返回 True；否则返回 False
IsEmpty(data)	如果 data 没有值，则返回 True；否则返回 False
IsNull(data)	如果 data 是空值，则返回 True；否则返回 False
IsNumeric(data)	如果 data 是数值类型，则返回 True；否则返回 False
IsObject(data)	若 data 是对象类型，则返回 True；否则返回 False
VarType(data)	返回 data 的类型

8.6.6 时间和日期函数

在 VBScript 脚本中含有众多类型的函数，为用户提供了许多编写程序很难实现的功能，使用这些函数可以提高程序设计效率。在上面我们已经介绍了几种类型的常用函数，即字符串函数、转换函数、数学函数、时间和日期函数以及布尔函数等，下面再介绍 3 种比较常见的函数。

VBScript 脚本中的格式化控制函数，用于控制服务器传送回来的数据按照一定的格式显示，常见的格式控制函数如表 8-12

Dw

Dreamweaver CS3+ASP 动态网站设计入门实战与提高

08

Chapter

8.1

8.2

8.3

8.4

8.5

8.6

8.7

8.8

8.9

所示。

表 8-12 格式控制函数

格式控制函数	说明
Formatcurrency(data)	将数值 data 转换为货币格式
Formatdatetime(date)	将日期 date 转化为字符串
Formatnumber(num)	将数值 num 转换为字符串
Formatpercent(num)	将数值 num 转换为百分数形式

　　在 VBScript 脚本中，数组有着很广泛的应用范围，对数组的操作函数更加方便了数组的使用，常见的数组函数如表 8-13

所示。

表 8-13 数组函数

数组函数	说明
Array	返回数组的数据
Erase	初始化数组
Isarray	判断是否为数组
Lbound	数组的最小索引值
Ubound	数组的最大索引值

　　在 VBScript 脚本中提供了多种用于产生对话框的函数，如表 8-14 所示。

表 8-14 对话框函数

函数名	说明
Input("提示信息")	产生一个接受用户输入信息的文本框
Prompt("提示信息")	产生一个接受用户输入信息的文本框
Alert("提示信息")	产生一个弹出式的警告框，有一个警告表示的图标
Confirm("提示信息")	产生一个选择框，固定有确定和取消按钮
MsgBox("提示信息,[数值]")	产生一个选择框，可根据[数值]中值的不同，选择框可显示不同数量和不同类型的按钮

8.7 综合实例

Dreamweaver+ASP

　　下面我们做几个综合实例，加深本章所学的内容。

8.7.1 实例：不同的问候

Step 01　　首先启动 Dreamweaver CS3，选择【文件】/【新建】/【ASP VBScript】命令，单击 创建(R) 按钮，打开一个新的工作区，在新工作区里编写以下代码：

```
<html>
<head>
<meta            http-equiv="Content-Type"
content="text/html; charset=utf-8" />
<title>不同的问候</title>
<script language="vbscript">
sub differentwelcome()
dim h
h=Hour(Now)
if h<12 then
document.write("早上好!")
```

```
elseif h<18
document.write("下午好!")
else
document.write("晚上好!")
end if
document.write("现在的日期和时间是")
document.write(Date() & " "& Time())
end sub
</script>
</head>
<body>
<script language="vbscript">
call differentwelcome()
</script>
</body>
</html>
```

Step **02** 保存为"不同的问候.asp"文件并浏览，结果如图 8-5 所示。

图 8-5　不同的问候

8.7.2 实例：打印菱形图案

Step **01** 首先启动 Dreamweaver CS3，选择【文件】/【新建】/【ASP VBScript】命令，单击 创建(R) 按钮，打开一个新的工作区，在新工作区里编写以下代码：

```
<html>
<head>
<meta          http-equiv="Content-Type"
content="text/html; charset=utf-8" />
<title>打印菱形图案</title>
</head>
<body>
<script language="vbscript">
dim i,j,k
for i=0 to 3
for j=0 to 2-i
document.write(" ")       '首先输出一些空
格，空格的数目取决于 i 的值
next
for k=0 to i
document.write("*")          '然后输出一些*，*
与空格的数目总和保持不变
next
document.write("<br />")
next
```

```
for i=0 to 2
for j=0 to i
document.write(" ")
next
for k=0 to 2-i
document.write("*")
next
document.write("<br />")
next
</script>
</body>
</html>
```

Step **02** 保存为"打印菱形图案.asp"文件并浏览，结果如图 8-6 所示。

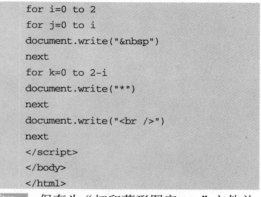

图 8-6　打印菱形图案

8.7.3 实例：使用 RGB 函数设置颜色

Step **01** 首先启动 Dreamweaver CS3，选择【文件】/【新建】/【ASP VBScript】命令，单击 创建(R) 按钮，打开一个新的工作区，在新工作区里编写以下代码：

```
<%@ language="VBScript" %>
<html>
<head>
<meta          http-equiv="Content-Type"
content="text/html; charset=utf-8" />
<title>使用 RGB 函数设置颜色</title>
</head>
<body>
```

```
<script language="vbscript">
dim red,greed,blue
red=cint(inputbox("颜色的红色成份（请输入
0~255 的数字）"))
greed=cint(inputbox("颜色的绿色成份（请输入
0~255 的数字）"))
blue=cint(inputbox("颜色的蓝色成份（请输入
0~255 的数字）"))
document.bgcolor= rgb(red,greed,blue)
</script>
</body>
</html>
```

08
Chapter

8.1

8.2

8.3

8.4

8.5

8.6

8.7

8.8

8.9

Step 02 保存为"使用 RGB 函数设置颜色.asp"文件并浏览，在弹出的对话框中分别输入红色成份、绿色成份及蓝色成份的数值，然后执行语句"document.

bgcolor= rgb(red,greed,blue)"，最后页面的背景颜色改变为"rgb(red,greed,blue)"数值对应的颜色。

8.7.4 实例：随机字符串

Step 01 首先启动 Dreamweaver CS3，选择【文件】/【新建】/【ASP VBScript】命令，单击 创建(R) 按钮，打开一个新的工作区，在新工作区里编写以下代码：

```
<%@ language="VBScript" %>
<html>
<head>
<meta http-equiv="Content-Type"
content="text/html; charset=utf-8" />
<title>随机字符串</title>
</head>
<body>
<%
response.write("输出 13 位随机字符串：")
response.write("<br/>")
call gen_key(13)
Function gen_key(digits)
dim char_array(80)
'通过下面的循环把数字 0~9 存放在数组 char_array
的前 10 个数组单元中
for i = 0 to 9
char_array(i) = CStr(i)
next
'通过下面的循环把字母 a~z 按顺序存放在数组
char_array 的下标 10 到 35 的数组
'单元中
for i = 10 to 35
char_array(i) = Chr(i + 55)
next
```

```
'通过下面的循环把字母 A~Z 按顺序存放在数组
char_array 的下标 36 到 61 的
'数组单元中
for i = 36 to 61
char_array(i) = Chr(i + 61)
next
Randomize
'通过下面的 do 语句循环随机从数组 char_array 的
前 64 个数组单元中任意选取
'digits 个数组单元，把数组单元的值赋值给变量
num，输出变量 num 的值
do while j < digits
num = char_array(Int(63 * rnd()))
response.write(num)
j=j+1
loop
End Function
%>
</body>
</html>
```

Step 02 保存为"随机字符串.asp"文件并浏览，结果如图 8-7 所示。

图 8-7 随机字符串

8.7.5 实例：简单的四则运算

【例 8-15】 简单的四则运算

Step 01 首先启动 Dreamweaver CS3，选择【文件】/【新建】/【ASP VBScript】命令，单击 创建(R) 按钮，打开一个新的工作区，在新工作区里编写以下代码：

```
<%@ language="VBScript" %>
<html>
<head>
```

```
<meta http-equiv="Content-Type"
content="text/html; charset=utf-8" />
<title>简单的四则运算</title>
</head>
<body>
<%
dim x,y,result,sign
x=cint(inputbox("请输入第一个运算值"))
sign=inputbox("请输入运算符")
y=cint(inputbox("请输入第二个运算值"))
```

```
select case sign
case "+"
result=x+y
document.write("运算结果为: " & result)
case "-"
result=x-y
document.write("运算结果为: " & result)
case "*"
result=x*y
document.write("运算结果为: " & result)
case "/"
result=x/y
document.write("运算结果为: " & result)
case else
document.write("输入运算符不正确! ")
end select
```

```
%>
</body>
</html>
```

Step 02 　保存为"简单的四则运算.asp"文件，运行程序，在依次弹出的 3 个文本框中分别输入"3"、"+"和"4"，结果如图 8-8 所示。

图 8-8　简单的四则运算

8.8　本章技巧荟萃

Dreamweaver+ASP

- 任何 Variant 类型变量经过声明后，如果未对其指定任何值，则其值为一个未定义的值（Empty），这个未定义值与空值（Null）是不同的。值为 Empty 的变量在使用时，其值会根据情况的不同取 0 或者空字符串，而值为 Null 的变量必须在为其赋初值后才能使用。

- 在 VBscript 中使用比较运算符时，总是认为字符串的值永远比数值和布尔值大；数值与布尔值比较时，与数值比较相同，布尔值在 VBscript 中是以整数形式存储的，True 为 -1，False 为 0。

- 定义变量时应该注意以下两个方面：定义变量的 dim 语句应该放在脚本或过程的开头；定义的变量自动成为 Variant 类型。

- 在使用 Public 和 Private 语句声明变量时都必须在过程之前的脚本级使用，来控制变量的作用范围。

- if<条件>then

    <语句>

  end if

  的<语句>中内容不能与 then 在同一行上，否则 VBscript 会认为这是一个单行结构的条件语句。

- Private 和 Public 用来控制子过程和函数的作用范围。Private 表示子过程或函数为私有，只能声明它的脚本中的被其他过程访问。Public 表示子过程和函数为公有，可以被脚本中的其他任何过程访问。如果省略 private 和 public，则默认为 public。

8.9　学习效果测试

Dreamweaver+ASP

一、思考题

（1）Sub 过程和 Function 函数的区别。

Dreamweaver CS3+ASP 动态网站设计入门实战与提高

08

Chapter

8.1

8.2

8.3

8.4

8.5

8.6

8.7

8.8

8.9

（2）阐述变量的作用范围。

二、操作题

（1）编写一个程序，判断今天是星期几，如果是星期一到星期五，则显示"今天是工作日，祝你工作顺利！"；若是星期六和星期天，则显示"今天是休息日，祝你假期愉快！"。

（2）编写一个程序，实现简单的计算器功能，效果如图 8-9 所示。

图 8-9　简单的计算器

第 9 章　ASP 内置对象

学习要点

　　ASP 提供了内置对象，使用户更容易收集通过浏览器请求发送的信息、响应浏览器以及存储用户信息，从而使编写程序的用户摆脱了很多烦琐的工作，因此对于内置对象的各种属性与方法的了解就显得格外重要。本章将主要介绍几个常用内置对象的详细信息。

学习提要

- 简单介绍 HTML 的响应机制
- 介绍 Request 对象的使用
- 介绍 Response 对象的使用
- 介绍 Server 对象的使用
- 介绍 Application 的使用
- 介绍 Session 对象的使用

Dw

Dreamweaver CS3+ASP 动态网站设计入门实战与提高

09

Chapter

9.1

9.2

9.3

9.4

9.5

9.6

9.7

9.8

9.9

9.1 HTML 的响应机制

要熟练掌握 ASP 内置对象的使用方法,首先要了解 HTML 的两种响应机制,它们分别为 Get 方法和 Post 方法。

1. GET 方法

GET 方法是 HTML 响应机制的一种情况,从理论上讲,这种方法是从服务器上获取数据,在实际应用中,GET 方法是把数据参数队列加到一个 URL 上,值和表单是一一对应的。在队列里,值和表单用一个"&"符号分开,空格用"+"号替换,特殊符号转换成十六进制的代码。Get 方法传递的参数和值在 URL 上用"?name=value&password=value"的形式显示,例如:

```
http://localhost/ASP/Gettest.asp?name=Q
Wang&password=123
```

在 URL 里,队列的参数可以被用户看到,所以 GET 方法的安全性比较低,另外

GET 方法传送的数据量比较小,最大不能超过 2KB。因此,在传送的数据包含机密信息或者数据量比较大时,不推荐使用 GET 方法,但是在进行数据查询时使用 GET 方法较好。

2. POST 方法

POST 方法也是一种 HTML 的响应机制,主要是用于发送数据到服务器。POST 方法可以传送大量的数据,用户可以不受时间限制地传送默认无限制的大量数据到服务器。传送的过程对用户来说是透明的,所以 POST 方法适合用户发送包含机密信息或者比较大量的数据到服务器。

9.2 Request 对象

Request 对象可以连接客户端和服务器端,进行客户端到服务器端单向的数据传送。当一个用户在客户端浏览器向服务器发送一个请求时,Request 对象就可以使服务器端获得客户端请求的所有信息,这些信息包括用 Get 方法或 Post 方法传送来的表单数据、参数和 Cookie 数据等。使用 Request 对象可以使服务器轻松实现数据收集的功能。

9.2.1 Request 对象的成员

Request 对象的语法格式为:

```
Request.[ collection | property | method]
(变量名)
```

在 Request 对象的语法中,[ ]之间的选项是 Request 对象的成员,即集合(collection)、属性(property)和方法

(method)。下面我们分别介绍 Request 对象的成员。

Request 对象的集合如表 9-1 所示。

Request 对象的属性如表 9-2 所示。

表 9-1 Request 对象的集合

Request 对象的集合	说　明
Form	采用 Post 方法,获取客户端表单中的数据信息
QueryString	采用 Get 方法,获取 HTTP 中使用 URL 参数方式提交的字符串数据
ServerVariables	获取服务器端的环境变量
Cookies	检索客户端浏览器的 Cookie 信息,获取用户在浏览器中曾经输入过的数据信息
Clientcertificate	获取客户端浏览器发送请求中的验证信息

表 9-2　Request 对象的属性

Request 对象的属性	说明
BinaryRead	以二进制的方式读取客户端浏览器，使用 Post 方法发送数据，在引用了 Form 集合的情况下，不能使用 BinaryRead 方法

9.2.2　读取网址的参数信息

使用 Request 对象的 QueryString 集合，可以方便地读取 URL 中的参数信息。这些参数信息是直接附加在 URL 地址栏后面采用 Get 方法提交给服务器的，由 URL 中问号（?）后面的值指定参数信息的数据值，数据之间用符号"&"分隔。

QueryString 集合的语法格式为：

```
Request.QueryString(variable)[index|,count]
```

参数说明：

参数 variable 为变量名；

参数 index 为变量的索引；

参数 count 获取变量的个数。

下面是一个 URL 地址的实例：

```
http://www.xyz.com.cn/abc.asp?username=wq&userage=23&userid=2007010345
```

如果要取得上面 URL 地址后面的 3 个参数，则语句如下：

```
Request.QueryString("username")
Request.QueryString("userage")
Request.QueryString("userid")
```

9.2.3　读取表单传递的数据

客户端将表单的数据信息提交给服务器，有 Get 方法和 Post 方法两种，其中客户端采用 Get 方法提交表单信息，服务器端需要使用 Request 对象的 QueryString 集合接收请求信息中的参数数据，上一小节我们已经介绍过了。如果客户端采用 Post 方法提交表单，服务器端可以使用 Request 对象的 Form 集合接收请求中发送的表单信息。

Form 集合的语法格式为：

```
Request.Form(element)[index|.count]
```

参数说明：

参数 element 指定要获取的表单元素的名称；

参数 index 为参数的索引；

参数 count 获取表单元素的个数。

通过下面的例子，我们来看看如何使用 Form 数据集合取得用户在表单中提交的数据信息，表单的源代码如下：

【例 9-1】　简单的表单

```
<bady>
```

```
<form name="form1" method="post">
姓　　名：　　<input      type=text
value="name=username">
    <br>
年　　龄：　　<input      type=text
value="name=userage">
    <br>
    ID:<input type=text value=" name=userid>
    <br>
    <input type="submit"name="Submit"value="
提交">
    </form>
    </body>
```

运行程序时，用户在文本框中输入相应的内容，单击【提交】按钮提交表单，接下来就是如何接收这些表单元素的内容了，其代码如下：

```
<body>
姓名是: <%=request.form("username")%><br>
年龄是: <%=request.form("userage")%><br>
ID 是: <%=request.form("userid")%><br>
</body>
```

9.2.4　读取 Cookie 数据

用户在客户端浏览器访问一个网站时，Cookie 会自动记录并存放用户与该网站的一些相关信息，这些信息以文件名 Cookies.txt 形式存放在客户端，当用户下一次访问该网站时，服务器通过 Request 对象的 Cookie 集合可以读取这些数据信息。

Cookie 集合的语法格式：

```
Request.Cookies(name)[(key)|.attribute]
```

参数说明：

参数 name 指定要读取的 cookie 的名称；

参数 key 指定要获取的 cookie 的关键字；

参数 attribute 指定 cookie 的属性。

9.2.5 读取服务器端的环境变量

通过 Request 对象的 ServerVariables 集合可以方便读取服务器端的环境变量。

ServerVariables 集合的语法格式：

```
Request.
ServerVariables(ServerEnvironmentVariable)
```

参数说明：

参数 ServerEnvironmentVariable 指定要获取的服务器端环境变量的名称

常用的环境变量如表 9-3 所示。

表 9-3　常用环境变量

环境变量	说　明
ALL_HTTP	返回客户端发送的所有 HTTP 头数据
AUTH_PASSWORD	返回用户登录的密码
AUTH_TYPE	返回用户的类型
AUTH_USER	返回用户名
CONTENT_LENGTH	返回发送内容的长度
CONTENT_TYPE	返回传送的类型，例如 Get、Post
GATEWAY_INTERFACE	返回服务器使用的 CGI 版本
LOCAL_ADDR	返回服务器的 IP 地址
LOGON_USER	返回登录的用户信息
PATH_INFO	返回当前网页的虚拟路径
PATH_TRANSLATED	获取路径并将虚拟路径转换为物理路径
QUERY_STRING	返回通过 Get 方法从 HTTP 请求中问号（?）后面获取的数据信息
REMOTE_ADDR	返回发出请求的远程主机的 IP 地址
REMOTE_HOST	返回发出请求的远程主机的名称
REMOTE_USER	返回发出请求的远程主机的用户名
REQUEST_METHOD	返回请求的传送方式，例如 Get、Post 等
SCRIPT_NAME	返回执行的脚本的完整虚拟路径
SERVER_NAME	返回引用 URL 中出现服务器主机名、DNS 别名或 IP 地址
SERVER_PORT	返回服务器的端口号
SERVER_PROTOCOL	返回请求信息协议的名称和版本
SERVER_SOFTWARE	返回网页服务器的名称和版本
URL	返回当前网页的 URL

9.3　Response 对象

/Dreamweaver+ASP

Response 对象主要功能是响应客户端的请求，向客户端浏览器发送数据信息，具体功能包括直接发送字符串信息给客户端浏览器、控制信息传送的时刻、重定向到另一个 URL、控制浏览器的 Cache 以及设置 Cookie 的值等。

9.3.1 Response 对象的成员

Response 对象的语法格式为：

```
Response.[collection|property|method]
```

在 Response 对象的语法中，[ ]之间的选项是 Response 对象的成员，即集合（collection）、属性（property）和方法（method）。下面我们分别介绍 Response 对象的成员，Response 对象的集合如表 9-4 所示。

表 9-4　Response 对象的集合

Response 对象的集合	说　明
Cookies	设置 Cookie 的值

Response 对象的属性如表 9-5 所示。

表 9-5　Response 对象的属性

Response 对象的属性	说　明
Buffer	设置是否缓冲页面输出
ContentType	设置响应的 HTTP 内容类型，默认为 "text/html"
Charset	设置网页的字符集
CacheControl	设置代理服务器缓冲 ASP 输出的控制，如果设置为 public，则缓冲输出
Expires	设置浏览器缓冲中页面的过期时间
ExpiresAbsolute	设置浏览器缓冲中页面的过期时间和日期
IsClientConnected	返回客户端当前是否与服务器连接
PICS	设置页面内容的词汇等级
Status	返回服务器传送状态的值

Response 对象的方法如表 9-6 所示。

表 9-6　Response 对象的方法

Response 对象的方法	说　明
AddHeader	将指定的值添加到 HTML 的头信息
AppendToLog	将指定的字符串添加到 Web 服务器日志的末尾
BinaryWrite	将指定的信息不经任何字符转换，直接写入 HTTP 输出
Clear	删除缓冲区中的所有 HTML 输出
End	停止程序的运行，返回当前的结果
Flush	立即输出缓冲区的 HTML 输出
Redirect	使浏览器重新定向到另一个 URL
Write	将指定的字符串写入当前的 HTML 输出，返回到客户端浏览器

9.3.2　输出到网页

Response 对象的 Write 方法主要用来把服务器端的数据信息向浏览器输出并显示。

Write 方法的语法格式为：

```
Response.Write(variable|function|"string")
```

参数说明：

参数 variable 为变量名；

参数 function 为函数名；

参数 string 为字符串，需要用符号""引用，在字符串中不能包含"%>"字符，如果想输出"%>"字符，应该在"%"和">"之间引用"\"符号，即"%\>"

在 Response 对象中，Write 方法是使用最频繁的方法，下面的实例讲述了 Write 方法的使用，代码如下：

```
<%
```

09
Chapter

9.1

9.2

9.3

9.4

9.5

9.6

9.7

9.8

9.9

```
dim username
username="小明"
response.write("早上好！")
```

```
response.write(username)
%>
```

9.3.3　网页转向

　　Response 对象的 Redirect 方法可以使客户端浏览器重新定向到另一个页面。在使用 Redirect 方法重新定向网页时，必须把重定向语句放在程序的最前面，或者在程序的开头设置命令 Response.buffer 属性值为 True，否则程序会出错。

　　Redirect 方法的语法格式为：

```
Response.Redirect("URL")
```

　　参数说明：

　　参数 URL 为一个网址或者一个网页文件名，指定重定向的网页。

○ **小提示**

　　由于 Redirect 方法将引导用户浏览器重定向到一个新的网页，因此在使用该方法之前，不能有任何数据被输出到客户端浏览器。所以，Response.redirect 应当放在程序的任何输出语句之前

　　如果想重定向到 URL 为"http://localhost/ASP/网页转向示例.asp"的页面，可以通过下面的语句实现：

　　Response.Redirect("http://localhost/ASP/网页转向示例.asp")

9.3.4　写入 Cookie 数据

　　在第 9.2.4 节我们已经接触过 Cookie，通过 Request 对象的 Cookies 集合可以获取客户端浏览器 Cookie 中的值。那么 Cookie 中的值是怎样写入的呢？Response 对象的 Cookies 集合可以用来设置 Cookie 值。

```
Response.Cookies("variable")=值
```

　　参数说明：参数 variable 为指定需要写入值的 Cookie，如果指定的 Cookie 不存在，则在客户端浏览器创建；如果存在，则更新指定的 Cookie 值。

9.4　Server 对象

Dreamweaver+ASP

　　Server 对象提供了访问和控制服务器的方法和属性，通过这些方法和属性，用户可以使用服务器端的许多功能，包括参数与错误处理、生成组件实例、控制重定向等，其中最重要的功能是允许用户使用服务器端的 ActiveX 组件。ActiveX 组件为用户提供了强大的功能，这些功能是 ASP 的内置对象所无法实现的，所以，ActiveX 组件是 ASP 中重要的组成部分。

9.4.1　Server 对象成员概述

　　Server 对象的语法格式为：

```
Server.[property | method]
```

　　在 Server 对象的语法中，[ ]之间的选项是 Server 对象的成员，即集合（collection）、属性（property）和方法（method）。下面我们分别介绍 Server 对象的成员，Server 对象

的集合如表 9-7 所示。

表 9-7　Server 对象的集合

Server 对象的集合	说　明
Cookies	存储用户的 Cookie 数据

　　Server 对象的属性如表 9-8 所示。

表 9-8　Server 对象的属性

Server 对象的属性	说　明
ScriptTimeout	设置 Script 脚本程序执行的超时时间

Server 对象的方法如表 9-9 所示。

表 9-9　Server 对象的方法

Server 对象的方法	说　明
CreateObject	创建一个 ActiveX 组件的实例
Execute	停止执行当前的页面，重定向到另一个页面，当重定向的页面执行完毕后，再返回到原页面继续执行 Execute 后面的语句
GetLastError	返回 ASPError 对象的一个实例，实例中包含了在 ASP 执行过程中发生的最近一次错误的详尽信息
HTMLEncode	对指定的字符串进行 HTML 编码，使字符串中的 HTML 字符以普通字符串的形式输出
MapPath	将 Web 服务器上的虚拟路径转换成实际的物理路径
Transfer	与 Execute 方法功能相似，区别是不返回原页面继续执行
URLEncode	对指定的字符串进行 URL 编码，将 URL 中的特殊符号转换为可以识别的字符串

9.4.2　创建其他对象

虽然 ASP 的内置对象提供了很多的功能，但是要满足用户的所有需求，还需要内置对象以外的其他对象提供的功能，这些对象可以完成数据库连接、文件访问等其他脚本和内置对象不能提供的功能。Server 对象的 CreateObject 方法可以用于创建内置对象以外的其他对象的一个实例。

CreateObject 方法的语法格式为：

```
Server.CreateObject("组件名称")
```

9.4.3　执行其他网页

Server 对象的 Execute 方法和 Transfer 方法与前面已经介绍过的 Request 对象的 Redirect 方法相类似，都是将当前网页重定向到另一个网页，但是它们之间又存在着不同，主要的区别是：

- Redirect 方法运行在客户端，Execute 方法和 Transfer 方法运行在服务器端。

- Redirect 方法和 Transfer 方法重定向并执行完新网页后并不返回原网页，Execute 方法执行完新网页后返回原网页并继续执行 Execute 命令下面的语句。

- Redirect 方法不能传递环境参数，Execute 方法和 Transfer 方法可以传递环境参数。

- Redirect 方法重定向一个网页时，该页面可以是同一个应用程序的不同网页，也可以是不同站点的不同网页，Execute 方法和 Transfer 方法只能在同一个应用程序内重定向页面。

Execute 方法和 Transfer 方法的语法格式为：

```
Server.Execute("重定向的文件名")
Server.Transfer("重定向的文件名")
```

9.4.4　格式化数据

Server 对象的 HTMLEncode 方法和 URLEncode 方法都可以对数据进行格式化。

Dw

Dreamweaver CS3+ASP 动态网站设计入门实战与提高

09

Chapter

9.1

9.2

9.3

9.4

9.5

9.6

9.7

9.8

9.9

1. 使用 HTMLEncode 方法格式化 HTML 数据

当涉及到要在页面上显示 HTML 代码时，就要使用 HTMLEncode 方法对数据进行 HTML 格式化。

HTMLEncode 方法的语法格式为：

```
Server.HTMLEncode("string")
```

参数说明：参数 String 为需要进行 HTML 格式化的字符串数据。

2. 使用 URLEncode 方法格式化 URL 数据

在采用 Get 方法传送参数数据时，参数数据会附加在 URL 后面进行传送。这些参数数据中会包含空格、转义符等特殊的字符，而这些字符不能被程序所读取，所以需要使用 Server 对象的 URLEncode 方法将这些特殊字符进行 URL 格式化，转换为可以识别 URL 数据。

URLEncode 方法的语法格式为：

```
Server.URLEncode("string")
```

参数说明：参数 String 为需要进行 URL 格式化的字符串数据。

9.4.5　路径信息

Server 对象的 MapPath 方法可以返回程序中一个文件或者一个虚拟路径在服务器中的物理路径。

MapPath 方法的语法格式为：

```
Server.MapPath("file|path")
```

参数说明：参数 file 为文件名。

参数 path 为虚拟路径

○ **小提示**

Server.Mappath 方法并不能返回路径是否正确或者是否存在于服务器上，需要用户自己验证结果，所以需要用户特别注意这一点

9.5　Application 对象

Dreamweaver+ASP

Application 对象是一个应用程序级别的对象，它为应用程序提供全局变量。

9.5.1　Web 应用程序的定义

Web 应用程序是指在 Web 服务器中同一虚拟目录及其子目录下的所有文件，它是运行在服务器端的可执行程序或动态连接库。它们可以响应用户的要求，动态产生超文本页面，并将信息返回给客户浏览器。

Application 对象是一个应用程序级别的对象，它可以为应用程序提供全局变量。当一个应用程序创建了一个 Application 对象后，所有的用户都可以共享它的数据信息，使用它可以在所有的用户和所有的应用程序之间进行数据的传递和共享。这些被共享的数据信息在服务器运行期间可以永久保存。Application 对象还可以控制访问应用层的数据，以及在应用程序启动和停止时触发该对象的事件。

9.5.2　Application 对象的成员

Application 对象的语法格式为：

```
Application("变量名")=值
```

或者

```
Set Application("变量名")=对象实例
```

当赋予 Application 对象的值为数字或者字符串时，Application 对象的定义采用第一种语法格式；当要把一个对象实例赋值给 Application 时，应该使用"Set"方式进行定义，即采用第二种语法格式。

Application 对象的成员包括集合、方法和事件，下面分别介绍 Application 对象的成员。

Application 对象的集合如表 9-10 所示。

表 9-10　Application 对象的集合

Application 对象的集合	说　明
Contents	存储在 Application 对象中的所有非对象变量的集合
StaticObjects	存储在 Application 对象中的所有对象变量的集合

Application 对象的方法如表 9-11 所示。

表 9-11　Application 对象的方法

Application 对象的方法	说　明
Lock()	禁止其他用户修改 Application 对象的属性
Unlock()	解除禁止，允许其他用户修改 Application 对象的属性

Application 对象的事件如表 9-12 所示。

表 9-12　Application 对象的事件

Application 对象的方法	说　明
OnStart	在 Web 应用程序启动时触发此事件，用于对 Application 对象的各个变量设置初始值
OnEnd	在 Web 应用程序结束时触发此事件，用于清除 Application 对象中的变量和保存 Application 对象中重要的数据等

> ○ **小提示**
>
> Application_OnStart 事件在第一个用户的 Session_OnStart 事件之前发生，而 Application_OnEnd 事件则发生在 Session_OnEnd 事件之后

9.5.3　Application 对象锁定

Application 对象实现了一个网站中多用户之间的信息共享。但是，当用户的数量众多，出现多个用户同时读取或写入同一个变量的值的情况时，如何协调多用户读取或写入同一数据的并发控制呢？为了解决这个问题，Application 对象提供了 Lock 方法和 Unlock 方法。

当一个用户对 Application 对象调用了 Lock 方法后，服务器就不允许其他的用户再对该 Application 对象的数据变量进行修改。用户使用完该 Application 对象后，使用 Unlock 方法解除对该 Application 对象的锁定，使其他用户获得使用该 Application 对象的权限。因此，Lock 方法和 Unlock 方法都是成对出现的。

Lock 方法和 Unlock 方法的语法格式为：

```
Application.Lock
Application.Unlock
```

9.5.4　使用 Global.asa

Global.asa 文件位于网站的根目录下，该文件与 Application 对象有着密切的联系。Application 对象是有生命周期的，生命周期开始时会自动触发 Application 对象的 OnStart 事件，生命周期结束时会自动触发 Application 对象的 OnEnd 事件。在用户不使用 OnStart 事件和 OnEnd 事件时，不需要为两个事件编写代码；如果需要声明两个事件时，Application 对象的 OnStart 事件和 OnEnd 事件的声明就需要存储在 Global.asa

09

Chapter

9.1

9.2

9.3

9.4

9.5

9.6

9.7

9.8

9.9

文件中。

○ 小提示

　　Global.asa 文件中不能含有任何输出语句，无论是使用 HTML 标记或 response.write 输出数据都是不允许的。另外，在 Global.asa 文件中所声明的过程只能是在 Application 和 Session 对象相关的事件中调用，而不能在 ASP 程序中使用

9.6 Session 对象

Dreamweaver+ASP

网页是一种无状态的连接程序，服务器端无法得知用户的浏览状态。因此我们必须通过一定的机制记录用户的有关信息，以供用户再次以此身份对 Web 服务器提出要求时进行确认，Session 对象正是实现了这样的功能。例如，我们在某些网站中常常要求用户登录，但我们怎么知道用户已经登录了呢？如果没有 Session，登录信息是无法保留的，那岂不要让用户在每一个网页中都要提供用户名和密码了，Session 对象的语法格式为：

```
Session("变量名")=值
```

9.6.1　Session 对象的成员

　　Session 对象的成员包括 Session 对象的集合、属性、方法和事件。下面就分别简单介绍 Session 对象的成员。

　　Session 对象的集合如表 9-13 所示。

表 9-13　Session 对象的集合

Session 对象的集合	说　明
Contents	Session 对象中所有变量及值的集合，但不包括由<object>标记所建立的对象变量
StaticObjects	Session 对象中由<object>标记建立的所有对象变量

　　Session 对象的属性如表 9-14 所示。

表 9-14　Session 对象的属性

Session 对象的属性	说　明
CodePage	设置 ASP 应用程序所使用的字库，该字库用于显示动态内容代码页
LCID	设置动态文本的内容显示时的格式，包括日期、时间和数字等
SessionID	返回用户的会话标识
Timeout	设置应用程序会话状态的时限，单位为分钟

　　Session 对象的方法如表 9-15 所示。

表 9-15　Session 对象的方法

Session 对象的方法	说　明
Remove	语法格式为： Contents.Remove（"variable"），从 Session 对象的 Contents 集合中删除变量 variabale
RemoveAll()	语法格式为：Contents.RemoveAll()，删除 Session 对象 Contents 集合中的所有变量
Abandon()	删除所有的 Session 对象，并释放这些 Session 对象所占用的资源

　　Session 对象的事件如表 9-16 所示。

表 9-16　Session 对象的事件

Session 对象的事件	说　明
OnStart	Session 对象启动时触发此事件，用于初始化对象、创建对象等
OnEnd	Session 对象结束和使用 Abandon 方法时触发此事件，在此事件中取消会话中的所有变量

> ○ **小提示**
>
> 　　Abandon 方法被调用时，将按顺序删除当前的 Session 对象。不过要在当前页中所有脚本语言执行完后，对象才会被真正删除

9.6.2　使用 Session 保存登录信息

　　保存用户的登录信息是 Session 对象的一个重要应用。下面来看一个使用 Session 对象记录用户登录信息的例子。

【例 9-2】 使用 Session 保存登录信息

```
<%@ language="VBScript" %>
<html>
<head>
<meta                http-equiv="Content-Type"
content="text/html; charset=utf-8" />
<title>使用 Session 保存登录信息</title>
</head>
<body>
<form        id="form1"        name="form1"
method="post" action="">
用户名:
<input type="text" name="name" id="name"
/>
<br />
密码:
<input type="text" name="pwd" id="pwd" />
<p>
<input type="submit" value="提交" />
</form>
<%
session("username")=request.form("name"
)
session("userpwd")=request.form("pwd")
username=session("username")
userpwd=session("userpwd")
%>
您输入的用户名为:
<%
  response.Write(username)
%>
<p>
您输入的密码为:
<%
response.Write(userpwd)
%>
```

```
</body>
</html>
```

　　保存 ASP 文件，在 IIS 5.0 中浏览，程序的效果如图 9-1 所示。

图 9-1　使用 Session 对象保存登录信息初始页面

　　在用户名和密码后面的文本框中分别输入 Hello 和 123，然后单击【提交】按钮，表单的内容就会提交给服务器,这时在服务器端 Session（"username"）和 Session（"userpwd"）会分别记录用户的用户名和密码，同时在客户端显示 Session（"username"）和 Session（"userpwd"）的值，结果如图 9-2 所示。

图 9-2　显示 Session 对象中变量的值

09
Chapter

9.1

9.2

9.3

9.4

9.5

9.6

9.7

9.8

9.9

通过上面的例子，可以看到使用 Session 对象可以方便地保存用户的登录信息，在用户登录期间实现所有页面中的信息共享。

> **○ 小提示**
>
> 推荐用户不要把太多的信息放在 Session 范围的对象中。例如将一个记录集存放在 Session 变量中，一旦大量的用户同时访问，将导致超出内存的承受能力的后果。

9.6.3　SessionID 和 Cookie

Session 对象和 Cookie 都可以存储客户的信息，不同之处在于 Session 对象的数据存储在服务器端，Cookie 数据存储在客户端。

当客户端的请求需要创建一个 Session 时，服务器端首先检查客户端的请求里是否已包含了一个 Session 标识，即 SessionID，它是会话期间唯一标识用户的一个字符串。如果已经包含，则说明以前已经为此客户端创建过 Session，服务器端就通过 SessionID 来检索并使用 Session 标识；如果客户端请求不包含 SessionID，则为此客户端创建一个拥有唯一 SessionID 标识的 Session 标识。SessionID 的值是一个 9 位的数字，每次用户提出一个访问服务器端 ASP 页面新的请求时，服务器端都会验证该用户的 SessionID。

虽然把用户的信息通过 Session 对象保存在服务器端是一个很有效、很方便的方法，但是这些存储的信息都是有生命周期的，如果关闭服务器，这些数据信息就会丢失，并且其中一些信息属于用户个人信息，不需要共享，例如登录时的个人信息等。这样的信息不必存储在服务器端，保存在客户端更理想些。这样可以避免在服务器端保存所有用户的个人信息，从而大量浪费服务器的内存空间。因此，在客户端使用 Cookie 来存储这些数据信息更合理些。

> **○ 小提示**
>
> Cookie 是保存在浏览器的信息，所以数据的存取并不像其他 ASP 对象那么简单，就实际运用来看，只有在浏览器开始浏览服务器的某一网页，而服务器尚未传送任何数据给浏览器之前，浏览器才能够与服务器进行 Cookie 数据的交换

9.6.4　Session 对象的事件

Session 对象只有两个事件，分别为 OnStart 事件和 OnEnd 事件，它们与 Application 对象中的 OnStart 事件和 OnEnd 事件一样，都是把事件的脚本文档放在 global.asa 文件中。

Session 对象的 OnStart 事件是在服务器端创建一个 Session 会话时触发，脚本服务器在执行请求的页面之前先处理该脚本。通常在 OnStart 事件中初始化变量、创建对象

或运行其他代码等。

创建一个 Session 对象开始会话，就会对应有会话的结束。当应用程序调用了 Session 对象的 Abandon 方法或者 Session 对象的 Timeout 属性超时时，会话就会结束，这时会触发 Session 对象的 OnEnd 事件。在 OnEnd 事件中清除一些对象或变量，释放资源。

9.7　综合实例

Dreamweaver+ASP

下面我们通过做几个实例，加深对本章所学知识的理解。

9.7.1　实例：用户登录管理

　　用户登录管理是每个系统在设计时都要涉及到的内容。用户登录系统后，为了在用户切换页面时还能够保存用户的登录信息，设置了 Session 变量保存用户的登录信息，下面通过一个实例了解简单的用户登录验证。

Step 01　启动 Dreamweaver CS3，选择【文件】/【新建】/【ASP VBScript】命令，单击【新建】按钮，新建一个新的工作区，编写以下代码：

```
<%@ language= "VBScript" %>
<html>
<head>
<meta            http-equiv="Content-Type"
content="text/html; charset=utf-8" />
<title>用户登录管理</title>
</head>
<body>
<form       id="form1"      name="form1"
method="post" action="">
用户名:
<input type="text" name="name" id="name"
/>
<p>
密 码:
<input type="text" name="pwd" id="pwd" />
<p>
<input type="submit" value="提交" />
</form>
<%
dim username,userpwd
session("username")="Hello"
session("userpwd")="123"
username=request.form("name")
userpwd=request.form("pwd")
if username<>null then
if userpwd<>null then
if username=session("username") then
if userpwd=session("userpwd") then
response.Write("登录成功! ")
else
response.Write("密码错误! ")
end if
else
response.Write("用户名错误! ")
end if
end if
end if
%>
</body>
</html>
```

Step 02　选择【文件】/【另存为】命令，选择存储路径为"D:\ASP"，在"文件名"文本框中输入"用户登录管理"。

Step 03　选择【开始】/【控制面板】/【管理工具】/【Internet 信息服务】命令，打开 IIS 5.0，选择默认网站"ASP"中的"用户登录管理.asp"文件，使用鼠标右键单击并在弹出的快捷菜单中选择【浏览】命令，我们就可以浏览刚刚创建的网页了，效果如图 9-3 所示。

图 9-3　初始页面

Step 04　在用户名和密码后面的文本框中输入"Hello"和"123"，单击 提交 按钮，则服务器向页面输出"登录成功！"，如图 9-4 所示。如果输入不正确，则显示"用户名错误！"或者"密码错误！"。

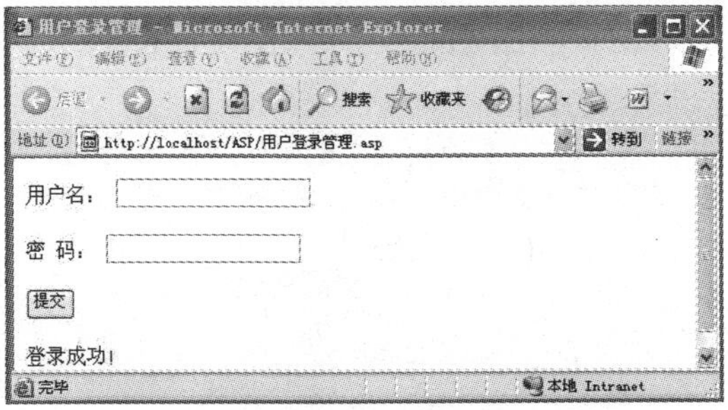

图 9-4　登录成功

09
Chapter

9.1
9.2
9.3
9.4
9.5
9.6
9.7
9.8
9.9

9.7.2　实例：取得服务器的物理地址

在 ASP 中经常涉及对服务器上的文件或数据库的操作，有时就需要用到服务器的物理路径，物理路径可以通过 Server 对象的 Mappath 方法把文件或数据库的虚拟路径转化成物理路径。下面通过一个实例介绍怎样使用 Server 对象的 Mappath 方法取得服务器的物理路径。

Step 01 启动 Dreamweaver CS3，选择【文件】/【新建】/【ASP VBScript】命令，单击 创建(R) 按钮，新建一个新的工作区，编写以下代码：

```
<%@ language= "VBScript" %>
<html>
<head>
<meta          http-equiv="Content-Type"
content="text/html; charset=utf-8" />
<title>取得服务器的物理路径实例</title>
</head>
<body>
<%
response.write("当前目录的物理路径是: ")
response.write(server.mappath("/")     &
"</br>")
response.write("当前文件所在服务器的物理路径
是: ")
response.write (server.mappath("取得服务
器的物理路径.asp")&"</br>")
%>
</body>
</html>
```

Step 02 选择【文件】/【另存为】命令，选择存储路径为"D:\ASP"，在"文件名"文本框中输入"取得服务器的物理路径"。

Step 03 打开 IIS 5.0，选择默认网站"ASP"中的"得服务器的物理路径.asp"文件，使用鼠标右键单击并在弹出的快捷菜单中选择【浏览】命令，我们就可以浏览刚刚创建的网页了，效果如图 9-5 所示。

图 9-5　取得服务器的物理路径实例

9.7.3　实例：自定义计数器

在 Web 主页上，经常可以看到网页被浏览的次数。当一个用户打开浏览这个网页时，网页被浏览的次数就增加 1。

Step 01 启动 Dreamweaver CS3，选择【文件】/【新建】/【ASP VBScript】命令，单击 创建(R) 按钮，新建一个新的工作区，编写以下代码：

```
<%@ language= "VBScript" %>
<html>
<head>
<meta          http-equiv="Content-Type"
content="text/html; charset=utf-8" />
<title>网页访问计数器实例</title>
</head>
<body>
<%
```

下面的实例是应用 Application 对象编写的一个功能简单的网站计数器，通过该实例可以熟悉 Application 对象的使用。

```
Application.Lock()
Application("num")=Application("num")+1
Application.UnLock()
%>
您是第<%=Application("num")%>位访问该网站的
用户!
</body>
</html>
```

Step 02 选择【文件】/【另存为】命令，选择存储路径为"D:\ASP"，在"文件名"文本框中输入"网页访问计数器"。

Step 03 打开 IIS 5.0，选择默认网站 "ASP" 中的 "网页访问计数器.asp" 文件，使用鼠标右键单击并在弹出的快捷菜单中选择【浏览】命令，我们就可以浏览刚刚创建的网页了，效果如图 9-6 所示。

图 9-6　网页访问计数器

9.7.4　实例：使用 Session 实现有效性验证

下面的实例借助 Session 对象记录验证码，当用户输入的验证码正确时，服务器向浏览器输出用户输入的验证码；否则，服务器向浏览器输出 "验证码错误！"。

Step 01 启动 Dreamweaver CS3，选择【文件】/【新建】/【ASP VBScript】命令，单击 创建(R) 按钮，新建一个新的工作区，编写以下代码：

```
<%@ language= "VBScript" %>
<html>
<head>
<meta            http-equiv="Content-Type"
content="text/html; charset=utf-8" />
<title>使用 Session 实现有效性验证</title>
</head>
<body>
<form       id="form1"      name="form1"
method="post" action="">
请输入验证码:
<input type="text" name="yzm" id="yzm" />
<input     type="submit"      name="button"
id="button" value="提交" />
</form>
<%
dim yzm
session("yzm")="123"
yzm=request.form("yzm")
if yzm<>session("yzm") then
response.Write("验证码错误! ")
else
response.Write("验证码为: " & yzm)
end if
%>
</body>
</html>
```

Step 02 选择【文件】/【另存为】命令，选择存储路径为 "D:\ASP"，在 "文件名" 文本框中输入 "使用 Session 实现有效性验证"。

Step 03 打开 IIS 5.0，选择默认网站 "ASP" 中的 "使用 Session 实现有效性验证.asp" 文件，使用鼠标右键单击并在弹出的菜单中选择【浏览】命令，我们就可以浏览刚刚创建的网页了，效果如图 9-7 所示。

图 9-7　初始页面

Step 04 在 "请输入验证码" 后面的文本框中输入 "123"，单击 提交 按钮，则服务器向浏览器输出 "验证码为：123"，说明输入的验证码正确，如图 9-8 所示，否则，输出 "验证码错误！"，说明输入的验证码不正确。

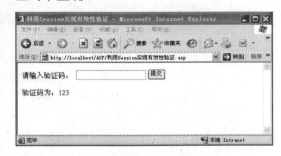

图 9-8　输入的验证码正确

9.7.5 实例：用 htmlEncode 函数进行编码转换

在 ASP 程序运行的过程中，有时需要向屏幕输出一些 HTML 语言或者 ASP 语言的特殊标记，例如<%、
等标记。如果使用普通的方法输出，这些标记会被服务器识别并执行。如果希望这些标记以普通的字符串格式输出，可以通过 Server 对象

Step 01 启动 Dreamweaver CS3，选择【文件】/【新建】/【ASP VBScript】命令，单击【创建】按钮，新建一个新的工作区，编写以下代码：

```
<%@ language= "VBScript" %>
<html>
<head>
<meta        http-equiv="Content-Type"
content="text/html; charset=utf-8" />
<title>htmlEncode 函数实例</title>
</head>
<body>
<% response.write("HTML 文件的基本框架" &
"<br>")
response.write(sever.htmlencode("<html>
") & "<br>")
response.write(server.htmlencode("<head
>" & "<br>")
response.write(server.htmlencode("<titl
e>"))
response.write("标题")
response.write(server.htmlencode("/titl
e") & "<br>")
response.write(server.htmlencode("</hea
d>") & "<br>")
response.write(server.htmlencode("<body
>") & "<br>")>
response.write("网页的主体部分" & "<br>")
```

htmlEncode 函数进行编码转换，再转换成为普通的字符串格式。下面通过一个实例，介绍怎样通过 HTMLEncode 函数对指定的字符串进行 HTML 编码，使字符串以所需的格式输出。

```
response.write(server.htmlencode("</bod
y>") & "<br>")
response.write(server.htmlencode("</htm
l>") & "<br>") %>
</body>
</html>
```

Step 02 选择【文件】/【另存为】命令，选择存储路径为"D:\ASP"，在"文件名"文本框中输入"htmlEncode 函数"。

Step 03 打开 IIS 5.0，选择默认网站"ASP"中的"htmlEncode 函数.asp"文件，使用鼠标右键单击并在弹出的快捷菜单中选择【浏览】命令，我们就可以浏览刚刚创建的网页了，效果如图 9-9 所示。

图 9-9 HTML 文件的基本框架

9.8 本章技巧荟萃

Dreamweaver+ASP

- 由于 Response 的 Redirect 方法将引导用户浏览器重定向到一个新的网页，因此在使用该方法之前，不能有任何数据被输出到客户端浏览器。所以，Response.redirect 应当放在程序的任何输出语句之前。

- 可以使用 Server 对象的

- ScriptTimeout 属性设置脚本执行的超时时间，需要注意的是设置脚本执行超时时间的语句（例如：<%Server.ScriptTimeout=100%>）必须出现在 ASP 脚本之前，否则将不起任何作用。

- Server 对象的 MapPath 方法可以返

回程序中一个文件或者一个虚拟路径在服务器中的物理路径，但是并不能返回路径是否正确或者是否存在于服务器上，需要用户自己验证结果，所以需要用户特别注意这一点。

- Application_OnStart 事件在第一个用户的 Session_OnStart 事件之前发生，而 Application_OnEnd 事件则发生在 Session_OnEnd 事件之后。

- Global.asa 文件中不能含有任何输出语句，无论是使用 HTML 标记或 response.write 输出数据都是不允许的。另外，在 Global.asa 文件中所声明的过程只能是在 Application 和 Session 对象相关的事件中调用，而不能在 ASP 程序

中使用。

- Abandon 方法被调用时，将按顺序删除当前的 Session 对象。不过要在当前页中所有的脚本语言执行完后，对象才会被真正删除。

- 推荐用户不要把太多的信息放在 Session 范围的对象中。例如将一个记录集存放在 Session 变量中，一旦大量的用户同时访问，将导致超出内存的承受能力的后果。

- Cookie 是保存在浏览器的信息，所以数据的存取并不像其他 ASP 对象那么简单，就实际运用来看，只有在浏览器开始浏览服务器的某一网页，而服务器尚未传送任何数据给浏览器之前，浏览器才能够与服务器进行 Cookie 数据的交换。

9.9　学习效果测试

Dreamweaver+ASP

一、思考题

（1）ASP 中 Application 对象和 Session 对象的区别是什么？

（2）试述 Global.asa 文件的作用。

二、操作题

（1）设计一个简单的网页计数器，效果如图 9-10 所示。

（2）使用 Form 表单创建一个网页并获得用户提交的数据信息，效果如图 9-11 所示。

图 9-10　简单的网页计数器

图 9-11　提交用户消息

读书笔记

第 10 章　ASP 的文件处理

学习要点

　　ASP 提供了很多方法、属性和集合对服务器上的文件进行操作和处理，但是要实现对服务器端文件系统的完全控制，还需要 ASP 中的 File Access 组件功能。通过使用 File Access 组件，我们就可以远程对服务器硬盘上的文件进行在线操作。通过本章的学习，我们将了解如何使用 File Access 组件提供的对象来处理文件。File Access 组件的对象主要包括 FileSystemObject 对象、TextStream 对象、File 对象、Folder 对象和 Drive 对象。

学习提要

- ■　介绍 FileSystemObject 对象的使用
- ■　介绍 TextStream 对象的使用
- ■　介绍 File 对象的使用
- ■　介绍 Folder 对象的使用
- ■　介绍 Drive 对象的使用

10.1 FileSystemObject 对象

Dreamweaver+ASP

FileSystemObject 对象可以实现对服务器端文件系统的基本操作，可以使用该对象访问服务器端的驱动器、文件夹和文件。

FileSystemObject 对象创建实例的语法格式为：

```
set fso=server.createobject("scripting. FileSystemObject")
```

参数说明：参数 fso 为一个 FileSystemObject 对象的实例。

10.1.1 方法和属性

FileSystemObject 对象只有一个属性，即 Drives 属性。使用该属性可以返回服务器端硬盘上所有驱动器的一个集合。

使用该属性的语法格式为：

```
set    fso=server.createobject("scripting.
FileSystemObject")
set ds=fso.Drives
```

参数说明：

参数 fso 为一个 FileSystemObject 对象的实例。
参数 ds 为服务器端的驱动器集合实例。

其中，第一句命令是创建一个 FileSystemObject 对象的实例；第二句命令是返回了一个关于服务器端所有驱动器的 Drives 数据集合。

【例 10-1】 显示服务器硬盘上的所有驱动器

```
<%@ language="VBScript"%>
<html>
<head>
<title>显示服务器硬盘上的驱动器</title>
</head>
<body>
<%
Dim fso,ds
Set    fso=server.createobject("scripting.
FileSystemObject")
```

```
Set ds=fso.Drives
For each d in ds
Response.write("驱动器: " & d.DriveLetter &
"<br />")
Next
%>
</body>
</html>
```

保存并且运行，结果如图 10-1 所示。

图 10-1 显示服务器硬盘上的所有驱动器

FileSystemObject 对象还提供了一系列的方法，实现对驱动器、文件夹和文件的操作，FileSystemObject 对象的操作方法如表 10-1 所示。

表 10-1 FileSystemObject 对象的方法

FileSystemObject 对象的方法	说　明
BuildPath	创建一个文件或文件夹的路径
CopyFile	复制指定的文件到指定的路径
CopyFolder	复制指定的文件夹到指定的路径
CreateFolder	在指定的路径新建一个文件夹
CreateTextFile	在指定的路径新建一个文本文件

FileSystemObject 对象的方法	说 明
DeleteFile	删除指定路径的指定文件
DeleteFolder	删除指定路径上的指定文件夹
DriveExists	判断指定的驱动器是否存在,如果存在返回 true,否则返回 false
FileExists	判断指定路径的指定文件是否存在,如果存在返回 true,否则返回 false
FolderExists	判断指定路径的指定文件夹是否存在,如果存在返回 true,否则返回 false
GetAbsolutePathName	返回一个指定虚拟路径的物理路径
GetBaseName	返回指定文件的基本文件名(不带扩展名)
GetDrive	返回指定路径所在驱动器,返回值为 Drive 对象的实例
GetDriveName	返回指定路径所在驱动器的名称
GetExtensionName	返回指定文件的扩展名
GetFile	返回指定路径的文件
GetFileName	返回指定路径的指定文件或文件夹的名称
GetFolder	返回指定路径的指定文件夹
GetParentFolderName	返回指定路径的父文件夹的名称
GetSpecialFolder	返回特殊文件夹的路径
MoveFile	将指定的文件从一个路径移动到另一个路径
MoveFolder	将指定的文件夹从一个路径移动到另一个路径
OpenTextFile	打开一个文本文件

10.1.2 操作文件、文件夹和驱动器

1. 操作文件

对文件进行操作首先要有操作的文件对象,创建文件是对文件的最基本的操作。使用 CreateTextFile 方法可以创建指定文件名的文件,所创建的文件可以是标准 ASCII 文件,也可以是 Unicode 文本文件。创建文件后,返回一个 TextStream 对象,通过此对象可以对新建的文件进行读写操作。

CreateTextFile 方法的语法格式为:

```
Set                           ts=fso.
CreateTextFile(filename,[overwrite],[Unicode
])
```

参数说明:

- 参数 ts 为新建文件实例的变量名。

- 参数 fso 为前面建立的 FileSystemObject 对象实例的变量名。

- 参数 filename 指定创建文件的文件名,在这里还可以指定文件的路径。

- 参数 overwrite 指定是否覆盖同名的文件,如果为 true 则覆盖,如果

为 false 则不覆盖,系统默认为 False。

- 参数 Unicode 指定是否用 Unicode 格式创建文件,若为 true 则用 Unicode 格式创建文件,如果为 False 则用 ASCII 格式创建文件,系统默认为 False。

创建文件后,我们就可以在指定的路径找到该文件了。通过 FileExists 方法可以判断指定的文件是否存在,如果存在则返回 True,否则返回 False。

判断文件存在后,就可以通过 OpenTextFile 方法打开指定的文件,返回一个 TextStream 对象,可以使用这个对象操作打开的文件。

OpenTextFile 方法的语法格式为:

```
Set                          ts=fso.OpenTextFile
(filename,[I/O],[create],[format])
```

参数说明:

- 参数 ts 为创建的对象实例的变量名。

- 参数 fso 为前面建立的 FileSystem-Object 对象实例的变量名。

- 参数 filename 指定要打开的文件的文件名，可以包括完整的路径。

- 参数 I/O 指定输入输出方式，参数是下列 3 个常数之一：ForReading、ForWriting 或 ForAppending。如果选择参数 ForReading，则以只读方式打开文件，不能对此文件进行写操作；如果选择参数 ForWriting，则以只写方式打开文件，不能对此文件进行读操作；如果选择参数 ForAppending，则打开文件并在文件末尾进行写操作。

- 参数 create 指定打开的文件不存在时是否新建文件。如果取值 true，则在打开指定的文件不存在时，新建一个空文件；如果取值为 false，则在打开指定的文件不存在时，返回一个错误信息。

- 参数 format 指定使用什么格式打开文件，可以是 Unicode 格式或 ASCII 格式，系统默认为 ASCII 格式。

打开我们需要的文件后，就可以使用 GetFile 方法返回一个 File 对象，通过 File 对象的属性和方法对该文件进行一系列的操作。

○ **小提示**

存取服务器端的文件或文件夹，都必须先使用 Server.Mappath 方法将文件或文件夹的虚拟路径转换为实际路径。

2．操作文件夹

类似于新建文件，使用 CreateFolder 方法可以在服务器上新建一个文件夹，其语法格式为：

```
Set folder=fso. CreateFolder("filename")
```

参数说明：

参数 filename 指定新建文件夹的路径和文件夹名。

例如：

```
<%
Set
fso=Server.CreateObject("Scripting.FileSyste
mObject")
Set
folder=fso.CreateFolder("c:\asp\folder")
%>
```

运行程序，将在 C:\asp\目录下新建一个文件夹 folder。

为了检验我们新建的文件夹是否成功，可以通过 FolderExists 方法判断指定的文件夹是否存在。如果存在，则返回值 True，否则返回值 False。

例如：

```
<%
Set
fso=Server.CreateObject("Scripting.FileSyste
mObject")
response.write(fso.FolderExists("c:\asp\f
older"))
%>
```

○ **小提示**

FileSystemObject 对象可以很方便的操作文件和文件夹，但是却不能用来管理文件、文件夹的权限和属性。

运行程序，返回 True，说明指定的文件夹存在于服务器上。

3．操作驱动器

驱动器不能像文件和文件夹一样新建，只能对已存在的驱动器进行操作。这些操作中最基本的就是使用 DriveExists 方法判断指定的驱动器是否存在。如果指定的驱动器存在，就返回一个值 True，否则返回值 False。

○ **小提示**

虽然 FileSystemObject 的功能很多，但也不是万能的。它很难处理二进制文件，例如 Word 文档、图片等；另外一个缺陷就是对于文件长度的问题，当读写一些内容时，所有的信息都存储在内存中，消耗了大量的内存资源。

例如：

```
<%
```

```
    Set
fso=Server.CreateObject("Scripting.FileSyste
mObject")
    response.write(fso.DriveExists("c"))
```

```
%>
```

运行程序，返回值 True，说明驱动器"c"存在。

10.2　TextStream 对象

在 新建或打开一个文件后，就会返回一个 TextStream 对象，通过该对象的方法和属性，可以方便地对文件进行存取、读写和删除等操作。

当用 TextStream 对象打开一个文本文件时，就创建了一个 TextStream 对象的实例。该实例就好像文件指针，指向文本文件的开始。现在，使用该实例就可以来读取文件内容或往文件中写入信息了，可以是一行也可以是几个字符。但是，这时文件指针就不指向文件的开始位置了，而是指向刚刚写入或读取的一行或几个字符之后的位置。这与程序设计语言中文件指针的概念相似，因此，也称这样的 TextStream 对象为文件指针。

10.2.1　方法和属性

TextStream 对象的属性如表 10-2 所示。

表 10-2　TextStream 对象的属性

TextStream 对象的属性	说明
AtEndOfLine	判断文件指针是否到达一行的末尾，如果是在一行的末尾，则返回值 True，否则返回值 False
AtEndOfStream	判断文件指针是否到达文件的末尾，如果到达文件的末尾，则返回值 True，否则返回值 False
Column	返回从行首到文件指针之间的字符数
Line	返回文件指针所在行的行号

TextStream 对象的操作方法如表 10-3 所示。

表 10-3　TextStream 对象的操作方法

TextStream 对象的属性	说明
Close	关闭一个 TextStream 对象，关闭 TextStream 对象就关闭了相对应的文件
Read	从一个文本文件中文件指针后面读取一定数目的字符，字符的数目由方法的参数指定
ReadLine	从文本指针所在的位置，读取一行字符
ReadAll	读取文本文件中的所有内容
Skip	将文本指针从当前位置跳转到一定数目的字符之后，跳转的字符数目由方法的参数指定
SkipLine	将文件指针从当前位置跳转到下一行的开始位置
Write	将指定的字符写入文本文件
WriteBlankLines	将一定数目的空行写入文本文件，空行的数目由方法的参数指定
WriteLine	将一行字符写入文本文件，并在写完后自动换行

10.2.2　读写文件

TextStream 对象提供了很多方法和属性，用于对文本文件进行读写操作。下面我们就通过一个例子介绍怎样对一个文件进行读写操作。

10

Chapter

10.1

10.2

10.3

10.4

10.5

10.6

10.7

10.8

【例 10-2】 新建一个文本文件，写入数据保存后，再读取数据并显示出来

```
<%@ language="VBScript"%>
<html>
<head><title>读写文本文件</title></head>
<body>
<%
Dim fso,ts,str
Set  fso=server.createobject("scripting.
FileSystemObject")
Set
ts=fso.CreateTextFile("c:\asp\ts1.txt",true)
ts.write("第一句。")
ts.write("第二句。")
ts.close()
Set ts=fso.OpenTextFile("c:\asp\ts1.txt")
str=ts.ReadAll()
response.write(str)
%>
```

```
</body>
</html>
```

○ 小提示

　　TextStream 对象能够方便的访问、操作文本文件，但是 TextStream 对象不能由 Server.CreateObject 方法来创建，只能通过 FileSystemObject 对象的方法来实例化。

　　保存并运行程序，结果如图 10-2 所示。

图 10-2　读写文本文件

10.3 File 对象

Dreamweaver+ASP

　　File 对象提供了访问和操作一个文本文件的功能，这些功能通过对象的属性和方法来实现。如果想使用 File 对象中的方法和属性实现访问和操作文件的功能，首先要创建 File 对象的实例。通过 FileSystemObject 对象的 GetFile 方法可以创建 File 对象的实例，其语法格式为：

```
<%
Set fso=Server.CreateObject("Scripting.FileSystemObject")
Set MyFile=fso.GetFile("filename")
%>
```

参数说明：

- 参数 MyFile 为 File 对象的实例。

- 参数 filename 为 File 对象实例指向的文件的路径或文件名。

10.3.1　File 对象的方法和属性

　　File 对象的功能是通过它的方法和属性来实现的，下面分别介绍 File 对象的方法和属性。File 对象的属性如表 10-4 所示。

表 10-4　File 对象的属性

File 对象的属性	说明
Attributes	返回文件的属性，例如只读、隐藏等
DateCreated	返回文件的创建日期
DateLastAccessed	返回文件最后一次被访问的日期

续表

File 对象的属性	说　明
DateLastModified	返回文件最后一次被修改的日期
Drive	返回文件所在的驱动器
Name	返回文件的名称
ParentFolder	返回文件的父文件夹，返回值为 Folder 对象的实例
Path	返回文件的路径
ShortName	返回文件的短文件名
ShortPath	返回文件的短路径名
Size	返回文件的大小，单位为字节
Type	返回文件的类型，例如 txt、asp 和 html 等

File 对象的方法如表 10-5 所示。

表 10-5　File 对象的方法

File 对象的方法	说　明
Copy	把指定的文件复制到指定的位置，语法格式为：MyFile.Copy path[,overwrite] 参数 MyFile 为 File 对象的实例；参数 path 为复制的目标路径；参数 overwrite 指定是否覆盖同名的文件，如果为 True，则覆盖同名文件，否则不覆盖。
Delete	删除指定的文件，语法格式为：MyFile.Delete[force]，参数 MyFile 为 File 对象的实例；参数 force 指定只读文件是否可删除，如果为 True，只读文件可以删除，否则不能删除只读文件，系统默认值为 False。
Move	将文件移动到指定的位置，语法格式为：MyFile.Move path，参数 MyFile 为 File 对象的实例；参数 path 为文件移动的目标路径
OpenAsTextStream	打开一个文本文件，返回一个 TextStream 对象实例，语法格式为：MyFile.OpenAsTextStream([I/O][,format])，参数 MyFile 为 File 对象的实例；参数 I/O 指定文件的打开方式；参数 format 指定打开文件的编码格式。

10.3.2　使用 File 对象操作文件

File 对象对文件操作，是通过设置对象的属性和调用对象的方法来实现的，下面我们通过一个例子说明 File 对象操作文件。

【例 10-3】　新建一个文件，把它复制到指定的文件夹下并显示它的属性

```
<%@ language="VBScript"%>
<html>
<head>
<title>File 对象操作文件示例</title>
</head>
<body>
<%
Dim fso,ts
Set  fso=server.createobject("scripting.
FileSystemObject")
Set
ts=fso.CreateTextFile("c:\asp\ts2.txt",true)
ts.write("File 对象操作文件示例")
ts.close()
Set myfile=fso.GetFile("c:\asp\ts2.txt")
myfile.Move("d:\asp\")
```

```
%>
文件名: <%= myfile.name%><br>
路径: <%= myfile.path%><br>
大小: <%= myfile.size%>字节<br>
类型: <%= myfile.type %><br>
创建日期: <%= myfile.datecreated%><br>
</body>
</html>
```

保存并运行，结果如图 10-3 所示。

图 10-3　File 对象操作文件

10
Chapter

10.1

10.2

10.3

10.4

10.5

10.6

10.7

10.8

10.4 Folder 对象

Folder 对象提供了大量的方法和属性,用来对文件夹进行操作和显示文件夹的一系列属性。可以通过下面的方法创建 Folder 对象的实例。

创建 Folder 对象的实例主要是使用 FileSystemObject 对象中的 GetFolder 方法,其语法格式为:

```
Set MyFolder=fso.GetFolder("filename")
```

参数说明:

- 参数 MyFolder 为 Folder 对象的实例。

- 参数 fso 为 FileSystemObject 对象的实例。

- 参数 filename 为 Foler 对象实例指向的文件夹的路径或文件名。

在创建了 Folder 对象的实例后,就可以使用 Folder 对象提供的方法和属性对文件夹进行操作了。

10.4.1 Folder 对象的方法和属性

使用 Folder 对象的方法和属性对文件夹进行操作,首先要了解这些属性和方法,

下面分别介绍 Folder 对象的属性和方法。

Folder 对象的属性如表 10-6 所示。

表 10-6 Folder 对象的属性

Folder 对象的属性	说 明
Attributes	返回文件夹的属性,例如只读、隐藏等
DateCreated	返回文件夹的创建日期
DateLastAccessed	返回文件夹最后一次被访问的日期
DateLastModified	返回文件夹最后一次被修改的日期
Drive	返回文件夹所在的驱动器
Files	返回一个 Files 集合,包括文件夹内的每个 File 对象实例
IsRootFolder	判断文件夹是否是根目录,如果是,返回值 True,否则返回值 False
Name	返回文件夹的名称
ParentFolder	返回文件夹的父文件夹,返回值为 Folder 对象的实例
Path	返回文件夹的路径
ShortName	返回文件夹的短文件名
ShortPath	返回文件夹的短路径名
Size	返回文件夹内所有文件和子文件夹的大小,单位为字节
SubFolder	返回文件夹的子文件夹,返回值为 Folder 对象的实例
Type	返回文件夹的类型

Folder 对象的方法如表 10-7 所示。

表 10-7 Folder 对象的方法

File 对象的方法	说 明
Copy	把指定的文件夹复制到指定的位置,语法格式为:MyFolder.Copy path[,overwrite],参数 MyFolder 为 Folder 对象的实例;参数 path 为复制的目标路径;参数 overwrite 指定是否覆盖原有的文件和文件夹,如果为 True,则覆盖,否则不覆盖

续表

File 对象的方法	说　明
CreateTextFile	新建一个文件并返回 TextStream 对象，语法格式为：MyFolder. CreateTextFile(filename [,overwrite][,format])，参数 MyFolder 为 Folder 对象的实例；filename 为新建文件的文件名；参数 overwrite 指定是否覆盖同名的文件，如果取值 True，则覆盖同名的文件，如果取值 False，则不覆盖；参数 format 指定使用什么文件格式创建文件，如果取值 True，则使用 Unicode 格式，如果取值 False，则使用 ASCII 格式。
Delete	删除指定的文件，语法格式为：MyFile.Delete[force]，参数 MyFile 为 File 对象的实例；参数 force 指定只读文件是否可删除，如果为 True，只读文件可以删除，否则不能删除只读文件，系统默认值为 False。
Move	将文件移动到指定的位置，语法格式为：MyFile.Move path，参数 MyFile 为 File 对象的实例；参数 path 为文件移动的目标路径。

10.4.2　使用 Folder 对象操作文件夹

使用 Folder 对象对文件夹操作，是通过设置 Folder 对象的属性和调用 Folder 对象的方法实现的。下面我们通过一个例子来说明 Folder 对象操作文件夹。

【例 10-4】 显示 c:\asp 文件夹的信息

```
<%@ language="VBScript"%>
<html>
<head>
<title>Folder 对象操作文件夹示例</title>
</head>
<body>
<%
Set   fso=server.createobject("scripting.
FileSystemObject")
Set myfolder=fso.GetFolder("c:\asp")
%>
文件夹名: <%= myfolder.name %><br>
路径: <%= myfolder.path %><br>
父目录: <%= myfolder.parentfolder %><br>
子目录:
<%
```

```
for each subfolder in myfolder.subfolders
response.write(subfolder & "  ")
next
%><br>
大小: <%= myfolder.size %>字节<br>
类型: <%= myfolder.type %><br>
创建日期: <%= myfolder.datecreated %><br>
</body>
</html>
```

保存并运行，结果如图 10-4 所示。

图 10-4　Folder 对象操作文件夹

10.5　Drive 对象

Dreamweaver+ASP

Drive 对象可以代表一个本地计算机上的驱动器，也可以代表一个映射的网络驱动器。Drive 对象提供了很多属性，通过这些属性可以实现一系列的功能，例如接受与计算机驱动器和网络共享性质有关的信息等。要使用这些属性，首先要创建 Drive 对象的实例，可以通过 FileSystemObject 对象的 GetDrive 方法来创建 Drive 的对象实例，其语法格式为：

```
Set MyDrive=fso.GetDrive("filename")
```

参数说明：

- 参数 MyDrive 为 Drive 对象的实例。
- 参数 fso 为 FileSystemObject 对象的实例。
- 参数 filename 为 Drive 对象实例指向的驱动器。

10.5.1　Drive 对象的属性

Drive 对象的属性如表 10-8 所示。

表 10-8　Drive 对象的属性

Drive 对象的属性	说　明
AvailableSpace	返回驱动器上的有效空间，单位为字节
DriveLetter	返回驱动器的符号
DriveType	返回驱动器的类型
FileSystem	返回驱动器的文件系统的类型，可以是 NTFS、FAT 和 FAT32 等
FreeSpace	返回驱动器上的可用空间，单位为字节
IsReady	判断驱动器是否可用，如果返回值为 True 则可用，如果返回值为 False 则不可用
Path	返回驱动器的路径
RootFolder	返回一个 Folder 对象，指向驱动器的根目录
SerialNumber	返回驱动器的序列号
ShareName	返回网络驱动器的共享名
TotalSize	返回驱动器的空间大小，单位为字节
VolumeName	返回本地驱动器的卷标

10.5.2　使用 Drive 对象操作驱动器

通过下面的实例，读者可以了解到使用 Drive 对象的方法和属性可以对驱动器做哪些基本的操作，从而加深对 Drive 对象的方法和属性用法的理解。

【例 10-5】　使用 Drive 对象操作驱动器

```
<%@ language="VBScript"%>
<html>
<head>
<title>使用 Drive 对象操作驱动器</title>
</head>
<body>
<%
Set
fso=Server.CreateObject("Scripting.FileSyste
mObject")
   Set MyDrive=fso.GetDrive("c")
```

```
   Response.write("驱动器的符号为："&
MyDrive.DriveLetter & "<br>")
   Response.write("驱动器的路径为："&
MyDrive.Path & "<br>")
   Response.write("驱动器的根目录为："&
MyDrive.RootFolder & "<br>")
   Response.write("驱动器的类型为："&
MyDrive.DriveType & "<br>")
   Response.write("驱动器的文件系统结构为："&
MyDrive.FileSystem & "<br>")
   Response.write("驱动器的序列号为："&
MyDrive.SerialNumber & "<br>")
   Response.write("驱动器的卷标为："&
MyDrive.VolumeName & "<br>")
   Response.write("驱动器的容量为："&
MyDrive.TotalSize & "字节" & "<br>")
   Response.write("驱动器的可用空间为："&
MyDrive.AvailableSpace & "字节" & "<br>")
```

```
Response.write(" 驱动器的剩余空间为： " &
MyDrive.FreeSpace & "字节")
%>
</body>
</html>
```

保存并运行，结果如图 10-5 所示。

图 10-5 使用 Drive 对象操作驱动器

10.6 综合实例——文件管理系统

Dreamweaver+ASP

Step 01 启动 Dreamweaver CS3，选择【文件】/【新建】/【ASP VBScript】命令，单击 创建(R) 按钮，新建一个新的工作区，编写以下代码：

```
<%@ language= "VBScript" %>
<html>
<head>
<meta                http-equiv="Content-Type"
content="text/html; charset=utf-8" />
<title>文件管理系统</title>
</head>
<body>
<%
set
fso=server.CreateObject("scripting.filesyste
mobject")
'下面一段if语句代码用于判断HTTP查询字符串中变量
type 的值是否为 delete
' 若为 delete 则执行删除操作
if   request.QueryString("type")="delete"
then
fso.deletefolder(request.QueryString("MyP
ath"))
response.Redirect("filemanage.asp?MyPath=
"&fso.getparentfoldername(request.
QueryString("MyPath")))
end if
' 下面一段 if 语句代码用于判断 HTTP 查询字符串中变
量 type 的值是否为 copy
' 若为 copy 则执行复制操作
if request.QueryString("type")="copy" then
session("jtb")=request.QueryString("MyPat
h")
' session("jtb")用于记录被复制或者剪切的文件或
文件夹的路径
session("cz")="c"
' session("jtb")用于记录文件夹是被复制还是被剪
切，赋值 "c" 表示被复制，赋值 "z"
'表示被剪切
response.Redirect("filemanage.asp?MyPath=
"&fso.getparentfoldername(request.
```

```
QueryString("MyPath")))
end if
' 下面一段 if 语句代码用于判断 HTTP 查询字符串中变
量 type 的值是否为 cut
' 若为 cut 则执行剪切操作
if request.QueryString("type")="cut" then
session("jtb")=request.QueryString("MyPat
h")
session("cz")="z"
response.Redirect("filemanage.asp?MyPath=
"&fso.getparentfoldername(request.
QueryString("MyPath")))
end if
' 下面一段 if 语句代码用于判断 HTTP 查询字符串中变
量 type 的值是否为 zt
' 若为 zt 则执行粘贴操作
if request.QueryString("type")="zt" then
' zt 表示粘贴
if session("cz")="c" then
fso.copyfolder
session("jtb"),request.QueryString("MyPath")
&"\"
else
fso.copyfolder
session("jtb"),request.QueryString("MyPath")
&"\"
fso.deletefolder(session("jtb"))
end if
end if
%>
<%
set MyDrives=fso.Drives
for each MyDrive in MyDrives
if MyDrive.IsReady then
 response.Write("<a
href=filemanage.asp?MyPath="&MyDrive.path&">
"&"驱动器"&MyDrive.path&"</a> ")
end if
next
%>
<br>
```

Dw Dreamweaver CS3+ASP 动态网站设计入门实战与提高

10
Chapter

10.1
10.2
10.3
10.4
10.5
10.6
10.7
10.8

```
<%
if request.QueryString("MyPath")<>"" then
set
MyFolder=fso.getfolder(request.QueryString("
MyPath"))
    response.Write("当前路径："&MyFolder.path&"
")
    if          session("jtb")<>""          and
session("jtb")<>fso.getparentfoldername
    (request.QueryString("MyPath"))        and
session("jtb")<>request.QueryString("MyPath")
then
    response.Write("<br>"&"<a
href=filemanage.asp?MyPath="&
    request.QueryString("MyPath")&"&type=zt>
粘贴</a>")
    end if
%>
<br>
<table><tr><td>
<a href=<%= "filemanage.asp?MyPath="&
fso.getparentfoldername(request.QueryStri
ng("MyPath")) %>>返回</a>
</td></tr></table>
<br>
<table><tr> <td>
<%
for each MySubfolder in MyFolder.subfolders
response.Write("|--<a
href='filemanage.asp?MyPath="&MySubfolder.pa
th&"'>"&MySubfolder.name&"</a><br>")
    next
%> </td>
```

```
<td>
<%
for each MySubfolder in MyFolder.subfolders
response.Write("<a
href='filemanage.asp?MyPath="&MySubfolder.pa
th&"&type=delete'>"&"删除"&"</a>  ")
response.Write("<ahref='filemanage.asp?My
Path="&MySubfolder.path&"&type=copy'>
    "&"复制"&"</a>")
response.Write("<a
href='filemanage.asp?MyPath="&MySubfolder.pa
th&"&type=cut'>"&"剪切"&"</a><br>")
    next
%>
</td></tr>
<tr>
<td>
<%
for each MyFile in MyFolder.files
response.write(MyFile.name&"<br>")
next
%> </td>
</tr>
</table>
<%
set MyFolder=nothing
set fso=nothing
end if
%>
</body>
</html>
```

Step 02 选择【文件】/【另存为】命令，选择存储路径为"D:\ASP"，在"文件名"文本框中输入"filemanage"。

Step 04 单击链接"驱动器 D："，在页面的下方就可以显示驱动器 D 根目录下的文件夹和文件，选择单击链接"ASP"，就可以查看"D:\ASP"路径下我们所做过的实例，如图 10-7 所示。

Step 03 选择【开始】/【控制面板】/【管理工具】/【Internet 信息服务】命令，打开 IIS 5.0，选择默认网站"ASP"中的"filemanage.asp"文件，右击并在弹出的菜单中选择【浏览】命令，我们就可以浏览刚刚创建的网页了，效果如图 10-6 所示。

图 10-7 文件夹"ASP"下所有的文件夹和文件

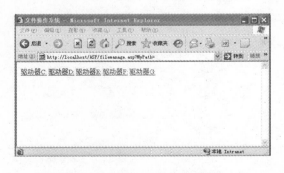

图 10-6 显示服务器上的所有驱动器

10.7　本章技巧荟萃

- 存取服务器端的文件或文件夹，都必须先使用 Server.Mappath 方法将文件或文件夹的虚拟路径转换为实际路径。

- FileSystemObject 对象可以很方便地操作文件和文件夹，但是却不能用来管理文件、文件夹的权限和属性。

- 虽然 FileSystemObject 的功能很多，但也不是万能的。比如它很难处理二进制文件，例如 Word 文档、图片等；外一个缺陷就是对于文件长度的问题，当读写一些内容时，所有的信息都存储在内存中，消耗了大量的内存资源。

- TextStream 对象能够方便地访问、操作文本文件，但是 TextStream 对象不能由 Server.CreateObject 方法来创建，只能通过 FileSystemObject 对象的方法来实例。

10.8　学习效果测试

一、思考题

（1）ASP 文件组件包含有哪些对象？它们分别能实现什么功能？

（2）怎样打开一个文件，有哪些参数？各有什么意义？

二、操作题

（1）如何创建一个新文件夹？

（2）如何将某个目录下的某个文件复制到另外一个目录下？

读书笔记

第 11 章 Web 数据库基础

学习要点

为了实现网页内容的动态显示和更新，大部分 Web 网站都采用了数据库系统来存储网页信息和业务数据。本章将首先介绍 Access 数据库的创建及保护方法，然后描述了关系数据库的标准查询语言—SQL 语言的语法，最后讨论了如何使用 ODBC 连接 Access 数据库和 SQL Server 数据库。通过本章的学习，读者应该能够理解关系数据库的基本概念和掌握关系数据库的基本操作。

学习提要

- 关系数据库的基本概念
- Access 2003 中数据库和表的创建方法
- Access 2003 中数据库的保护方法
- 使用 SQL 语句创建数据表、查询和维护表数据的方法
- 通过 ODBC 连接到 Access 数据库和 SQL Server 数据库的方法

11
Chapter

11.1

11.2

11.3

11.4

11.5

11.6

11.7

11.1 数据库基础知识

简单的讲，数据库（Database）就是数据的"仓库"，它以某种组织方式将相关的数据组织起来，并且能够实现对数据的管理和维护。数据库中的数据可被所有授权的用户和应用程序共享。从 20 世纪 60 年代后期数据库技术诞生至今，数据库系统得到了迅猛的发展，到目前为止数据库系统的基本理论和实现技术已基本成熟。

按照数据库所采用的数据模型，通常将数据库分为层次数据库、网状数据库、关系数据库和面向对象数据库。其中关系数据库是以关系代数作为理论基础，其结构简单直观，用户易于理解和使用，成为目前最成功和普遍应用的数据库系统。Oracle、SQL Server 和 Access 等常见的数据库管理系统（DBMS）都属于关系数据库系统。

由于关系数据库是基于关系模型的，所以首先给出关系模型的一些基本概念。

1. 关系

一个关系对应于一张二维表格，例如学生基本信息表、课程表等。表中的每一行称为一条记录，每一列称为一个字段（或属性）。每条记录描述的是现实世界中的一个实体的信息，例如学生表中的每条记录对应于一个学生的基本信息。每个字段描述的是实体的某个属性信息，例如"姓名"字段描述的学生的姓名信息。表 11-1 中是一个学生基本信息表的示例。

表 11-1 学生基本信息表

学　号	姓　名	性　别	出生日期	籍　贯	专　业	备　注
99001001	张三	男	1981-10-14	北京	001	
99001002	李四	女	1981-11-12	上海	001	
99001003	王五	男	1981-06-25	天津	001	
99002001	钱六	女	1981-09-11	武汉	002	
99002002	赵二	男	1981-05-16	北京	002	

2. 关系数据库

表是关系数据库中存储数据的基本对象，每个关系数据库通常是由若干个二维表构成。这些表分别存放了不同实体的信息，以及实体与实体之间的联系。

例如，学生表中存放所有学生的信息，课程表中存放所有课程的信息，而学生选课表则存放所有学生选修课程的信息。

表与表之间的联系是通过一个或多个字段建立起来的，这些字段被称为主键和外键。

3. 主键

在一个数据表中，能够唯一标识每一条记录的字段或字段集合，称为表的主键。主键的取值应当具有唯一性而且不能为空（NULL）。

例如，在表 11-1 所示的学生基本信息表中，学号能够唯一标识每一个学生，所以"学号"可以作为学生表的主键。如果所有学生都不重名，那么"姓名"也可以作为学生表的主键。

4. 外键

在一个数据表中，如果某个字段或字段集合不是这个表的主键，而是对应于另一个表的主键，则称该字段或字段集合为这个表的外键。

例如，在表 11-2 所示的专业表中，专业编号能够唯一标识每一个专业，所以"专业编号"可以作为专业表的主键。在表 11-1 所示的学生基本信息表中，"专业"不是学生表的主键，但是"专业"对应于专业表的主键"专业编号"，所以"专业"是学生表的外键。

表 11-2　专业表

专业编号	专业名称
001	计算机应用技术
002	计算机软件与理论
003	计算机系统结构
…	…

11.2　创建 Access 数据库

Dreamweaver+ASP

根据使用方式的不同，数据库管理系统可以分为两大类：
（1）桌面型数据库系统，它为简单的单机版数据库应用程序提供数据存储和管理功能，例如 Access、Visual FoxPro 等。
（2）服务器型数据库系统，用于支持客户机/服务器（C/S）或客户机/应用服务器/数据库服务器（B/S）应用程序，它允许多个用户同时在线访问数据库系统，例如 Oracle、DB2、Microsoft SQL Server、Sybase SQL Server 等。
Access 2003 是 Microsoft Office 2003 家族中的一个重要成员，它简单易学并且能够满足普通用户的大部分功能需求，因此一直受到广大用户的欢迎。下面我们将首先介绍在 Access 2003 中数据库和数据表的创建方法。

11.2.1　创建数据库

Step 01 启动 Access 2003，进入 Microsoft Access 主窗口，如图 11-1 所示。

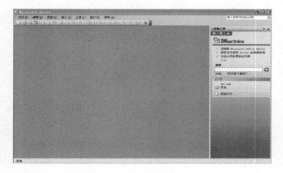

图 11-1　Access 2003 界面

Step 02 选择【文件】/【新建】命令，在屏幕右方出现"新建文件"任务窗格，如图 11-2 所示。

图 11-2　"新建文件"窗格

Step 03 选择"新建文件"窗格中的"空数据库"选项，弹出"文件新建数据库"对话框，如图 11-3 所示。

○ 小提示

　　文件名可以是英文字母、中文汉字或空格等任何合法的标识符。文件名后面的".mdb"可以去掉。

图 11-3　"文件新建数据库"对话框

11

Chapter

11.1

11.2

11.3

11.4

11.5

11.6

11.7

○ **小提示**

新建的空数据库暂时还没有任何实际的数据，只是建好了一个能存放数据的容器。

Step 04 在"文件名"文本框中输入数据库文件名，再在"保存位置"下拉列表框中选择文件保存的路径，最后单击【创建】按钮。此时，一个空数据库已经创建完成，如图 11-4 所示。

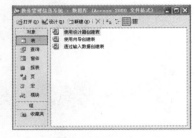

图 11-4　新创建的空数据库

11.2.2　创建数据表

在 Access 2003 中创建数据表可以有多种方式，例如使用表设计器、使用表向导、通过输入数据创建表等。本节我们介绍使用"表设计器"创建数据表的方法。

表设计器如图 11-5 所示。设计视图的最上方是表窗口的标题栏，显示打开的表的名称。

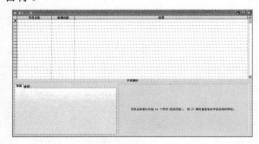

图 11-5　表设计器

上半部分的表格用于设计表中的字段。表的每一行均由 4 部分组成。最左边灰色部分的小方块为行选择区，当用户移动鼠标指针到某一行时，对应行选择区会出现一个黑三角形的符号——行指示器，用它指明当前操作行。表设计器有 3 列，分别为字段名称、数据类型和说明。用户可以在"字段名称"列中输入所需字段的名称。当光标移至"数

Step 01 双击"使用表设计器创建表"项，或单击工具栏上的设计按钮，一张空白的表出现在视图中，如图 11-5 所示。

据类型"列中时，该列右端就会出现一个下三角按钮，如图 11-6 所示。单击其下拉按钮，在打开的下拉列表中将显示所有可用的数据类型，用户可以根据需要指定数据类型。在定义好名称和数据类型之后，在"说明"列中输入相应的字段说明文字，如指明字段的用途等，用来增加表结构的可读性。当然，"说明"部分也可以不写。左下部是字段特性参数区，当定义了一个字段后，在此区域内就会显示出对应字段的特性参数。常用的参数包括字段大小、格式、输入掩码、标题、默认值、有效性规则、有效性文本、必填字段等。

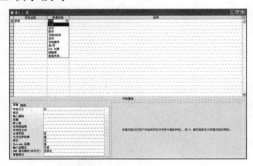

图 11-6　选择数据类型

以学生表为例，设计表结构的步骤如下：

Step 02 在"字段名称"列输入"学号"，在数据类型列默认输入"文本"，在左下部的"字段大小"中输入 8，"必填字段"中输入"是"，"允许空字符串"中输入"否"，其他项的值保持不变，如图 11-6 所示。

Step 03 使用同样的方法建立"姓名"、"性别"、"出生日期"、"籍贯"、"专业"和"备注"字段，并分别设置字段类型为"文本"、"文本"、"日期/时间"、"文本"、"文本"和"备注"，如图 11-7 所示。

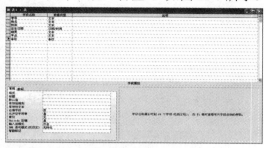

图 11-7　表中各字段名及字段类型

Step 05 系统弹出一个警告对话框，提示用户尚未定义主键，如图 11-9 所示。我们将在下一节中介绍如何创建主键，所以在此处单击【否】按钮。

图 11-9　"尚未定义主键"对话框

Step 04 单击主窗口工具栏上的 按钮，弹出"另存为"对话框，在"表名称"文本框中输入表的名字为"学生表"，单击【确定】按钮，如图 11-8 所示。

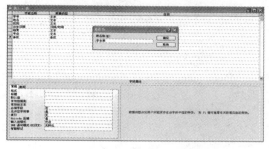

图 11-8　"另存为"对话框

Step 06 至此，学生表的创建工作已经完成。在图 11-10 中，在表窗口的标题栏中打开的表名称已修改为"学生表"。

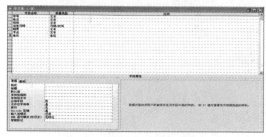

图 11-10　学生表设计窗口

11.2.3　设置主键

数据库中的每一个表都应该有一个主关键字。主关键字有时也称主键，它保证表中的每一条记录都是唯一的。例如，在学生

Step 01 在表设计视图中选择要定义为主关键字的字段。如果是一个字段，则可以直接单击左端的行选择按钮，如图 11-11 所示。如果是多个字段，则在单击的同时按下【Ctrl】键，就可以选择多个字段，如图 11-12 所示。

图 11-11　单字段主关键字的创建

基本信息表中，学号是唯一的，所以学号可以作为学生表的主键。在 Access 2003 中定义主关键字很简单，操作步骤如下。

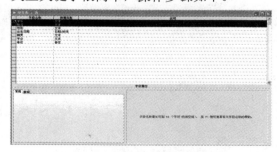

图 11-12　多字段主关键字的创建

Step 02 单击工具栏上的【主键】按钮 ，或者选择【编辑】/【主键】命令。

11

Chapter

11.1

11.2

11.3

11.4

11.5

11.6

11.7

设置完成后,在相应的字段左侧就会出现主键标识。如果用户要将设为主键的某一字段取消为非主关键字,只需选中该字段并再次单击工具栏上的按钮即可,取消后字段左侧的主键标识也随之消失。

11.2.4 管理表数据

数据库表设计好以后,就可以在数据表中输入数据了,具体步骤如下。

Step 01 在 Access 2003 中打开"教务管理信息系统"数据库,如图 11-13 所示。

图 11-13 数据库管理器

Step 02 在 表 视图管理器中选择学生表,单击工具栏上的打开(Q)按钮或双击表名打开学生表,如图 11-14 所示。

图 11-14 打开学生表

Step 03 打开学生表后,就可以进行数据的输入了。数据输入的方法是:把光标移向第一个字段,输入学生的学号值,然后将光标移到下一个字段继续输入数据。

一般在输入数据时,光标通常起始于表的第一个字段。在开始输入数据时,记录指针变成了 ，表示该记录正在被编辑。在进行第一条记录的输入时,系统会自动在第一条记录下增加一个新行,新行指针包含一个表明是新记录的星号。输入数据后的学生表如图 11-15 所示。

○ **小提示**

学生表中记录之间的相对顺序是无关紧要的,用户不必严格按照学号的升序增加记录。

图 11-15 输入数据的学生表

11.3 保护数据库

Dreamweaver+ASP

为 了保护用户数据库中数据的安全性,一方面可以对数据库设置访问密码,防止其他人打开数据库;另一方面是定期备份数据库,使得在数据库被病毒感染或被黑客破坏时,能够及时地恢复数据库中的数据。

11.3.1 设计数据库密码

Access 2003 允许用户对数据库进行密码设置,从而确保重要数据库的安全性。在这方面,Access 显然要比 FoxPro 高明得多。Access 2003 在允许用户加密数据库的同时,自然也提供了修改和撤销密码功能。

下面介绍给数据库添加密码的具体操作步骤。

Step **01** 打开数据库对象。如图 11-16 所示，在"打开"对话框的"文件名"文本框中输入数据库的名称，然后单击 打开⑩ 按钮旁边的下拉按钮，选择【以独占方式打开】命令。

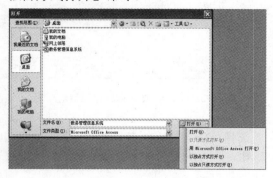

图 11-16　以独占方式打开数据库

○ **小提示**

为了设置或撤消数据库密码，必须将数据库以独占方式打开，否则无法操作。

Step **03** 在"设置数据库密码"对话框中的"密码"文本框中输入数据库密码，然后在"验证"文本框中重新输入一遍密码进行验证。为了确保密码的隐蔽性，在输入过程中，所有的字符都以"*"显示。单击【确定】按钮即可完成对数据库密码的设置。

要撤消给数据库设置的密码，同样以独占方式打开数据库后，选择【工具】/【安全】/【撤消数据库密码】命令，弹出如图 11-20 所示的"撤消数据库密码"对话框。在"密码"文本框中输入以前设置的密码，单击【确定】按钮即可完成对数据库密码的撤销。

○ **小提示**

如果用户要对数据库的密码进行修改，必须先撤消原来的密码，然后重新执行设置数据库密码的操作，输入新的密码。

11.3.2　备份数据库

Access 2003 允许用户对数据库进行备份，以防止数据库遭到破坏或误删时发生数据丢失现象。

Step **01** 保存并关闭数据库中所有打开的表和其他对象。

Step **02** 打开数据库后，选择【工具】/【安全】/【设置数据库密码】命令，如图 11-17 所示，弹出如图 11-18 所示的"设置数据库密码"对话框。

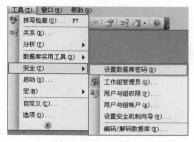

图 11-17　【设置数据库密码】命令

图 11-18　"设置数据库密码"对话框

Step **04** 设置好数据库的密码后，如果要打开该数据库，就会弹出"要求输入密码"对话框，如图 11-19 所示，输入正确的密码后，才能打开该数据库。

图 11-19　密码文本框

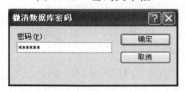

图 11-20　"撤消数据库密码"对话框

据丢失现象。数据库备份的过程很简单，具体操作步骤如下。

Step **02** 选择【文件】/【备份数据库】命令，如图 11-21 所示。弹出"备份数据库另存为"对话框，如图 11-22 所示。

Dw Dreamweaver CS3+ASP 动态网站设计入门实战与提高

11

Chapter

11.1

11.2

11.3

11.4

11.5

11.6

11.7

图 11-21 【备份数据库】命令

图 11-22 "备份数据库另存为"对话框

其中，默认文件名是在当前数据库文件名的基础上加上当前日期，以提示用户该备份数据库是在那一天建立的。用户也可以重新选择备份数据库的存储位置。单击【保存】按钮，实现了对"教务管理信息系统"数据库的备份。

11.4 常用 SQL 语法

SQL 是 Structured Query Language 的缩写，其含义是结构化查询语言。该定义很容易让人产生误解，其实 SQL 不仅仅能够实现数据查询功能，它还能实现数据定义、数据操作和数据控制等功能，是一门功能非常强大和完善的数据库系统语言。

尽管各个数据库厂商开发的数据库管理系统对于 SQL 的支持程度不尽相同，但是对于基本的 SQL 功能都是支持的。因此，通过使用 SQL 语言，我们可以对各种数据库执行一些常规的操作，例如从数据库中检索数据，更新数据库中的数据等。

下面我们将介绍如何使用 SQL 语言操作关系数据库。

11.4.1 数据定义和操作语句

1．创建数据表语句：Create Table

执行 Create Table 语句创建数据表，Create Table 语句的一般格式为：

> Create Table <表名> (<字段名> <数据类型> [列级完整性约束条件]
> [, <字段名> <数据类型> [列级完整性约束条件]]...
> [, <表级完整性约束条件>]);

其中，<表名>是所要定义的数据表的名字，它可以由一个或多个字段组成。<字段名>是字段的名字；字段的数据类型可以是整型、字符型、数值型、日期型或逻辑型等。

字段还可以定义列级完整性约束条件，以表明该字段是否可以为空、是否有默认值或是否有唯一性索引等。

表级完整性约束条件通常用来定义表的主键、外键和其他约束条件。

○ 小提示

< > 必选项：该项必须根据具体问题选择一个确定的参数，写语句时<>本身不用输入。

[ ] 可选项：此项可选也可以不选。如果选，根据具体问题选择一个参数，书写语句时方括号本身不要输入；如果不选，取系统的默认值。

, ...：重复出现项。

【例 11-1】　创建数据表示例

建立一个学生基本信息表 Student，它由学号 Sno、姓名 Sname、性别 Ssex、出生日期 Birthday、籍贯 NativePlace、专业 SpecialtyID 和备注 Memo 共 7 个字段组成。其中学号不能为空，值是唯一的，并且姓名也取值唯一。

```
Create Table Student (
    Sno Char(8) NOT NULL UNIQUE,
    Sname Char(8) UNIQUE,
    Ssex Char(2),
    Birthday DateTime,
    NativePlace Varchar(20),
    SpecialtyID Char(3),
    Memo Varchar(50)
)
```

2．删除数据表语句：Drop Table

执行 Drop Table 语句删除指定的数据表，Drop Table 语句的语法格式为：

```
Drop Table <表名>;
```

其中，<表名>是被删除的表的名字。一个表被删除后，它的表结构定义、表中所有的数据、索引和约束等都同时从数据库中永久删除。

【例 11-2】　删除刚才创建的数据表 Student。

```
Drop Table Student
```

3．添加表数据语句：Insert

Insert 语句用于向指定的表中插入一行记录，它的语法格式为：

```
Insert Into <表名> [(<字段1> [, <字段2>...])]
Values (<常量1>[, <常量2>...])
```

其中，<表名>是被插入记录的表名。新记录字段 1 的值为常量 1，字段 2 的值为常量 2，……。Into 子句中没有出现的字段，新记录在这些字段上将取空值。

【例 11-3】　添加表数据语句示例

将一个新学生记录（学号：99003001；姓名：张军；性别：男；出生日期：1981-3-9；籍贯：济南；专业：003）插入到学生表中。

```
Insert Into Student
```

11.4.2　数据查询语句

数据库查询是数据库的核心操作。SQL

```
Values ('99003001', '张军', '男', '1981-3-9',
'济南', '003', '')
```

上面的语句还可以写成下面的格式：

```
Insert Into Student(Sno, Sname, Ssex,
Birthday, NativePlace, SpecialtyID)
Values ('99003001', '张军', '男', '1981-3-9',
'济南', '003')
```

○ **小提示**

对于日期型字段，例如 Birthday，其字段值的表达式依赖于具体的数据库管理系统。

如果是 Access 数据库，则字段值应该使用一对 "#" 括起来。

如果是 SQL Server 数据库，则字段值应该使用一对 "'" 或 """ 括起来。

4．修改数据表语句：Update

Update 语句用于对表中的数据进行更新，它的语法格式为：

```
Update <表名>
Set <字段1>=<表达式1>[, <字段2>=<表达式2>...]
[Where <条件>]
```

其中，<表名>是被修改数据的表名。Where 子句中的<条件>表示被修改的记录应满足的条件。如果省略 Where 子句，则表示要修改表中的所有记录。SET 子句指出用<表达式>的值取代相应的字段值。

【例 11-4】　将学号等于 "99001002" 的学生的专业值修改为 "002"。

```
Update Student Set SpecialtyID = '002' Where
Sno = '99001002'
```

5．删除表数据语句：Delete

Delete 语句用于删除表中指定的数据，它的语法格式为：

```
Delete From <表名> [Where <条件>]
```

其中，<表名>是被删除数据的表名。Where 子句中的<条件>表示被删除的记录应满足的条件。如果省略 Where 子句，则表示要删除表中的所有记录。

【例 11-5】　删除学号等于 "99001002" 的学生记录。

```
Delete From Student Where Sno = '99001002'
```

语言提供了 Select 语句进行数据库的查询，

Dw

Dreamweaver CS3+ASP 动态网站设计入门实战与提高

11

Chapter

11.1

11.2

11.3

11.4

11.5

11.6

11.7

该语句具有灵活的使用方式和丰富的功能，其一般格式为：

```
Select [All|Distinct] [Top n [Percent]] <
目标列表表达式>[, <目标列表表达式>…]
    From <表名或视图名>[, <表名或视图名>…]
    [Where <条件表达式>]
    [Group by <字段1> [Having <条件表达式>]]
    [Order by <字段2> [asc|desc]]
```

整个 Select 语句的含义是，根据 Where 子句的<条件表达式>，从 From 子句指定的表或视图中找出满足条件的记录，再按 Select 子句中的<目标列表表达式>选取记录中的字段值形成结果表。如果 Select 子句中包含 Distinct 关键词，则表示去掉查询结果中的重复记录。如果有 Group by 子句，则将结果按<字段1>的值进行分组，该字段值相等的记录为一个组。通常会在每组中作用集函数。如果 Group by 子句带 Having 短语，则只有满足指定条件的组才可以输出。如果有 Order by 子句，则结果还要按<字段2>值的升序或降序排序。Top n 表示只输出结果中的前 n 条记录，如果加上 Percent 表示输出前百分之 n 的记录。

下面将结合表 11-1 通过几个例子说明 Select 语句的用法。

【例 11-6】 查询学生基本信息表中的记录并返回所有列。

```
Select * From Student
```

【例 11-7】 查询学生基本信息表中籍贯是"北京"的学生的学号和姓名。

```
Select Sno, Sname From Student Where
NativePlace = '北京'
```

【例 11-8】 查询学生基本信息表中每个城市的学生人数。

```
Select NativePlace, count(*) From Student
Group by NativePlace
```

【例 11-9】 查询学生基本信息表中学生人数少于2 人的城市名称。

```
Select NativePlace, count(*) From Student
Group by NativePlace
    Having Count(*) < 2
```

【例 11-10】 对学生基本信息表按照姓名降序排列，并显示前 5 个学生的信息。

```
Select Top 5 * From Student Order by Sname
desc
```

【例 11-11】 查询学生基本信息表中专业是"002"或籍贯是"上海"的学生信息。

```
Select * From Student Where SpecialtyID =
'002' Or NativePlace = '上海'
```

【例 11-12】 查询学生基本信息表中专业是"001"并且籍贯是"北京"的学生信息。

```
Select * From Student Where SpecialtyID =
'001' And NativePlace = '北京'
```

以上都是针对一个表的查询，下面再结合表 11-2 进行多表查询。

【例 11-13】 查询每个学生的学号、姓名、性别和专业名称。

```
Select    Student.Sno,    Sname,    Ssex,
Specialty.SpecialtyName
    From Student, Specialty
    Where        Student.SpecialtyID       =
Specialty.SpecialtyID
```

11.5 连接数据库 ODBC

Dreamweaver+ASP

现在我们已经学会了如何创建一个 Access 数据库，接下来为了访问已建好的数据库，我们需要为其创建 ODBC 数据源。

ODBC 即开放式数据库互连（Open Database Connectivity），它是用于访问数据库的统一接口标准。在 ODBC 的动态链接库（DLL）中安装不同的数据库驱动程序，开发人员就可以访问不同的数据库资源。由于 ODBC 是基于 SQL 语言而设计的，从 ODBC 层之上的应用程序看来，各个异构的关系数据库只是相当于几个不同的数据源，而这些数据源组织结构的不同对于程序员来说是透明的，所以就可以编写独立于数据库的应用程序。

大多数数据库在进行设计时都遵守

SQL 标准，这就使得应用程序可以使用 SQL 标准对不同的数据源进行操作。我们可以向 ODBC 发出 SQL 命令，ODBC 转发给数据库，数据库再将执行结果经过 ODBC 返回给应用程序。由此可见，ODBC 最大的优点是能够以统一的方式处理所有的数据库。下面我们来看一下如何配置 ODBC。

11.5.1　连接 Access 数据库

在 Windows XP 操作系统中建立 Access 数据源的操作步骤如下。

Step 01　选择【开始】/【控制面板】命令，如图 11-23 所示。进入"控制面板"窗口，如图 11-24 所示。

图 11-23　打开"控制面板"

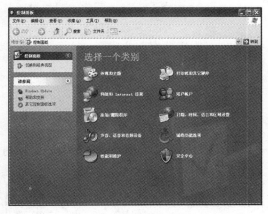

图 11-24　"控制面板"窗口

Step 04　选择"数据源（ODBC）"，打开"OBBC 数据源管理器"窗口，如图 11-27 所示。

> ○ **小提示**
>
> 用户数据源中已经添加了 5 个数据源，这是操作系统安装时自带的，我们可以不去管它。

Step 02　选择"性能和维护"，进入"性能和维护"窗口，如图 11-25 所示。

图 11-25　"性能和维护"窗口

Step 03　选择"管理工具"，进入"管理工具"窗口，如图 11-26 所示。

图 11-26　"管理工具"窗口

Step 05　在"OBBC 数据源管理器"窗口的上方有"用户 DSN"、"系统 DSN"、"文件 DSN"、"驱动程序"等 7 个选项卡。其中，在"用户 DSN"中建立的用户数据源，只有创建数据源的当前用户登录时才可以使用；在"系统 DSN"中建立的系统数据源，对于登录本机的所有用户都可以使用。"驱动程序"中列出了系统已安装的所有 ODBC 驱动程序。单击"系统 DSN"选项卡，进入"系统 DSN"界面，如图 11-28 所示。

Dw

Dreamweaver CS3+ASP 动态网站设计入门实战与提高

11

Chapter

11.1

11.2

11.3

11.4

11.5

11.6

11.7

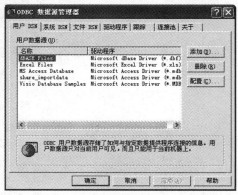

图 11-27 "OBBC 数据源管理器"窗口

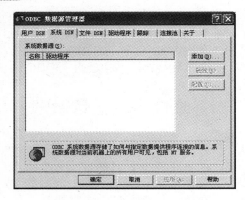

图 11-28 "系统 DSN"界面

Step 06 单击 添加(D)... 按钮，打开"创建新数据源"对话框，如图 11-29 所示。

图 11-29 "创建新数据源"对话框

○ **小提示**

Access 数据源的驱动程序在系统安装时就已经加上了，因此您直接选择即可。

Step 08 在"数据源名"文本框中输入任意的数据源名称，然后单击 选择(S)... 按钮，弹出"选择数据库"对话框，如图 11-31 所示。

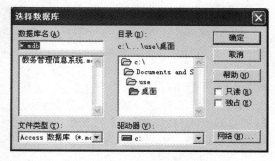

图 11-31 "选择数据库"对话框

Step 07 选择"Microsoft Access Driver (*.mdb)"驱动程序，单击【完成】按钮，弹出"ODBC Microsoft Access 安装"对话框，如图 11-30 所示。

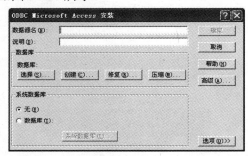

图 11-30 "ODBC Microsoft Access 安装"对话框

Step 09 在右下方的"驱动器"下拉列表框中选择数据库文件所在的驱动器，在右上方的"目录"树状目录中选择数据库文件的文件夹。此时，左边的"数据库名"列表框中会显示该目录下的所有 Access 数据库，单击（选中）其中的某个数据库，然后单击【确定】按钮，返回到"ODBC Microsoft Access 安装"对话框，如图 11-32 所示。

图 11-32 教务信息数据库

Step 10　单击【确定】按钮，返回到"系统 DSN"界面，如图 11-33 所示。此时一个 Access 系统数据源"Education"已经被添加到 ODBC 数据源管理器中。

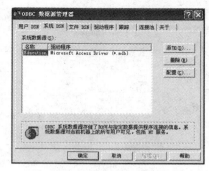

图 11-33　Access 系统数据源"Education"

11.5.2　连接 SQL Server 数据库

在建立 SQL Server 数据源之前，首先要保证本机已经安装了 SQL Server 2000 的客户端程序，此时在"ODBC 数据源管理器"对话框的"驱动程序"选项卡中就会出现一个名称是"SQL Server"的驱动程序，如图 11-34 所示。

建立 SQL Server 数据源的步骤如下。

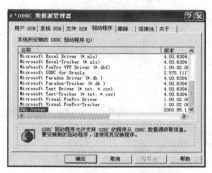

图 11-34　"SQL Server"驱动程序

Step 01　在"系统 DSN"选项卡中，单击 添加(D)... 按钮，弹出"创建新数据源"对话框，选择"SQL Server"驱动程序，如图 11-35 所示。

图 11-35　选择"SQL Server"驱动程序

Step 03　在"名称"文本框中输入数据源的名称，在"描述"文本框中输入数据源的描述信息，在"服务器"下拉列表框中选择一个服务器，在这里我们输入"(local)"，表示使用本地服务器，如图 11-37 所示。

Step 02　单击【完成】按钮，弹出"创建到 SQL Server 的新数据源"对话框，如图 11-36 所示。

图 11-36　"创建到 SQL Server 的新数据源"对话框

Step 04　单击【下一步】按钮，出现一个新的对话框，如图 11-38 所示。该对话框将设置 SQL Server 验证用户登录 ID 的方式，我们选择"使用用户输入登录 ID 和密码的 SQL Server 验证"方式。选择 SQL Server 验证方式后，在下面的"登录 ID"文本框中输入用户名"sa"，在"密码"文本框中输入"sa"的登录密码，如果没有密码则保留为空。

11
Chapter

11.1

11.2

11.3

11.4

11.5

11.6

11.7

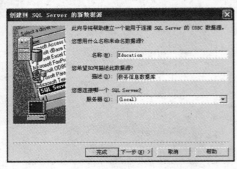

图 11-37　输入 SQL Server 数据源的信息

○ 小提示

我们也可以在"服务器"下拉列表框中输入 127.0.0.1 表示本机，或直接输入本地的 IP 地址。

Step 05 单击【下一步】按钮，出现一个新的对话框，如图 11-39 所示。勾选"更改默认的数据库为"复选框，然后在可用的下拉列表框中选择"Education"数据库。

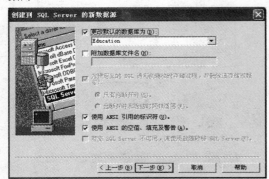

图 11-39　"更改默认的数据库"对话框

Step 07 单击【完成】按钮，弹出"ODBC Microsoft SQL Server 安装"对话框，如图 11-41 所示。

图 11-41　"测试数据源"对话框

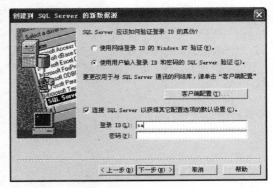

图 11-38　"确定 SQL Server 的验证方式"对话框

Step 06 单击【下一步】按钮，出现一个新的对话框，如图 11-40 所示。保持该对话框中的所有配置信息不变。

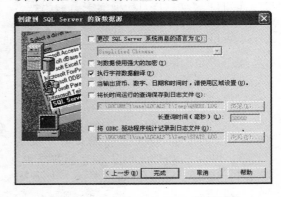

图 11-40　"配置 SQL Server 数据源的其他信息"对话框

Step 08 单击【测试数据源】按钮，弹出"SQL Server ODBC 数据源测试"对话框，提示数据源测试成功，如图 11-42 所示。

图 11-42　"数据源测试信息"对话框

Step **09** 连续单击两次【确定】按钮，返回到"系统 DSN"界面，如图 11-43 所示。此时 SQL Server 系统数据源"Education"已经被添加到 ODBC 数据源管理器中。

图 11-43　SQL Server 系统数据源"Education"

11.6 本章技巧荟萃

Dreamweaver+ASP

- 设定表的主键与相关表的外键时，主键与外键的名称不必相同（尽管我们常使其相同，以便于识别），但是它们的数据类型必须相同。

- 表中的记录是无顺序的，因此我们不必专门将记录插入到表中的某个位置，查询结果将根据查询条件中的排序字段重新排序后输出。

- 为了设置或撤销数据库密码，必须将数据库以独占方式打开，否则无法操作。

- 如果用户要对数据库的密码进行修改，必须先撤销原来的密码，然后重新执行设置数据库密码的操作，输入新的密码。

- 要想用备份数据库还原 Access 数据库，只需要将备份数据库拷贝到目标文件夹，然后重命名为目标数据库名即可。如果目标数据库名已存在，则首先将其修改为其他的文件名。

- 对于日期型字段，例如 Birthday，其字段值的表达方式依赖于具体的数据库管理系统。如果是 Access 数据库，则字段值应该使用一对"#"括起来；如果是 SQL Server 数据库，则字段值应该使用一对"'"或"""括起来。

- 在 Windows 2000 操作系统中，打开 ODBC 数据源的步骤如下：选择【开始】/【程序】/【管理工具】/【数据源（ODBC）】命令。

- 如果要连接的 SQL Server 服务器是本机，则可以使用 3 种表达方式：输入（local），输入 127.0.0.1，或直接输入本机的 IP 地址。

- 如果要连接的数据库服务器（例如 Oracle、Sybase 等）的驱动程序在本机不存在，则需要首先安装相应 DBMS 的客户端软件。

11.7 学习效果测试

一、思考题

（1）Access 2003 和 SQL Server 2000 分别适合于那种类型的应用？

（2）在 Access 2003 中如何修改表中的数据？

（3）是否可以直接采用文件拷贝的方式备份 Access 数据库？

二、操作题

（1）在 Access 2003 中建立一个"图书"表，其字段名及字段的数据类型如下。书号、文本、书名 文本、作者 文本、出版社 文本、出版时间 日期/时间、定价 数字，并且将"书号"设置为图书表的主键。"图书"表的效果如图 11-44 所示。

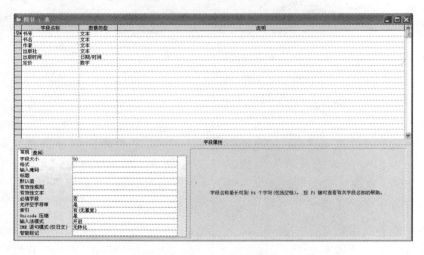

图 11-44 "图书"表

（2）在 Access 2003 中建立一个"学生"数据库，然后在"ODBC 数据源管理器"中建立一个连接"学生"数据库的系统数据源，数据源的名称为"Student"。建立好的"Student"数据源如图 11-45 所示。

图 11-45 "Student"数据源

第 12 章　ADO 访问数据库

学习要点

　　ADO 对象是 ASP 技术的核心内容之一，它集中体现了 ASP 强大而灵活的数据访问功能。在 ADO 所提供的对象和数据集合中，Connection、Command 和 RecordSet 对象是 3 个主要的对象。使用这些对象可以实现对数据库的连接，执行 SQL 语句、处理查询结果集和数据的分页显示等功能。通过本章的学习，读者应该掌握这 3 个对象的使用方法，从而编写出功能强大的数据库应用程序。

学习提要

- Connection 对象的属性和方法
- Command 对象的属性和方法
- RecordSet 对象的属性和方法
- 使用 ADO 操作数据库的实现方法
- 查询结果的分页显示技术

12
Chapter

12.1

12.2

12.3

12.4

12.5

12.1 ADO 概述

ASP 程序对数据库的访问过程是：客户端浏览器向 Web 服务器提出 ASP 页面文件的请求；服务器对该页面进行解释，并在服务器端运行从而完成数据库操作，再把数据库操作结果所生成的网页返回到浏览器；浏览器将该网页内容显示在客户端。

ASP 通过一组 ADO 对象模块来访问数据库。ADO 对象是 ASP 中最重要的内置组件，是构建 ASP 数据库应用程序的核心，它集中体现了 ASP 丰富而灵活的数据库访问功能。

12.1.1 ADO 简介

ADO 是 ActiveX Data Object 的缩写，它是微软公司开发的用于访问数据库的组件，也是 ASP 程序存取数据库的重要基础。不管数据库在什么位置，ADO 都可以连接到数据库并访问库中的任意对象。在一次数据访问的过程中，ADO 可以实现将数据从服务器端传送到客户端应用程序，在客户端对数据进行处理后再将结果返回到服务器进行更新。

1．ADO 共包含 7 个对象

（1）Connection（连接对象）。

用于创建 ASP 程序和数据源之间的连接。任何对数据源的操作都要先与该数据源建立连接，因此 Connection 对象是一个非常重要的对象。

（2）Command（命令对象）。

用于定义对数据源执行的命令，包括 SQL 命令、存储过程等。当需要使某些命令具有持久性并可重复执行或使用查询参数时，应该使用 Command 对象。

（3）RecordSet（记录集对象）。

表示来自基本数据表或命令执行结果的记录全集，可以完成多种操作，是 ADO 中比较重要的一个对象。

（4）Field（字段对象）。

表示 RecordSet 中的某个字段。通过字段对象可以访问一个记录集中的所有字段。

（5）Parameter（参数对象）。

代表与 SQL 存储过程或基于参数化查询相关联的 Command 对象的参数。通过改变参数的取值，就能改变对数据源所执行命令的某些细节。

（6）Property（属性对象）。

代表 ADO 对象的动态特性。动态特性由现行数据提供者定义，并出现在相应的 ADO 对象的 Properties 数据集合中。

（7）Error（错误对象）。

包含与单个操作（涉及提供者）有关的数据访问错误的详细信息。ADO 支持由单个 ADO 操作返回多个错误，以便显示特定提供者的错误信息。

2．ADO 包含 4 个数据集合

（1）Fields 数据集合。

所有 Field 对象的集合，这个集合与一个 RecordSet 对象的所有字段相关联。

（2）Parameters 数据集合。

所有 Parameter 对象的集合，这个集合与一个 Command 对象相关联。

（3）Properties 数据集合。

所有 Property 对象的集合，这个集合与 Connection、RecordSet 和 Command 对象相关联。

（4）Errors 数据集合。

包含在响应单个失败（涉及提供者）时所产生的所有 Error 对象，这个集合用来响

应一个 Connection 对象上的错误。

ADO 对象模型如图 12-1 所示。它清楚地展现了各 ADO 对象与数据集合之间的关系。

在 ADO 的对象模型中，最重要的是 Connection、Command 和 RecordSet 对象，下面将介绍这 3 个对象的属性、方法和数据集合。

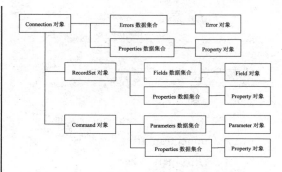

图 12-1　ADO 对象和数据集合的关系图

12.1.2　Connection 对象

Connection 对象用于建立和管理应用程序与 OLE DB 兼容数据源或 ODBC 兼容数据库之间的连接，并可以对数据库进行一些相应的操作。

要建立数据库连接，必须首先创建 Connection 对象的实例。在正确安装了 Web 服务器软件后，可以使用 Server 对象的 CreateObject 方法来创建 Connection 对象实例。语法如下：

```
Set conn = Server.CreateObject("ADODB.
Connection")
```

其中，conn 是对新创建的 Connection 对象实例的引用。在成功创建了 Connection 对象的实例后，就可以使用该对象所提供的方法和属性了。

1. Connection 对象的常用属性

（1） ConnectionTimeout 属性与 CommandTimeout 属性。

ConnectionTimeout 属性是设置 Connection 对象的 Open 方法与数据库连接时的最长等待时间，默认值为 15 秒。如果设置为 0，则系统会一直等到连接成功为止。

CommandTimeout 属性是设置 Connection 对象的 Execute 方法运行时的最长等待时间，默认值为 30 秒。如果设置为 0，则系统会一直等到运行结束为止。

语法如下：

```
Connection.ConnectionTimeout = 秒数
Command.CommandTimeout = 秒数
```

（2）ConnectionString 属性。

ConnectionString 属性是用来设置 Connection 对象的数据库连接信息：Provider 参数、Data Source 参数、User ID 参数、Password 参数及 File Name 参数等。语法如下：

```
conn.ConnectionString = "Provider =
Microsoft.Jet.OLEDB.4.0; Data Source=" &
Server. MapPath("test.mdb")
```

（3）Mode 属性。

该属性是用来设置修改数据库的权限。常用参数值包括 AdModeUnknown（权限未知，默认值）、AdModeRead（只读）、AdModeWrite（只写）和 AdModeReadWrite（读/写）等，其语法如下：

```
ConnectionString.Mode = ModeValue
```

（4）State 属性。

State 属性是用来获取 Connection 对象的状态，语法如下：

```
Connection.State = StateValue
```

这是一个只读属性，其中 StateValue 有两个取值：AdStateClosed（0）表示 Connection 对象是关闭的；AdStateOpen（1）表示 Connection 对象是打开的。

2. Connection 对象的常用方法

（1）Open 方法。

Connection 对象的 Open 方法负责创建与数据库的连接，只有使用了 Connection 对象的 Open 方法才能对数据库进行操作。Open 方法的使用一般有两种方式：

- 直接将数据库连接字符串传递给

Dw

Dreamweaver CS3+ASP 动态网站设计入门实战与提高

12

Chapter

12.1

12.2

12.3

12.4

12.5

Open 方法：

```
Set conn = Server.CreateObject("ADODB.
Connection")
str = "Provider = Microsoft.Jet.OLEDB.4.0;
Data Source=" & Server.MapPath("test.mdb")
conn.Open str
```

- 首先给 Connection 对象的 ConnectionString 属性赋值，然后调用 Open 方法：

```
Set conn = Server.CreateObject("ADODB.
Connection")
str = "Provider = Microsoft.Jet.OLEDB.4.0;
Data Source=" & Server.MapPath("test.mdb")
conn.ConnectionString = str
conn.Open
```

（2）Execute 方法。

Execute 方法可以执行指定的查询、SQL 语句和存储过程等内容，语法如下：

```
Set recordset = Connection.Execute
(CommandText, RecordAffected, Options)
```

该方法返回一个 RecordSet 对象。参数 CommandText 是字符串类型，包含要执行的 SQL 语句或存储过程；参数 RecordAffected 是长整型变量，表示每次操作所影响的记录数目；参数 Options 表示对数据库请求的类型。

Execute 方法可以执行标准的 SQL 命令，例如 Select（查询提取数据）、Insert（插入数据）、Delete（删除数据）、Update（更新数据）和 Create Table（创建数据表）等操作。

（3）Close 方法。

使用 Close 方法可以关闭 Connection 对象或 RecordSet 对象以便释放所有关联的系统资源。关闭对象并非将它从内存中删除，可以更改它的属性设置，并且在此后再次打开。要将对象从内存中完全删除，可以将对象变量设置为 Nothing。语法如下：

```
Connection.Close        '关闭 Connection 对象
Set conn = Nothing      '将 Connection 对象从内
存中删除
```

○ **小提示**

包含 Connection 对象的页面关闭时，Connection 对象自动被关闭。然而，作为一种良好的习惯，还是应该在该对象使用完后，在程序中明确关闭它，以节省系统资源。

3．Connection 对象的数据集合

Connection 对象有 Errors 和 Properties 两种数据集合。前者表示 Connection 对象运行时最近一次的错误或警告信息，后者表示 Connection 对象相关属性的集合。

（1）Error 对象和 Errors 数据集合。

任何涉及 ADO 对象的操作都可能生成一个或多个提供者错误。每当错误出现时，一个或多个 Error 对象将被放入 Connection 对象的 Errors 数据集合中。当另一个 ADO 对象操作产生错误时，Errors 集合将被清空，并在其中放入新的 Error 对象集。通过 Errors 数据集合，可以获得系统运行时所发生的错误或警告信息，以便进行相应的处理。

每个 Error 对象代表了特定的提供者错误而不是 ADO 错误，ADO 错误被记录到运行时的异常处理机制中。使用 Error 对象的属性，可以得到与该对象相应错误相关的所有信息。Error 对象的属性有以下几种。

- Description 属性：发生错误或警告的原因或描述性信息。

- Number 属性：发生错误或警告的代码。

- Source 属性：造成系统发生错误或警告的来源。

- NativeError 属性：发生错误或警告的代码，这里指 Provider 默认的错误代码。

- SQLState 属性：SQL 命令最后一次运行的状态。

Errors 数据集合包含在响应提供者的失败时产生的所有 Error 对象。Errors 数据集合由系统自动创建。Errors 数据集合的属性和方法如下：

- Count 属性：用来取得 Errors 数据集合中所包含的 Error 对象的个数。

- Clear 方法：用来清除 Errors 数据集合中的 Error 对象。

- Item 方法：用来取得 Errors 数据集

合中的 Error 对象。访问 Errors 数据集合中某个 Error 对象的语法为。

```
Set err = Errors.Item(Index) 或 Set
err = Errors(Index)
```

Errors 数据集合只能被 Connection 对象直接访问，语法如下：

```
Set err = Connection.Errors
```

（2）Property 对象和 Properties 数据集合。

一个 ADO 对象通常拥有多个属性可供使用，而且每一个属性都是独立的 Property 对象。为了方便地控制 ADO 对象，把这些具有相同父对象的属性集成于 Properties 数据集合中。语法如下：

```
Set properties = ADO 对象.Properties
```

Property 对象有 4 个内置属性。

- Name 属性：对象属性的名称。
- Value 属性：对象属性的值。
- Type 属性：对象属性的数据类型。
- Attributes 属性：对象的特性。

Properties 数据集合包含的属性和方法如下。

- Count 属性：用来取得 Properties 数据集合中所包含的 Property 对象的个数。
- Refresh 方法：用来重新获取 Properties 数据集合中的所有 Property 对象。
- Item 方法：用来取得 Properties 数据集合中的某个 Property 对象。

12.1.3　Command 对象

Command 对象用于定义对数据源所执行的命令，包括 SQL 命令、存储过程等。虽然在 Connection 和 RecordSet 对象中也可以执行一些操作命令，但功能上要比 Command 对象弱。Command 对象不仅能对一般的数据库信息进行操作，还因为该对象可以有输入、输出参数，从而可以完成对数据库存储过程的调用。当需要使某些命令具有持久性并可重复执行或使用查询参数时，应该使用 Command 对象。

在成功安装 ASP 和 Web 服务器后，就可以使用 ASP 中 Server 对象的 CreateObject 方法来创建 Command 对象，语法如下：

```
Set              comm              =
Server.CreateObject("ADODB.Command")
```

其中，comm 是新创建的 Command 对象的名称。

1．Command 对象的常用属性

（1）ActiveConnection 属性。

Command 对象通过 ActiveConnection 属性连接到 Connection 对象。ActiveConnection 属性可以是一个 Connection 对象名称，也可以是一个包含数据库连接信息（ConnectString）的字符串参数。

对于 Command 对象，ActiveConnection 属性为读/写。

（2）CommandText 属性。

该属性可以设置或返回传送给数据提供者的命令文本。通常被设置为能够完成某个特定功能的 SQL 语句，也可以是提供者所能识别的任何其他类型的命令语句（如存储过程等）。语法如下：

```
Command.CommandText = CommandTextValue
```

（3）CommandType 属性。

该属性指明 Command 对象的 CommandText 属性中所设定的字符串类型，来优化数据提供者的执行速度。其常用取值如表 12-1 所示。

Dreamweaver CS3+ASP 动态网站设计入门实战与提高

12

Chapter

12.1

12.2

12.3

12.4

12.5

表 12-1　CommandType **属性的取值**

常　量	取　值	说　明
AdCmdText	1	指定 CommandText 的类型为 SQL 命令
AdCmdTable	2	指定 CommandText 的类型为数据表的名称
AdCmdStoredProc	4	指定 CommandText 的类型为存储过程名称
AdCmdUnknown	8	默认值。CommandText 属性中的命令类型未知

（4）CommandTimeout 属性。

该属性设置 Command 对象的 Execute 方法运行时的最长等待时间，与 Connection 对象的 CommandTimeout 属性意义相同。

（5）Prepared 属性。

该属性用于指定在执行 ASP 程序之前是否保存命令的编译版本，其属性为布尔值。当其值为 TRUE 时，将在首次执行 CommandText 属性所指定的命令时编译并保存，在以后的使用中可以直接调用它。这样做会降低命令首次执行的速度，但对于需要经常使用的命令来说，可以提高程序的执行效率。

语法如下：

```
Command.Prepared = Boolean    或
Boolean = Command.Prepared
```

2．Command 对象的常用方法

（1）Execute 方法。

该方法用于执行在 CommandText 属性中所指定的查询、SQL 语句或存储过程。它的语法有以下两种格式：

● 有返回结果的语法

```
Set RecordSet = Command.Execute
(RecordsAffected, Parameters, Options)
```

● 没有返回结果的语法

```
Command.Execute         RecordsAffected,
Parameters, Options
```

RecordsAffected 为长整型变量，可选参数，其值是操作所影响的记录数目；Parameters 为变体型数组，可选参数，用于向 SQL 语句传送参数值；Options 为长整型值，可选参数，用于指示 Command 对象的 CommandText 属性所设定的字符串的类型，其取值与 Command 对象的 CommandType 属性的取值相同。

（2）CreateParameter 方法。

该方法可以创建新的 Parameter 对象，Parameter 对象表示传递给 SQL 语句或存储过程的参数。使用 CreateParameter 方法可以指定 Parameter 对象的名称、数据类型、方向（输入和/或输出）、参数值的最大长度和 Parameter 对象的值。语法如下：

```
Set parameter = Command.CreateParameter
(Name, Type, Direction, Size, Value)
```

3．Command 对象的数据集合

Command 对象的数据集合包括 Parameters 数据集合和 Properties 数据集合，前者表示所要传递的参数集合，后者表示所有属性的集合。Command 对象的 Properties 数据集合与 Connection 对象的使用类似，因此这里主要介绍 Parameters 数据集合。

在 Command 对象中，有很多 Parameter 子对象可以用来存储参数，这些 Parameter 对象都被收集在 Parameters 数据集合中，该集合所提供的属性和方法如下：

● Count 属性

确定给定 Parameters 集合中的 Parameter 对象的个数。

● Append 方法

将 Parameter 对象追加到 Parameters 数据集合中。在建立任何新的参数之后，都必须使用 Append 方法把新参数添加到 Parameters 集合中，使其成为 Parameters 集合中的一员，这样才能使用该参数。语法如下：

```
Parameters.Append object
```

● Item 方法

根据名称或序号返回 Parameters 集合中的 Parameter 对象，语法如下：

```
Set object = Parameters.Item(Index)
```

其中，参数 Index 用于指定 Parameters 数据集合中某个 Parameter 对象的名称或序号，取值范围为 0~Count-1。

- Delete 方法

12.1.4　RecordSet 对象

前面介绍的 Connection 对象和 Command 对象已经可以完成对数据库的相关操作，但是如果要完成的功能比较复杂（例如分页显示记录等），还需要使用 RecordSet 对象。RecordSet 对象是 ADO 对象中最灵活、功能最强大的一个对象。使用该对象可以方便地操作数据库中的记录，完成对数据库几乎所有的操作。

RecordSet 对象表示来自数据表或命令执行结果的记录集。也就是说，该对象中存储着从数据库中取出的符合条件的记录集合。该集合就像一个二维数组，数组的每一行代表一条记录，数据的每一列代表数据表中的一个数据列。在 RecordSet 对象中有一个记录指针，它指向的记录称为当前记录。

在 ASP 中可以通过 Connection 对象或 Command 对象的 Execute 方法来创建 RecordSet 对象，也可以直接创建 RecordSet 对象。语法如下：

```
Set rs = Server.CreateObject("ADODB.
RecordSet")
```

其中，rs 是新创建的 RecordSet 对象的名称。

1．RecordSet 的常用属性

（1）ActiveConnection 属性。

从 Parameters 数据集合中删除某个 Parameter 对象，语法如下：

```
Parameters.Delete Index
```

其中，参数 Index 表示要删除的 Parameter 对象在 Parameters 数据集合中的序号。

ActiveConnection 属性用于设置数据库的连接信息，可以是 Connection 对象名称或数据库连接字符串。语法如下：

```
RecordSet.ActiveConnection =
ActiveConnectionValue
```

（2）Source 属性。

Source 属性用于设置或返回记录集合中数据的来源，它包含存储过程名、表名、SQL 语句或为 RecordSet 提供记录集合的 Command 对象。语法如下：

```
RecordSet.Source = Source
```

（3）CursorType 属性。

○ **小提示**

　　游标的类型决定了游标的执行速度，其中前向类型游标的执行速度最快，因此应该在一切可能的场合使用前向类型游标。

CursorType 属性用于设置 RecordSet 对象中所使用的游标类型。游标类型指定了对记录集合的操作类型，同时反映了其他用户对一个记录集合进行操作。语法如下：

```
RecordSet.CursorType = CursorTypeValue
```

CursorTypeValue 的取值如表 12-2 所示。

表 12-2　RecordSet 对象的 CursorType 参数

常 量	参数值	说 明
AdOpenForwardOnly	0	前向游标，只能在记录集合中向前移动（默认值）
AdOpenKeySet	1	键集游标，可以在记录集合中向前或向后移动。如果其他用户删除或改变了某条记录，记录集合中将反映这一变化。但是，如果其他用户添加了一条新记录，该记录将不会出现在记录集合中。
AdOpenDynamic	2	动态游标，可以在记录集合中向前或向后移动。对于其他用户造成的任何记录的变化都将在记录集合中有所反映。
AdOpenStatic	3	静态游标，可以在记录集合中向前或向后移动，不会对其他用户所造成的任何记录的变化有所反映。

Dw Dreamweaver CS3+ASP 动态网站设计入门实战与提高

12

Chapter

12.1

12.2

12.3

12.4

12.5

（4）LockType 属性。

LockType 属性用于指定打开 RecordSet 对象时服务器使用的锁定类型。锁定类型指定了当多个用户试图同时（并发）改变一个记录集合时，数据库应采用的处理方式。语法如下：

```
RecordSet.LockType = LockTypeValue
```

LockTypeValue 的取值如表 12-3 所示。

表 12-3　RecordSet 对象的 LockType 参数

常　量	参数值	说　明
AdLockReadOnly	0	只读（默认值），不能改变记录数据
AdLockPessimistic	1	保守式锁定（逐个），指定在编辑一个记录时立即锁定它
AdLockOptimistic	2	开放式锁定（逐个），只有调用 Update 方法时才锁定记录
AdLockBatchOptimistic	3	开放式批更新，用于批更新模式

（5）BOF 和 EOF 属性。

BOF（Begin Of File）属性用来判断当前记录的位置是否位于 RecordSet 对象的第一条记录之前。如果当前记录位于第一条记录之前，BOF 属性将返回 True；如果当前记录是第一条记录或位于其后，BOF 属性将返回 False。

EOF（End Of File）属性用来判断当前记录的位置是否位于 RecordSet 对象的最后一条记录之后。如果当前记录位于最后一条记录之后，EOF 属性将返回 True；如果当前记录是最后一条记录或位于其之前，EOF 属性将返回 False。

（6）PageSize、PageCount、AbsolutePage 和 AbsolutePosition 属性。

- PageSize 属性用于设置或返回 RecordSet 对象内每一个逻辑页的记录条数。每页的记录数等于 PageSize（最后一页除外，因此该页的记录数可能较少）。

- PageCount 属性用于返回 RecordSet 对象的逻辑页数。即使最后一页的记录数比 PageSize 的值小，也将被计算进来。

- AbsolutePage 属性用于设置或返回当前记录在 RecordSet 对象中的绝对页数，该属性的取值在 1 到 PageCount 属性的值之间。

- AbsolutePosition 属性用于设置或返回当前记录在 RecordSet 对象中的绝对位置。

2．Record 对象的方法

（1）Open 方法。

Open 方法用于创建与指定数据源之间的连接，并打开一个 RecordSet 对象。语法如下：

```
RecordSet.Open Source, ActiveConnection,
CursorType, LockType, Options
```

所有参数都是可选的，各参数的含义如下：

- Source 指定数据源，可以是 Command 对象名、SQL 语句、表名、存储过程名或完整的文件路径名。

- ActiveConnection 指定与数据源之间的连接信息，可以是 Connection 对象名或是数据库连接字符串。

- CursorType 确定服务器打开 RecordSet 时所使用的游标类型，如表 12-2 所示。

- LockType 确定服务器打开 RecordSet 时应该使用的锁定类型的值，如表 12-3 所示。

- Options 用于指示 Source 的类型，常用的取值如表 12-4 所示。

表 12-4 RecordSet 对象的 Open 方法的 Options 参数

常 量	参数值（十六进制）	说 明
AdCmdUnknown	-1	指示 Source 参数中的命令类型为未知
AdCmdText	1	指示被执行的字符串包含一个命令文本
AdCmdTable	2	指示被执行的字符串包含一个表的名字
AdCmdStoredProc	3	指示被执行的字符串包含一个存储过程名

（2）Close 方法。

Close 方法用来关闭指定的 RecordSet 对象，以便释放所有相关的系统资源。语法如下：

```
RecordSet.Close
```

○ 小提示

　　如果正在立即更新模式下进行编辑，应首先调用 Update 或 CancelUpdate 方法，然后使用 Close 方法。

关闭 RecordSet 对象并非将它从内存中删除，可以更改它的属性设置并且在此后再次打开它。要将对象从内存中完全删除，可以将对象变量设置为 Nothing。语法如下：

```
Set rs = Nothing
```

（3）MoveFirst、MoveLast、MoveNext 和 MovePrevious 方法。

- MoveFirst 方法将当前记录的指针移动到 RecordSet 对象的第一条记录。

- MoveLast 方法将当前记录的指针移动到 RecordSet 对象的最后一条记录。

- MoveNext 方法将当前记录的指针移动到下一条数据记录。如果当前记录是 RecordSet 对象的最后一条记录，则调用本方法将产生错误。通常本方法可以与 RecordSet 对象的 EOF 属性配合使用。

- MovePrevious 方法将当前记录的指针移动到上一条数据记录。如果当前记录是 RecordSet 对象的第一条记录，则调用本方法将产生错误。通常本方法与 RecordSet 对象

的 BOF 属性配合使用。

（4）Move 方法。

Move 方法能将记录指针移动到指定位置，语法如下：

```
RecordSet.Move NumRecords, Start
```

○ 小提示

　　如果打开的 RecordSet 对象不为空，则打开时记录指针指向第一条记录。

其中，参数 NumRecords 表示指针移动的数目，为正数表示向后移动，为负数表示向前移动。参数 Start 表示指针移动的基准点，其取值可以是 AdBookmarkCurrent（从当前记录开始）、AdBookmarkFirst（从首记录开始）和 AdBookmarkLast（从尾记录开始）。

（5）Update 方法

Update 方法将 RecordSet 对象对当前记录所做的修改保存到数据库中。语法如下：

```
RecordSet.Update Fields, Values
```

两个参数都是可选的，各参数的含义如下：

- Fields 指示要修改的字段名。可以是单个字段也可以是字段列表，但要注意字段名需要用 ""括起来。

- Values 指示要修改字段的值。可以是某个变量或数组，其数值类型和个数要与 Fields 中的数据相同。

（6）CancelUpdate 方法

CancelUpdate 方法用于取消在调用 Update 方法之前，对当前记录或新记录所做的任何更改。其语法如下：

```
RecordSet.CancelUpdate
```

（7）AddNew 方法

Dw Dreamweaver CS3+ASP 动态网站设计入门实战与提高

12

Chapter

12.1

12.2

12.3

12.4

12.5

AddNew 方法用来向 RecordSet 对象中插入一条新记录。使用本方法后，新插入的记录成为当前记录，并在调用 Update 方法后将所做的修改保存到数据库中。语法如下：

```
RecordSet.AddNew FieldList, Values
```

两个参数都是可选的，各参数的含义如下：

- FieldList 是新记录中的字段名列表。

- Values 是与 FieldList 相对应的一组字段值。

（8）Delete 方法

Delete 方法用于删除 RecordSet 对象中的当前记录或一组记录。语法如下：

```
RecordSet.Delete AffectRecords
```

其中，参数 AffectRecords 用于确定 Delete 方法所影响的记录数据。默认情况下仅删除当前记录，即默认值 AdAffectCurrent。

3．RecordSet 对象的数据集合

RecordSet 对象的数据集合包括 Fields 数据集合和 Properties 数据集合。Fields 数据集合包含 RecordSet 对象的所有 Field 对象，Properties 数据集合包含 RecordSet 对象的所有动态属性。

（1）Fields 数据集合。

由多个 Field 对象可以构成 Fields 数据集合。Fields 数据集合的属性和方法如下。

- Count 属性：指示 Fields 数据集合中所包含的 Field 对象的个数。

- Refresh 方法：重新取得 Fields 数据集合中所包含的 Field 对象。

- Item 方法：使用 Field 对象的名称和索引值（Index）得到某一 Field 对象。

（2）Field 对象。

每个 Field 对象对应于 RecordSet 中的一列。Field 对象的属性包括 Name（名称）、Type（数据类型）和 Value（字段值）等。Field 对象的方法包括 AppendChunk（将大块数据写到数据库中）和 GetChunk（从数据库中取出大块数据）等。

12.2 使用 ADO 数据库

Dreamweaver+ASP

从前面介绍的 ADO 的 3 个对象的功能来看，通常使用 ADO 操作数据库时，可以先使用 Connection 对象与数据库建立连接，然后使用 Command 对象得到指定的结果集合，并将该结果集合赋予 RecordSet 对象，最后在 RecordSet 对象中完成对数据的操作。

12.2.1 连接数据库

下面将给出两个使用 Connection 对象连接数据库的例子。

【例 12-1】 使用 Connection 对象连接 Access 数据库

```
Dim conn
Set conn = Server.CreateObject("ADODB.
Connection")
conn.Open "Provider = Microsoft.Jet.OLEDB.
4.0; Data Source = " & Server.MapPath("test.
mdb")
```

第 3 行代码也可以这样写：

```
conn.Open "Driver = {Microsoft Access
Driver (*.mdb)}; dbq = " & Server.MapPath("test.
mdb")
```

首先，使用 Server 对象的 CreateObject 方法建立一个连接对象 conn。然后使用 conn 的 Open 方法打开一个指定的数据库。因为要打开的是 Access 数据库，所以要指定 ODBC 驱动程序参数，表示要通过 Access 的 ODBC 驱动程序来访问数据库。这里可以使用 Driver = {Microsoft Access Driver

(*.mdb)};或 Provider = Microsoft.Jet.OLEDB. 4.0;两种驱动程序，其中第 2 种方式表示它是一个 OLE DB 兼容的数据源。

此外，对于不同的驱动程序，还需要指定 dbq 或 Data Source 参数的值，用来指明要访问的数据库文件名。使用 Server 对象的 MapPath 方法，取得要打开的数据库在服务器上的完整文件路径，使得程序可以连接到数据库。

【例 12-2】 使用 Connection 对象连接 SQL Server 数据库。

```
Dim conn
```

12.2.2　执行 SQL 语句

下面将给出使用 Command 对象和 Connection 对象执行 SQL 语句的例子。

【例 12-3】 使用 Command 对象向 Student 表中插入一个新学生记录。

```
'使用 Server 对象的 CreateObject 方法建立一个连接对象
Dim conn, comm, strSQL
Set conn = Server.CreateObject("ADODB.Connection")
conn.Open "Provider= SQLOLEDB.1; DataSource
=127.0.0.1; Initial Catalog = Education; User
ID = sa; Password = "
strSQL = "Insert into Student Values
('99003002', '王刚', '男', '1981.10.05', '上海', '003','') "
'使用 Server 对象的 CreateObject 方法建立一个命令对象，并执行一条 INSERT 语句
Set comm = Server.CreateObject("ADODB.Command")
comm.ActiveConnection = conn
comm.CommandText = strSQL
comm.Execute
```

> ○ **小提示**
>
> 在书写 SQL 语句时，文本类型和日期/时间类型字段的值两边需要加单引号"'"。

【例 12-4】 使用 Connection 对象进行数据查询。

```
'使用 Server 对象的 CreateObject 方法建立一个连接对象
Dim conn, sql, rs
Set conn = Server.CreateObject("ADODB.Connection")
```

```
Set conn = Server.CreateObject("ADODB.Connection")
conn.Open "Provider = SQLOLEDB.1;
DataSource = 127.0.0.1; Initial Catalog =
Education; User ID = sa; Password = "
```

在该实例中 Provider=SQLOLEDB.1 是固定格式，表示连接数据库的引擎是 SQL Server；DataSource = 127.0.0.1 表示连接的机器是本机。如果是网络上的其他机器，可以使用 IP 地址或机器名来表示；Initial Catalog=Pubs 表示连接的数据库名是 Pubs；User ID = sa; Password =表示用户名是 sa，密码为空。

```
conn.Open "Provider = Microsoft.Jet.OLEDB.
4.0; Data Source = " & Server.MapPath("教务管理信息系统.mdb")
'执行一条 SELECT 语句，返回学生表的所有记录
sql = "select * from 学生表 order by 学号"
Set rs = conn.Execute(sql, recordsAffected, AdCmd)
'在网页中建立一个表格，将查询结果显示在表格中
Response.Write "<table border = 3>"
'输出表头信息
Response.Write "<tr>"
for i = 0 to rs.fields.count - 1
  Response.Write "<td>" & rs(i).Name & "</td>"
next
Response.Write "</tr>"
'把查询结果填入表格中
while not rs.EOF
  Response.Write "<tr>"
  for i = 0 to rs.fields.count - 1
    Response.Write "<td>" & rs(i).Value & "</td>"
  next
  rs.MoveNext
  Response.Write "</tr>"
wend
Response.Write "</table>"
'释放资源
Set conn = Nothing
```

例 12-4 中页面的显示结果如图 12-2 所示。

Dw

Dreamweaver CS3+ASP 动态网站设计入门实战与提高

12

Chapter

12.1

12.2

12.3

12.4

12.5

图 12-2　学生表查询结果

【例 12-5】　使用 Command 对象更新学生表中某个学生的姓名。

```
'使用 Server 对象的 CreateObject 方法建立一个连接对象
Dim conn, comm, rs
Set                    conn                    =
Server.CreateObject("ADODB.Connection")
conn.Open              "Provider          =
Microsoft.Jet.OLEDB.4.0; Data Source = " &
Server.MapPath("教务管理信息系统.mdb")
'使用 Server 对象的 CreateObject 方法建立一个命令对象
Set                    comm                    =
Server.CreateObject("ADODB.Command")
comm.ActiveConnection = conn
'执行一条 UPDATE 语句，改变"学号='99001003'"的学生姓名。
comm.CommandText = "update 学生表 set 姓名 = ?
where 学号 = '99001003'"
comm.CommandType = 1 '命令类型为 SQL 命令
comm.Prepared = True
'建立 Parameter 对象（字符串值、输入参数、最大长度 50），并加入 Parameters 数据集合中
Set param = comm.CreateParameter("姓名", 200,
1, 50, "wangwu")
comm.Parameters.Append param
comm.Execute
'执行一条 SELECT 语句，显示修改后的学生表信息
```

12.2.3　处理查询结果集

下面将给出使用 RecordSet 对象处理查询结果集的例子。

【例 12-6】　使用 RecordSet 对象向 Student 表中增加一条新学生记录。

```
Dim conn, strSQL
```

```
comm.CommandText = "select * from 学生表
order by 学号"
Set rs = comm.Execute
'在网页中建立一个表格，将查询结果显示在表格中
Response.Write "<table border = 3>"
Response.Write "<tr>"
for i = 0 to rs.fields.count - 1
  Response.Write "<td>" & rs(i).Name &
"</td>"
next
Response.Write "</tr>"
while not rs.EOF
  Response.Write "<tr>"
  for i = 0 to rs.fields.count - 1
     Response.Write "<td>" & rs(i).Value
& "</td>"
  next
  rs.MoveNext
  Response.Write "</tr>"
wend
Response.Write "</table>"
Set conn = Nothing
```

例 12-5 中页面的显示结果如图 12-3 所示。

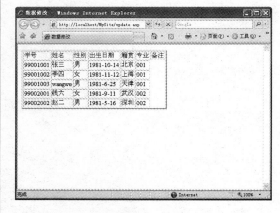

图 12-3　修改学号为"99001003"的学生姓名

```
Set conn = Server.CreateObject("ADODB.
Connection")
conn.Open         "Provider=        SQLOLEDB.1;
DataSource=127.0.0.1;   Initial   Catalog  =
Education; User ID = sa; Password = "
'使用 Server 对象的 CreateObject 方法建立一个记录集对象
```

```
    Set rs = Server.CreateObject("ADODB.
RecordSet")
    '这里不返回任何学生记录，所以特别让 Select 语句的
查询条件为假
    strSQL = "select * from student where Sno =
''"
    '打开记录集，游标类型为键集游标（1），锁定类型为开
放式锁定（2）
    rs.Open strSQL, conn, 1, 2
    '插入一条新记录，并为记录的各个字段赋值
    rs.AddNew
    rs("Sno") = "99003001"
    rs("SName") = "张军"
    rs("SSex") = "男"
    rs("NativePlace") = "济南"
    rs("SpecialtyID") = "003"
    '将新记录更新到学生表中
    rs.Update
    '关闭记录集和连接对象，释放资源
    rs.Close
    conn.Close
    Set rs = Nothing
    Set conn = Nothing
```

【例 12-7】 使用 RecordSet 对象在 Student 表中修改"张三"的记录并删除"李四"的记录。

```
    Dim conn, strSQL
    Set conn = Server.CreateObject("ADODB.
Connection")
    conn.Open "Provider= SQLOLEDB.1; DataSource
=127.0.0.1; Initial Catalog = Education; User
ID = sa; Password = "
    '使用 Server 对象的 CreateObject 方法建立一个记
录集对象
```

```
    Set rs = Server.CreateObject("ADODB.
RecordSet")
    '打开记录集，游标类型为键集游标（1），锁定类型为开
放式锁定（2）
    strSQL = "select * from student where Sname
= '张三'"
    rs.Open strSQL, conn, 1, 2
    '修改张三的"出生日期"信息
    rs("Birthday") = "1982-10-14"
    rs.Update
    rs.Close
    '重新打开记录集，检索李四的记录信息
    strSQL = "select * from student where Sname
= '李四'"
    rs.Open strSQL, conn, 1, 2
    '删除李四的记录
    rs.Delete
    rs.Close
    '关闭连接对象，释放资源
    conn.Close
    Set rs = Nothing
    Set conn = Nothing
```

在此例中，记录集 rs 必须首先关闭，然后才能重新打开。

在前面的插入、更新和删除操作执行结束后，Student 表中的数据如图 12-4 所示。

图 12-4　更新后的 Student 表

12.3 数据显示技术

Dreamweaver+ASP

当 查询返回的记录较少时，可以直接将所有查询结果显示给用户。但是，当查询所得到的记录很多时，这种方法就不太适用了。一方面随着记录数量的增加，从服务器将查询结果传送到客户机的时间会变长，从而增加了查询的响应时间；另一方面，如果在一个页面中显示太多的记录，用户浏览起来也很不方便。因此，在实际的查询结果显示中，经常采用分页显示的方法来显示多条记录。

12.3.1　实现数据的分页显示

在分页显示中要用到 RecordSet 对象的 PageSize、PageCount 和 AbsolutePage 等属性，具体应用如例 12-8 所示。

Dw Dreamweaver CS3+ASP 动态网站设计入门实战与提高

12
Chapter

12.1

12.2

12.3

12.4

12.5

【例 12-8】 数据分页显示示例

```asp
<%@LANGUAGE="VBSCRIPT" CODEPAGE="65001"%>

<!--adovbs.inc 文件中包含与 ADO 一起使用的常量
定义清单; 在安装 IIS 或 PWS 时, adovbs.inc 会一起安装
在用户的电脑中, 默认路径为 C:\Program Files\Common
Files\System\ado\, 可以将这个文件拷贝到网站目录中
-->

<!-- #include file = adovbs.inc -->

<%

Dim rs, conn, strSQL, currentPage

'使用 Server 对象的 CreateObject 方法建立一个记
录集对象

Set rs = Server.CreateObject("ADODB.
RecordSet")

conn = "Provider = Microsoft.Jet.OLEDB.4.0;
Data Source = " & Server.MapPath("教务管理信息
系统.mdb")

'该查询通过"专业编号"信息将学生表和专业表关联起
来, 并返回每个学生的学号、姓名、性别、出生日期、籍贯和
专业名称, 查询结果按学号排序

strSQL = "SELECT 学号, 姓名, 性别, 出生日期, 籍
贯, 专业名称 FROM 学生表,专业表 WHERE 学生表.专业 =
专业表.专业编号 ORDER BY 学号"

'打开记录集对象

rs.Open strSQL, conn, AdOpenStatic,
AdLockReadOnly, AdCmdText

'判断记录集是否为空

If rs.EOF Then

  Response.Write "记录集为空!"

  Response.End

End If

'设置 RecordSet 对象的每一页的大小(数据记录条数)

rs.PageSize = 4

'设置当前页

currentPage = Request.QueryString("page")

'如果用户输入的页码非法或超出了页码范围, 则将其修
改为第一页或最后一页

If currentPage = "" then currentPage = 1

currentPage = CLng(currentPage)

If currentPage < 1 Then currentPage = 1

If currentPage > rs.PageCount Then
currentPage = rs.PageCount

'设置 RecordSet 对象的 AbsolutePage (绝对页数)
属性

rs.AbsolutePage = currentPage

%>

<html>

<head>

<meta http-equiv="Content-Type" content=
"text/html; charset=utf-8" />

<title>实现数据的分页显示</title>
```

```asp
</head>

<body>

<div align="center">

<h3>学生基本信息一览表</h3>

<!--显示当前页码和总页数,  表示插入一个空格
-->

当 前 页 : <%=currentPage%> ( 共
 <%=rs.PageCount%> 页)

<hr>

<table border="1">

<!--输出表头信息-->

<tr align="center" valign="middle" height
=23>

  <td><b>学号</b></td>

  <td><b>姓名</b></td>

  <td><b>性别</b></td>

  <td><b>出生日期</b></td>

  <td><b>籍贯</b></td>

  <td><b>专业</b></td>

</tr>

<% '输出当前页面的记录

For i = 0 to rs.PageSize - 1

  Response.Write "<tr align = center valign
= middle>"

  For j = 0 to rs.Fields.Count - 1

    Response.Write "<td>" &
rs.Fields(j).Value & "</td>"

  Next

  Response.Write "</tr>"

  rs.MoveNext

  If rs.EOF Then Exit For

Next

Response.Write "</table><br>"

%>

<!-- 定 义 一 个 表 单 , 它 的 动 作 处 理 页 面 为
PageShow.asp, 即当前页面-->

<form action = "PageShow.asp" method =
"GET">

请输入页号: <input type="text" name="page"
size=4 />

<!--用户单击"转到"按钮时, 将触发相应的动作, 转到
页号所对应的页面-->

<input type="submit" value="转到">

<input type="reset" value="取消">

</form></div>

</body>

</html>
```

该页面的显示结果如图 12-5 所示。

> **⊙ 小提示**
>
> 在书写 HTML 代码的过程中，可以使用<!-- ...-->为页面增加注释，这样能够提高页面的可读性。

> **⊙ 小提示**
>
> 在书写 ASP 代码的过程中，可以在行首使用单引号"'"为代码增加注释，说明这段代码的作用或功能。

> **⊙ 小提示**
>
> CLng()函数的作用是将一个文本类型的值转化为一个长整型值。

图 12-5　查询结果的分页显示

12.3.2　在表格中插入超链接

在图 12-5 中，用户必须输入页号才能转到其他页，这在数据浏览时有时不太方便。因此，我们可以在表格中插入第一页、上一页、下一页和最后一页的超链接，并在页面下方插入以页号标识的超链接。这样一来，用户就可以通过鼠标单击快速地转到指定的页面中，从而提高了页面浏览的效率。

要实现上述功能，需要在例 12-8 中代码的基础上插入例 12-9 中的两段代码。

【例 12-9】　在表格中插入超链接

在代码行 Response.Write "</table>
"之后，%>之前插入下面的代码：

```
'输出第一页、上一页、下一页和最后一页所对应的超链接
'如果当前页是第一页，则不显示"第一页"和"上一页"的超链接
If currentPage <> 1 Then
    Response.Write    "<a    href   =
'PageShow.asp?page=1'>第一页</a>"
    Response.Write "  "
    Response.Write    "<a    href   =
'PageShow.asp?page=" & currentPage - 1 & "'>
上一页</a>"
End If
    '如果当前页是最后一页，则不显示"下一页"和"最后一页"的超链接
If currentPage <> rs.PageCount Then
    Response.Write "  "
```

```
    Response.Write "<a href = 'PageShow.
asp?page=" & currentPage + 1 & "'>下一页</a>"
    Response.Write "  "
    Response.Write "<a href = 'PageShow.
asp?page=" & rs.PageCount & "'>最后一页</a>"
    End If
```

在代码行<form action = "PageShow.asp" method = "GET">之后插入下面的代码：

```
<%    '循环输出页码
Response.Write "请选择数据页："
For i = 1 to rs.PageCount
    '不显示当前页的超链接
    If i = currentPage Then
        Response.Write i & " "
    Else
        Response.Write "<a href = 'PageShow.
asp?page=" & i & "'>" & i & "</a> "
    End If
Next
%>
```

插入这两段代码后，页面的显示结果如图 12-6 所示。

图 12-6　查询结果的 3 个页面

12.3.3　数据查询

在很多情况下，用户希望能够查找满足特定条件的记录集合。例如，用户希望查找

Dreamweaver CS3+ASP 动态网站设计入门实战与提高

12

Chapter

12.1

12.2

12.3

12.4

12.5

某个学生的详细信息，或查找某个专业的所有学生信息等。例 12-10 设计了一个查询窗口，用户可以在其中任意设置查询条件，单击【确定】按钮即可返回查询结果。

【例 12-10】 查询条件设置

```
<html>
<head>
<meta                http-equiv="Content-Type"
content="text/html; charset=utf-8" />
<title>查询条件设置窗口</title>
</head>
<body>
<div align="center">
<h4>查询条件设置窗口</h4><hr>
<!--定义一个表单，表单中输入的信息将提交给
display.asp 页面处理-->
<form method="post" action="display.asp">
<table border=0>
  <tr><td height="35">  学   号：
</td>
       <td><input  type="text"  name="Sno"
size="10" value=""> </td>
  </tr>
    <tr><td height="35">  姓   名：
</td>
       <td><input type="text" name="Sname"
size="10" value=""> </td>
  </tr>
    <tr><td height="35">  性   别：
</td>
       <td><select size="1" name="Ssex">
           <option          value="
selected> </option>
           <option value="男">男</option>
           <option value="女">女</option>
       </select></td>
  </tr>
    <tr><td height="35">出生日期: </td>
       <td><input              type="text"
name="Birthday" size="10" value=""> </td>
  </tr>
    <tr><td height="35">  籍   贯：
</td>
       <td><input              type="text"
name="NativePlace" size="20" value=""> </td>
  </tr>
    <tr><td height="35">  专   业：
</td>
       <td><input              type="text"
name="Specialty" size="20" value=""> </td>
```

```
  </tr>
  </table>
  <!--用户单击 "确定" 按钮时，将触发相应的动作，转到
查询处理页面-->
  <input    type=submit    value=" 确 定 "
  name=confirm>
  <input    type=reset    value=" 重 填 "
name=rewrite>
</form></div>
</body>
</html>
```

该页面的显示效果如图 12-7 所示。

图 12-7　查询条件设置窗口

用户可以在该窗口中设置查询条件，例如说查找姓名是 "张三" 的学生，则在姓名后面的文本框中输入 "张三"，其他字段保持为空。用户还可以设置复合查询条件，例如说查找 "计算机软件与理论" 专业的所有男生，则在性别后面的下拉列表框中选择 "男"，在专业后的文本框中输入 "计算机软件与理论"，如图 12-8 所示。

图 12-8　指定查询条件

○ 小提示

使用 Trim()函数的作用是去掉字符串值两边的空格，对于保证查询结果的正确性是很有必要的。

【例 12-11】 查询条件处理和查询结果显示

```
<%@LANGUAGE="VBSCRIPT" CODEPAGE="65001"%>
'导入 ADO 常量定义清单文件
<!-- #include file = adovbs.inc -->
<%
'取得查询表单中各个字段的值
Dim Sno, Sname, Ssex, Birthday, NativePlace,
Specialty, str
    Sno = Trim(request.Form("Sno"))
    Sname = Trim(request.Form("Sname"))
    Ssex = Trim(request.Form("Ssex"))
    Birthday = Trim(request.Form("Birthday"))
    NativePlace              =
Trim(request.Form("NativePlace"))
    Specialty                =
Trim(request.Form("Specialty"))
    '假如某个字段不为空，则将它的字段名和字段值加入到
查询条件字符串中
    If Sno <> "" Then str = str & " AND 学号 = '"
& Sno & "'"
    If Sname <> "" Then str = str & " AND 姓名 =
'" & Sname & "'"
    If Ssex <> "" Then str = str & " AND 性别 =
'" & Ssex & "'"
    '由于当前数据库是 Access 数据库，所以日期字段值应
使用 "#" 括起来
    If Birthday <> "" Then str = str & " AND 出
生日期 = #" & Birthday & "#"
    If NativePlace <> "" Then str = str & " AND
籍贯 = '" & NativePlace & "'"
    If Specialty <> "" Then str = str & " AND 专
业名称 = '" & Specialty & "'"
    '使用 Server 对象的 CreateObject 方法建立一个记
录集对象
    Dim rs, conn, strSQL
    Set                rs                =
Server.CreateObject("ADODB.RecordSet")
    conn = "Provider = Microsoft.Jet.OLEDB.4.0;
Data Source = " & Server.MapPath("教务管理信息
系统.mdb")
    '该查询通过 "专业编号" 信息将学生表和专业表关联起
来；此外，将用户设置的查询条件添加到 WHERE 子句的后面，
各查询条件之间是 "AND" 关系
    strSQL = "SELECT 学号, 姓名, 性别, 出生日期, 籍
贯, 专业名称 FROM 学生表,专业表 WHERE 学生表.专业 =
专业表.专业编号" & str
    '打开记录集对象
    rs.Open    strSQL, conn, AdOpenStatic,
AdLockReadOnly, AdCmdText
    '判断记录集是否为空
    If rs.EOF Then
      Response.Write "记录集为空！"
      Response.End
    End If
%>
<html>
<head>
<meta              http-equiv="Content-Type"
content="text/html; charset=utf-8" />
    <title>查询结果显示</title>
</head>
<body>
<div align="center">
<h3>查询结果显示</h3>
<hr>
<table border="1">
<!--输出表头信息-->
<tr    align="center"    valign="middle"
height=23>
        <td><b>学号</b></td>
        <td><b>姓名</b></td>
        <td><b>性别</b></td>
        <td><b>出生日期</b></td>
        <td><b>籍贯</b></td>
        <td><b>专业</b></td>
</tr>
<% '输出查询结果
For i = 0 to rs.RecordCount - 1
    Response.Write "<tr align = center valign
= middle>"
    For j = 0 to rs.Fields.Count - 1
        Response.Write      "<td>"      &
rs.Fields(j).Value & "</td>"
    Next
    Response.Write "</tr>"
    rs.MoveNext
    If rs.EOF Then Exit For
Next
```

Dreamweaver CS3+ASP 动态网站设计入门实战与提高

12

Chapter

2.1

2.2

2.3

2.4

2.5

```
Response.Write "</table><br>"
Response.Write "<hr>"
'输出统计结果
Response.Write "共有 " & rs.RecordCount & "
条记录满足查询条件! "
%>
</div>
</body>
</html>
```

该页面的显示效果如图 12-9 所示。

图 12-9　查询结果显示

12.4　本章技巧荟萃

Dreamweaver+ASP

- 通过调整 CommandTimeout 或 CommandTimeout 的值，可以避免由于网络拥挤或服务器负载过重产生的连接超时。

- 包含 Connection 对象的页面关闭时，Connection 对象自动被关闭。然而，作为一种良好的习惯，应该在该对象使用完后，在程序中明确关闭它，以节省系统资源。

- 与 Connection 和 Command 对象相比，RecordSet 对象的功能更加强大，使用方式也更加灵活，应该在一切可能的场合使用 RecordSet 对象。

- 游标的类型决定了游标的执行速度，其中前向类型游标的执行速度最快。因此，如果仅仅是浏览表中的记录，那么应该尽可能使用前向类型游标。

- 如果正在立即更新模式下进行编辑，应首先调用 Update 或 CancelUpdate 方法，然后使用 Close 方法。

- 如果打开的 RecordSet 对象不为空，则打开时记录指针指向第一条记录。

- 在书写 SQL 语句时，文本类型和日期/时间类型字段的值两边需要加单引号 "'"。

- 在书写 HTML 代码的过程中，可以使用<!-- ...-->为页面增加注释，这样能够提高页面的可读性。

- 在书写 ASP 代码的过程中，可以在行首使用单引号 "'" 为代码增加注释，说明这段代码的作用或功能。

- CLng 函数可以将一个文本类型的值转化为一个长整型值。

- 使用 Trim 函数的作用是去掉字符串值两边的空格，对于保证查询结果的正确性是很有必要的。

12.5 学习效果测试

一、思考题

（1）简述 ASP 访问数据库的方式。

（2）简述 ADO 各对象和数据集合的作用。

（3）简述 Connection 对象的功能。

（4）简述 Command 对象的功能。

（5）简述 RecordSet 对象的功能。

二、操作题

（1）使用 Connection 对象的 Open 方法，建立与某个 Access 2003 数据库或 SQL Server 数据库的连接。

（2）使用 Command 对象，实现对数据表数据的查询、插入、删除和修改功能。

（3）使用 RecordSet 对象，实现对数据表数据的分页显示功能。

读书笔记

第13章 常用 Web 应用系统

学习要点

本章将综合运用前面各章所讲解的相关知识，通过 4 个实例充分展示了使用 ASP 开发 Web 应用系统的过程。每一个实例都遵循从系统功能分析、数据库设计到代码实现的完整步骤。所有的代码设计精炼、严谨和高效。通过本章的学习，会使读者基本掌握使用 ASP 技术进行 Web 应用程序开发的设计思路和实现方法。

学习提要

- 用户验证系统的设计与实现
- 网络留言板的设计与实现
- 网站浏览统计系统的设计与实现
- 网络投票系统的设计与实现

13

Chapter

13.1

13.2

13.3

13.4

13.5

13.6

13.1 用户验证系统

在 访问很多网站、论坛、留言板和聊天室时，用户都会被要求输入用户名和密码。为此，用户必须首先在系统的注册页面中注册一个有效的用户名，并提供自己的相关信息。待系统或管理员验证通过后，用户才可以使用自己的用户名和密码重新登录系统。

为了保存用户的注册信息，我们首先在 Access 数据库中设计了一个用户表 UserInfo，其表结构如表 13-1 所示。

表 13-1 用户表 UserInfo

字段名称	字段类型	字段长度	说　明
UserName	文本	10	用户名
Password	文本	10	密码
RealName	文本	10	真实姓名
Birthday	日期/时间		出生日期
IDCardNumber	文本	18	身份证号码
Degree	数字		学历（1：高中；2：大专；3 本科；4：硕士；5：博士）
Occupation	文本	20	职业
Email	文本	20	电子邮件
Telephone	文本	20	联系电话
Cellphone	文本	20	手机
Address	文本	50	地址

13.1.1 用户登录界面

用户登录流程如图 13-1 所示。

【13-1】 登录界面 login.asp

```
<%@LANGUAGE="VBSCRIPT" CODEPAGE="65001"%>
<html>
<head>
<meta http-equiv="Content-Type" content=
"text/html; charset=utf-8" />
<title>用户登录界面</title>
</head>
<body>
<h4>用户登录界面</h4>
<hr>
<table border="0">
<!-- 这里引入了一个自定义的 Javascript 函数
Check()，用于在客户端检查用户输入的用户名和密码是否为
空。如果不为空，则转到 verify.asp 页面进行密码验证-->
<form onSubmit="return Check();" action=
"verify.asp" method="post">
<tr>
  <td>用户名: </td>
```

```
    <!--Session("UserName")变量中存放着用户名
-->
    <td><input type="text" id = "txtUserName"
name="UserName" size="10" value= <%=Session
("UserName")%>></td>
  </tr>
  <tr>
    <td>密  码: </td>
    <td><input type="password" id="txtPassword"
name="Password" size="10"></td>
  </tr>
  <tr>
    <td  colspan="2"  align="center"><input
type="submit" value="登录" />
    <input type="reset" value="取消"></td>
  </tr>
  </form>
</table>
<!--Request.QueryString("msg")中存放着系统的
验证消息。如果前一次登录失败，则在此处显示失败的原因-->
```

```
<font color="red"><%Response.Write Request.
QueryString("msg")%></font>
</body>
</html>
<script language="javascript">
<!--函数 Check()用于检查用户输入的用户名和密码是
否为空。若为空，则发出警告-->
function Check()
{
  if (document.all.txtUserName.value=="")
  {
      alert("用户名不能为空！");
      return false;
  }
  if (document.all.txtPassword.value=="")
  {
      alert("密码不能为空！");
      return false;
  }
  return true;
}
</script>
```

○ **小提示**

（1）type 属性说明该文本框的类型是密码。用户在输入密码时只能看到"*"，保证了密码的安全性。

（2）id 属性指示该文本框的标识。在使用 JavaScript 编程时可以使用该属性，用于对文本框进行操作。

（3）name 属性指示该文本框的名称。在使用 VBScript 编程时可以使用该属性，用于获取输入的密码值。

○ **小提示**

alert()函数可以弹出一个警告框，提示用户某个项目出错。如果 JavaScript 函数返回 false，则页面将停止执行。

13.1.2　检查用户的登录信息

【13-2】　检查用户登录信息页面 verify.asp

```
<%@LANGUAGE="VBSCRIPT" CODEPAGE="65001"%>
'导入 ADO 常量定义清单文件
<!-- #include file = adovbs.inc -->
<%
Dim strUserName, strPassword
strUserName =
Trim(Request.Form("UserName"))
strPassword =
Trim(Request.Form("Password"))
```

该页面的显示效果如图 13-2 所示。

如果用户输入的用户名或密码为空，则分别弹出"用户名不能为空！"和"密码不能为空！"的警告信息框，如图 13-3 所示。

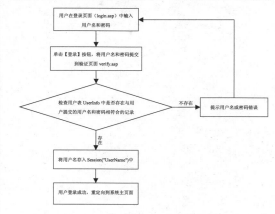

图 13-1　用户登录流程

图 13-2　用户登录界面

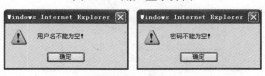

图 13-3　警告信息框

```
'将用户名存入到会话变量 Session("UserName")中
Session("UserName") = strUserName
Dim conn, rs, strSQL
'使用 Server 对象的 CreateObject 方法建立一个记录集对象
Set rs =
Server.CreateObject("ADODB.RecordSet")
conn = "Provider = Microsoft.Jet.OLEDB.4.0;
Data Source = " & Server.MapPath("教务管理信息
系统.mdb")
```

Dreamweaver CS3+ASP 动态网站设计入门实战与提高

13
Chapter

13.1
13.2
13.3
13.4
13.5
13.6

```
strSQL = "Select * From UserInfo Where
UserName = '" & strUserName & "' And Password
= '" & strPassword & "'"
    '打开记录集对象
    rs.Open   strSQL,   conn,   AdOpenStatic,
AdLockReadOnly, AdCmdText
    '依据记录集是否为空，判断用户输入的用户名和密码是
否正确
    If rs.EOF Then
        Response.Redirect "login.asp?msg=您输入的
用户名或密码错误,<br>请重新输入"
    Else
        'main.asp 是登录成功后进入网站的主界面，可以将
它替换为其他 ASP 页面
        Response.Redirect "main.asp"
    End If
    Set rs = Nothing
%>
```

如果用户输入的用户名或密码错误，则

页面的显示效果如图 13-4 所示。

图 13-4　重新输入用户名和密码

○ **小提示**

我们使用红色的文字提示错误信息，而不是使用警告框，这样使得用户心理上更容易接受错误提示。

13.1.3　注册新用户

用户注册的流程如图 13-5 所示，下面给出注册过程的具体实现代码。

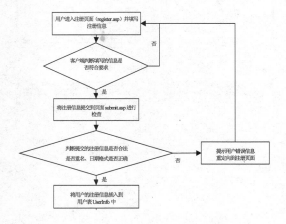

图 13-5　用户注册流程

【例 13-3】 用户注册页面 register.asp

```
<%@LANGUAGE="VBSCRIPT" CODEPAGE="65001"%>
<html>
<head>
<meta              http-equiv="Content-Type"
content="text/html; charset=utf-8" />
<title>用户注册界面</title>
</head>
<body>
```

```
<h4>用户注册</h4>
<hr>
<table border="0">
<form      onSubmit="return      Check();"
action="submit.asp" method="post">
<tr>
  <td>用户名: </td>
    <td><input   type="text"   id =
"txtUserName" name="UserName" size="10" value=
<%=Session("UserName")%>></td>
</tr>

<tr>
  <td>密码: </td>
    <td><input           type="password"
id="txtPassword"           name="Password"
size="10"></td>
</tr>
<tr>
  <td>确认密码: </td>
    <td><input           type="password"
id="txtConfirmPassword"
name="ConfirmPassword" size="10"></td>
</tr>
<tr>
  <td>真实姓名: </td>
    <td><input   type="text"   id =
"txtRealName" name="RealName" size="10"></td>
```

```
   </tr>
   <tr>
    <td>出生日期: </td>
    <td><input      type="text"      id    =
"txtBirthday" name="Birthday" size="20"></td>
   </tr>
   <tr>
    <td>身份证号码: </td>
    <td><input      type="text"      id    =
"txtIDCardNumber"       name="IDCardNumber"
size="20"></td>
   </tr>
   <tr>
    <td>学历: </td>
    <td>
       <select    id    =    "selDegree"
name="Degree">
       <option    value="-1">   请   选
择...</option>
          <option value="1">高中</option>
          <option value="2">大专</option>
          <option value="3" selected> 本科
</option>
          <option value="4">硕士</option>
          <option value="5">博士</option>
       </select>
    </td>
   </tr>
   <tr>
    <td>职业: </td>
    <td><input      type="text"      id    =
"txtOccupation"        name="Occupation"
size="20"></td>
   </tr>
   <tr>
    <td>Email: </td>
    <td><input type="text" id = "txtEmail"
name="Email" size="20"></td>
   </tr>
   <tr>
    <td>联系电话: </td>
    <td><input       type="text"       id   =
"txtTelephone"             name="Telephone"
size="20"></td>
   </tr>
   <tr>
    <td>手机: </td>
    <td><input      type="text"      id    =
"txtCellPhone"            name="CellPhone"
size="20"></td>
```

```
   </tr>
   <tr>
    <td>联系地址: </td>
    <td><input type="text" id = "txtAddress"
name="Address" size="50"></td>
   </tr>
   <tr>
    <td  colspan="2"  align="center"><input
type="submit" value="提交" />  
    <input type="reset" value="重填"></td>
   </tr>
   </form>
   </table>
   <--在注册过程中出现错误时，提示错误信息，如重名、
日期格式错误等-->
   <font          color="red"><%Response.Write
Request.QueryString("msg")%></font></p>
   </body>
   </html>
   <script language="javascript">
   function Check()
   {
    if (document.all.txtUserName.value=="")
    {
       alert("用户名不能为空！");
       return false;
    }
    if (document.all.txtPassword.value=="")
    {
       alert("密码不能为空！");
       return false;
    }
    else
    {
       if
(document.all.txtPassword.value.length < 6)
       {
          alert("密码最少为6位！");
          return false
       }
    }
    if (document.all.txtPassword.value    !=
document.all.txtConfirmPassword.value)
    {
       alert("确认密码与密码不符！");
       return false;
    }
    if (document.all.txtRealName.value=="")
    {
```

Dw Dreamweaver CS3+ASP 动态网站设计入门实战与提高

13
Chapter

13.1
13.2
13.3
13.4
13.5
13.6

```
        alert("真实姓名不能为空! ");
        return false;
    }
    return true;
}
</script>
```

○ 小提示

对于这些显而易见的输入错误,可以直接在浏览器端使用 JavaScript 脚本检查,而不需要将其发送到 Web 服务器,再由服务器端脚本检查,这样也减少了浏览器与 Web 服务器的交互次数。

该页面的运行效果如图 13-6 所示。

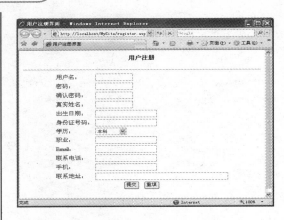

图 13-6 用户注册界面

13.1.4 新用户检查

【例 13-4】 检查新用户 submit.asp 的部分代码

```
<%@LANGUAGE="VBSCRIPT" CODEPAGE="65001"%>
<!-- #include file = adovbs.inc -->
<%
'定义一些字符串和整型变量,用来接收用户在注册页面
中输入的信息
Dim strUserName, strPassword, strRealName,
strBirthday, strIDCardNumber, intDegree
Dim strOccupation, strEmail, strTelephone,
strCellPhone, strAddress
strUserName =
Trim(Request.Form("UserName"))
strPassword =
Trim(Request.Form("Password"))
strRealName =
Trim(Request.Form("RealName"))
strBirthday =
Trim(Request.Form("Birthday"))
strIDCardNumber =
Trim(Request.Form("IDCardNumber"))
intDegree = Cint(Request.Form("Degree"))
strOccupation =
Trim(Request.Form("Occupation"))
strEmail = Trim(Request.Form("Email"))
strTelephone =
Trim(Request.Form("Telephone"))
strCellPhone =
Trim(Request.Form("CellPhone"))
strAddress = Trim(Request.Form("Address"))
'如果用户名或密码为空,则重定向到注册页面
If strUserName = "" or strPassword = "" Then
    Response.Redirect "register.asp"
```

```
End If
'将用户名存入到会话变量 Session("UserName")中
Session("UserName") = strUserName
Dim conn, rs, strSQL
'使用 Server 对象的 CreateObject 方法建立一个记
录集对象
Set                rs                =
Server.CreateObject("ADODB.RecordSet")
conn = "Provider = Microsoft.Jet.OLEDB.4.0;
Data Source = " & Server.MapPath("教务管理信息
系统.mdb")
'判断用户表 UserInfo 中是否存在同名的用户
strSQL = "Select * From UserInfo Where
UserName = '" & strUserName & "'"
'打开记录集对象
rs.Open  strSQL,  conn,  AdOpenKeySet,
AdLockOptimistic, AdCmdText
'如果记录集为空,则不存在同名的用户。将新用户的注
册信息插入到表 UserInfo 中
If rs.EOF Then
    rs.AddNew
    rs("UserName") = strUserName
    rs("Password") = strPassword
    rs("RealName") = strRealName
'如果出生日期的格式不正确,则重定向到注册页面,要
求用户重新输入
    If strBirthday <> "" Then
        If IsDate(strBirthday) Then
            rs("Birthday")         =
FormatDateTime(strBirthday, 0)
        Else
```

```
                Response.Redirect
"register.asp?msg=您输入的出生日期格式有误，请重新
输入! <br>示例: 2007-09-10。"
            End If
        End If
    rs("IDCardNumber") = strIDCardNumber
    rs("Degree") = intDegree
    rs("Occupation") = strOccupation
    rs("Email") = strEmail
    rs("Telephone") = strTelephone
    rs("CellPhone") = strCellPhone
    rs("Address") = strAddress
    rs.Update
    Else
        '否则，提示用户名已经被注册! 重定向到注册页面
        Response.Redirect "register.asp?msg=用户
名" & strUserName & "已经被注册! <br>请选择其他用
户名。"
    End If
    Set rs = Nothing
    %>
```

○ **小提示**

　FormatDateTime()函数用于将一个字符串文本格式化
为指定格式的日期/时间，其具体用法可见附录 B。

例如，在图 13-7 所示的注册界面中填

写用户注册信息，提交后会出现如图 13-8
所示的注册成功界面，单击"登录"超链接
就可以进入到登录页面（login.asp）。

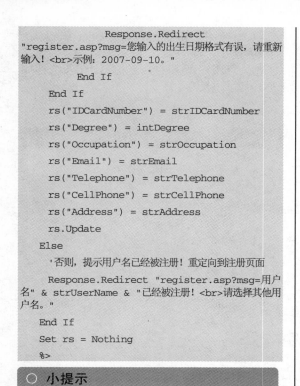

图 13-7　用户"刘星"的注册信息

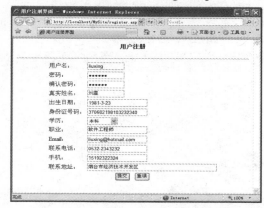

图 13-8　注册成功界面

13.2 网络留言板

Dreamweaver+ASP

很多专业网站都提供了形式各异的留言板功能，它们为网站拥有者收集用户
反馈意见、解决用户的实际问题提供了一个良好的沟通平台。通过访问留
言板，用户不但能够自己撰写留言并得到回复，而且还能查看别人的留言及回
复情况，从而避免了多个用户重复询问同一个问题。下面将详细介绍留言板的
设计和实现方案。

13.2.1　系统功能设计及数据库设计

1．系统功能分析与设计

　　网络留言板主要有以下功能：能够实现
用户在线留言、能够查看所有留言、能够回
复与删除用户留言，能够登录管理留言信息
等。

　　根据系统功能要求，在网络留言板里可
以分为 3 个模块：用户在线留言模块、用户

留言浏览模块和用户留言管理模块。其中：

　　（1）在线留言模块的功能是对用户撰
写的留言信息进行相应的处理。

　　（2）留言浏览模块的功能是分页浏览
所有用户的留言。

　　（3）留言管理模块的功能是对用户留
言进行回复、修改和删除操作。

Dreamweaver CS3+ASP 动态网站设计入门实战与提高

13

Chapter

3.1

3.2

3.3

3.4

3.5

3.6

2．数据库设计与实现

根据系统功能设计的要求以及功能模块的划分，需要在数据库中创建两个数据表。

（1）用户留言信息表（GuestBook）：存放用户留言的主题、内容和时间等，以及管理员对用户留言的回复信息，其表结构如表 13-2 所示。

表 13-2　用户留言信息表（GuestBook）

字段名称	字段类型	字段长度	说　明
ID	自动编号		记录 ID，主键
UserName	文本	20	用户名
Email	文本	30	电子邮件
QQ	文本	20	QQ 号码
HomePage	文本	50	个人主页地址
ComeFrom	文本	50	留言者所在地
FaceURL	文本	20	头像 URL
Title	文本	50	留言主题
Content	备注		留言内容
WriteTime	日期/时间		留言时间
IP	文本	20	留言者 IP 地址
ReplyTitle	文本	50	回复主题
ReplyContent	备注		回复内容
ReplyPerson	文本	20	回复人
ReplyTime	日期/事件		回复时间
ReplyStatus	文本	2	回复状态（是否已回复）

（2）管理员信息表（Users）：存放管理员的名字和密码，用于管理员的身份验证，其表结构如表 13-3 所示。

表 13-3　管理员信息表（Users）

字段名称	字段类型	字段长度	说　明
ID	自动编号		记录 ID，主键
UserName	文本	20	用户名
Password	文本	20	密码

13.2.2　设计留言板的主页

留言板主页的功能包括：显示所有用户的留言信息、提供用户发表新留言的入口以及提供管理员的登录入口。它主要由通用的头部文件、留言列表、留言信息导航和通用的底部文件组成。本节将主要介绍通用的头部文件和浏览信息导航，留言列表部分将在下一节中介绍。

【例 13-5】　通用的头部文件 top.asp

```
<!--大多数网页都需要使用数据集 RecordSet 对数
据表操作：RecordSet 对象的属性和方法中参数的常量定义都
包含在 adovbs.inc 文件中-->
```

```
<!-- #include file = adovbs.inc -->
<html>
<head>
<!-- 会话变量 Session("CurrentPosition")中保
存的是当前页面的名称 -->
<title>        留        言        板
--<%=Session("CurrentPosition")%></title>
<meta        http-equiv="Content-Type"
content="text/html; charset=utf-8" />
<link   href="style.css"   type="text/css"
rel="stylesheet" />
</head>
```

```
<body>
    <table  cellspacing="0"  cellpadding="0"
width="768" align="center" border="0">
    <tr>
     <td align="center"><img height="100"
src="images/logo.jpg" width="758" /></td>
    </tr>
    </table>
    <!-- 添加导航栏及管理入口 -->
    <table class="tableborder" cellspacing="0"
cellpadding="0" width="768" align="center" >
     <tr>
        <td            bgcolor="#efefef"
height="22"><table       cellspacing="2"
cellpadding="0">
        <tr>
         <td  width="4%"><img  height="13"
src="images/class_ar.gif" width="13"/></td>
         <td width="66%"> 您 当 前 的 位 置 ： <a
href="default.asp"> 网 站 留 言 </a>&gt;&gt;
<%=Session("CurrentPosition")%></td>
         <td  width="30%"><img  height='11'
src='images/h_arrow.gif' width='11'/>
    <!-- 如果管理员未登录，则显示"登录管理"超链接，
单击后进入登录页面 login.asp -->
         <%If Session("UserName") = "" Then%>
         <a href='login.asp'>  登
录管理</a> </td>
    <!-- 如果管理员已登录，显示"退出管理"超链接，单
击后进入登出页面 logout.asp -->
         <%Else%>
         <a href='logout.asp'>  退
出管理</a></tr>
         <%End If%>
         </tr>
        </table></td>
    </tr>
    </table>
    <!-- 显示"发新留言"命令按钮，系统公告信息和"返
回主页"超链接 -->
    <table class="tableborder" cellspacing="0"
cellpadding="0" width="768" align="center">
     <tr>
        <td    width="15%"    height="35"><a
href="AddMsg.asp"><img height="25" alt="签写留
言 " src="images/post1.gif" width="99"
border="0"/></a></td>
        <td width="10%"><img height="18" alt=""
src="images/ announce1.gif" width="18"
border="0" /> </td>
        <td          width="65%"><marquee
scrollamount="2">
```

```
     欢 迎 使 用 爱 心 学 社 留 言 板
  <%=Date()%>
     </marquee>
     </td>
     <td   width="10%"   align="right"><a
href="default.asp">返回主页</a></td>
    </tr>
    </table>
    </body>
</html>
```

该页面的运行效果如图 13-9 所示。

图 13-9　通用的头部文件

【例 13-6】　留言板主页 default.asp

```
<%@LANGUAGE="VBSCRIPT" CODEPAGE="65001"%>
<%Session("CurrentPosition") = "留言列表"%>
<!-- #include file="top.asp" -->
<%
Dim rs, conn, strSQL, currentPage
'使用 Server 对象的 CreateObject 方法建立一个记
录集对象
Set            rs            =
Server.CreateObject("ADODB.RecordSet")
    conn = "Provider = Microsoft.Jet.OLEDB.4.0;
Data Source = " & Server.MapPath("教务管理信息
系统.mdb")
    strSQL = "Select * From GuestBook Order By
ID desc"
    '打开记录集对象
    rs.Open  strSQL,  conn,  AdOpenKeySet,
AdLockOptimistic, AdCmdText
    '判断记录集是否为空，如果为空，则重定向到添加留言
页面
    If rs.EOF Then
      Response.Redirect "AddMsg.asp"
    End If
    '设置 RecordSet 对象的每一页的大小（数据记录条数）
    rs.PageSize = 10
    '设置当前页
    currentPage = Request.QueryString("Page")
    '如果用户输入的页码非法或超出了页码范围，则将其修
改为第一页或最后一页
    If currentPage = "" Then currentPage = 1
    currentPage = CLng(currentPage)
```

Dw

Dreamweaver CS3+ASP 动态网站设计入门实战与提高

13

Chapter

3.1

3.2

3.3

3.4

3.5

3.6

```
    If currentPage < 1 Then currentPage = 1
    If  currentPage > rs.PageCount  Then
currentPage = rs.PageCount
    '设置 RecordSet 对象的 AbsolutePage（绝对页数）
属性
    rs.AbsolutePage = currentPage
    '输出当前页面的记录
    ......     '此处代码将在下一节中介绍
    %>
```

```
    <!-- 显示留言的页数和条数信息，首页、上一页、下一
页和尾页的超链接，以及每个页码的超链接 -->
    <TR align=right>
      <TD><TABLE cellSpacing=1 cellPadding=0
border=0>
        <TR align=middle>
          <TD title=留言信息 width=72> 留
言信息 </TD>
          <TD title="总页数 / 当前页码"> 
<%=rs.PageCount%>       /        <%=
currentPage%> </TD>
          <TD title="总留言数 / 每页显示条数
">       <%=rs.RecordCount%>       /
<%=rs.PageSize%> </TD>
    <!--如果当前页是第一页，则以红色字体显示"首页""上
一页"，且不显示超链接-->
          <%If currentPage = 1 Then %>
          <TD        width=48> <FONT
color=#cc0000>首页</FONT> </TD>
          <TD        width=56> <FONT
color=#cc0000>上一页</FONT></TD>
    <!--如果当前页不是第一页，则显示"首页"
和"上一页"的超链接-->
          <%Else%>
          <TD   width=56><A   title= 首 页
href="default.asp? Page=1">首页</A></TD>
          <TD width=48> <A title=上一页
href="default.asp? Page= <%= currentPage-1%>">
上一页</A> </TD>
          <%End If%>
          <TD title=数字页码> 
          <%  '输出每一页的页码，并提供其超链接；
当前页不提供超链接
             For i = 1 to rs.PageCount
                 If i = currentPage Then
          %>
          <FONT
color=#cc0000><%=i%></FONT> 
          <% Else %>
```

```
          <A
href="default.asp?Page=<%=i%>"><%=i%></A>&nb
sp;
          <% End If
          Next
          %>
            </TD>
    <!--如果当前页是最后一页，以红色字体显示"下一页"
"尾页"，且不显示超链接-->
          <%If currentpage = rs.PageCount Then
%>
          <TD           width=56> <FONT
color=#cc0000>下一页</FONT></TD>
          <TD           width=48> <FONT
color=#cc0000>尾页</FONT> </TD>
    <!--如果当前页不是最后一页，则显示"下一
页"和"尾页"的超链接-->
          <% Else %>
          <TD width=56> <A title=下一页
href="default.asp?Page= <%= currentPage+1%>">
下一页</A> </TD>
          <TD width=48> <A title= 尾页
href="default.asp?Page= <%= rs.PageCount%>">
尾页</A> </TD>
          <% End If %>
        </TR>
      </TABLE></TD>
    </TR>
</TABLE>
<%Set rs = Nothing%>
<!-- #include file="bottom.asp" -->
```

该页面的运行效果如图 13-10 所示。

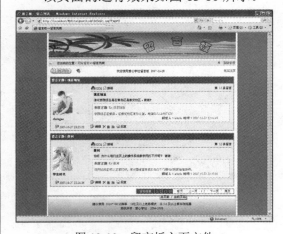

图 13-10　留言板主页文件

13.2.3　显示主题留言

网络留言板最主要的功能是显示用户　　的留言信息，每一条用户留言信息包括的内

容有：用户名、留言编号、留言主题、留言内容、QQ 号码、Email、留言时间、回复主题、回复内容、回复人和回复时间等。对于每一条留言，管理员可以进行编辑、删除和回复操作。下面给出显示主题留言的程序代码。

【例 13-7】 显示主题留言 default.asp 的部分代码

```
<%
'显示当前页面的所有留言
For i = 1 to rs.PageSize
%>
<TABLE    cellSpacing=0    cellPadding=5
width=750 align=center border=0>
    <TR>
    <TD>
    <TABLE    cellSpacing=1    cellPadding=4
width=745 align=center>
    <TR>
    <TD colSpan=2><TABLE cellSpacing=0
cellPadding=0 width="100%" >
    <TR style="COLOR: #ffffff">
    <TD   align="left"   width="80%"
colSpan=2><B> 留 言 主 题 : <%=
rs.Fields("Title").Value%></B></TD>
    </TR>
    </TABLE></TD>
    </TR>
    <!--显示留言人的头像、用户名-->
    <TR bgColor=#f8f8f8>
    <TD  vAlign=top  width="21%"><TABLE
cellSpacing=1  cellPadding=3  width=  "98%"
align=center border=0>
    <TR>
    <TD valign=center><BR>
    <IMG                       alt=""
src="<%=rs.Fields("FaceURL").Value%>"></TD>
    </TR>
    <TR>
    <TD
vAlign=center><b><%=rs.Fields("UserName").Va
lue%></b></TD>
    </TR>
    </TABLE></TD>
    <!--显示留言人的 QQ 号码、Email 和留言编号
-->
    <TD  vAlign=top  width="79%"><TABLE
cellSpacing=0  cellPadding=0  width= "99%"
align=center border=0>
    <TR>
<TD align=left width="10%" height=25>
```

```
<IMG  height=18  alt="<%=rs.Fields("QQ").
Value%>"  src="images/ a_oicq.gif" width=45
border=0> </TD>
    <TD align=left   width="71%"><A
href="mailto:<%=rs.Fields("Email"). Value%>"
target=_blank>
    <IMG                    height=18
alt="<%=rs.Fields("Email").Value%>"
src="images/      a_email.gif"     width=45
border=0></A> </TD>
    <TD         align=right>        第
<%=rs.AbsolutePosition%> 条留言</TD>
    </TR>
    </TABLE>
    <!--显示留言主题、内容-->
    <TABLE cellSpacing=3 cellPadding=1
width="96%" align=center border=0>
    <TR>
    <TD
align=left><B><%=rs.Fields("Title").Value%><
/B></TD>
    </TR>
    <TR>
    <TD
align=left><%=rs.Fields("Content").Value%></
TD>
    </TR>
    </TABLE>
    <!--如果留言已回复，则显示回复信息，否则
不显示-->
    <% if rs.Fields("ReplyStatus") = 1
Then %>
    <TABLE cellSpacing=5 cellPadding=1
width="96%" align=center border=0>
    <TR>
    <TD       style="HEIGHT:    20px"
align=left><B> 回 复 主 题 </B>  <%=
rs.Fields("ReplyTitle").Value%> </TD>
    </TR>
    <TR>
    <TD   WIDTH=500   align=left>
<%=rs.Fields("ReplyContent"). Value%>
    <DIV align=right><B>回复人:</B>
<%=rs.Fields("ReplyPerson").
Value%>  <B> 时  间 : </B>
<%=rs.Fields("ReplyTime").Value%></DIV></TD>
    </TR>
    </TABLE>
    <%End If%>
    </TD>
    </TR>
    </TD>
    <!--显示留言人的 IP 地址、留言时间-->
```

Dreamweaver CS3+ASP 动态网站设计入门实战与提高

13
Chapter

13.1
13.2
13.3
13.4
13.5
13.6

```
    <TR bgColor=#f8f8f8>
        <TD vAlign=center align=middle><IMG
height=15   alt= 发  帖  IP ： <%=
rs.Fields("IP").Value%>  src="images/ip.gif"
width=16><%=rs.Fields("WriteTime").Value%>
        </TD>
        <!--显示编辑留言、回复留言和删除留言按钮，
管理员可以对留言进行操作-->
        <TD vAlign=bottom><TABLE cellSpacing
=0 cellPadding=0 width="100%" >
            <TR>
            <TD  align=left  width="78%"><A
href="EditMsg.asp?ID=<%=
rs.Fields("ID").Value%>"> <IMG alt="编辑留言"
src="images/edit1.gif" border=0></A><A href=
"Confirm.asp?ID=<%=rs.Fields("ID").Value%>">
<IMG alt="删除留言" src="images/ a_delete.gif"
border=0></A><A
href="ReplyMsg.asp?ID=<%=rs.Fields("ID").Val
ue%>"> <IMG alt=" 回 复 留 言 " src="images/
a_reply.gif" border=0></A></TD>
            <TD align=right width="22%"></TD>
        </TR>
```

```
    </TABLE></TD>
  </TR>
  </TABLE></TD>
  </TR>
  <!--显示下一条留言信息；如果没有更多的留言，则退
出-->
  <%
  rs.MoveNext
  If rs.EOF Then Exit For
  Next
  %>
```

该页面的运行效果如图 13-11 所示。

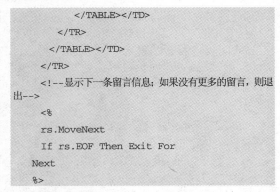

图 13-11 显示主题留言

13.2.4 用户身份验证

对于用户的留言，只有管理员才有权限
进行回复、编辑和删除。管理员进行操作之
前，必须使用自己的用户名和密码登录，验
证通过后才能获得管理权限。这部分功能由
登录页面 login.asp、验证页面 verify.asp 和
登出页面 logout.asp 3 个页面组成。

【例 13-8】 登录页面 login.asp

```
<%Session("CurrentPosition") = "登录管理"%>
<!-- #include file="top.asp" -->
<table  cellspacing="1"  cellpadding="3"
width="760" align="center" border="0">
  <tr align="center">
   <td colspan="2">登录管理</td>
  </tr>
  <tr bgcolor="#ffffff">
   <td height="240">
    <form                    method="post"
action="verify.asp">
      <table cellpadding="0" width="300"
align="center" valign="middle" border="0">
        <tr bgcolor="#3795d2">
         <td  height="25"  valign="top"
bgcolor="#3795d2"><img             height="20"
src="images/user_msg.gif" width="69"></td>
```

```
         <td                  align="right"
valign="top"><img   height="4"   src="images/
user_login_02.gif" width="4"></td>
        </tr>
        <tr bgcolor="#f8f6f5">
         <td                   colspan="2"
style="padding-left: 55px; font-size: 12px;"
height="100">
          <table width="100%" border="0"
cellspacing="1">
           <tr>
            <td width="20%">用户名</td>
            <td   width="80%"><input
name="username" type="text" /></td>
           </tr>
           <tr>
            <td>密  码</td>
            <td><input   name="password"
type="password" /></td>
           </tr>
          </table>
         </td>
        </tr>
        <tr bgcolor="#f8f6f5">
         <td  colspan="2"  align="center"
style="font-size: 12px" height="40">
```

```
                <input type="submit" value="登
录管理" style="font-size: 12px; …" />
                <input type="reset" value="重新输
入" style="font-size: 12px; ..." ></td>
        </tr>
        <tr bgcolor="#f8f6f5">
                <td colspan="2" align="center"
style="font-size: 12px" height="20">
                <font
color=red><%Response.Write
Request.QueryString("msg")%></font>
                </td>
        </tr>
        <tr bgcolor="#3795d2">
                <td height="8"><img height=4
src="images/user_login_04.gif"></td>
                <td align="right"><img height="4"
src="images/user_login_05.gif"></td>
        </tr>
        </table>
        </form>
    </td>
  </tr>
</table>
<!-- #include file="bottom.asp" -->
```

◎ 小提示

保持网页标签结构的层次性，有利于 HTML 代码的分析，也有利于错误查找。如果你的网页代码是非格式化的，可以使用 Dreamweaver 提供的格式化工具对选中代码进行格式化。

该页面的运行效果如图 13-12 所示。

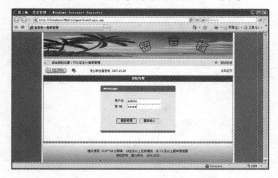

图 13-12　管理员登陆页面

【例 13-9】　验证页面 verify.asp

```
<%@LANGUAGE="VBSCRIPT" CODEPAGE="65001"%>
```

```
<!-- #include file = adovbs.inc -->
<%
Dim strUserName, strPassword
strUserName                            =
Trim(Request.Form("UserName"))
strPassword                            =
Trim(Request.Form("Password"))
Dim conn, rs, strSQL
'使用 Server 对象的 CreateObject 方法建立一个记
录集对象
Set                  rs               =
Server.CreateObject("ADODB.RecordSet")
conn = "Provider = Microsoft.Jet.OLEDB.4.0;
Data Source = " & Server.MapPath("教务管理信息
系统.mdb")
strSQL = "Select * From Users Where UserName
= '" & strUserName & "' And Password = '" &
strPassword & "'"
'打开记录集对象
rs.Open    strSQL,    conn,    AdOpenStatic,
AdLockReadOnly, AdCmdText
'判断记录集是否为空
If rs.EOF Then
    Response.Redirect "login.asp?msg=您输入的
用户名或密码错误"
Else
    Session("UserName") = strUserName
    Response.Redirect "default.asp"
End If
Set rs = Nothing
%>
```

【例 13-10】　登出页面 logout.asp

```
<%@LANGUAGE="VBSCRIPT" CODEPAGE="65001"%>
<html>
<head>
<meta             http-equiv="Content-Type"
content="text/html; charset=utf-8" />
<title>退出管理</title>
</head>
<body>
<%
    Session("UserName") = ""
    Response.Redirect "default.asp"
%>
</body>
</html>
```

13.2.5 添加新留言

　　用户可以单击留言板主页上的
　　新留言　　按钮来发表新的留言。该项功
能由撰写留言 AddMsg.asp 和发表留言
Append.asp 两个页面组成。

【例 13-11】 撰写留言 AddMsg.asp

```
<%Session("CurrentPosition") = "撰写留言"%>
<!-- #include file="top.asp" -->
<!--函数 Checkform 用于检查用户填写的信息是否完
整-->
<form    name="myform"    onSubmit="return
checkform(this);"         action="Append.asp"
method="post">
    <table cellspacing="1"  cellpadding="3"
align="Center" style="width:700px;">
    <tr align="center">
    <td colspan="3">撰写留言</td>
    </tr>
    <tr bgcolor="#f8f8f8">
    <td align="right" width="15%"><B>你的
名字: </B></td>
    <td width="48%"><input id="username"
maxlength="20" name= "username">
    <font color="red"> **</font> </td>
    <td       width="37%"       rowspan="4"
align="left">
        <img    id="face"   alt=" 头  像 "
src="images/face/1.gif"></td>
    </tr>
    <tr bgcolor="#f8f8f8">
    <td  align="right"><B> 电 子 邮 箱 :
</B></td>
    <td    align="left"><input   id="email"
maxlength="50" size="30" name="email">
    <font color="red"> **</font></td>
    </tr>
    <tr bgcolor="#f8f8f8">
    <td align="right"><B>QQ 号码: </B></td>
    <td    align="left"><input    id="qq"
maxlength="20" name="qq"></td>
    </tr>
    <tr bgcolor="#f8f8f8">
    <td  align="right"><B> 主 页 地 址 :
</B></td>
    <td align="left"><input id="homepage"
maxlength="100"   size="45"   value="http://"
name="homepage"></td>
    </tr>
    <tr bgcolor="#f8f8f8">
    <td  align="right"><B> 来 自 何 方 :
</B></td>
    <td align="left"><input id="comefrom"
size="30" name= "comefrom"> </td>
    <td align="left"><B>请选择图像: </B>
    <select
onChange="document.images['face'].src=option
s[selectedIndex].value;" name="faceURL">
        <option value=images/face/1.gif>头
像1</option>
        <option value=images/face/2.gif>头
像2</option>
        ......
        <option  value=images/face/40.gif>
头像40</option>
    </select>
    </td>
    </tr>
    <tr bgcolor="#f8f8f8">
    <td  align="right"><B> 留 言 主 题 :
</B></td>
    <td  colspan="2"  align="left"><input
id="title" size="45" name="title">
    <font color="red"> **</font>  
</td>
    </tr>
    <tr bgcolor="#f8f8f8">
    <td  align="right"><B> 留 言 内 容 :
</B><br></td>
    <td colspan=2 align="left"><textarea
id="content"        cols="90"        rows="8"
name="content"></textarea>
    </td>
    </tr>
    <tr bgcolor="#f8f8f8">
    <td align="right"> </td>
    <td align="middle" colspan="2"><input
onClick="javascript:history.go(-1)"
type="button" value="返回上一页" name="submit4"
/>   
    <input type="submit" value="发表新留
言" name="submit" />
    最 多 留 言 字 符 数    [<font
color="red">500</font>] </td>
    </tr>
    </table>
</form>
<!-- #include file="bottom.asp" -->
<!--函数 CheckFrom 检查用户名、Email、留言主题、
留言内容是否完整、正确-->
<script           type="text/javascript"
language="javascript">
    function checkform(myform){
    if (myform.username.value==""){
```

```
        alert("用户名称不能为空! ");
        document.myform.username.focus();
        return false;
    }
    if ((myform.guestemail.value.indexOf("@")
== -1) || (myform.guestemail.value.
indexOf(".") == -1)){
        alert("请查看您的 E-mail 地址是否正确, 请
重录入!");

    document.myform.guestemail.focus();
        return false;
    }
    if (myform.title.value==""){
        alert("留言主题不能为空! ");
        document.myform.title.focus();
        return false;
    }
    if (myform.content.value==""){
        alert("留言内容不能为空! ");
        document.myform.content.focus();
        return false;
    }
}
</script>
```

○ 小提示

（1）通常在文本框的右边标注红色的 "*"，用于提示用户该项是必选项。

（2）img 标签的 alt 属性用于在图片无法显示时说明图片的类型或作用。

○ 小提示

标准的 Email 地址必须包含 "@" 符号和 "." 符号，因此，通过检查这两个符号在文本中是否存在，可以判断输入的 Email 值是否有效。

该页面的运行效果如图 13-13 所示。

图 13-13　撰写留言

【例 13-12】　发表留言 Append.asp

```
<%@LANGUAGE="VBSCRIPT" CODEPAGE="65001"%>
<!-- #include file = adovbs.inc -->
<%Dim strUserName, strEmail, strQQ,
strHomePage, strComeFrom
    Dim strFaceURL, strTitle, strContent
    strUserName =
Trim(Request.Form("UserName"))
    strEmail = Trim(Request.Form("Email"))
    strQQ = Trim(Request.Form("QQ"))
    strHomePage =
Trim(Request.Form("HomePage"))
    strComeFrom =
Trim(Request.Form("ComeFrom"))
    strFaceURL = Trim(Request.Form("FaceURL"))
    strTitle = Trim(Request.Form("Title"))
    strContent = Trim(Request.Form("Content"))
    '如果用户名、Email 或留言主题为空, 重定向到注册页
面
    If strUserName = "" or strTitle = "" or
strEmail = "" Then
      Response.Redirect "AddMsg.asp"
    End If
    Dim conn, rs, strSQL
    '使用 Server 对象的 CreateObject 方法建立一个记
录集对象
    Set rs =
Server.CreateObject("ADODB.RecordSet")
    conn = "Provider = Microsoft.Jet.OLEDB.4.0;
Data Source = " & Server.MapPath("教务管理信息
系统.mdb")
    strSQL = "Select * From GuestBook Where ID
= 0"
    '打开记录集对象
    rs.Open strSQL, conn, AdOpenKeySet,
AdLockOptimistic, AdCmdText
    rs.AddNew
    rs("UserName") = strUserName
    rs("Email") = strEmail
    rs("QQ") = strQQ
    rs("HomePage") = strHomePage
    rs("ComeFrom") = strComeFrom
    rs("FaceURL") = strFaceURL
    rs("Title") = strTitle
    rs("Content") = strContent
    rs("IP") =
Request.ServerVariables("REMOTE_ADDR")
    rs("WriteTime") = Date() & " " & Time()
    rs.Update
    Set rs = Nothing
    Response.Redirect "default.asp"
    %>
```

13
Chapter

13.1

13.2

13.3

13.4

13.5

13.6

13.2.6　回复和删除留言

对于用户在留言中提出的问题,管理员需要进行回复。对于恶意或非法的留言,管理员需要进行删除。

1. 留言回复功能

管理员可以单击留言板主页上的 回复按钮对当前留言进行回复。

【例 13-13】　回复留言 ReplyMsg.Asp

```asp
<%@LANGUAGE="VBSCRIPT" CODEPAGE="65001"%>
<%Session("CurrentPosition") = "回复留言"%>
<!-- #include file="top.asp" -->
<%
'如果当前用户不是管理员,则禁止其进行留言回复
If Session("UserName")="" Then
  response.redirect "default.asp"
  response.end
End If
Dim strMsgID
strMsgID = Trim(Request.QueryString("ID"))
Dim conn, rs, strSQL
'使用 Server 对象的 CreateObject 方法建立一个记录集对象
Set              rs               =
Server.CreateObject("ADODB.RecordSet")
conn = "Provider = Microsoft.Jet.OLEDB.4.0;
Data Source = " & Server.MapPath("教务管理信息
系统.mdb")
strSQL = "Select * From GuestBook Where ID
= " & strMsgID
'打开记录集对象
rs.Open    strSQL,    conn,    AdOpenKeySet,
AdLockOptimistic, AdCmdText
%>
<!--函数 checkform 用于检查回复信息是否完整-->
<form    name="myform"    onSubmit="return
checkform(this);"              action="Reply.asp"
method="post">
  <table cellspacing="1"  cellpadding="3"
align="Center" style="width:700px;">
    <tr align="center">
      <td colspan="2">回复留言</td>
    </tr>
    <tr style="background-color:White;">
      <td align="center" width="15%"><B>回复
标题: </B></td>
      <td><input name="MsgID" type="hidden"
value="<%=rs("ID").value    %>"    /><input
```

```asp
name='ReplyTitle' type='text' value='<%="Re: "
& rs("Title").value %>' size='80' />
    </td>
    </tr>
      <tr style="background-color:White;">
      <td      align="center"      width="15%"
valign="middle"><B>回复内容: </B></td>
      <td><textarea       id="replycontent"
name="ReplyContent" cols="80" rows="13"> <%=
rs("ReplyContent").value%></textarea>
      </td>
    </tr>
      <tr style="background-color:White;">
      <td align="center" colspan="2"><input
type="submit" value="提交回复" /></td>
    </tr>
  </table>
</form>
<%Set rs = Nothing%>
<!-- #include file="bottom.asp" -->
<!--JavaScript 函数 CheckForm 检查回复主题和回
复内容是否完整-->
<script              type="text/javascript"
language="javascript">
  function checkform(myform){
  if (myform.replytitle.value==""){
      alert("回复主题不能为空! ");

  document.myform.replytitle.focus();
      return false;
  }
  if (myform.replycontent.value==""){
      alert("回复内容不能为空! ");

  document.myform.replycontent.focus();
      return false;
  }
  }
</script>
```

该页面的运行效果如图 13-14 所示。

> **○ 小提示**
>
> document.myform.replytitle.focus()语句的作用是将光标的焦点重新定位到 replytitle 控件上,便于用户立即输入回复主题。

图 13-14　回复留言

【例 13-14】　提交回复 Reply.asp

```
<%@LANGUAGE="VBSCRIPT" CODEPAGE="65001"%>
<!-- #include file = adovbs.inc -->
<%
Dim        strMsgID,        strReplyTitle,
strReplyContent
  strMsgID = Trim(Request.Form("MsgID"))
  strReplyTitle                            =
Trim(Request.Form("ReplyTitle"))
  strReplyContent                          =
Trim(Request.Form("ReplyContent"))
  '如果留言 ID 为空，重定向到注册页面
  If strMsgID = "" Then
    Response.Redirect "default.asp"
  End If
  Dim conn, rs, strSQL
  '使用 Server 对象的 CreateObject 方法建立一个记
录集对象
  Set              rs              =
Server.CreateObject("ADODB.RecordSet")
  conn = "Provider = Microsoft.Jet.OLEDB.4.0;
Data Source = " & Server.MapPath("教务管理信息
系统.mdb")
  strSQL = "Select * From GuestBook Where ID
= " & strMsgID
  '打开记录集对象
  rs.Open      strSQL,      conn,      AdOpenKeySet,
AdLockOptimistic, AdCmdText
  rs("ReplyTitle") = strReplyTitle
  rs("ReplyContent") = strReplyContent
  rs("ReplyPerson") = Session("UserName")
  rs("ReplyTime") = Date() & " " & Time()
  rs("ReplyStatus") = 1
  rs.Update
  Set rs = Nothing
  Response.Redirect "default.asp"
%>
```

2．删除留言功能

管理员可以单击留言板主页上的 ✕ 删 除 按钮删除当前留言。在真正删除之前，留言板会打开一个页面，询问用户是否真正删除。如果用户单击【是】按钮，则该留言被删除；如果用户单击【否】按钮，则返回到留言板主页面。

【例 13-15】　确认是否删除留言 Confirm.asp

```
<%@LANGUAGE="VBSCRIPT" CODEPAGE="65001"%>
<%Session("CurrentPosition") = "删除留言"%>
<!-- #include file="top.asp" -->
<%
If Session("UserName")="" Then
  response.redirect "default.asp"
  response.end
End If
strMsgID = Trim(Request.QueryString("ID"))
Dim conn, rs, strSQL
'使用 Server 对象的 CreateObject 方法建立一个记
录集对象
Set                 rs                 =
Server.CreateObject("ADODB.RecordSet")
conn = "Provider = Microsoft.Jet.OLEDB.4.0;
Data Source = " & Server.MapPath("教务管理信息
系统.mdb")
strSQL = "Select * From GuestBook Where ID
= " & strMsgID
'打开记录集对象
rs.Open      strSQL,      conn,      AdOpenKeySet,
AdLockOptimistic, AdCmdText
%>
<form name="myform" action="Delete.asp"
method="post">
  <table cellspacing="1" cellpadding="3"
align="Center" style="width:700px;">
    <tr align="center">
      <td colspan="2" height="40">删除留言确
认</td>
    </tr>
    <tr style="background-color:White;">
      <td     align="center"     height="120"
valign="middle">
        <input name="MsgID" type="hidden"
value="<%=rs("ID").value%>" />
        <B><font color="red"> 删 除 留 言 ：
[ <font color="#000066"> <%=trim(rs("title"))
%></font>] ? <br><br> （删除后将无法恢复！）
</font></B>
      </td>
    </tr>
    <tr style="background-color:White;">
```

Dw

Dreamweaver CS3+ASP 动态网站设计入门实战与提高

13

Chapter

13.1

13.2

13.3

13.4

13.5

13.6

```
        <td      align="center"      height="40"
colspan="2">
            <input type=submit value=" 是 "
name="AlertButton">    
            <input type=submit value=" 否 "
name="AlertButton">
        </td>
      </tr>
    </table>
  </form>
<%Set rs = Nothing%>
<!-- #include file="bottom.asp" -->
```

○ **小提示**

在执行删除操作以前，一定要提示用户进行确认，以避免用户由于误操作造成信息丢失。

该页面的运行效果如图 13-15 所示。

如果用户单击【是】按钮，则执行删除留言操作。

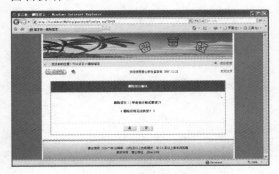

图 13-15　删除留言确认

【例 13-16】　删除留言 Delete.asp

```
<%@LANGUAGE="VBSCRIPT" CODEPAGE="65001"%>
<!-- #include file = adovbs.inc -->
<%
Dim strMsgID, strAlertButton
strMsgID = Trim(Request.Form("MsgID"))
strAlertButton                          =
Trim(Request.Form("AlertButton"))
  '如果留言 ID 为空，重定向到注册页面
  If strMsgID = "" Then
    Response.Redirect "default.asp"
  End If
  If strAlertButton = "是" Then
    Dim conn
    '使用 Server 对象的 CreateObject 方法建立一个连
接对象
    Set                conn                =
Server.CreateObject("ADODB.Connection")
    conn.Open           "Provider           =
Microsoft.Jet.OLEDB.4.0; Data Source = " &
Server.MapPath ("教务管理信息系统.mdb")
    conn.Execute "Delete From GuestBook Where
ID = " & strMsgID, recordsAffected, AdCmdText
    Set conn = Nothing
  Else
    Response.Redirect "default.asp"
  End If
  Response.Redirect "default.asp"
  %>
```

13.3　网站流量统计系统

Dreamweaver+ASP

Web 网站需要有一个流量统计系统，才能使网站管理员对站点的内容、质量和受欢迎程度做到心中有数。流量统计是指网页访问量的统计，换句话说，用户每刷新一次页面，则网站计数器就增加 1。此外，Web 网站通常还需要统计访问量的来源，即统计访问者是通过哪些 IP 地址、搜索引擎或其他网站进入网站的。本节中我们主要介绍如何实现基于 IP 地址的网页访问量统计。

13.3.1　系统功能分析及数据库设计

1．系统功能分析与设计

网站流量统计系统主要有以下功能：能够记录用户每一次访问、能够以各种时间段统计网站的访问量、能够计算出访问量最高的时间段、能够查看最近的访问者和能够对网站流量统计系统进行管理等。

根据系统的功能要求,在网站流量统计系统里可以分为访问统计模块、网站流量汇总模块和系统管理模块 3 个模块。其中:

(1) 访问统计模块的功能是对每一次页面的浏览进行统计。

(2) 网站流量汇总模块的功能包括按月、按年统计网站的访问量,统计网站的总访问量、日均访问量,访问量最高的日、月和周,统计最近 n 名访问者等。

(3) 系统模块的功能是保存和显示网站的基本信息和网站管理员的信息。

2. 数据库设计与实现

根据系统功能设计的要求以及功能模块的划分,需要在数据库中创建 3 个数据表。

(1) 访问统计表(Traffic):存放每一天中所有访问网站的 IP、最近访问时间和当天内访问页面的次数。如果一个 IP 地址在一天内两次访问同一网站,则在数据表中只对应于一条记录,但访问页面的次数会增加 1;如果一个 IP 地址在两天内访问同一网站,则在数据表中对应于两条记录。这是由于用户的 IP 地址通常是动态分配的,即使是同一个 IP 地址,在不同时间内也可能代表不同的用户,访问统计表如表 13-4 所示。

表 13-4 访问统计表(Traffic)

字段名称	字段类型	字段长度	说　明
ID	自动编号		记录 ID,主键
IP	文本	20	访问者的 IP 地址
AccessTime	日期/时间		最近访问时间
PageView	数字		访问页面的次数

(2) 流量统计辅助表(Flow):用于流量统计汇总的临时表,包含每一天中所有用户访问所有页面的次数,其表结构如表 13-5 所示。

表 13-5 流量统计辅助表(Flow)

字段名称	字段类型	字段长度	说　明
ID	自动编号		记录 ID,主键
nYear	数字		年份
nMonth	数字		月份
nWeek	数字		周数
nDay	数字		日
nCount	数字		访问次数

(3) 管理信息表(Website):用于保存 Web 网站的名称、类型、简介、网址和管理员的联系方式,其表结构如表 13-6 所示。

表 13-6 管理信息表(Website)

字段名称	字段类型	字段长度	说明
SiteName	文本	20	网站名称,主键
SiteType	文本	20	网站类型
Introduction	备注		网站简介
URL	文本	30	网址
Admin	文本	20	管理员
Telephone	文本	20	联系电话
Email	文本	30	管理员 Email

13
Chapter

13.1

13.2

13.3

13.4

13.5

13.6

13.3.2 设计公共文件

在网站设计过程中，有一些功能能够为大多数页面所重用，或可以作为其他页面工作的基础和前提。在本系统中，存在两个文件：一个是数据库连接文件 conn.asp；另一个是访问统计文件 count.asp。

【例 13-17】 数据库连接文件 conn.asp

```
<!-- #include file = adovbs.inc -->
<%
Dim Conn, rs, strConn
'使用Server对象的CreateObject方法建立一个连
接对象
Set                       Conn       =
Server.CreateObject("ADODB.Connection")
Conn.Open            "Provider        =
Microsoft.Jet.OLEDB.4.0; Data Source = " &
Server.MapPath("教务管理信息系统.mdb")
'使用Server对象的CreateObject方法建立一个记
录集对象
Set                       rs         =
Server.CreateObject("ADODB.RecordSet")
'声明一个连接字符串，在通过RecordSet对象打开一
个记录集时使用
strConn       =          "Provider       =
Microsoft.Jet.OLEDB.4.0; Data Source = " &
Server.MapPath("教务管理信息系统.mdb")
%>
```

网站访问量统计的流程如图 13-16 所示，下面给出该过程的具体实现代码。

【例 13-18】 访问统计文件 count.asp

```
<!--#include file=conn.asp-->
<%
    '该函数的作用是获得浏览者的IP地址
Function UserIP()
        GetClientIP              =
Request.ServerVariables("HTTP_X_FORWARDED_FO
R")
```

```
        If   GetClientIP    =    ""    or
IsNull(GetClientIP)  or  IsEmpty(GetClientIP)
Then
            GetClientIP              =
Request.ServerVariables("REMOTE_ADDR")
        End If
        UserIP = GetClientIP
    End Function
    '获得当天内是否有相同IP地址的记录
    Dim strSQL
    strSQL = "select * from traffic where IP
= '" & UserIP() & "' and DateDiff('d', AccessTime,
now()) = 0"
    Set rs = conn.Execute(strSQL)
    If rs.EOF and rs.BOF Then
        strSQL = "insert into traffic(IP,
AccessTime, PageView) values('" & UserIP() & "',
'" & now() & "', 1)"
    Else
        strSQL = "update traffic set PageView
= PageView + 1 where IP = '" & UserIP() & "' and
DateDiff('d', AccessTime, now()) = 0"
    End If
    conn.Execute(strSQL)
    set rs = Nothing
    %>
```

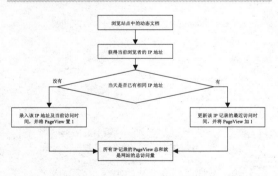

图 13-16 网站访问量统计流程

13.3.3 设计访问者页面

当访问者登录到系统时，他首先看到的是一些综合统计信息，例如总访问量、日均访问量、最高日访问量及访问日期、最高周访问量及访问日期、最高月访问量及访问日期和当前访问量等。该页面的主要工作是对基础访问记录进行详细地统计与分析。

访问者页面主要由通用头部文件，统计信息和通用底部文件组成。本章中我们只介绍统计信息部分，通用的头部文件和底部文件读者可参考源代码。

【例 13-19】 访问者页面 index.asp 的部分代码

```
    <tr>
        <td><table    width="624"    border="0"
cellspacing="1" bgcolor="#3366cc">
        <tr>
            <td><table  width="624"  border="0"
cellspacing="0" bgcolor="#FFFFFF">
            <tr            align="center"
bgcolor="#3366cc">
                <td colspan="2" height="20">网站
流量统计信息</td>
            </tr>
            <%
                strSQL       =       "select
sum(PageView) from traffic"
                Set      rs      =
Conn.Execute(strSQL)
                totalAccess = rs(0)
            %>
            <tr>
                <td  align="left"  width="300"
height="20"            bgcolor="#E7E7E7"><font
color="#000000">    总 访
问量</font></td>
                <td
bgcolor="#E7E7E7"><%=totalAccess%></td>
            </tr>
            <%
    strSQL = "select   Year(AccessTime),
Month(AccessTime), DatePart('ww', AccessTime),
Day(AccessTime), Sum(PageView) from traffic
group by Year(AccessTime), Month(AccessTime),
DatePart('ww', AccessTime), Day(AccessTime)"
    Conn.Execute("delete from flow")
    Conn.Execute("insert   into   flow(nYear,
nMonth, nWeek, nDay, nCount) " & strSQL)
    Set rs = Conn.Execute("select count(*)
from flow")
    AvgAccess = totalAccess / rs(0)
            %>
            <tr>
                <td            align="left"
height="20">  日均访问量</td>
                <td><%=round(AvgAccess,
2)%></td>
            </tr>
            <%
                Set      rs      =
Conn.Execute("select nYear, nMonth, nWeek,
nDay, nCount from flow where nCount = (select
max(nCount) from flow)")
            %>
            <tr>
```

```
                <td  align="left"  height="20"
bgcolor="#E7E7E7">最高日访问量</td>
                <td
bgcolor="#E7E7E7"><%=rs("nCount")%></td>
            </tr>
            <tr>
                <td align="left" height="20">最
高日访问日期</td>
                <td>
                <%
                    While Not rs.EOF
                        Response.Write
rs("nYear") & "年" & rs("nMonth") & "月" &
rs("nDay") & "日"
                        rs.MoveNext
                    Wend
                %>
                </td>
            </tr>
            <%
                Set      rs      =
Conn.Execute("select nYear, nWeek, sum(nCount)
from flow group by nYear, nWeek order by
sum(nCount) desc")
                highWeekAccess = rs(2)
                Set      rs      =
Conn.Execute("select nYear, nWeek from flow
group by nYear, nWeek having sum(nCount) = " &
highWeekAccess)
            %>
            <tr>
                <td  align="left"  height="20"
bgcolor="#E7E7E7">最高周访问量</td>
                <td
bgcolor="#E7E7E7"><%=highWeekAccess%></td>
            </tr>
            <tr>
                <td align="left" height="20">最
高周访问日期</td>
                <td>
                <%
                    While Not rs.EOF
                        Response.Write rs(0)
& "年第" & rs(1) & "周"
                        rs.MoveNext
                    Wend
                %>
                </td>
            </tr>
            <%
```

Dreamweaver CS3+ASP 动态网站设计入门实战与提高

13

Chapter

13.1
13.2
13.3
13.4
13.5
13.6

```
                    Set         rs        =
Conn.Execute("select nYear, nMonth, sum(nCount)
from flow group by nYear, nMonth order by
sum(nCount) desc")
                highMonthAccess = rs(2)
                    Set         rs        =
Conn.Execute("select nYear, nMonth from flow
group by nYear, nMonth having sum(nCount) = "
& highMonthAccess)
            %>
            <tr>
                <td  align="left"  height="20"
bgcolor="#E7E7E7">最高月访问量</td>
                <td
bgcolor="#E7E7E7"><%=highMonthAccess%></td>
            </tr>
            <tr>
                <td align="left" height="20">最
高月访问日期</td>
                <td
                <%
                    While Not rs.EOF
                        Response.Write rs(0)
& "年" & rs(1) & "月     "
                        rs.MoveNext
                    Wend
                %>
                </td>
            </tr>
            <%
                Set         rs        =
Conn.Execute("select sum(nCount) from flow
where nYear = " & Year(now()) & " and nMonth =
" & Month(now()) & " and nDay = " & Day(now()))
                %>
                <tr>
```

```
                <td  align="left"  height="20"
bgcolor="#E7E7E7">当前访问量</td>
                <td
bgcolor="#E7E7E7"><%=rs(0)%></td>
            </tr>
            <%
                rs.Close
                Set rs = Nothing
            %>
            </table></td>
        </tr>
        </table></td>
    </tr>
```

该页面的运行效果如图 13-17 所示。

○ **小提示**

Year()、Month()和 Day()函数分别用于取出日期中的
年、月、日。DatePart()函数可以根据第一个参数的不同，
取出日期中的不同部分值。

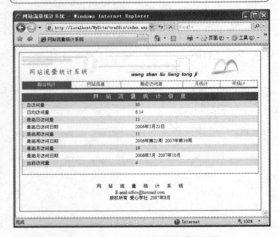

图 13-17　综合统计信息界面

13.3.4　网站信息界面设计

【例 13-20】 网站信息界面 Information.asp 的
　　　　　　部分代码

```
    <tr>
    <td><table     width="624"     border="0"
cellspacing="1" bgcolor="#3366cc">
        <tr>
        <td><table   width="624"   border="0"
cellspacing="0" bgcolor="#FFFFFF">
            <tr              align="center"
bgcolor="#3366cc">
```

```
                <td colspan="2" height="20">网站
基本信息</td>
            </tr>
    <%
                strSQL = "select * from
website"
                rs.Open strSQL, strConn,
AdOpenKeySet, AdLockOptimistic, AdCmdText
            %>
            <tr>
```

```
                <td align="center" width="120"
height="20"              bgcolor="#E7E7E7"><font
color="#000000">网站名称</font></td>
                <td
bgcolor="#E7E7E7"><%=rs("SiteName")%></td>
        </tr>
        <tr>
                <td align="center" height="20">
网站类型</td>
                <td><%=rs("SiteType")%></td>
        </tr>
        <tr>
                <td align="center" height="20"
bgcolor="#E7E7E7">网站简介</td>
                <td
bgcolor="#E7E7E7"><%=rs("Introduction")%></t
d>
        </tr>
        <tr>
                <td align="center" height="20">
网站地址</td>
                <td><%=rs("URL")%></td>
        </tr>
        <tr>
                <td align="center" height="20"
bgcolor="#E7E7E7">网站管理员</td>
                <td
bgcolor="#E7E7E7"><%=rs("Admin")%></td>
        </tr>
        <tr>
                <td align="center" height="20">
管理员电话</td>
```

```
                <td><%=rs("Telephone")%></td>
        </tr>
        <tr>
                <td align="center" height="20"
bgcolor="#E7E7E7">管理员 Email</td>
                <td
bgcolor="#E7E7E7"><%=rs("Email")%></td>
        </tr>
        <%      rs.Close
                Set rs = Nothing   %>
        </table></td>
    </tr>
  </table></td>
</tr>
```

该页面的运行效果如图 13-18 所示。

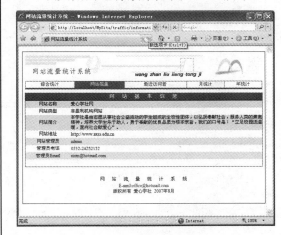

图 13-18　网站信息界面

13.3.5　最近访问者界面设计

【例 13-21】　最近访问者界面 visitor.asp 的部分代码

```
    <tr>
    <td><form              action="visitor.asp"
method="post">
        <table              cellspacing="1"
cellpadding="0"  align="center"    border="0"
width="624">
        <tr align="center">
        <td      colspan="3"      height="20"
bgcolor="#3366cc">最近访问者统计信息</td>
        </tr>
        <%
        strNum                          =
Trim(Request.Form("Num"))
                If strNum = "" Then
```

```
                    intNum = 50
            Else
                    intNum = CInt(strNum)
            End If
    %>

        <tr bgcolor="#FFFFFF">
        <td align="center" width="13%"><B>
查看最近</B></td>
        <td  width="55%"><input  id="Num"
name="Num" type="text" value= "<%=intNum%>"
size='40' />
        <B>   位 访 问 者
</B></td>
```

223

Dreamweaver CS3+ASP 动态网站设计入门实战与提高

13
Chapter

3.1

3.2

3.3

3.4

3.5

3.6

```
        <td          width="32%"
align="left"><input type="submit" value="查询
" /></td>
        </tr>
      </table>
      <table     width="624"    border="0"
cellspacing="1" bgcolor="#000000">
        <tr align="center">
          <td      width="100"     height="20"
bgcolor="#E7E7E7">序号</td>
          <td                bgcolor="#E7E7E7"
width="200">IP 地址</td>
          <td bgcolor="#E7E7E7">最近访问时间
</td>
        </tr>
        <%
          strSQL  =  "select  top  "  &
CStr(intNum) & " IP, AccessTime from traffic
order by AccessTime desc"
          rs.Open     strSQL,     strConn,
AdOpenKeySet, AdLockOptimistic, AdCmdText
          For i = 1 to rs.RecordCount
        %>
        <tr bgcolor="#FFFFFF">
          <td                height="20"
align="center"><%=i%></td>
          <td                height="20"
align="center"><%=rs("IP")%></td>
          <td                height="20"
align="center"><%=rs("AccessTime")%></td>
        </tr>
```

```
        <%
                rs.MoveNext
          Next
          rs.Close
          Set rs = Nothing
        %>
      </table>
    </form></td>
  </tr>
```

该页面的运行效果如图 13-19 所示。

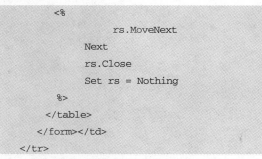

图 13-19   最近访问者界面

13.3.6   按月统计

【例 13-22】 按月统计页面 month.asp 的部分代码

```
    <tr>
      <td    valign="top"><table    width="624"
border="0"  cellspacing="1"  cellpadding="0"
bgcolor="#000000">
        <tr align="center">
          <td       colspan="4"     height="20"
bgcolor="#3366cc">月流量统计信息</td>
        </tr>
        <tr align="center">
          <td       width="80"      height="20"
bgcolor="#E7E7E7">月份</td>
          <td bgcolor="#E7E7E7" width="100">访
问量</td>
          <td bgcolor="#E7E7E7" width="324">图
示</td>
        </tr>
```

```
        <%
          CurrentYear = Year(now())
          strSQL = "select sum(PageView) from
traffic    where    AccessTime    >=    #"   &
CStr(CurrentYear) & "/01/01# and AccessTime <
#" & CStr(CurrentYear + 1) & "/01/01#"
          rs.Open     strSQL,     strConn,
AdOpenKeySet, AdLockOptimistic, AdCmdText
          intTotal = rs(0)
          rs.Close
          If Not IsNull(intTotal) Then
            For i = 1 to 12
              CurrentMonth              =
CStr(CurrentYear) & "/" & CStr(i) & "/1"
              NextMonth = DateAdd("m", 1,
CurrentMonth)
```

```
                strSQL    =    "select
sum(PageView) from traffic where AccessTime >=
#" & CurrentMonth & "# and AccessTime < #" &
NextMonth & "#"

                rs.Open strSQL, strConn,
AdOpenKeySet, AdLockOptimistic, AdCmdText
                intCount = rs(0)
                If Not IsNull(intCount)
Then
            %>
        <tr bgcolor="#FFFFFF">
            <td                  height="20"
align="center"><%=CurrentYear%> 年 <%=i%> 月
</td>
            <td                  height="20"
align="center"><%=intCount%></td>
            <td height="20" width="324"><table
width="324" border="0" height="12">
            <tr>
            <td                width="200"><table
width="<%=intCount/intTotal*300%>"
border="0" height="13">
            <tr>
            <td
background="images/img.GIF"></td>
            </tr>
            </table></td>
            <td
align="right"><%=FormatPercent(intCount/intT
otal,1)%></td>
            </tr>
            </table></td>
        </tr>
        <%
                End If
```

```
                rs.Close
            Next
        End If
    %>
        <tr bgcolor="#FFFFFF">
            <td    height="20"    align="center"
colspan="3"></td>
        </tr>
    </table>
    </td>
    </tr>
```

○ **小提示**

FormatPercent() 函数将一个小数格式化为百分数。第 1 个参数是被格式化的小数，第 2 个参数是百分数中小数的位数。

该页面的运行效果如图 13-20 所示。

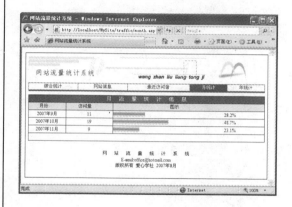

图 13-20 月统计界面

13.3.7 按年统计

【例 13-23】 按年统计页面 year.asp 的部分代码

```
    <tr>
    <td    valign="top"><table    width="624"
border="0"  cellspacing="1"  cellpadding="0"
bgcolor="#000000">
        <tr align="center">
    <td        colspan="4"        height="20"
bgcolor="#3366cc">年流量统计信息</td>
        </tr>
        <tr align="center">
        <td        width="100"        height="20"
bgcolor="#E7E7E7">年份</td>
```

```
        <td bgcolor="#E7E7E7" width="100">访
问量</td>
        <td bgcolor="#E7E7E7" width="324">图
示</td>
    </tr>
    <%
    strSQL = "select AccessTime from
traffic order by AccessTime"
    rs.Open        strSQL,        strConn,
AdOpenKeySet, AdLockOptimistic, AdCmdText
    If Not rs.EOF and Not rs.BOF Then
        rs.MoveFirst
        minYear = Year(rs(0))
```

Dreamweaver CS3+ASP 动态网站设计入门实战与提高

13

Chapter

13.1

13.2

13.3

13.4

13.5

13.6

```
                rs.MoveLast
                maxYear = Year(rs(0))
        End If
        rs.Close
        strSQL = "select sum(PageView) from
traffic"
        rs.Open       strSQL,       strConn,
AdOpenKeySet, AdLockOptimistic, AdCmdText
        intTotal = rs(0)
        rs.Close
        If Not IsNull(intTotal) Then
            For i = minYear to maxYear
                CurrentYear  =  CStr(i)  &
"/01/01"
                NextYear = DateAdd("yyyy",
1, CurrentYear)
                strSQL     =     "select
sum(PageView) from traffic where AccessTime >=
#" & CurrentYear & "# and AccessTime < #" &
NextYear & "#"
                rs.Open strSQL, strConn,
AdOpenKeySet, AdLockOptimistic, AdCmdText
                intCount = rs(0)
                If  Not  IsNull(intCount)
Then
        %>
        <tr bgcolor="#FFFFFF">
        <td                      height="20"
align="center"><%=i%>年</td>
        <td                      height="20"
align="center"><%=intCount%></td>
        <td height="20" width="324"><table
width="324" border="0" height="12">
        <tr>
        <td              width="200"><table
width="<%=intCount/intTotal*300%>"
border="0" height="13">
                <tr>
                <td
background="images/img.GIF"><img
```

```
src="images/little.gif"            width="1"
height="1"></td>
        </tr>
        </table></td>
        <td
align="right"><%=FormatPercent(intCount/intT
otal,1)%></td>
        </tr>
        </table></td>
        </tr>
        <%
                End If
                rs.Close
            Next
        End If
    %>
    <tr bgcolor="#FFFFFF">
    <td    height="20"    align="center"
colspan="3"></td>
    </tr>
    </table></td>
</tr>
```

该页面的运行效果如图 13-21 所示。

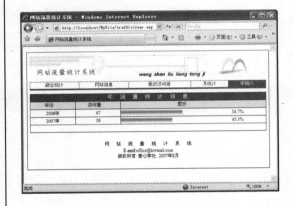

图 13-21　年统计界面

13.4　网络投票系统

在 Internet 上随处可见各种各样的投票系统，它们为征集网民对某个热点问题的基本看法发挥了积极的作用。网络投票系统具有操作简便、易于统计并实时显示等特点，因而被各大网站普遍采用。下面将介绍网络投票系统的设计和实现方案。

13.4.1　系统功能设计及数据库设计

1．系统功能分析与设计

首先介绍本节中用到的 3 个术语。对于要投票的某个热点问题，我们称为投票主题；在该热点问题中，管理员可能有多个具体的问题等待网友来投票，称这些问题为投票标题；对于每一个投票标题，通常有多个选项可供网友选择，称这些选项为投票项。

网络投票系统主要有以下功能：能够浏览所有投票主题，能够进行在线投票，能够实时查看投票结果，能够对投票主题、标题和投票项进行添加、删除和修改。

根据系统功能的要求，在网络投票系统中可以分为用户在线投票模块、投票结果查看模块和投票内容管理模块 3 个模块。其中：

（1）用户在线投票模块的功能是显示某个主题中的所有投票标题及投票项，用户可以进行在线投票并提交投票结果。

（2）投票结果查看模块的功能是显示某个主题中所有投票标题的投票情况。

（3）投票内容管理模块的功能包括投票主题、标题和投票项的添加、删除和修改。

2．数据库设计与实现

根据系统功能设计的要求以及功能模块的划分，需要在数据库中创建 3 个数据表。

（1）投票主题表（Subject）：存放投票主题的名称和本投票主题总计投票数，其表结构如表 13-7 所示。

表 13-7　投票主题表（Subject）

字段名称	字段类型	字段长度	说明
SID	自动编号		投票主题编号，主键
Subject	文本	50	投票主题的名称
Ballot	数字		本投票主题总计投票数

（2）投票标题表（Title）：存放投票标题的名称、所属的投票主题 ID，其表结构如表 13-8 所示。

表 13-8　投票标题表（Title）

字段名称	字段类型	字段长度	说明
TID	自动编号		投票标题编号，主键
Title	文本	50	投票标题的名称
SID	数字		所属的投票主题 ID

（3）投票项表（Vote）：存放投票项的名称、所属的投票主题 ID 和投票标题 ID 以及该投票项的票数，其表结构如表 13-9 所示。

表 13-9　投票项表（Vote）

字段名称	字段类型	字段长度	说明
VID	自动编号		投票项编号，主键
Item	文本	50	投票项的名称
SID	数字		所属的投票主题 ID
TID	数字		所属的投票标题 ID
Ballot	数字		本投票项的票数

13.4.2　设计投票项目管理模块

投票项目的管理可以分为投票主题的 ｜ 管理、投票标题的管理和投票项的管理，下

Dw Dreamweaver CS3+ASP 动态网站设计入门实战与提高

13

Chapter

3.1

3.2

3.3

3.4

3.5

3.6

面分别进行介绍。

【例 13-24】 浏览、添加和删除投票主题 Index.asp

```asp
<%@LANGUAGE="VBSCRIPT" CODEPAGE="65001"%>
<!--#include file="conn.asp"-->
<html>
<head>
<title>网络投票系统</title>
<meta http-equiv="Content-Type"
content="text/html; charset=utf-8">
</head>
<body>
<%
    action =
Trim(Request.QueryString("action"))
    SID = Trim(Request.QueryString("SID"))
    '如果用户单击的是"添加新主题"按钮,则执行添加新
主题的操作
    if action = "add" then
        '读取用户在表单中输入的投票主题名称
        subject =
Trim(Request.Form("subject"))
        if subject <> "" then
            Set rs =
Server.CreateObject("ADODB.RecordSet")
            strSQL = "select * from Subject
where subject = '" & subject & "'"
            rs.Open strSQL, conn,
AdOpenKeySet, AdLockOptimistic, AdCmdText
            '如果没有重复的主题,则向数据表中增加
一条记录
            if rs.EOF and rs.BOF then
                rs.AddNew
                rs("subject")=subject
                rs.update
                Response.Redirect
"index.asp"
            else
                info = "存在重复的主题!"
            end if
        else
            info = "投票主题不能为空!"
        end if
    else
    '如果用户单击的是"删除"超链接,则执行删除操作
        if action = "delete" then
                '删除该投票主题以及它所下属的投票标
题和投票项
            Conn.Execute("delete from
Subject where SID = " & SID)
```

```asp
            Conn.Execute("delete from Title
where SID = " & SID)
            Conn.Execute("delete from Vote
where SID = " & SID)
        end if
    end if
%>
    <table cellspacing=0
bordercolordark=#f5f5f5
bordercolorlight=#666666 cellpadding=2
width="700" border=1 height="18"
align="center" bgcolor="#f9cd34">
    <tr bgcolor="#CC0000" align="center">
    <td height="50" align="center"
bgcolor="#FFCC00"><font size="5"><b>大家来投票
</b></font></td>
    </tr>
    <%
    Set rs = Conn.Execute("select * from
Subject")
    '列出所有投票主题
    While Not rs.EOF
    %>
    <tr bgcolor="#CCCCCC">
    <td height="20"
bgcolor="#F0F0F0"><table width="100%"
cellpadding="3">
    <tr>
    <td width="5%"><img
src="images/head.gif" width="40"
height="40"></td>
    <!--显示投票主题的名称,单击超链接,可以
进入投票页面-->
    <td width="70%"><a
href="vote.asp?SID=<%=rs("SID")%>"> <%=
rs("Subject")%> </a></td>
    <!--单击"下属标题"超链接,可以浏览和编
辑隶属该主题的投票标题-->
    <td width="12%"><a
href="Title.asp?SID=<%=rs("SID")%>">下属标题
</a></td>
    <!--单击"修改"超链接,可以对当前主题的
名称进行修改-->
    <td width="6%"><a
href="ModifySubject.asp?SID=<%=rs("SID")%>">
修改</a> </td>
    <!--单击"删除"超链接,可以删除当前主题
-->
    <td><a
href="index.asp?action=delete&sid=<%=rs("SID
")%>">删除</a></td>
    </tr>
    </table></td>
```

```
        </tr>
        <%
            rs.MoveNext

        Wend

        %>
        <!--用户输入一个投票标题后，单击"添加新主题"按
钮，将该主题添加到列表中-->
        <tr bgcolor="#CCCCCC">
            <td height="20" bgcolor="#F0F0F0"><form
name="form1"           method="post"
action="index.asp?action=add">
            <table    width="100%"    border="0"
cellspacing="0" cellpadding="3">
                <tr>
                    <td    width="25%"    height="40"
align="right"><B>投票主题名称: </B></td>
                    <td         width="40%"><input
id="subject" size="40" name="subject"></td>
                    <td             width="10%"
align="center"><input type="submit" value="添
加新主题" name="submit"/></td>
                    <td><font
color="red"><%=info%></font></td>
                </tr>
            </table>
        </form></td>
    </tr>
</table>
</body>
</html>
```

该页面的运行效果如图 13-22 所示。

图 13-22　投票主题管理

【例 13-25】 修改投票主题 ModifySubject.asp

```
<%@LANGUAGE="VBSCRIPT" CODEPAGE="65001"%>
<!--#include file="conn.asp"-->
<html>
<head>
<meta            http-equiv="Content-Type"
content="text/html; charset=utf-8">
<title>网络投票系统</title>
</head>
```

```
<script language="javascript">
function check(){
    if(form1.subject.value==""){
        lblsubject.innerHTML = "投票主题不能为
空! ";
        form1.subject.focus();
        return false;
    }
    else{
        lblsubject.innerHTML = "";
    }
    return true;
}
</script>
<body>
<%
SID = Trim(Request.QueryString("SID"))
If SID = "" Then
    Response.Redirect "index.asp"
    Response.End
End If
subject = Trim(Request.Form("subject"))
action                               =
Trim(Request.QueryString("action"))
if action = "modify" then
    if subject <> "" then
        Set        rs        =
Server.CreateObject("ADODB.RecordSet")
        strSQL = "select * from Subject
where SID = " & SID
        rs.Open      strSQL,      conn,
AdOpenKeySet, AdLockOptimistic, AdCmdText
        rs("subject")=subject
        rs.update
        Response.Redirect "index.asp"
    else
        info = "投票主题不能为空! "
    end if
end if
Set rs = Conn.Execute("select * from
Subject where SID = " & SID)
%>
<form      name="form1"      method="post"
action="ModifySubject.asp?action=modify&
SID=<%=SID%>">
    <table         width=500         border=0
align="center" bgcolor="#FFFF99">
        <tr>
            <td        height="60"        colspan="2"
align="center">
```

Dw Dreamweaver CS3+ASP 动态网站设计入门实战与提高

13

Chapter

13.1

13.2

13.3

13.4

13.5

13.6

```
            <B><font          color="#ff0000"
size="5">修改投票主题</font></B></td>
        </tr>
        <tr>
            <td      width="140"      height="60"
align="right"><B>原投票主题名称: </B></td>
            <td
width="350"><label><%=rs("subject")%></label
></td>
        </tr>
        <tr>
            <td      width="140"      height="60"
align="right"><B>新投票主题名称: </B></td>
            <td width="350"><input id="subject"
size="50" name="subject"></td>
        </tr>
        <tr>
            <td/>
            <td><font        color="red"><label
id="lblsubject"><%=info%></label></font></td
>
        </tr>
        <tr>
            <td      height="60"      colspan="2"
align="center">
            <input type="submit" value="修改主题
" name="submit"/></td>
        </tr>
    </table>
    </form>
</center>
</body>
</html>
```

该页面的运行效果如图 13-23 所示。

图 13-23 修改投票主题

【例 13-26】 投票标题管理 Title.asp

```
<%@LANGUAGE="VBSCRIPT" CODEPAGE="65001"%>
<!--#include file="conn.asp"-->
<html>
<head>
```

```
    <title>网络投票系统</title>
    <meta              http-equiv="Content-Type"
content="text/html; charset=utf-8">
    </head>
    <body>
    <%
    SID = Trim(Request.QueryString("SID"))
    if SID = "" then
        Response.Redirect "index.asp"
    end if
    action                                  =
Trim(Request.QueryString("action"))
    if action = "add" then
        title = Trim(Request.Form("title"))
        if title <> "" then
            Set            rs            =
Server.CreateObject("ADODB.RecordSet")
            strSQL = "select * from Title
where SID = " & SID & " and title = '" & title
& "'"
            rs.Open       strSQL,       conn,
AdOpenKeySet, AdLockOptimistic, AdCmdText
            if rs.EOF and rs.BOF then
                rs.AddNew
                rs("SID") = SID
                rs("title")=title
                rs.update
                Response.Redirect
"title.asp?SID=" & SID
            else
                info = "存在重复的标题！"
            end if
        else
            info = "投票标题不能为空！"
        end if
    else
        '如果用户单击的是"删除"超链接，则删除该投
票标题及所属的投票项
        if    action = "delete" then
            TID                             =
Trim(Request.QueryString("TID"))
            Conn.Execute("delete from Title
where TID = " & TID)
            Conn.Execute("delete from Vote
where TID = " & TID)
            Response.Redirect
"title.asp?SID=" & SID
        end if
    end if
```

```
    Set  rs  =  Conn.Execute("select  *  from
subject where SID = " & SID)
   %>
   <table                      cellspacing=0
bordercolordark=#f5f5f5
bordercolorlight=#666666        cellpadding=2
width="700"         border=1       height="18"
align="center" bgcolor="#f9cd34">
     <tr bgcolor="#CC0000">
     <td        align="center"      height="50"
bgcolor="#FFCC00"><b><font size="5">投票标题管
理</font></b></td>
     </tr>
     <tr bgcolor="#CCCCCC">
     <td                           height="30"
bgcolor="#F0F0F0"><b><font      color="blue"
size="4">  投  票  主  题  ：
<%=rs("subject")%></font></b></td>
     </tr>
     <%
     Set rs = Conn.Execute("select * from Title
where SID = " & SID)
     While Not rs.EOF
     %>
     <tr bgcolor="#CCCCCC">
     <td        colspan="2"       height="20"
bgcolor="#F0F0F0"><table         width="100%"
border="0" cellspacing="0" cellpadding="3">
         <tr>
         <td              width="5%"><img
src="images/head.gif"            width="40"
height="40"></td>
         <td
width="69%"><%=rs("Title")%></td>
         <!--单击"编辑投票项"超链接，可以浏览和
编辑该标题的所有投票项-->
         <td             width="13%"><a
href="Item.asp?SID=<%=SID%>&TID=<%=rs("TID")
%>">编辑投票项</a></td>
         <td             width="6%"><a
href="ModifyTitle.asp?SID=<%=SID%>&TID=<%=
rs("TID")%>">修改</a></td>
         <td><a
href="title.asp?action=delete&SID=<%=SID%>&T
ID=<%=rs("TID") %>">删除</a></td>
        </tr>
       </table></td>
     </tr>
     <%
         rs.MoveNext
     Wend
     %>
     <tr bgcolor="#CCCCCC">
```

```
     <td         colspan="2"        height="20"
bgcolor="#F0F0F0"><form name="form1" method=
"post"
action="title.asp?action=add&SID=<%=SID%>">
       <table     width="100%"      border="0"
cellspacing="0" cellpadding="3">
         <tr>
         <td     width="25%"      height="40"
align="right"><B>投票标题名称：</B></td>
         <td width="40%"><input id="title"
size="40" name="title"></td>
         <td                     width="10%"
align="center"><input type="submit" value="添
加新标题" name="submit"/></td>
         <td><font
color="red"><%=info%></font></td>
        </tr>
       </table>
      </form></td>
    </tr>
   </table>
  </body>
 </html>
```

该页面的运行效果如图 13-24 所示。

图 13-24　投票标题管理

【例 13-27】　投票项管理 Item.asp

```
<%@LANGUAGE="VBSCRIPT" CODEPAGE="65001"%>
<!--#include file="conn.asp"-->
<html>
<head>
<title>网络投票系统</title>
<meta              http-equiv="Content-Type"
content="text/html; charset=utf-8">
</head>
<body>
<%
  SID = Trim(Request.QueryString("SID"))
  TID = Trim(Request.QueryString("TID"))
  if SID = "" or TID = "" then
```

Dw

Dreamweaver CS3+ASP 动态网站设计入门实战与提高

13

Chapter

13.1

13.2

13.3

13.4

13.5

13.6

```asp
        Response.Redirect "index.asp"
    end if
    action                              =
Trim(Request.QueryString("action"))
    if action = "add" then
        item = Trim(Request.Form("item"))
        if item <> "" then
            Set         rs          =
Server.CreateObject("ADODB.RecordSet")
            strSQL = "select * from vote
where SID = " & SID & " and TID = " & TID & "
and item = '" & item & "'"
            rs.Open      strSQL,      conn,
AdOpenKeySet, AdLockOptimistic, AdCmdText
            if rs.EOF and rs.BOF then
                rs.AddNew
                rs("SID") = SID
                rs("TID") = TID
                rs("item")= item
                rs.update
                Response.Redirect
"item.asp?SID=" & SID & "&TID=" & TID
            else
                info = "存在重复的投票项！"
            end if
        else
            info = "投票项目不能为空！"
        end if
    else
        '如果用户单击的是"删除"超链接，则删除该投
票项
        if   action = "delete" then
            VID                         =
Trim(Request.QueryString("VID"))
            Conn.Execute("delete from Vote
where VID = " & VID)
            Response.Redirect
"item.asp?SID=" & SID & "&TID=" & TID
        end if
    end if
    Set rs = Conn.Execute("select  *  from
subject where SID = " & SID)
    Set rec = Conn.Execute("select * from title
where TID = " & TID)
    %>
    <table                      cellspacing=0
bordercolordark=#f5f5f5
bordercolorlight=#666666          cellpadding=2
width="700"       border=1       height="18"
align="center" bgcolor="#f9cd34">
    <tr bgcolor="#CC0000">
```

```asp
    <td        align="center"       height="50"
bgcolor="#FFCC00"><b><font size="5">投票项管理
</font></b></td>
    </tr>
    <tr bgcolor="#CCCCCC">
    <td                           height="30"
bgcolor="#F0F0F0"><b><font       color="blue"
size="4"> 投 票 主 题： <%=rs("subject")%><font
color="green">           标          题：
<%=rec("title")%></font></font></b></td>
    </tr>
    <%
    Set rs = Conn.Execute("select * from Vote
where SID = " & SID & " and TID = " & TID)
    While Not rs.EOF
    %>
    <tr bgcolor="#CCCCCC">
    <td        colspan="2"       height="20"
bgcolor="#F0F0F0"><table         width="100%"
border="0" cellspacing="0" cellpadding="3">
        <tr>
        <td              width="5%"><img
src="images/head.gif"             width="40"
height="40"></td>
        <td
width="80%"><%=rs("Item")%></td>
        <td              width="6%"><a
href="ModifyItem.asp?SID=<%=SID%>&TID=<%=
rs("TID")%>&VID=<%=rs("VID")%>">修改</a></td>
        <td><a
href="item.asp?action=delete&SID=<%=SID%>&TI
D=<%=rs("TID")  %>&VID=<%=rs("VID")%>"> 删 除
</a></td>
        </tr>
    </table></td>
    </tr>
    <%
        rs.MoveNext
    Wend
    %>
    <tr bgcolor="#CCCCCC">
    <td        colspan="2"       height="20"
bgcolor="#F0F0F0"><form          name="form1"
method="post"
action="item.asp?action=add&SID=<%=SID%>&TID
=<%=TID%>">
    <table    width="100%"    border="0"
cellspacing="0" cellpadding="3">
        <tr>
        <td     width="24%"     height="40"
align="right"><B>投票项目名称：</B></td>
        <td width="40%"><input id="item"
size="40" name="item"></td>
```

```
                        <td          width="10%"
align="center"><input type="submit" value="添
加新投票项" name="submit"/></td>
            <td><font
color="red"><%=info%></font></td>
        </tr>
    </table>
    </form></td>
</tr>
</table>
</body>
</html>
```

该页面的运行效果如图 13-25 所示。

图 13-25　投票项管理

13.4.3　投票界面设计

【例 13-28】　投票页面 Vote.asp

```
<%@LANGUAGE="VBSCRIPT" CODEPAGE="65001"%>
<!--#include file="conn.asp"-->
<html>
<head>
<meta            http-equiv="Content-Type"
content="text/html; charset=utf-8">
<title>网络投票系统</title>
</head>
<body>
<center>
<table width=500 border=0 cellpadding=0
cellspacing=0 bgcolor=#f9cd34>
    <tr>
    <td       align="center"       width=475
height=45><font size="5"><b>大家来投票</b>
</font></td>
    </tr>
</table>
<%
Dim SID
SID = Request.QueryString("SID")
If SID = "" Then
    Response.Redirect "index.asp"
    Response.End
End If
strSQL = "select * from Subject where SID
= " & SID
Set rs = Conn.Execute(strSQL)
%>
<table width=500 border=0 align="center"
bgcolor="#FFF2BB">
    <tr>
```

```
    <td><table      width=460      border=0
cellpadding=5                    align="center"
bgcolor="#FFF2BB">
        <tr>
            <td ><font color=ff0000>投票主题：
<%=rs("Subject")%></font></td>
        </tr>
    </table></td>
    </tr>
    <tr>
    <td><table   width=460   cellpadding=3
cellspacing=1 bgcolor=#b18a02 align=center>
        <tr bgcolor=#ffffff align=center>
        <td height=20 align=left>
        <%
            '显示该主题下的所有投票标题
            strSQL = "select * from Title
where SID = " & SID
            Set rs = Conn.Execute(strSQL)
            While Not rs.EOF
                TID = rs("TID")
        %>
        <!--投票结果的处理将在 view.asp 页面中
实现-->
        <form
action="view.asp?SID=<%=SID%>"
method="post">
            <b><%=rs("Title")%></b><br>
            <%
            '显示该标题下的所有投票项
            strSQL = "select * from vote
where SID = " & SID & " and TID = " & TID & "
order by VID"
            Set       rec       =
Conn.Execute(strSQL)
            While Not rec.EOF
        %>
```

Dreamweaver CS3+ASP 动态网站设计入门实战与提高

13

Chapter

13.1

13.2

13.3

13.4

13.5

13.6

```
                <input                type="radio"
name="q_<%=rs("TID")%>" value="<%=rec("VID")
%>">
                <%=rec("Item")%><br>
                    <%
                        rec.MoveNext
                    Wend
                    %>
                <br>
                    <%
                            rs.MoveNext
                    Wend
                    %>
                <br>
                <input type="submit" value="提交
">
                <input                type="button"
name="viewresult" value="查看" onClick="window.
open('view.asp?SID=<%=SID%>');">
            </form></td>
        </tr>
        </table></td>
    </tr>
</table>
</center>
</body>
</html>
```

该页面的运行效果如图 13-26 所示。

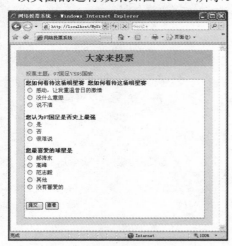

图 13-26　投票界面

【例 13-29】　投票结果查看 view.asp

```
<%@LANGUAGE="VBSCRIPT" CODEPAGE="65001"%>
<!--#include file="conn.asp"-->
<html>
<head>
```

```
    <meta               http-equiv="content-type"
content="text/html; charset=utf-8">
    <title>网络投票系统--结果查看</title>
    </head>
    <%
    Dim SID, ValidVote
    SID = Trim(Request.QueryString("SID"))
    If SID = "" Then
        Response.Redirect "index.asp"
        Response.End
    End If
    '顺序遍历每一个投票标题
    strSQL = "select * from Title where SID =
" & SID
    Set rs = Conn.Execute(strSQL)
    ValidVote = false
    While Not rs.EOF
        TID = rs("TID")
        '获得被选中的投票项，并更新该投票项的票数
        VID = Trim(Request.Form("q_" & TID))
        If Not VID = "" and Not IsNull(VID)
and Not IsEmpty(VID) Then
            Conn.Execute("update Vote set
ballot = ballot + 1 where SID = " & SID & " and
TID = " & TID & " and VID = " & VID)
            ValidVote = true
        End If
        rs.MoveNext
    Wend
    '如果本次投票有效，则更新本投票主题的总投票人数
    If ValidVote Then
        Conn.Execute("update  Subject  set
ballot = ballot + 1 where SID = " & SID)
    End If
    strSQL = "select * from Subject where SID
= " & SID
    Set rs = Conn.Execute(strSQL)
    %>
    <body>
    <table width=500 border=0 cellpadding=0
cellspacing=0 bgcolor=#f9cd34>
    <tr>
        <td        align="center"        width=475
height=45><font   size="5"><b> 投 票 结 果
</b></font>            </td>
    </tr>
    </table>
    <table width=500 border=0 align="center"
bgcolor="#FFF2BB">
    <tr>
    <td><table width=460 border=0 cellpadding
=5 align="center" bgcolor="#FFF2BB">
```

```asp
        <tr>
            <td><font color=ff0000>投票主题：
<%=rs("Subject")%></font></td>
        </tr>
        <tr>
            <td>    共    有    <font
color=#fc0a0b><%=rs("Ballot")%></font>人参加
</td>
        </tr>
        </table></td>
    </tr>
    <%
    strSQL = "select * from Title where SID =
" & SID
    Set rs = Conn.Execute(strSQL)
    While Not rs.EOF
        TID = rs("TID")
    %>
    <tr>
        <td><table   width=460   cellpadding=3
cellspacing=1 bgcolor=#b18a02 align=center>
            <tr bgcolor=#f9dc34 align=center>
                <td    width=350    colspan='4'
align=left    style='padding-left:5px'>
<%=rs("Title")%></td>
            </tr>
            <tr bgcolor=#ffffff align=center>
                <td width=20> </td>
                <td width=220 height=20>选项</td>
                <td width=110>比例</td>
                <td width=50>票数</td>
            </tr>
            <%
                strSQL="select Sum(Ballot) from vote
where SID=" & SID &" and TID = "&TID
                Set rec = Conn.Execute(strSQL)
                totalVotes = rec(0)
                strSQL = "select * from vote where SID
= " & SID & " and TID = " & TID & " order by ballot
desc"
                Set rec = Conn.Execute(strSQL)
                recno = 1
                While Not rec.EOF
            %>
                <tr bgcolor=#ffffff align=center>
                <!--显示每一个投票项的名称、比例和票数
                <td width=20><%=recno%></td>
                <td        width=230        height=20
align=left><font
color=#0262cd><%=rec("Item")%> </font></td>
                <td  width=100  align=left><table
border=0>
                    <tr>
```

```asp
                        <td align=left width=40><font
color=#0262cd><%=Round(rec("ballot")        /
totalVotes * 100, 2)& "%"%></font></td>
                        <td        align=left><img
src='images/14dc_bg.gif'        width=<%=
Round(rec("ballot")/totalVotes*40,      3)%>
height=10></td>
                    </tr>
                </table></td>
                <td   width=80   align=left><font
color=#0262cd><%=rec("ballot")%></font>
                </td> </tr>
            <%
                recno = recno + 1
                rec.MoveNext
            Wend
            %>
            </table></td>
        </tr>
        <tr> <td height=19> </td> </tr>
    <%
    rs.MoveNext
    Wend
    %>
    <tr height="30">
        <td               align="center"><a
href="view.asp?SID=<%=SID%>">请您刷新以获得最新
的统计结果! </a></td>
    </tr>
</table>
</body>
</html>
```

该页面的运行效果如图 13-27 所示。

图 13-27 投票结果显示

13
Chapter
13.1
13.2
13.3
13.4
13.5
13.6

13.5 本章技巧荟萃

- 使用 JavaScript 的 alert()函数，可以弹出一个警告窗口，提示用户某个项目出错。

- 在页面运行过程中，总是弹出一些警告窗口会让用户感觉很不舒服，可以在页面的某个位置使用红色文字提示错误信息，这样用户更容易接受。

- 对于一些显而易见的输入错误，可以直接在浏览器端使用 JavaScript 脚本检查，而不需要将其发送到 Web 服务器，再由服务器端脚本检查，这样也减少了浏览器与 Web 服务器的交互次数。

- FormatDateTime 函数用于将一个字符串文本格式化为指定格式的日期/时间，具体用法可见附录 B。

- 保持网页标签结构的层次性，有利于 HTML 代码的分析，也有利于错误查找。如果你的网页代码是非格式化的，可以使用 Dreamweaver 提供的格式化工具对选中代码进行格式化。

- 通常在文本框的右边标注红色的 "*"，用于提示用户该项是必选项。

- img 标签的 alt 属性用于在图片无法显示时说明图片的类型或作用。

- 标准的 Email 地址必须包含 "@" 符号和 "." 符号，因此，通过检查这两个符号在文本中是否存在，可以判断输入的 Email 值是否有效。

- document.all.控件名.focus()语句的作用是将光标的焦点重新定位到该控件上，便于用户立即修改原输入信息。

- 在执行删除操作之前，一定要提示用户进行确认，以避免用户由于误操作而造成信息丢失。

- Year()、Month()和 Day()函数分别用于取出日期中的年、月、日。DatePart 函数可以根据第一个参数的不同，取出日期中的不同部分值。

- FormatPercent 函数将一个小数格式化为百分数。第 1 个参数是被格式化的小数，第 2 个参数是格式化后小数的位数。

13.6 学习效果测试

一、思考题

（1）Web 应用程序的公共模块通常包含哪些内容？它们分别起什么作用？

（2）如何合理地划分 Web 应用程序的功能模块？

二、操作题

（1）为网络留言板补充"留言编辑"功能，留言编辑页面的效果如图 13-28 所示。

（2）设计一个简化的网络投票系统，即每个投票主题只有一个投票标题。单投票主题的效果如图 13-29 所示。

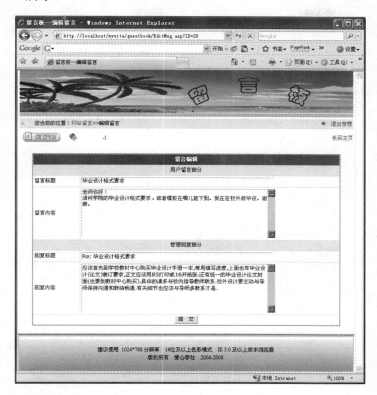

图 13-28　留言编辑

图 13-29　单投票主题

读书笔记

第14章 网上求职系统

学习要点

在信息时代的今天，如果依靠传统的招聘形式来招聘或应聘，不但增加成本，而且有可能招不到合适的人才或找不到合适的工作。如果能够为招聘者和应聘者提供一个公共的网上交流平台，可以大大提高招聘和应聘的效率。通过本章的学习，读者将学习到如何使用 Dreamweaver CS3 和 ASP 开发一个网上求职系统，实现招聘信息的在线管理。该系统的优势在于使用简单、功能强大、扩展性好、具有跨地域操作的能力。

学习提要

- 系统登录功能
- 系统导航功能
- 求职登记功能
- 单位登记功能
- 单位查询功能
- 人才录用过程
- 信息统计功能

14.1 数据库设计

网上求职系统的目的是提供一个网上信息交流平台。登录到该系统，求职者可以查询感兴趣的招聘信息，招聘者也可以搜索需要的人才信息。

14.1.1 系统需求分析

网上求职系统主要用来实现个人求职和单位招聘过程的系统化和网络化，它通常需要提供以下功能。

- 系统登录: 用来验证用户的合法性。

- 消息显示: 用来显示用户登录后的相关提示信息。

- 求职登记: 用来登记求职者的简历信息。

- 个人资料修改: 用来修改求职者的个人资料信息。

- 单位查询: 用来查询符合求职者要求的单位。

- 单位登记: 用来登记招聘单位的基本信息和招聘信息。

- 单位信息编辑: 用来修改招聘单位的登记信息。

- 人才录用: 对求职者进行录用或拒绝录用操作。

- 统计信息: 用来统计简历数量、个人用户数量和单位用户数量等信息。

根据系统功能设计的要求，可以设计出其功能模块图，如图 14-1 所示。

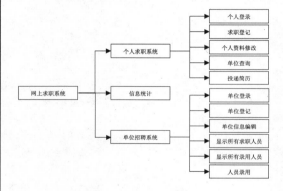

图 14-1 系统功能模块图

14.1.2 数据库详细设计

根据系统功能设计的要求以及功能模块的划分，需要在数据库中创建 4 个数据表:

（1）会员信息表（PersonalInfo）。

用来存储所有求职人员的基本信息，由于该表字段数很多，因此我们只列出了部分字段，其表结构如表 14-1 所示。

表 14-1 会员信息表（PersonalInfo）

字段名	数据类型	描述
ResumeID	自动编号	个人简历 ID，主键
UserName	文本	用户名
Password	文本	用户密码
PersonName	文本	用户真实姓名
Sex	文本	性别
Birthdate	日期/时间	出生日期

字段名	数据类型	描 述
Nation	文本	民族
PoliticalStatus	文本	政治面貌
Height	文本	身高
Marry	文本	婚姻状况
Residence	文本	户口所在地
CurrentCity	文本	当前所在地
NativePlace	文本	籍贯
Degree	文本	学历
Title	文本	职称
Experience	备注	工作经验
WorkExperience	备注	工作经历
DateofGraduation	日期/时间	毕业日期
GraduationSchool	文本	毕业学校
Specialty	文本	专业类别
Major	文本	专业
ForeignLanguage	文本	外语
Certificate	文本	证书
JobEnrollmentState	文本	职业状态
MonthlyPay	数字	月薪

（2）单位信息表（CompanyInfo）。

用来存储所有招聘单位的信息，其表结构如表 14-2 所示。

表 14-2　单位信息表（CompanyInfo）

字段名	数据类型	描 述
CompanyID	自动编号	单位 ID，主键
UserName	文本	用户名
Password	文本	用户密码
CompanyName	文本	单位名称
Address	文本	单位地址
Email	文本	电子邮件地址
Telephone	文本	单位联系电话
Postcode	文本	邮编号码
Homepage	文本	单位主页
Introduction	文本	单位简介
RegistrationDate	日期/时间	注册时间
ContactPerson	文本	联系人
RegisteredCapital	文本	注册资金
NatureofCompany	文本	单位性质
NumberofStaff	数字	员工人数

（3）招聘职位数据表（Position）。

用来存储招聘单位发布的所有职位信息，其表结构如表 14-3 所示。

表 14-3　招聘职位数据表（Position）

字段名	数据类型	描　述
PositionID	自动编号	职位 ID，主键
CompanyID	数字	单位 ID
PositionTitle	文本	招聘职位
NatureofWork	文本	工作性质
Target	文本	招聘对象
NumberofRecruit	数字	招聘人数
JobDescription	备注	岗位描述
Requirement	文本	相关要求
WorkPlace	文本	工作地点
StartTime	日期/时间	招聘开始时间
Degree	文本	学历

（4）应聘信息表（ApplyInformation）。用来存储个人发出的应聘信息以及应聘状态，其表结构如表 14-4 所示。

表 14-4　应聘信息表（ApplyInformation）

字段名	数据类型	描　述
ApplyID	自动编号	应聘信息 ID，主键
ResumeID	数字	简历 ID
CompanyID	数字	单位 ID
PositionID	数字	职位 ID
PositionTitle	文本	职位名称
ApplicantName	文本	求职者姓名
Sex	文本	性别
Degree	文本	学历
StartTime	日期/时间	发布时间
CompanyName	文本	单位名称
EnrollmentState	文本	录取状态
Flag	文本	查看标示

14.2　制作实现过程

Dreamweaver+ASP

本节主要讨论网上求职系统的制作过程，包括系统登录、系统导航、消息显示、求职登记、个人资料修改、显示单位、单位查询、应聘结果显示、单位登记、单位信息编辑、显示所有求职、显示录取人员和统计信息等功能。

14.2.1　系统登录

系统登录主要用于验证用户登录时输入的用户名、密码和验证码是否正确。如果正确，用户可以进入系统，否则将不能进入该系统。个人用户和单位用户都可以通过系统登录窗口进入网上求职系统。

当用户打开网上求职系统主页后，可以看到主页上包括"用户登录"、"职位快速搜索"、"最近 10 条招聘信息"和"最近 10

条人才应聘信息"等内容,如图14-2所示。下面将介绍与用户登录有关的代码实现。

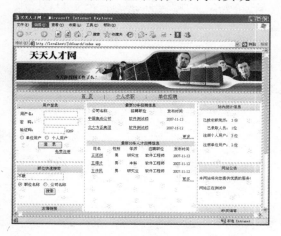

图 14-2　网络求职系统主页

【例 14-1】　用户登录的部分代码

```
<form        id="form1"        name="form1"
method="post" action="inc/login.asp">
  <table width="99%">
    <tr>
      <td                      width="39%"
align="left">  用户名: </td>
      <td width="61%" align="left">
        <input name="txtUserName" type="text"
id="txtUserName" size="13" />
      </td>
    </tr>
    <tr>
      <td align="left">  密  
码: </td>
      <td align="left">
        <input  onmouseseover="this.select()"
onfocus="this.select()"   name="txtPassword"
type="password"  id="txtPassword"  size="15"
maxlength="20"/> </td>
    </tr>
    <tr>
      <td align="left">  验证码: </td>
      <td align="left">
        <input  onmouseseover="this.select()"
onfocus="this.select()"  name="txtCheckCode"
type="text"       id="txtCheckCode"    size="6"
maxlength="20"/><%= session("checkcode")%>
        <input            name="RightCheckCode"
type="hidden"    id="hiddenField"    value="<%=
session("checkcode")%>"/>
      </td>
    </tr>
```

```
    <tr>
      <td align="center">
        <input   type="radio"   name="UserType"
id="radio" value="2" />单位用户 </td>
        <td align="left">
        <input   type="radio"   name="UserType"
id="radio2" value="1" />个人用户</td>
      </tr>
      <tr>
        <td colspan="2" align="center">
        <input  name="btnLogin"  type="submit"
id="btnLogin" value="登 录" /></td>
      </tr>
      <tr>
        <td                      align="center"
background="register1.asp"><A
href="register.asp"></A></td>
        <td                 align="center"><A
href="register.asp"  class="STYLE2">免 费 注 册
</A></td>
      </tr>
    </table>
  </form>
```

用户可以在左边的用户登录区中输入用户名、密码和验证码,然后选择◉ 单位用户或◉ 个人用户单选按钮,再单击[登 录]按钮登录系统。登录信息的验证将通过 login.asp 页面完成。

【例 14-2】　用户登录验证:login.asp

```
<%@LANGUAGE="VBSCRIPT" CODEPAGE="65001"%>
<!--#include file="../inc/conn.asp"-->
<%
'用户登录程序
'从表单中获取用户名、密码和验证码。
username=trim(Request("txtUserName"))
password=trim(Request("txtPassword"))
checkcode=trim(Request("txtCheckCode"))
rightcheckcode=trim(Request("RightCheckCo
de"))
  if    request.QueryString("UserType")<>""
then
  '从单位或用户页面登录,获取用户类型
usertype=request.QueryString("UserType")
  else
  '从主页面 index.asp 登录,获取用户类型
    usertype=Request("UserType")
  end if
'用户名或密码为空,则提示用户非法登录
if username="" or password="" then
```

```
        response.write("<script
language=javascript>alert('用户名或密码不能为空
')</script> ")
        response.Redirect( "../index.asp")
    end if
    '如果用户没有选择用户类型,则提示用户选择用户类型。
    if usertype="" then
        response.write("<script
language=javascript>alert('请选择用户类型!
')</script> ")
        response.Redirect("../index.asp")
    end if
    '用户类型为 1,则是个人用户登录,为 2 则是单位用户
登录。
    if usertype=1 then
        '输入的验证码与右边的验证码比较,若不相等,则提示
用户验证码输入有误。
        if CheckCode<>RightCheckCode then
            response.write("<script
language=javascript>alert('验证码输入有误!
')</script>")

response.Redirect( "../person/person_login.a
sp")
        end if
        sql="select * from PersonalInfo where
UserName='"&username&"' and Password='" &
password &"'"
        set
rs=server.createobject("adodb.recordset")
        rs.open sql,conn,1,1
        '从个人信息表中查找不到,则提示用户名或密码不正
确。
        if rs.eof then
            response.write("<script
language=javascript>alert('用户名或密码不正确!
')</script> ")

response.Redirect( "../person/person_login.a
sp")
        else
            '将用户名、个人简历 ID 存入 session 中。
            session("UserName")=rs("UserName")
            session("ResumeID")=rs("ResumeID")
            session("type")=usertype

response.Redirect("../person/main.asp")
        end if
```

```
    '单位用户登录
    else
        '输入的验证码与给出的验证码比较,若不相等,则提
示用户验证码输入有误。
        if checkcode<>rightcheckcode then

response.Redirect( "../company/company_login
.asp")
        end if
        sql="select * from CompanyInfo where
UserName='"&username&"'    and    Password='"&
password &"'"
        set
rs=server.createobject("adodb.recordset")
        rs.open sql,conn,1,1
        if rs.eof then

response.Redirect( "../company/company_login
.asp")
        else
            '将用户名、用户 ID 等信息存入 session 中。
            session("UserName")=rs("UserName")
            session("CompanyID")=rs("CompanyID")
            session("type")=usertype

response.Redirect("../company/main.asp")
        end if
    end if
    '关闭记录集和数据库连接,释放资源。
    rs.close
    set rs=nothing
    conn.close
    set conn=nothing
%>
```

> ○ **小提示**
>
> 数据库连接与记录集使用完毕后应该即时释放对象,
> 这是因为系统资源是非常有限的,特别对 Web 应用程序。
> 对于 ADO 对象,释放对象所占用的系统资源首先使用
> Close 方法关闭,然后设置对象值为 Nothing 来释放对象所
> 占用的内存。

此外,个人用户还可以通过"个人用户登录"窗口登录,登录界面为 person_login.asp;而单位可以通过"单位用户登录"窗口登录,登录界面为 company_login.asp。

14.2.2 系统导航

在网上求职系统主页中,通过顶部的导航栏,用户可以进入个人求职或单位招聘页面。

单击 个人求职 按钮,用户可以进入"个人求职"页面,如图 14-3 所示。

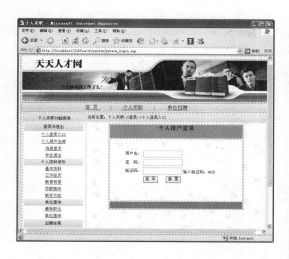

图 14-3　"个人求职"页面

在图 14-3 中，用户可以通过左边的功能菜单进入个人用户注册、个人资料修改、单位查询和应聘结果等页面，从而进行相应的操作。

由于个人求职页面左边的功能菜单和顶部的导航栏在很多页面中都是相同的，因此我们可以将公共部分做成一个网页模板。

【例 14-3】　网页模板：moban2.dwt

```
<%@LANGUAGE="VBSCRIPT" CODEPAGE="65001"%>
<html>
<head>
<meta            http-equiv="Content-Type"
content="text/html; charset=utf-8" />
<title>个人求职</title>
<!-- TemplateParam name="OptionalRegion1"
type="boolean" value="true" -->
</head>
<body>
<table                      width="100%"
background="../images/bg3.jpg">
  <tr>
    <td align="center" valign="top"><table
width="768"      border=3      align="center"
bordercolor= "#CCCCCC">
      <tr><td              height="125"
colspan="3"><img     src="../images/a3.jpg"
name="logo" width="780" height="148" id="logo"
/></td></tr>
      <tr><td    height="27"    colspan="3"
bordercolor="#0099FF" background="../images/
gg14.gif" bgcolor="#CCCCCC">
        <A href="../index.asp">首页 </A>
 <A href="../person/main.asp"> 个人
```

求职 </A> 　| 　<A href=
"../company/main.asp">单位招聘</A>
        </td></tr>
      <tr>
        <td   colspan=3   align="left"
valign="top"><table width="100%" border=1
bordercolor= "#CCCCCC">
          <tr>
            <td width="26%" height="20"
align="center" valign="bottom" background=
"../images/gg16.gif" bgcolor="#00CCFF">个人求
职功能菜单</td>
            <td   width="74%"   height=20
valign="top" bordercolor="#CCCCCC" background
"../images/gg16.gif"   bgcolor="#00CCFF"><!--
TemplateBeginEditable name= "EditRegion2"-->
当前位置: 个人求职-->单位查询-->单位查询结果
<!-- TemplateEndEditable --></td>
          </tr>
          <tr>
            <td height=394 valign="top"
background="../images/bg5.gif"><table width=
"97%"   height="371"
background="../images/bg5.gif">
              <tr><td   height=19
background="../images/gg14.gif"
bgcolor="#CCFF99">登录与退出</td></tr>
              <tr><td><A
href="../person/person_login.asp">个人登录入口
</A></td> </tr>
              <tr><td><A
href="../person/register1.asp">个人用户注册
</A></td></tr>
              <tr><td><A
href="../person/main.asp"> 消 息 显 示
</A></td></tr>
              <tr><td><A
href="../inc/exit.asp? type=1"> 安 全 退 出
</A></td></tr>
              <tr><td
background="../images/gg14.gif"   bgcolor=
"#CCFF99">个人资料修改</td></tr>
              <tr><td><A
href="../person/person_manage1.asp">基本资料
</A></td></tr>
              <tr><td><A
href="../person/person_manage2.asp">工作经历
</A></td<   <tr><td><A
href="../person/person_manage3.asp">教育背景
</A></td></tr>
              <tr><td><A
href="../person/person_manage4.asp">求职意向
</A></td></tr>
   /tr>
              <tr><td><A
href="../person/person_manage5.asp">联系方式
</A></td></tr>

```
                    <tr><td
background="../images/ggl4.gif"      bgcolor=
"#CCFF99">单位查询 </td></tr>
                        <tr><td><A
href="../person/search1.asp"> 最 新 职 位
</A></td></tr>
                        <tr><td><A
href="../person/search2.asp"> 单 位 查 询
</A></td></tr>
                        <tr><td       height=19
background="../images/ggl4.gif"
bgcolor="#CCFF99"应聘结果</td></tr>
                        <tr><td><A
href="../person/yingpin_result.asp">查看应聘结
果</A></td> </tr>
                        <tr><td></td></tr>
                    </table></td>
                        <td           align="left"
bordercolor="#ECE9D8"            background=
"../images/bg5.gif"><!--TemplateBeginEditabl
e    name="EditRegion4"     -->EditReion4<!--
TemplateEndEditable --></td>
                    </tr>
                </table></td>
            </tr>
        </table></td>
    </tr>
</table>
</body>
</html>
```

单击 单位招聘 按钮，用户可以进入"单位招聘"页面，如图 14-4 所示。

图 14-4 "单位招聘"页面

通过左边的导航栏，用户可以进入单位用户注册、单位信息编辑、职位发布、查看所有求职和查看录取人员等页面。由于该页面的代码与"个人求职"页面相似，所以此处不再进行详细描述，读者可以参考光盘中的源代码。

14.2.3 消息显示

当个人用户或单位用户登录系统时，系统会向他们显示一些提示信息。对于个人用户，提示信息包括已投递的简历数目、收到的录用通知数目等；对于单位用户，提示信息包括收到的简历数目、已录用的人才数目等。由于这两个页面的代码结构和运行效果非常相似，所以下面只给出个人求职消息显示页面的代码和运行效果图。

【例 14-4】 个人求职消息显示页面：main.asp

```
<%@LANGUAGE="VBSCRIPT" CODEPAGE="65001"%>
<!--#include file="../inc/conn.asp"-->
<%
'如果用户名为空或者用户类型不是个人用户，则转到个
人用户登录页面
```

```
    if        session("UserName")=""        or
session("type")<>1 then

response.Redirect("../person/person_login.as
p")
    end if
    '统计个人已投递的个人简历数，num1 为个人已投递的个
人简历数。
    sql="select    count(*)    as    num1    from
ApplyInformation      where      ResumeID="    &
session("ResumeID")
    set
rs=server.CreateObject("adodb.recordset")
    rs.open sql,conn,1,1
    '统计公司的录取通知数，num2 为公司的录取通知数。
```

```
    sql="select    count(*)    as    num2    from
ApplyInformation where EnrollmentState='已录取
' and ResumeID="&session("ResumeID")
    set
rs1=server.CreateObject("adodb.recordset")
    rs1.open sql,conn,1,1
    '从个人信息表中查到用户真实姓名.
    sql="select  *  from  PersonalInfo  where
ResumeID="&session("ResumeID")
    set
rs2=server.CreateObject("adodb.recordset")
    rs2.open sql,conn,1,1
    %>
    <tr>
    <td width="227" height="17" align="left"
background="../images/bg5.gif"> 亲 爱 的 用 户：
<%=rs2("PersonName") %>，您好。</td>
    </tr>
    <tr bgcolor="#CCFFFF">
    <% if rs("num1")<>0 then %>
    <td                          align=left
background="../images/bg5.gif"> 您 已 投 递 [<A
href="yingpin_result.asp">    <%=rs("num1")
%></A>]份简历! </td>
    <% else %>
    <td        width="210"      align="left"
background="../images/bg5.gif">您还没有投递简
历! </td>
    <% end if %>
    </tr>
```

```
    <tr>
    <% if rs1("num2")<>0 then %>
    <td          height="32"         align="left"
background="../images/bg5.gif"
bgcolor="#CCFFFF"> 您 已 收 到 [<A
href="yingpin_result.asp"><%=rs1("num2")
%></A>]家公司的录取通知! </td>
    <% else %>
    <td         width="210"        align="left"
background="../images/bg5.gif"
bgcolor="#CCFFFF">您还没有收到一家公司的录取通知!
</td>
    <% end if %>
```

该页面的运行效果如图 14-5 所示。

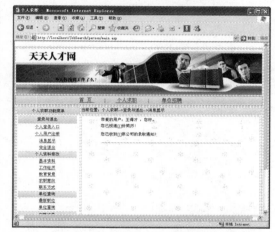

图 14-5 个人求职消息显示

14.2.4 求职登记

当用户首次登录网上求职系统时，他们需要登记一些个人基本资料，例如姓名、性别、出生日期、所在地、工作经历、教育背景、求职意向和联系方式等，这些信息可以在求职登记页面中输入。

【例 14-5】 求职登记页面：

RegistrationPersonInfo.asp

```
    <form  id="form1"  name="form1"  method=
"post" action="../inc/regpersoninfo.asp">
    <table width="100%" border=1 bordercolor=
"#00CCFF" background="../images/bg5.gif">
    <tr>
    <td height="5" colspan="4" align=
"center"><h3>个人基本资料</h3></td>
```

```
    </tr>
    <tr>
    <td width="19%" align="right">姓
名: </td>
    <td   width="38%"   align="left">
<input type="text" name = "txtPersonName" id =
"txtPersonName" /></td>
    <td width="15%" align="right">性
别: </td>
    <td   width="28%"   align="left">
<input name="rbnSex" type="radio" id="radio"
value="男" checked="checked"  />男
    <input type="radio" name="rbnSex"
id="radio2" value="女" />女 </td>
    </tr>
    <tr>
    <td align="right">出生日期: </td>
    <td  align="left"><select  name=
"lstYear" id="lstYear">
```

```
                    <option
value="1977">1977</option>
                    '年份从 1978 到 1988 与上一行相同
            </select>
            年
            <select    name="lstMonth"    id=
"lstMonth">
                <option    value="1"    selected=
"selected">1</option>
                    '月份从 2 到 12 与上一行相同
            </select>
            月
            <select name="lstDay" id="lstDay">
                <option    value="1"    selected=
"selected">1</option>
                    '天从 2 到 31 与上一行相同
            </select>
            日 </td>
        <td align="right">身 高: </td>
        <td    align="left"><input    name=
"txtHeight" type="text" id="txtHeight" size =
"8" />
            厘米</td>
    </tr>
    <tr>
        <td align="right">政治面貌:. </td>
        <td    align=left><select    name=
"lstPoliticalStatus"
id="lstPoliticalStatus">
                <option value="共青团员">共青团
员</option>
                '党员、民主党派、其他与上一行相同
            </select>
        </td>
        <td align="right">民 族: </td>
        <td    align="left"><select    name=
"lstNation" id="lstNation">
                <option   value=" 汉 族 "> 汉 族
</option>
            </select>
        </td>
    </tr>
    <tr>
        <td align="right">婚姻状况: </td>
        <td    align="left"><input    name=
"rbnMarry" type="radio" id="radio3" value = "
未婚" checked="checked" />未婚
                <input    type="radio"    name=
"rbnMarry" id="radio4" value="已婚" />已婚</td>
        <td align="right">当前所在地: </td>
        <td    align="left"><select    name=
"lstCurrentCity" id="lstCurrentCity">
```

```
                <option    value=" 济 南 "> 济 南
</option>
                '其他城市与上一行相同
            </select>
        </td>
    </tr>
    <tr>
        <td align="right">户口所在地: </td>
        <td align="left"><select    name=
"lstResidence" id="lstResidence">
                <option    value=" 济 南 "> 济 南
</option>
                '其他城市与上一行相同
            </select>
        </td>
        '其他代码在此省略,若想查看此段代码,请
参考光盘中的源程序
            <input    name="button"    type=
"submit" id="button" value="提 交" />
        </tr>
        <tr>
            <td width="207">
    <input    name="button2"    type="reset"
id="button2" value="重置" /></td>
        </tr>
    </table></td>
   </tr>
  </table>
 </form>
```

该页面的运行效果如图 14-6 和图 14-7 所示。

用户在输入完个人基本资料后,可以单击 提交 按钮。RegPersonInfo.asp 页面负责实现个人资料的登记入库操作。

图 14-6　求职登记上半部分页面

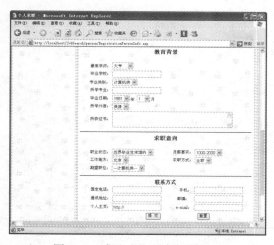

图 14-7　求职登记下半部分页面

【例 14-6】个人资料登记入库：RegPersonInfo.asp

```
<%@LANGUAGE="VBSCRIPT" CODEPAGE="65001"%>
<!--#include file="../inc/conn.asp"-->
<%
'添加个人求职登记信息
PersonName=trim(Request("txtPersonName"))
sex=trim(Request("rbnSex"))
birth=trim(Request("lstYear"))&"-"&
trim(Request("lstMonth"))&"-"&trim(Request("
lstDay"))
height=trim(Request("txtHeight"))
PoliticalStatus=trim(Request("lstPolitica
lStatus"))
Nation=trim(Request("lstNation"))
Marry=trim(Request("rbnMarry"))
CurrentCity=trim(Request("lstCurrentCity"
))
Residence=trim(Request("lstResidence"))
NativePlace=trim(Request("lstNativePlace"
))
set
rs=server.createobject("adodb.recordset")
sql="select * from PersonalInfo where
ResumeID="&session("ResumeID")
rs.open sql,conn,1,3
'登记基本资料
rs("PersonName")=PersonName
rs("Sex")=sex
rs("Birthdate")=birth
rs("PoliticalStatus")=PoliticalStatus
rs("Nation")=Nation
rs("Marry")=Marry
rs("Residence")=Residence
rs("CurrentCity")=CurrentCity
rs("NativePlace")=NativePlace
rs("Height")=height
'登记工作经历
rs("Title")=trim(Request("lstTitle"))
rs("Experience")=trim(Request("txaExperie
nce"))
rs("WorkExperience")=trim(Request("txaWor
kExperience"))
'登记教育背景
rs("Degree")=trim(Request("lstDegree"))
rs("DateofGraduation")=trim(Request("lstY
ear2"))&"-"&trim(Request("lstMonth2"))&"-"&"
1"
rs("Major")=trim(Request("txtMajor"))
rs("Specialty")=trim(Request("lstSpecialt
y"))
rs("GraduationSchool")=trim(Request("txtG
raduationSchool"))
rs("ForeignLanguage")=trim(Request("lstFo
reignLanguage"))
rs("Certificate")=trim(Request("txaCertif
icate"))
'登记求职意向
rs("JobEnrollmentState")=trim(Request("ls
tJobEnrollmentState"))
rs("MonthlyPay")=trim(Request("lstMonthly
Pay"))
rs("WorkPlace")=trim(Request("lstWorkPlac
e"))
rs("JobType")=trim(Request("lstJobType"))
rs("Post")=trim(Request("lstPost"))
'登记联系方式
rs("Telephone")=trim(Request("txtTelephon
e"))
rs("Mobilephone")=trim(Request("txtMobile
phone"))
rs("Address")=trim(Request("txtAddress"))
rs("Postcode")=trim(Request("txtPostcode"
))
rs("Homepage")=trim(Request("txtHomepage"
))
rs("Email")=trim(Request("txtEmail"))
rs("RegistrationDate")=date()
rs.update
'关闭记录集和数据库连接，释放资源。
rs.close
set rs=nothing
conn.close
set conn=nothing
response.Redirect("../person/success.asp"
)
%>
```

14.2.5　个人资料修改

随着时间的推移,用户可能需要对最初登记的个人资料进行修改或补充,例如增加新的联系方式,此时可以使用系统提供的"个人资料修改"功能。个人资料修改包括基本资料修改、工作经历修改、教育背景修改、求职意向修改和联系方式修改。由于这5个页面的代码非常相似,所以下面只给出基本资料修改页面的主要代码和效果图。

【例 14-7】 个人基本资料修改页面:
person_manage1.asp

```asp
<%@LANGUAGE="VBSCRIPT" CODEPAGE="65001"%>
<!--#include file="../inc/conn.asp"-->
<%
'如果用户名为空或者用户类型不是个人用户,则转到个人用户登录页面。
if       session("UserName")=""       or
session("type")<>1 then
  response.Redirect("../person/person_log
in.asp")
  end if
'从个人人信息表中读出个人信息。
sql="select  *  from  PersonalInfo  where
ResumeID="&session("ResumeID")
set
rs=server.createobject("adodb.recordset")
rs.open sql,conn,1,1
%>
<form       id="form1"       method="post"
action="../inc/modifypersoninfo.asp?
person_reg=1">
    <table       width="100%"       height="371"
background="../images/bg5.gif">
    <tr>
        <td     height="365"     align="center"
valign="top"   background="../images/bg5.gif"
bgcolor=     "#CCFFFF"><table      width=550
background="../images/bg5.gif"
bgcolor="#CCFFFF">
        <tr>
            <td                   colspan="4"
align="center"><h3>修改个人基本资料</h3></td>
        </tr>
        <tr>
            <td width="17%" align="right">姓
名: </td>
            <td                  width="40%"
align="left"><input      name="txtPersonName"
```

```asp
type="text"  id = "txtPersonName"  value="<%=
rs("PersonName")%>"/></td>
            <td width="16%" align="right">性
别: </td>
            <td                  width="27%"
align="left"><input           name="rbnSex"
type="radio"  id = "radio"  value="男"  <% if
rs("Sex")="男"  then %>checked="checked"  <%
end if %> />男
            <input           type="radio"
name="rbnSex" id="radio2" value="女" <% if
rs("Sex")= "女" then %>checked="checked" <%
end if %> />女</td>
        </tr>
        <tr>
            <td align="right">出生日期: </td>
            <td           align="left"><select
name="lstYear" id="lstYear">
            <option  value="1977"  <%  if
year(rs("Birthdate"))=1977  then %> selected=
"selected" <% end if %>>1977</option>
            '年份从1978 到1987 与上一行相同
            </select>
            年
            <select           name="lstMonth"
id="lstMonth">
            <option       value=1       <%if
month(rs("Birthdate"))=1
then%>selected="selected"   <%   end   if
%>>1</option>
            '月份从2 到12 与上一行相同
            </select>
            月
            <select           name="lstDay"
id="lstDay">
            <option    value="1"    <%if
day(rs("Birthdate"))=1
then%>selected="selected"<%    end    if
%>>1</option>
            '天从2 到31 与上一行相同
            </select>
            日</td>
            <td align="right"> 身高: </td>
            <td           align="left"><input
name="txtHeight" type="text" id="txtHeight"
value="<%= rs("Height")%>" size="8" /> 厘米
</td>
        </tr>
        <tr>
```

```
            <td align="right">政治面貌: </td>
            <td          align="left"><select
name="lstPoliticalStatus"
id="lstPoliticalStatus">
              <option value="共青团员" <% if
rs("PoliticalStatus")="共青团员" then
%>selected="selected"<% end if %>>共青团员
</option>
              '党员、民主党派、其他与上一行相同
            </select>
          </td>
          <td align="right"> 民族: </td>
          <td          align="left"><select
name="lstNation" id="lstNation">
              <option value="汉族" <% if
rs("Nation")="汉族" then%> selected="selected"
<% end if%>>汉族</option>
            </select>
          </td>
        </tr>
        <tr>
          <td align="right"> 婚姻状况: </td>
          <td          align="left"><input
name="rbnMarry"  type="radio"  id="radio3"
value="未婚"  checked="checked"  <% if
rs("Marry")="未婚" then %>checked="checked"
<%end if %>/>未婚
              <input          name="rbnMarry"
type="radio" id="radio4" value="已婚" <% if
rs("Marry")="已婚" then%>checked="checked" <%
end if %> />已婚 </td>
          <td align="right">当前所在地: </td>
          <td          align="left"><select
name="lstCurrentCity" id="lstCurrentCity">
              <option value="济南"<%if
rs("CurrentCity")="济南"
then%>selected="selected" <% end if %>> 济南
</option>
            </select></td>
        </tr>
        <tr>
          <td align="right">户口所在地: </td>
          <td          align="left"><select
name="lstResidence" id="lstResidence">
              <option value="济南" <%if
rs("Residence")="济南"
then%>selected="selected" <% end if %>> 济南
</option>
            </select>
          </td>
          <td align="right"> 籍贯: </td>
          <td          align="left"><select
name="lstNativePlace" id="lstNativePlace">
```

```
              <option value="济南" <%if
rs("NativePlace")="济南" then>selected=
"selected" <% end if %>> 济南</option>
            </select>
          </td>
        </tr>
        <tr>
          <td           colspan="4"
align="center"><input   type="submit"
name="btn_baocun" id = "btn_baocun" value="修
改" /></td>
        </tr>
      </table></td>
    </tr>
  </table>
</form>
```

该页面的运行效果如图 14-8 所示。

图 14-8　个人基本资料修改

用户在修改完成后，单击 修改 按钮。ModifyPersonInfo.asp 页面负责将修改后的所有个人资料写入到数据库中。

【例 14-8】 修改个人资料：ModifyPersonInfo.asp

```
<%@LANGUAGE="VBSCRIPT" CODEPAGE="65001"%>
<%
Dim conn,ConnectionString
Set
conn=Server.CreateObject("ADODB.Connection")
ConnectionString="provider=microsoft.jet.
oledb.4.0;"&"data
source="&server.MapPath("../data/qiuzhi.mdb"
)
conn.open ConnectionString
%>
```

```asp
<%
'通过 url 传递过来的 person_reg 来判断修改哪项资料。
    PersonName=trim(Request("txtPersonName"))
    sex=trim(Request("rbnSex"))
    birth=trim(Request("lstYear"))&"-"&
trim(Request("lstMonth"))&"-"&trim(Request("lstDay"))
    height=trim(Request("txtHeight"))
    PoliticalStatus=trim(Request("lstPolitical
Status"))
    Nation=trim(Request("lstNation"))
    Marry=trim(Request("rbnMarry"))
    CurrentCity=trim(Request("lstCurrentCity"))
    Residence=trim(Request("lstResidence"))
    NativePlace=trim(Request("lstNativePlace"))'基本资料修改
    set
rs=server.createobject("adodb.recordset")
    sql="select * from PersonalInfo where
ResumeID="&session("ResumeID")
    rs.open sql,conn,1,3
    '基本资料修改
    if    request.QueryString("person_reg")=1
then
        rs("PersonName")=PersonName
        rs("Sex")=sex
        rs("Birthdate")=birth
        rs("PoliticalStatus")=PoliticalStatus
        rs("Nation")=Nation
        rs("Marry")=Marry
        rs("Residence")=Residence
        rs("CurrentCity")=CurrentCity
        rs("NativePlace")=NativePlace
        rs("Height")=height
    rs.update
    rs.close
    response.Redirect("../person/success.asp")
    end if
    '工作经历修改
    if    request.QueryString("person_reg")=2
then
        rs("Title")=trim(Request("lstTitle"))
rs("Experience")=trim(Request("txaExperience"))
rs("WorkExperience")=trim(Request("txaWorkExperience"))
        rs.update
        rs.close
        response.Redirect("../person/success.asp")
    end if
    '教育背景修改
    if    request.QueryString("person_reg")=3
then
rs("Degree")=trim(Request("lstDegree"))
rs("DateofGraduation")=trim(Request("lstYear2"))&"-"&trim(Request("lstMonth2"))&"-"&"1"
        rs("Major")=trim(Request("txtMajor"))
rs("Specialty")=trim(Request("lstSpecialty"))
rs("GraduationSchool")=trim(Request("txtGraduationSchool"))
rs("ForeignLanguage")=trim(Request("lstForeignLanguage"))
rs("Certificate")=trim(Request("txaCertificate"))
    rs.update
    rs.close
    response.Redirect("../person/success.asp")
    end if
    '求职意向修改
    if    request.QueryString("person_reg")=4
then
    rs("JobEnrollmentState")=trim(Request("lstJobEnrollmentState"))
rs("MonthlyPay")=trim(Request("lstMonthlyPay"))
rs("WorkPlace")=trim(Request("lstWorkPlace"))
rs("JobType")=trim(Request("lstJobType"))
        rs("Post")=trim(Request("lstPost"))
    rs.update
    rs.close
    response.Redirect("../person/success.asp")
    end if
    '联系方式修改
    if    request.QueryString("person_reg")=5
then
```

```
rs("Telephone")=trim(Request("txtTelephon
e"))

rs("Mobilephone")=trim(Request("txtMobilepho
ne"))

rs("Address")=trim(Request("txtAddress"))

rs("Postcode")=trim(Request("txtPostcode"))
```

```
rs("Homepage")=trim(Request("txtHomepage"))
    rs("Email")=trim(Request("txtEmail"))
    rs.update
    rs.close
    response.Redirect("../person/success.asp"
)
    end if
```

14.2.6 显示单位

当用户在网站首页中单击某个单位的超链接时，可以打开"单位信息"页面。在该页面中用户可以查看单位的基本信息和职位招聘列表。

【例 14-9】 单位信息页面：company_detail.asp

```
<%@LANGUAGE="VBSCRIPT" CODEPAGE="65001"%>
<!--#include file="../inc/conn.asp"-->
<%
    '从单位信息表中读取单位基本信息。
    sql="select * from CompanyInfo where
CompanyID="&request.QueryString("CompanyID")
    set
rs=server.createobject("adodb.recordset")
    rs.open sql,conn,1,1
    '从职位表中读取职位信息。
    set
rs1=server.CreateObject("adodb.recordset")
    sql="select * from Position1 where
CompanyID="&request.QueryString("CompanyID")
    rs1.open sql,conn,1,1
%>
<table                       width="100%"
background="images/bg3.jpg">
    <tr>
        <td align="center" valign="top"><table
width="700"      border=1      align="center"
bordercolor=               "#00CCFF"
background="images/bg5.gif">
            <tr>
                <td    height="31"    colspan="2"
align="center"
background="images/gg14.gif"><b> 公司基本信息
</b></td>
            </tr>
            <tr>
                <td width="340" align="left">单位名
称: <%= rs("CompanyName") %></td>
                <td width="344" align="left">单位编
号: <%= rs("CompanyID") %></td>
```

```
            </tr>
            <tr>
                <td height="24" align="left">单位性
质: <%= rs("NatureofCompany") %></td>
                <td   align="left"> 单 位 地 址 ： <%=
rs("Address") %></td>
            </tr>
            <tr>
                <td  align="left"> 注 册 资 金 ： <%=
rs("RegisteredCapital") %></td>
                <td  align="left"> 员 工 人 数 ： <%=
rs("NumberofStaff") %></td>
            </tr>
            <tr>
                <td  align="left"> 单 位 主 页 ： <%=
rs("Homepage") %></td>
                <td  align="left"> 联 系 人 ： <%=
rs("ContactPerson") %></td>
            </tr>
            <tr>
                <td    height="24"    colspan="2"
align="left">单位简介: </td>
            </tr>
            <tr>
                <td    height="116"    colspan="2"
align="left"><%= rs("introduction") %></td>
            </tr>
            <tr>
                <td    height="23"    colspan="2"
align="left" background="images/gg16.gif">职
位招聘列表: </td>
            </tr>
            <tr>
                <td    height=78    colspan=2
align="left" valign="top"><table width="100%"
bordercolor="#00CCFF">
                    <tr>
                        <td width="41%" align="center"
bgcolor="#CCCCCC">职位名称</td>
```

```
                <td width="28%" align="center"
bgcolor="#CCCCCC">工作地点</td>
                <td width="31%" align="center"
bgcolor="#CCCCCC">招聘人数</td>
            </tr>
            <%
                if not rs1.eof then
                    rowcount=rs1.recordcount
'获取记录总数
                    rs1.pagesize=10
                    maxsize=rs1.pagecount    '获
取最大页码值

requestpage=clng(request("page"))
                    if   requestpage=""   or
requestpage=0 then
                        requestpage=1
                    end if
                    if   requestpage>maxsize
then
                        requestpage=maxsize
                    end if
                    if not requestpage=1 then
                        rs1.move
(requestpage-1)*rs1.pagesize
                    end if
                    for i=1 to rs1.pagesize and
not rs1.eof
            %>
                <!--通过变量 i 的奇偶性来设置每一行的
颜色-->

                <% if cint(i mod 2)=0 then %>
                <tr bgcolor="#CCFFCC">
                    <td            align="center"><A
onclick="window.open('job_detail.asp?Positio
nID=
<%=rs1("PositionID")%>CompanyID=<%=rs("Compa
nyID")%>'),'',scrollbars=yes,width=500,
height=600">  <%=rs1("PositionTitle")   %>
</A></td>
                    <td            align="center"><%=
rs1("WorkPlace") %></td>
                    <td            align="center"><%=
rs1("NumberofRecruit") %></td>
                </tr>
                <% else %>
                <! --此段代码与上一段类似，所不同的是
bgcolor=" #FFFFCC" -->
                <% end if %>
                <%
                    rs1.movenext
                    if rs1.eof then
```

```
                        exit for
                    end if
                Next
                else
                    response.write("暂无信息")
                end if
                rs1.close
            %>
            <tr>
                <td align="right">共<%=maxsize
%>页</td>
                <td align="center">当前页：<%=
requestpage %></td>
                <td><A
href="company_detail.asp?page=<%=requestpage
-1%>             CompanyID=             <%=
request.QueryString("CompanyID")%>"> 上 一 页
</A><A href= "company_detail.asp?page= <%
=requestpage+1%>CompanyID=<%=
request.QueryString("CompanyID")%>"> 下 一 页
</A>
                </td>
            </tr>
        </table></td>
    </tr>
</table></td>
</tr>
</table>
```

该页面的运行效果如图 14-9 所示。

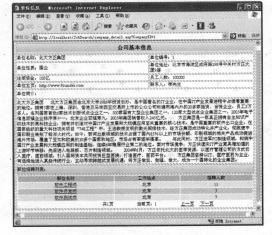

图 14-9 单位显示

○ **小提示**

为了美化数据表格显示的样式，如图 14-9 中职位招聘
列表所示，让相同颜色的行每隔一行来显示，我们通过判
断 i 的奇偶性来设置每一行的颜色，即 cint(i mod 2)=0，则
i 为偶数，否则 i 为奇数。其中 i 为循环变量。

在单位信息页面的职位招聘列表中，用户单击某个职位名称可以查看该职位的所有招聘信息。

【例 14-10】　招聘信息页面：job_detail.asp

```
<%@LANGUAGE="VBSCRIPT" CODEPAGE="65001"%>
<!--#include file="../inc/conn.asp"-->
<%
  '从单位信息表与职位信息表中查询出相关的信息。
  set
rs=server.CreateObject("adodb.recordset")
  sql="select * from CompanyInfo a inner
join        Position1        b        on
a.CompanyID=b.CompanyIDwhere a.CompanyID=" &
request.QueryString("CompanyID")&"        and
b.PositionID="&request.QueryString("Position
ID")
  rs.open sql,conn,1,1
  %>
<table      border="2"      cellpadding="0"
cellspacing="0" width="390" height="336">
  <tr>
    <td      height="19"      bgcolor="#C6CEDE"
colspan="2"align="center">招聘信息</td>
  </tr>
  <tr>
    <td height="19" align="left">公司名称:
</td>
    <td        height="19"        align="left"
bgcolor="#F3F3F3"><%=
rs("CompanyName")%></td>
  </tr>
  <tr>
    <td         width="72"         height="19"
align="left">招聘职位: </td>
    <td         width="310"         height="19"
align="left"
bgcolor="#F3F3F3"><%=rs("PositionTitle")
%></td>
  </tr>
  <tr>
    <td height="19" align="left">招聘对象:
</td>
    <td         height="19"         align="left"
bgcolor="#F3F3F3"><%= rs("Target") %></td>
    <!-此处省略了部分代码 -->
  </tr>
  <tr>
    <% if  session("UserName")<>""  and
session("type")=1 then%>
  <tr>
    <td         height="24"         colspan="2"
align="center"><A   href=   "inc/send_resume.
```

asp?CompanyID=<%=
rs("a.CompanyID")%>&PositionTitle=<%=server.
URLEncode(rs("PositionTitle")%>&
CompanyName=<%=server.URLEncode(rs("CompanyN
ame"))%>   &   PositionID=
<%=request.QueryString("PositionID") %>">[发
送求职简历]</A></td>

```
  </tr>
  <% else %>
  <tr>
    <td         height="24"         colspan="2"
onClick=javascript:window.open('notlogin.asp
',        '','toolbar=1,        location=1,
status=1,menubar=1,resizable=1,scrollbars=1,
top=100,left=100,   width=500,  height=300')
align="center"><A
href="job_detail.asp?CompanyID=<%=request.Qu
eryString        ("CompanyID")%>&  PositionID=
<%=request.QueryString("PositionID")%>">  [发
送求职简历] </A></td>
  </tr>
  <% end if %>
</table>
```

该页面的运行效果如图 14-10 所示。

在招聘信息页面中单击 [发送求职简历] 按钮，则可以向该公司投递一份简历。如果此前已经投过一份简历，则提示用户不能再投。投递简历的过程实际上就是在应聘信息表中插入一条记录，该记录包含了简历 ID、单位 ID、职位 ID 和职位名称等信息。

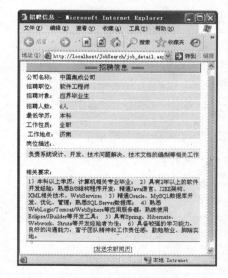

图 14-10　招聘职位信息

【例 14-11】 发送求职简历页面：send_resume.asp

```
<%@LANGUAGE="VBSCRIPT" CODEPAGE="65001"%>
<!--#include file="../inc/conn.asp"-->
```

```
<%
'发送简历程序，将应聘信息存入 ApplyInformation
表中
   if session("ResumeID")="" then
    response.redirect("../error.asp")
   end if
   '从个人信息表中查出其姓名
   sql="select * from PersonalInfo where
ResumeID="&session("ResumeID")
   set
rs_p=server.createobject("adodb.recordset")
   rs_p.open sql,conn,1,1
   '检查是否已经向该职位发过简历，若发过，则提示用户
不能重复发送。
   sql="select * from ApplyInformation where
ResumeID=" & session("ResumeID") & " and
CompanyID=" & request.QueryString("CompanyID")
& "       and       PositionID="       &
request.QueryString("PositionID")
   set
rs1=server.createobject("adodb.recordset")
   rs1.open sql,conn,1,1
   if not rs1.eof then
   response.Redirect("../error2.asp")
    rs1.close
   set rs1=nothing
   else
   '向应聘表中添加一条应聘信息。
   sql="select * from ApplyInformation "
```

```
   set
rs=server.createobject("adodb.recordset")
   rs.open sql,conn,1,3
   rs.addnew
    rs("ResumeID")=session("ResumeID")

rs("CompanyID")=request.QueryString("Company
ID")

rs("PositionID")=request.QueryString("Positi
onID")
    rs("ApplicantName")=rs_p("PersonName")

rs("CompanyName")=request.QueryString("Compa
nyName")

rs("PositionTitle")=request.QueryString("Pos
itionTitle")
    rs("Sex")=rs_p("Sex")
    rs("Degree")=rs_p("Degree")
    rs("StartTime")=date()
    rs("EnrollmentState")="等待录取"
    rs("Flag")="未查看"
    rs("Birthdate")=rs_p("Birthdate")
   rs.update
   rs.close
   end if
   response.redirect("../person/success.asp")
   %>
```

14.2.7 单位查询

当用户登录到网上求职系统时，可能不太清楚都有哪些公司提供了需要的职位。此时，可以使用系统的"单位查询"功能按照职位名称或单位名称进行查询，也可以按照工作性质、工作地点或最低学历来查询。

【例 14-12】 单位查询页面：search2.asp

```
<%@LANGUAGE="VBSCRIPT" CODEPAGE="65001"%>
<%
'如果用户名为空或者用户类型不是个人用户，则转到个
人用户登录页面。
   if       session("UserName")=""       or
session("type")<>1 then
    response.Redirect("../person/person_log
in.asp")
   end if
   %>
```

```
<form   id="form1"   name="form1"   method=
"post" action="search_result.asp">
   <table       width="100%"       background=
"../images/bg5.gif" bgcolor="#CCFFFF">
     <tr>
      <td   height="343"   align="center"
valign="top"><table width="550">
       <tr>
        <td colspan="4" align="center">
<h3> 单位查询</h3></td>
       </tr>
       <tr>
        <td width="77" align="right">关键
字: </td>
        <td   width="201"   align="left">
<input   name="txtKeyWord"   type="text"   id=
"txtKeyWord" value="不限" /> </td>
        <td   width="65"   align="right"> 按
</td>
```

```
            <td    width="167"    align="left">
<input  name="rbnKeyType"  type="radio"  id=
"radio" value="1" checked="checked" />职位名称
    <input    type="radio"    name="rbnKeyType"
id="radio2" value="2" />单位名称
    </td>
        </tr>
        <tr>
        <td align="right">工作性质： </td>
        <td    align="left"><select   name=
"lstNatureofWork" id="lstNatureofWork">
            <option   value=" 不 限 "> 不 限
</option>
            <option   value=" 全 职 "> 全 职
</option>
            <option   value=" 兼 职 "> 兼 职
</option>
        </select>
        </td>
        <td align="right">工作地点： </td>
        <td    align="left"><select   name=
"lstWorkPlace" id="lstWorkPlace">
            <option    value="  不  限  "
selected="selected">不限</option>
            <option   value=" 北 京 "> 北 京
</option>
        </select>
        </td>
        </tr>
        <tr>
        <td align="right">最低学历： </td>
        <td    align="left"><select   name=
"lstDegree" id="lstDegree">
            <option    value="  不  限  "
selected="selected">不限</option>
            <option   value=" 本 科 "> 本 科
</option>
        </select>
        </td>
        <td colspan="2"> </td>
        </tr>
        <tr>
        <td colspan="4" align="center">
<input  type="submit"  name="btnSearch"  id=
"btnSearch" value="开始查询" /></td>
        </tr>
    </table></td>
    </tr>
    </table>
    </form>
```

该页面的运行效果如图 14-11 所示。

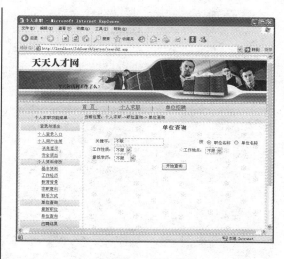

图 14-11　单位查询

当用户输入查询条件后，单击 开始查询 按钮。search_result.asp 页面将负责执行查询并显示最终查询结果，如图 14-12 所示。

图 14-12　单位查询结果

【例 14-13】　显示查询结果：search_result.asp

```
<%@LANGUAGE="VBSCRIPT" CODEPAGE="65001"%>
<%
if
request.QueryString("search")<>"approve"
then
    '如果用户名为空或者用户类型不是个人用户，则转到
个人用户登录页面。
    if  session("UserName")  =  ""  or
session("type")<>1 then

response.Redirect("../person/person_login.as
p")
```

```
        end if
    end if
    Dim conn, ConnectionString
    Set                conn                =
Server.CreateObject("ADODB.Connection")
    ConnectionString="provider=microsoft.jet.
oledb.4.0;"&"datasource="&server.MapPath("..
/data/ qiuzhi.mdb")
    conn.Open ConnectionString
    '如果选择了关键字类型。
    if trim(Request("rbnKeyType"))<>"" then
      KeyType = Trim(Request("rbnKeyType"))
      if KeyType = 1 then
                    '按职位关键字查询
          if Trim(Request("txtKeyWord")) = "
不限" then
            sql = "select * from CompanyInfo
a inner join Position1  b on a.CompanyID=
b.CompanyID where 1=1 "
          else
            sql = "select * from CompanyInfo
a inner join Position1  b on a.CompanyID=
b.CompanyID where  PositionTitle   like
'%"&Trim(Request("txtKeyWord"))&"%'"
          end if
          '公司名称关键字查询
        else
          if Trim(Request("txtKeyWord")) = "
不限" then
            sql = "select * from CompanyInfo
a inner join Position1  b on a.CompanyID=
b.CompanyID where 1=1 "
          else
            sql = "select * from CompanyInfo
a inner join Position1  b on a.CompanyID=
b.CompanyID       where       CompanyName
like'%"&Trim(Request("txtKeyWord"))&"%'"
          end if
        end if
      if request.QueryString("search") = ""
then
          if
Trim(Request("lstNatureofWork"))<>"不限" then
            sql  =  sql&"  and
NatureofWork='"&Trim(Request("lstNatureofWor
k"))&"'"
          end if
          if Trim(Request("lstWorkPlace"))<>"
不限" then
            sql      =      sql&"     and
WorkPlace='"&Trim(Request("lstWorkPlace"))&"
'"
          end if
```

```
          if Trim(Request("lstDegree"))<>"不限
" then
            sql     =     sql&"      and
Degree='"&Trim(Request("lstDegree"))&"'"
          end if
          '关键字类型，关键字等信息存入session里，
翻页时用此信息来读取数据库信息。
          session("KeyType")           =
Trim(Request("rbnKeyType"))
          session("KeyWord")           =
Trim(Request("txtKeyWord"))
          session("NatureofWork")      =
Trim(Request("lstNatureofWork"))
          session("WorkPlace")         =
Trim(Request("lstWorkPlace"))
          session("Degree")            =
Trim(Request("lstDegree"))
      end if
    else
      '按职位关键字查询
      if session("KeyType") = 1 then
        if session("KeyWord") = "不限" then
          sql = "select * from CompanyInfo a
inner join Position1  b on a.CompanyID=
b.CompanyID where 1=1 "
        else
          sql = "select * from CompanyInfo a
inner join Position1  b on a.CompanyID=
b.CompanyID   where   PositionTitle   like
'%"&session("KeyWord")&"%'"
        end if
        '公司名称关键字查询
      else
        if Trim(Request("txtKeyWord")) = "不
限" then
          sql = "select * from CompanyInfo a
inner join Position1  b on a.CompanyID=
b.CompanyID where 1=1 "
        else
          sql="select * from CompanyInfo a
inner join Position1  b on a.CompanyID=
b.CompanyID       where       CompanyName
like'%"&session("KeyWord")&"%'"
        end if
      end if
      if session("NatureofWork")<>"不限" then
        sql = sql&" and NatureofWork='" &
session("NatureofWork")&"'"
      end if
      if session("WorkPlace")<>"不限" then
        sql         =         sql&"       and
WorkPlace='"&session("WorkPlace")&"'"
```

```
    end if
    if session("Degree")<>"不限" then
        sql           =        sql&"        and
Degree='"&session("Degree")&"'"
    end if
  end if
  Set                    rs               =
server.CreateObject("adodb.recordset")
  rs.Open sql, conn, 1, 1
  %>
```

○ **小提示**

在 SQL 语句中我们使用了"where　1=1"，这在处理多个查询条件时非常有效，可以使我们少写很多 if 和 else 来判断查询条件是否为空。"1=1"的条件为真，因此结果返回 1，在其后面接 and 或者 or 语句，"1=1"不会对逻辑判断结果造成任何影响，反而会给 SQL 语句的组合带来很大的方便。

14.2.8　应聘结果显示

用户在投递简历后，通常希望能够尽快地得到应聘结果。打开"查看应聘结果"页面，可以浏览所有已投简历的应聘情况。

【例 14-14】应聘结果显示页面：yingpin_result.asp

```
<%@LANGUAGE="VBSCRIPT" CODEPAGE="65001"%>
<!--#include file="../inc/conn.asp"-->
<%
    '如果用户名为空或者用户类型不是个人用户，则转到个人用户登录页面。
    if      session("UserName")=""      or
session("type")<>1 then

    response.Redirect("../person/person_log
in.asp")
    end if
    sql="select  *  from  ApplyInformation
where ResumeID="&session("ResumeID")
    set
rs=server.CreateObject("adodb.recordset")
    rs.open sql,conn,1,1
    %>

    <table                    width="100%"
background="../images/bg5.gif">
    <tr>
    <td      height=353       align="center"
valign="top"  background="../images/bg5.gif"
bgcolor=  "#CCFFFF"><table  width="500"
bordercolor="#00CCFF">
        <tr>
        <td    height="17"    colspan="4"
align="center"><h3>应聘结果</h3></td>
        </tr>
        <tr>
        <td   width="147"   align="center"
bgcolor="#00CCFF">公司名称</td>
```

```
        <td    width="102"    align="center"
bgcolor="#00CCFF">招聘职位</td>
        <td    width="129"    align="center"
bgcolor="#00CCFF">发布时间</td>
        <td    width="102"    align="center"
bgcolor="#00CCFF">是否被录取</td>
        </tr>
        <%
        if not rs.eof then
            rowcount=rs.recordcount
'获取记录总数
            rs.pagesize=10
            maxsize=rs.pagecount    '获
取最大页码值

        requestpage=clng(request("page"))
            if     requestpage=""    or
requestpage=0 then
                requestpage=1
            end if
            if    requestpage>maxsize
then
                requestpage=maxsize
            end if
            if not requestpage=1 then
                rs.move
(requestpage-1)*rs.pagesize
            end if
            for i=1 to rs.pagesize and
not rs.eof
                if  cint(i  mod  2)=0
then
    %>
    <tr>
    <td                    align="center"
bgcolor="#CCFFCC"><A                href="#"
onclick="window.open('../
company_detail.asp?CompanyID=<%=
```

```
rs("CompanyID")  %>'),'',  scrollbars=yes,
width=500, height=600"><%= rs("CompanyName")
%></A></td>
          <td            align="center"
bgcolor="#CCFFCC"><%= rs("PositionTitle") %>
</td>
          <td            align="center"
bgcolor="#CCFFCC"><%= rs("StartTime") %></td>
          <td            align="center"
bgcolor="#CCFFCC"><%=  rs("EnrollmentState")
%> </td>
      </tr>
      <% else %>
      <!-- 此段代码与上一段类似，所不同的是
bgcolor=" #FFFFCC" -->
      <% end if %>
      <%
                rs.movenext
                if rs.eof then
                      exit for
                end if
            next
         else
            response.write("暂无信息")
         end if
      %>
      <tr>
       <td align="right">共 <%=maxsize %>
页</td>
```

```
          <td align="center"> 当前页： <%=
requestpage %></td>
          <td            align="center"><A
href="yingpin_result.asp?page=<%=requestpage
-1%>">上一页</A></td>
          <td            align="center"><A
href="yingpin_result.asp?page=<%=requestpage
+1%>">下一页</A></td>
      </tr>
    </table></td>
   </tr>
  </table>
```

该页面的运行效果如图 14-13 所示。

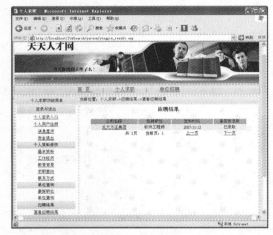

图 14-13　应聘结果显示

14.2.9　单位登记

当一个单位用户注册后，需要登记一些单位的基本信息，例如单位名称、单位性质、单位地址、员工人数和联系电话等。

【例 14-15】　单位登记页面：register.asp

```
<%@LANGUAGE="VBSCRIPT" CODEPAGE="65001"%>
<%
'如果用户名为空或者用户类型不是单位用户，则转到单
位用户登录页面。
if        session("UserName")=""        or
session("type")<>2 then

response.Redirect("../company/company_login.
asp")
   end if
%>
<table width="100%">
  <tr>
```

```
   <td    align="center"><form    id="form1"
name="form1" method="post" action= "../inc/
regCompanyInfo.asp">
      <table width="500">
    <tr>
      <td                    colspan="2"
align="center"><h3>单位基本信息</h3></td>
      </tr>
      <tr>
          <td width="80" align="right">单位
名称： </td>
          <td                    width="408"
align="left"><input                type="text"
name="txtCompanyName" id = "txtCompanyName"
/></td>
      </tr>
      <tr>
        <td align="right">单位性质： </td>
```

```
                 <td        align="left"><select
name="lstNatureofCompany"
id="lstNatureofCompany">
                <option    value=" 国 企 "
selected="selected">国企</option>
                <option  value=" 私 企 "> 私 企
</option>
                <option  value=" 外 企 "> 外 企
</option>
            </select>
          </td>
        </tr>
        <tr>
          <td align="right">注册资金: </td>
          <td          align="left"><input
type="text" name="txtRegisteredCapital"/>
          </td>
        </tr>
        <tr>
          <td align="right"> 单位地址:
</td>
          <td          align="left"><input
type="text" name="txtAddress" id="txtAddress"
/>  </td>
        </tr>
        <tr>
          <td height="20" align="right">员
工人数: </td>
          <td          align="left"><input
name="txtNumberofStaff"   type="text"   id=
"txtNumberofStaff" size="5" />人</td>
        </tr>
        <tr>
          <td align="right">联系电话: </td>
          <td          align="left"><input
type="text"           name="txtTelephone"
id="txtTelephone" /></td>
        </tr>
        <tr>
          <td align="right">邮编号码: </td>
          <td          align="left"><input
name="txtPostcode"  type="text"   size="15"
/></td>
        </tr>
        <tr>
          <td height="22" align="right">电
子邮件: </td>
          <td          align="left"><input
type="text"   name="txtEmail"  id="txtEmail"
/></td>
        </tr>
        <tr>
          <td align="right">联系人:  
</td>
```

```
          <td          align="left"><input
type="text" name="txtContactPerson" /></td>
        </tr>
        <tr>
          <td align="right">单位主页: </td>
          <td          align="left"><input
name="txtHomepage"          type="text"
value="http://" /> </td>
        </tr>
        <tr>
          <td align="right">单位简介: </td>
          <td        align="left"><textarea
name="txaIntroduction"  id="txaIntroduction"
cols="45" rows="5"></textarea></td>
        </tr>
        <tr>          <!--checkRegData 是数据验
证函数, 查看此函数源码, 请参考光盘中源码-->
          <td colspan=2 align=center><input
type="submit"    name="Submit"    id="Submit"
value="提 交" onClick="return checkRegData()"
/></td>
        </tr>
      </table>
    </form></td>
  </tr>
</table>
```

该页面的运行效果如图 14-14 所示。

图 14-14　单位登记

用户在填写完单位基本信息后，单击 提交 按钮。RegCompanyInfo.asp 页面负责实现单位信息的登记入库操作。

【例 14-16】 单位信息登记入库：
RegCompanyInfo.asp

```
<%@LANGUAGE="VBSCRIPT" CODEPAGE="65001"%>
<!--#include file="conn.asp"-->
<%
```

14

Chapter

14.1

14.2

14.3

```
'单位登记
    sql="select * from CompanyInfo where
CompanyID="&session("CompanyID")
    set
rs=server.createobject("adodb.recordset")
    rs.open sql,conn,1,3
    '向单位信息表中添加一条单位信息记录。

rs("CompanyName")=trim(Request.Form("txtComp
anyName"))

rs("NatureofCompany")=trim(Request("lstNatur
eofCompany"))

rs("Address")=trim(Request("txtAddress"))

rs("NumberofStaff")=trim(Request("txtNumbero
fStaff"))

rs("ContactPerson")=trim(Request("txtContact
Person"))
```

```
rs("Homepage")=trim(Request("txtHomepage"))

rs("Telephone")=trim(Request("txtTelephone")
)

rs("Postcode")=trim(Request("txtPostcode"))
    rs("Email")=trim(Request("txtEmail"))

rs("RegisteredCapital")=trim(Request("txtReg
isteredCapital"))

rs("Introduction")=trim(Request("txaIntroduc
tion"))
    rs("RegistrationDate")=date()
    rs.update
    response.redirect("../company/success.asp
")
    %>
```

14.2.10　单位信息编辑

　　如果用户想要修改单位的基本信息，可以打开"单位信息编辑"页面，该页面的运行效果如图 14-15 所示。

　　单位信息编辑页面（EditCompanyInfo.asp）同样是通过 RegCompanyInfo.asp 页面实现单位信息的修改，所以这里就不再重复描述。

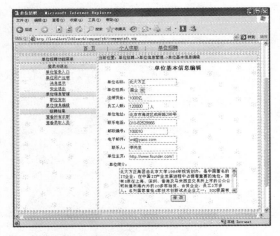

图 14-15　单信息编辑

14.2.11　显示所有求职

　　如果单位的招聘人员想查看所有投简历的求职人员，可以打开"查看所有求职"页面。

【例 14-17】查看所有求职人员页面：show_all.asp

```
<%@LANGUAGE="VBSCRIPT" CODEPAGE="65001"%>
<!--#include file="../inc/conn.asp"-->
<%
```

```
'如果用户名为空或者用户类型不是单位用户，则转到单
位用户登录页面。
    if        session("UserName")=""        or
session("type")<>2 then

response.Redirect("../company/company_login.
asp")
    end if
```

```asp
sql="select * from ApplyInformation where
CompanyID="&session("CompanyID")&" order by
StartTime desc"
    set
rs=server.CreateObject("adodb.recordset")
    rs.open sql,conn,1,1
    %>
    <table width="100%">
     <tr>
       <td align="center"><table width="550"
bordercolor="#00CCFF">
         <tr>
           <td                       colspan="7"
align="center"><h3>所有求职人员</h3></td>
         </tr>
         <tr>
           <td      width="72"     height="17"
align="center" bgcolor="#00CCFF"> </td>
           <td      width="54"     align="center"
bgcolor="#00CCFF"> 姓名</td>
           <td      width="56"     align="center"
bgcolor="#00CCFF">性别</td>
           <td      width="64"     align="center"
bgcolor="#00CCFF">年龄</td>
           <td      width="53"     align="center"
bgcolor="#00CCFF">学历</td>
           <td      width="70"     align="center"
bgcolor="#00CCFF"> 应聘职位</td>
           <td      width="83"     align="center"
bgcolor="#00CCFF">录取状态</td>
         </tr>
         <%
              if not rs.eof then
                   rowcount=rs.recordcount
'获取记录总数
                   rs.pagesize=10
                   maxsize=rs.pagecount     '获
取最大页码值

    requestpage=clng(request("page"))
              if     requestpage=""     or
requestpage=0 then
                   requestpage=1
              end if
              if     requestpage>maxsize
then
                   requestpage=maxsize
              end if
              if not requestpage=1 then
                   rs.move
(requestpage-1)*rs.pagesize
              end if
              for i=1 to rs.pagesize and
not rs.eof
         %>
```

```asp
       <% if cint(i mod 2)=0 then %>
         <tr align="center">
           <% if rs("Flag")="未查看" then %>
           <td              align="center"
bgcolor="#CCFFCC">    [<%=  rs("StartTime")
%>]<img    src="../   images/new.gif    alt=""
width="40" height="20" /></td>
           <% else %>
           <td                   align="left"
bgcolor="#CCFFCC">  [<%= rs("StartTime")
%>]</td>
           <% end if %>
           <td   height="23"   align="center"
bgcolor="#CCFFCC"><A
onclick="window.Open('../person_detail.asp?R
esumeID=<%=
rs("ResumeID")%>&amp;ApplyID=<%=rs("ApplyID"
)%>    '),  '',   scrollbars=yes,width=500,
height=600"><%=          rs("ApplicantName")
%></A></td>
           <td                align="center"
bgcolor="#CCFFCC"><%= rs("Sex") %></td>
           <td                align="center"
bgcolor="#CCFFCC"><%=cint(datediff("m",rs("B
irthdate"), date()) /12) %></td>
           <td                align="center"
bgcolor="#CCFFCC"><% =rs("Degree") %></td>
           <td align="center" valign="middle"
bgcolor="#CCFFCC"><%=rs("PositionTitle")   %>
</td>
           <td     width=62     align="center"
valign="middle"          bgcolor="#CCFFCC">
<%=rs("EnrollmentState") %></td>
         </tr>
         <% else %>
         <tr align="center">
           <% if rs("Flag")="未查看" then %>
           <td                align="center"
bgcolor="#FFFFCC">[<%=rs("StartTime")%>]<img
src="../images/new.gif"  alt=""   width="40"
height="20" /></td>
           <% else %>
           <td                   align="left"
bgcolor="#FFFFCC">  [<%= rs("StartTime")
%>]</td>
           <% end if %>
           <td   height="23"   align="center"
bgcolor="#FFFFCC"><A
onclick="window.open('../
person_detail.asp?ResumeID=<%=rs("ResumeID")
%>&amp;ApplyID=<%=rs("ApplyID")%>'),
'',scrollbars=yes,width=500, height=600"><%=
rs("ApplicantName") %></A></td>
           <td                align="center"
bgcolor="#FFFFCC"><%= rs("Sex") %></td>
           <td                align="center"
bgcolor="#FFFFCC"><%=cint(datediff("m",rs("B
irthdate"), date()) /12) %></td>
```

```
                         <td                align="center"
bgcolor="#FFFFCC"><%= rs("Degree") %></td>
              <td align="center" valign="middle"
nowrap="nowrap"          bgcolor="#FFFFCC"><%=
rs("PositionTitle") %></td>
              <td align="center" valign="middle"
bgcolor="#FFFFCC"><%=rs("EnrollmentState")
%></td>
        </tr>
        <% end if %>
        <%
                rs.movenext
                if rs.eof then
                    exit for
                end if
          next
        else
          response.write("暂无信息")
        end if
        %>
    <tr>
      <td>共 <%=maxsize %>页</td>
      <td align="center"> 当 前 页 ： <%=
requestpage %></td>
      <td                 align="center"><A
href="show_all.asp?page=<%=requestpage-1%>">
上一页</A></td>
      <td                 align="center"><A
href="show_all.asp?page=<%=requestpage+1%>">
下一页</A></td>
      </tr>
    </table>
  </td>
   </tr>
</table>
```

该页面的运行效果如图 14-16 所示。

图 14-16　显示所有求职人员

在显示所有求职人员的页面中，单击某位求职者的姓名，可以查看求职者的简历信息。

【例 14-18】　查看某位求职者的简历信息：
person_detail.asp

```
<%@LANGUAGE="VBSCRIPT" CODEPAGE="65001"%>
<%
  Dim conn, ConnectionString
  Set
conn=Server.CreateObject("ADODB.Connection")

ConnectionString="provider=microsoft.jet.ole
db.4.0;"&"data
source="&server.MapPath("data/ qiuzhi.mdb")
  conn.open ConnectionString
  sql="select * from PersonalInfo where
ResumeID="&request.QueryString("ResumeID")
  set
rs=server.CreateObject("adodb.recordset")
  rs.open sql,conn,1,1
  sql="select * from ApplyInformation where
ApplyID="&request.QueryString("ApplyID")
  set
rs1=server.CreateObject("adodb.recordset")
  rs1.open sql,conn,1,3
  session("PositionID")=rs1("PositionID")
  rs1("Flag")="已查看"
  state1=rs1("EnrollmentState")
  rs1.update
  rs1.close
%>
<!--此处省略了部分代码-->
<%
  if      session("UserName")<>""        and
session("type")=2 then
        if state1<>"已录取" then
%>
<tr valign="top">
  <td width="123" align="center"><input
name="button" type="button" value="确定录取"
onclick="return
window.location.href='inc/Admission.asp?Resu
meID=<%=rs("ResumeID") %>& flag=<%="agree"
%>&PositionID=<%= session("PositionID") %>'"
/></td>
  <td width="131" align="center"><input
name="button2" type="button" value="拒绝录取"
onclick="return          window.location.href=
'inc/Admission.asp?ResumeID=<%=
rs("ResumeID")     %>&     flag=<%="reject"
%>&PositionID=<%=     session("PositionID")
%>'"/>
```

```
    </td>

    </tr>

    <% else %>

    <tr>

    <td          width="123"          height="17"
align="center" class="STYLE1 STYLE2">您已录取
该人才！</td>

    <td width="131" align="center"></td>

    </tr>

    <% end if

    else %>

    <tr valign="top">

    <td  width="123"  align="center"><input
name="button" type="button" value="确定录取"
onClick=javascript:window.open('notlogin2.as
p','','toolbar=1,location=1,status=1,
menubar=1,                         resizable=1,
scrollbars=1,top=100,left=100,width=500,
height=300')/></td>

    <td  width="131"  align="center"><input
name="button2" type="button" value="拒绝录取"
onClick=javascript:window.open('notlogin2.as
p','','toolbar=1,location=1,status=1,
menubar=1,
resizable=1,scrollbars=1,top=100,left=100,wi
dth=500, height=300') />

    </td>

    </tr>

    <% end if %>
```

该页面的运行效果如图 14-17 所示。

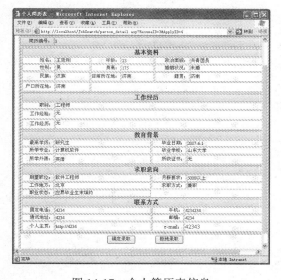

图 14-17　个人简历表信息

当招聘人员单击页面底部的 确定录取
或 拒绝录取 按钮时，luqu.asp 页面负责将
应聘信息表中对应记录的"录取状态"属性
值修改为"已录取"或"未录取"。

【例 14-19】　人才录取操作页面：luqu.asp

```
<%@LANGUAGE="VBSCRIPT" CODEPAGE="65001"%>
<%
dim conn, ConnectionString

set          conn          =
Server.createobject("ADODB.Connection")

ConnectionString              =
"provider=microsoft.jet.oledb.4.0;"&"data
source="&server.MapPath("../data/
qiuzhi.mdb")

conn.open ConnectionString
'若 falg 参数为 agree，则是同意录取。
if request.QueryString("flag") = "agree"
then
    sql = "select * from ApplyInformation
where
ResumeID="&request.QueryString("ResumeID")&"
and  CompanyID="&session("CompanyID")&"  and
PositionID="&request.QueryString("PositionID
")
    set          rs          =
server.createobject("adodb.recordset")
    rs.open sql, conn, 1, 3
'更新录取状态。
    rs("EnrollmentState") = "已录取"
    rs("Flag") = "已查看"
    rs.update
    rs.close

response.redirect("../company/success.asp")
'否则拒绝录取。
    else
    sql = "select * from ApplyInformation
where         ResumeID="&request.QueryString
("ResumeID")&"                          and
CompanyID="&session("CompanyID")&"       and
PositionID="&request.QueryString("PositionID
")
    set          rs          =
server.createobject("adodb.recordset")
    rs.open sql, conn, 1, 3
'更新录取状态。
    rs("EnrollmentState") = "未录取"
    rs("Flag") = "已查看"
    rs.update
    rs.close

response.redirect("../company/success.asp")
    end if
    %>
```

14.2.12　显示录取人员

　　如果单位的招聘人员想要查看所有已录取的人员，可以打开"查看录取人员"页面。

【例 14-20】　显示所有录取人员页面：luqu.asp

```
<%@LANGUAGE="VBSCRIPT" CODEPAGE="65001"%>
<!--#include file="../inc/conn.asp"-->
<%
'如果用户名为空或者用户类型不是单位用户，则转到单位用户登录页面。
if         session("UserName")=""         or
session("type")<>2 then

response.Redirect("../company/company_login.
asp")
 end if
'从应聘信息表中检索出已经被录取的求职者。
sql="select * from ApplyInformation where
EnrollmentState=' 已 录 取 ' and CompanyID="&
session("CompanyID")&" order by StartTime
desc"
set
rs=server.CreateObject("adodb.recordset")
rs.open sql,conn,1,1
%>
<table width="100%">
 <tr>
  <td align="center"><table width="500"
bordercolor="#00FFFF">
    <tr>
     <td                            colspan="7"
align="center"><h3>所有录取人员</h3></td>
     </tr>
     <tr            bordercolor="#FFFFFF"
bordercolordark="#FFFFFF">
      <td       width="78"       height="17"
align="center" bgcolor="#00CCFF"> </td>
      <td      width="57"     align="center"
bgcolor="#00CCFF"> 姓名</td>
      <td      width="90"     align="center"
bgcolor="#00CCFF">性别</td>
      <td      width="90"     align="center"
bgcolor="#00CCFF">年龄</td>
      <td      width="86"     align="center"
bgcolor="#00CCFF">学历 </td>
      <td      width="109"    align="center"
bgcolor="#00CCFF">应聘职位</td>
     </tr>
```

```
    <%
        if not rs.eof then
            rowcount=rs.recordcount
'获取记录总数
            rs.pagesize=10
            maxsize=rs.pagecount    '获
取最大页码值

requestpage=clng(request("page"))
            if requestpage="" or
requestpage=0 then
            requestpage=1
            end if
            if
requestpage>maxsize then
            requestpage=maxsize
            end if
            if not requestpage=1
then
            rs.move
(requestpage-1)*rs.pagesize
            end if
        for i=1 to rs.pagesize and
not rs.eof
            '通过 i 的奇偶来控制行的颜色。
            if cint(i mod 2)=0
then
        %>
        <tr align="center">
        <td    height="20"   align="center"
bgcolor="#CCFFCC">[<%= rs("StartTime") %>]
</td>
        <td                    align="center"
bgcolor="#CCFFCC"><A              href="#"
onclick="window.open('../
person_detail.asp?ResumeID=<%=rs("ResumeID")
%>&amp;ApplyID=<%=rs("ApplyID")%>'),'',
scrollbars=yes,width=500,height=600"><%=rs("
ApplicantName") %> </A></td>
        <td                    align="center"
bgcolor="#CCFFCC"><%= rs("Sex") %></td>
        <td                    align="center"
bgcolor="#CCFFCC"><%=cint(datediff("m",
rs("Birthdate"), date())/ 12) %></td>
        <td                    align="center"
bgcolor="#CCFFCC"><%= rs("Degree") %></td>
        <td                    align="center"
bgcolor="#CCFFCC"><%= rs("PositionTitle") %>
</td>
```

```
        </tr>
        <% else %>
        <!—此段代码与上一段类似，所不同的是
bgcolor=" #FFFFCC" -->
        <% end if %>
        <%
                    rs.movenext
                    if rs.eof then
                        exit for
                    end if
                next
            else
                response.write("暂无信息")
            end if
        %>
        <tr>
        <td>共 <%=maxsize %>页</td>
        <td>当前页: <%= requestpage %></td>
        <td            align=center><A
href="luqu.asp?page=<%=requestpage-1%>">上一
页</A></td>
```

```
        <td            align=center><A
href="luqu.asp?page=<%=requestpage+1%>"> 下 一
页</A></td>
        </tr>
    </table></td>
    </tr>
</table>
```

该页面的运行效果如图 14-18 所示。

图 14-18　显示所有录取人员

14.2.13　统计信息

求职和招聘的统计信息可以直接在网站的主页上看到，其运行效果如图 14-19 所示。

图 14-19　统计信息界面

> ○ **小提示**
>
> 使用 SQL 函数，可以在一个 SELECT 语句的查询中，直接计算数据库资料的平均值、总数、最小值、最大值等统计。在使用 Recordset 对象时，可以使用这些 SQL 函数。这在数据库资料统计时给我们带来了很大的方便。

【例 14-21】 网站主页中"站内统计信息"部分的代码

```
<!--#include file="conn.asp"-->
<%
```

```
    '统计单位用户个数，num1 为单位用户个数。
    sql="select    count(*)    as    num1    from
CompanyInfo "
    set
rs_cp=server.CreateObject("adodb.recordset")
    rs_cp.open sql,conn,1,1
    '统计个人求职者个数，num2 为求职者个数。
    sql="select    count(*)    as    num2    from
PersonalInfo "
    set
rs_pn=server.CreateObject("adodb.recordset")
    rs_pn.open sql,conn,1,1
    '统计已投递简份数，num3 为已投递简份数。
    sql="select    count(*)    as    num3    from
ApplyInformation "
    set
rs_yp=server.CreateObject("adodb.recordset")
    rs_yp.open sql,conn,1,1
    '统计已录取人数，num4 为已录取人数。
    sql="select    count(*)    as    num4    from
ApplyInformation where EnrollmentState='已录取
' "
    set
rs_yp1=server.CreateObject("adodb.recordset"
)
    rs_yp1.open sql,conn,1,1
```

·从单位信息表中查询出前10条单位信息。

    set
rs1=server.CreateObject("adodb.recordset")

```
sql="select top 10 * from CompanyInfo order by RegistrationDate desc"
    rs1.open sql,conn,1,1
%>
```

14.3 学习效果测试

Dreamweaver+ASP

一、思考题

（1）如何创建合理、高效的数据库？创建数据库表时应注意哪些问题？

（2）如何对表单所提交的数据进行有效性的验证？当表单中提交的数据项很多时，应该如何验证数据项的有效性。

二、操作题

设计一个"通讯录"，可以实现添加、删除、查找和浏览人员记录的功能，并使用 Access 数据库存取通讯录的记录数据。添加联系人的效果如图 14-20 所示。

图 14-20 网络通讯录——添加联系人

第15章　教务处网站系统

学习要点

教务处网站是高校教务处发布和管理教务信息的重要平台。通过登录教务处网站，教师和学生可以获得各种与教学有关的政策、新闻、通知和其他信息。本章将综合运用前面各章所讲解的知识，循序渐进地设计并制作一个教务处网站系统。通过本章的学习，读者应该掌握如何使用数据库来存储网页内容，以及如何使用模板来简化网站的设计和维护。

学习提要

- 高校网站的整体设计
- 网站系统中访问权限的控制
- 网页的分类与管理
- 网页模板的设计与运用
- 网页内容的录入与维护
- 网页附件的上传与下载

15.1 系统功能分析及数据库设计

15
Chapter

15.1

15.2

15.3

随着 Internet 技术的迅速普及，越来越多的政府、部门和企业通过自己的网站向外发布各种信息。通过网站发布信息具有访问便捷、实时性强等优点，因此成为各个部门重要的信息交流平台。本章将详细介绍一个教务处网站的设计和开发过程。

15.1.1 系统功能分析与设计

高校教务处网站主要用来发布、更新和浏览各种教务信息，它包括前台界面设计和后台信息管理两大部分。其中，前台界面设计包括。

（1）网站主页面设计：对网站中各个类别的信息进行布局，并提供相应的超链接。

（2）网页模板设计：由于大部分网页的布局都是相似的，因此可以设计一个共用的网页模板，其他网页都可以基于该模板进行设计和修改。

（3）其他网页设计：根据网页模板设计各个具体的网页，提供列表、树状、表格和文本等不同的信息呈现方式。

后台信息管理包括。

（1）用户及登录管理：用来对网站的用户进行管理和登录验证。所有合法用户分成系统管理员和内容录入员两类。其中，系统管理员的权限包括添加、删除用户，对网页的内容、网页分类和留言板等进行管理和维护；内容录入员的权限包括发布电子公告、对本单位的留言内容进行回复等。

（2）网页分类管理：由于教务处网站包含的网页数量众多，因此可以将所有的网页根据网页内容分成几个大类。例如，当前的网页大类包括电子公告、教学简报、国家政策法规和教学管理文件等。在每个大类中又可能包含几个小类，例如电子公告大类包括教务科、教材科和教学研究科等 6 个小类，用来对网页内容进行更精细地划分和管理。系统管理员可以创建、修改和删除网页

的大类和小类。

（3）网页内容管理：大部分网页都是基于网页模板建立的，而这些网页的具体内容存放在数据表中。系统管理员可以增加、删除和修改网页的内容。

（4）网页附件管理：很多网页在浏览的最后都提供附件的下载。网站用户在添加新网页时，应该标出附件的位置和编号，然后在附件管理中上传对应的附件。

（5）留言板管理：教务处网站应该提供一个留言板，以便对学生和家长的各种问题进行解答。由于网站留言板已在第 13 章中专门介绍，所以本章将不再进行描述。

（6）系统工具箱：包括数据库备份、系统初始化、密码更改和使用说明等内容。

根据系统功能的要求，可以给出系统的功能模块图，如图 15-1 所示。

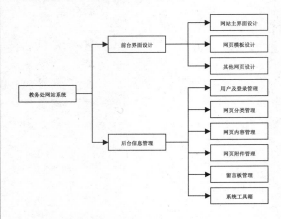

图 15-1　系统功能模块图

15.1.2　数据库设计

根据系统功能设计的要求以及功能模块的划分,需要在数据库中创建 4 个数据表。

（1）用户信息表（Admin）：用于存放用户名、密码、科室和角色,其表结构如表 15-1 所示。

（2）大类信息表（BigClass）：记录每一个大类的名字,其表结构如表 15-2 所示。

（3）小类信息表（SmallClass）：记录

每一个小类的名字及所属大类的名字,其表结构如表 15-3 所示。

（4）网页信息表（News）：记录每一个网页的标题、作者、内容、更新时间、是否置顶、附件数目、所属大类名称和小类名称,其表结构如表 15-4 所示。

表 15-1　用户信息表（Admin）

字段名称	字段类型	字段长度	说明
ID	自动编号		记录 ID,主键
UserName	文本	20	用户名
Password	文本	20	密码
Office	文本	20	用户所在的科室,包括考试与学籍管理科、教务科、教材科、教学研究科、综合科和教学督导办公室
OSKEY	文本	10	用户角色,包括系统管理员（super）、内容录入员（input）和普通用户

表 15-2　大类信息表（BigClass）

字段名称	字段类型	字段长度	说明
BigClassID	自动编号		大类 ID,主键
BigClassName	文本	50	大类名称

表 15-3　小类信息表（SmallClass）

字段名称	字段类型	字段长度	说明
SmallClassID	自动编号		小类 ID,主键
SmallClassName	文本	50	小类名称
BigClassName	文本	50	所属大类名称

表 15-4　网页信息表（News）

字段名称	字段类型	字段长度	说明
NewsID	自动编号		网页 ID,主键
BigClassName	文本	50	所属大类名称
SmallClassName	文本	50	所属小类名称
Title	文本	50	网页标题
Author	文本	20	作者
UpdateTime	日期/时间		更新时间
GotoTop	数字		是否置顶（1-置顶,0-不置顶）
Content	备注		网页内容
FileNume	数字		附件数目

15.2 制作实现过程

网站的制作过程主要包括用户及登录管理、网页分类管理、网页内容管理、网页附件管理、网站主页面设计、网页模板和其他网页的设计 7 个部分。

15.2.1 用户及登录管理

1. 用户管理

用户管理模块的主要功能是用户的增加和删除,在增加新用户时需要指定用户的权限和科室,其代码如下:

【例 15-1】 用户管理:usermanage.asp

```
<!--#include file=conn.asp -->
<%
'只有系统管理员才能够进行用户的管理,
Session("KEY")中存放的是用户的角色
IF Session("KEY")<>"super" THEN
  response.redirect "index_face.asp"
  response.end
END IF
set
rs=Server.CreateObject("ADODB.RecordSet")
'判断用户要采取的动作,在管理员单击"增加"或"删除"
按钮时为action参数赋值
action = Request.QueryString("action")
if action = "add" then
   '增加一个用户,为用户名、密码、科室和权限 4 个字
段分别指定值
   set
rs=server.CreateObject("ADODB.RecordSet")
   rs.open "select * from admin",conn,3,2
   rs.addnew
   rs("oskey")=Request.Form("oskey")
   rs("UserName")=Request.Form("UserName")
   rs("Password")=Request.Form("Password")
   rs("Office")=Request.Form("Office")
   rs.update
   rs.close
  elseif action="delete" then
   conn.execute("delete from admin where
id="+Request.QueryString("id"))
  end if
%>
<html>
```

```
<head>
  <meta            http-equiv="Content-Type"
content="text/html; charset=gb2312">
  <title>哈尔滨工程大学教务处网站管理系统
</title>
  </head>
  <body>
  <table       width="777"        border="0"
align="center"                    cellpadding="0"
cellspacing="1" height="1" bgcolor="#000000">
     <tr>
      <td  bgcolor="#3A5C9F"  width="168"
height="143" valign="top"><table width="151"
border="0" cellpadding="0" cellspacing="0">
        <tr bgcolor="#DFDFDF">
         <td    width="131"    height="2"
align="center"> 增 加 用 户</td>
         <td    width="20"    valign="bottom"
align="right"><img      src="../images/x9.gif"
width="16" height="8"></td>
        </tr>
      </table>
      <table      width="98%"       border="0"
align="center"                  cellpadding="0"
cellspacing="0">
        <tr>
         <td           align="center"><form
method="post"
action="usermanage.asp?action=add">
           <table width="98%" border="0"
cellpadding="0" cellspacing="5">
            <tr>
             <td    align="center"><font
color="#FFFFFF">用 户 名: <br>
               <input          type="text"
name="username" size="17">
             </font></td>
            </tr>
            <tr>
             <td    align="center"><font
color="#FFFFFF">用户权限: <br>
```

```
                <select name="oskey">
                <option    value="super"
selected>系统管理员</option>
                <option value="input">内
容录入员</option>
                </select>
                </font></td>
            </tr>
            <tr>
                <td    align="center"><font
color="#FFFFFF">密 码：<br>
                <input    type="password"
name="password" size="17">
                </font></td>
            </tr>
            <tr>
                <td    align="center"><font
color="#FFFFFF">所在部门：<br>
                <select name="office">
                <option value="考试与学籍
管理科">考试与学籍管理科</option>
                <option value="教务科">教
务科</option>
                <option value="教学研究科
">教学研究科</option>
                <option value="教材科">教
材科</option>
                <option value="综合科">综
合科</option>
                <option value=教学督导办公
室>教学督导办公室</option>
                </select>
                </font></td>
            </tr>
            <tr>
                <td    align="center"><input
type="submit"    value="  增  加  "  name=
"submit"><input  type="submit"  name="Submit"
value="取消">
                </td>
            </tr>
            </table>
            </form></td>
        </tr>
        </table></td>
        <td    bgcolor="#C4C4C4"    width=3
height=143><img    src="../images/dot1.gif"
width=1 height=1></td>
        <td    height="143"    valign="top"
align="right" bgcolor="#FFFFFF">
        <table    width="98%"    border="0"
align="center"    cellpadding="0"
cellspacing="0">
            <tr>
```

```
        <td>
        <br><p align="center">用 户 列 表
<p></p>
        <%
            set       rs       =
server.CreateObject("ADODB.RecordSet")
            rs.open "select * from
admin",conn,1,1
            if rs.EOF then
                response.write "
没有栏目！"
            else
        %>
        <table         width="98%"
cellspacing="1" bgcolor="#000000">
            <tr         bgcolor="#304D7C"
align="center"><font color="#FFFFFF">
            <td width="10%">ID 号</td>
            <td width="20%">用户名</td>
            <td width="20%">密码</td>
            <td width="20%">科室</td>
            <td width="20%">权限</td>
            <td width="10%">删除</td>
            </font></tr>
            <%do while NOT rs.EOF%>
            <tr         bgcolor="#FFFFFF"
align="center">
            <td><%=rs("id")%></td>
<td><%=rs("Username")%></td>
            <td>******</td>
            <td><%=rs("Office")%></td>
            <td><%if    rs("oskey")    =
"super" then Response.Write("系统管理员") else
Response.Write("内容录入员")%></td>
            <td><font color="#ffffff"><a
href="usermanage.asp?action=delete
&id=<%=rs("id")%>">删除</a></font></td>
            </tr>
            <%
            rs.MoveNext
        loop
        end if
        rs.close
        %>
        </table></td>
    </tr>
    </table><br>
    </td>
</tr>
```

```
</table>
</body>
</html>
```

该页面的运行效果如图 15-2 所示。

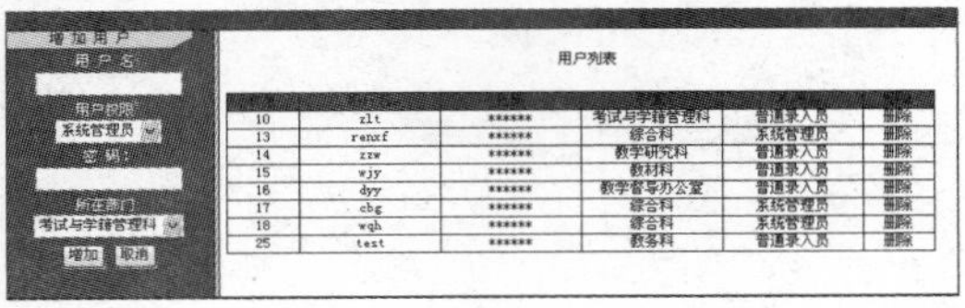

图 15-2　用户管理

2. 登录管理

登录管理模块的功能是用户登录验证，并根据用户的角色为会话变量 Session （"KEY"）赋值，其他模块将根据 Session （"KEY"）的值判断用户是否有权限进行操作，代码如下：

【例 15-2】　登录管理：login.asp

```
<!--#include file=conn.asp-->
<%
'用户输入用户名和密码后，单击"确认"按钮，调用该
页面自身进行验证工作
username=request.form("UserName")
password=request.form("Password")
if username <> "" then
  set
rs=server.CreateObject("ADODB.RecordSet")
  rs.open "select * from Admin where
UserName='" & username & "'",conn,1,1
  '根据验证情况，输出相关提示信息
  if rs.eof and rs.bof then
      info = "请输入正确的管理员名字!"
  elseif password <> rs("password") then
      info = "请输入正确的管理员密码!"
  else
  '如果验证成功，则在会话变量
Session("UserName")、Session("KEY")和
Session("Office")保存用户名、角色和科室信息
      Session("UserName")=rs("Username")
      Session("KEY")=rs("OSKEY")
      Session("Office")=rs("Office")
      response.redirect "main.asp"
  end if
  rs.close
end if
%>
<html>
```

```
<head>
<meta              http-equiv="Content-Type"
content="text/html; charset=gb2312">
<title>哈尔滨工程大学教务处网站管理系统
</title>
</head>
<body                        bgcolor="#CCCCCC"
background="../images/linebg1.gif">
<form method="POST" action="login.asp">
<table          width="500"         align=center
bgcolor="#000000"            cellspacing="2"
cellpadding="6">
  <tr>
    <td     align="center"     height="65"
bgcolor="#657CB4"><b><font            size="+2"
color="#FFFFFF">哈尔滨工程大学教务处网站管理系统
</font></b></td>
  </tr>
  <tr>
    <td     align="center"     height="40"
bgcolor="#C6CEE3">管 理 员 登 陆</td>
  </tr>
  <tr>
    <td align="center" bgcolor="#abb8d6"
height="166"><table width="350" height=137
border="0" align="center" cellpadding="6">
      <tr>
        <td align="center">用户名:
          <input name="UserName" size="20"
style="font-size: 9pt">
        </td>
      </tr>
      <tr>
        <td align="center">密 码:
          <input              type="password"
name="Password" size="20">
        </td>
      </tr>
      <tr>
        <td                    height="40"
align="center"><p>
          <input             type="submit"
name="submit" value="确定">  
          <input             type="reset"
name="reset" value="重写">
        </p></td>
      </tr>
      <tr>
        <td        align="center"><font
color="red"><b><%=info%></b></font></td>
      </tr>
```

```
    </table></td>
  </tr>
  </table>
</form>
</body>
</html>
```

该页面的运行效果如图 15-3 所示。

图 15-3　管理员登录

15.2.2　网页分类管理

1．大类管理

大类管理的功能包括大类的浏览、增加、删除和修改，下面分别进行介绍。

【例 15-3】　大类的浏览、增加：BigClass.asp

```
<!--#include file="conn.asp"-->
<%
IF Session("KEY")<>"super" THEN
  response.redirect "login.asp"
  response.end
END IF
%>
<html>
<head>
<meta            http-equiv="Content-Type"
content="text/html; charset=utf-8">
<title>大类管理</title>
<%
  Dim action
  action = Request.QueryString("action")
  if action = "add" then
    classname                         =
Request.Form("classname")
      If classname = "" then
          info = "类名不能为空！"
      else
          set           rs           =
server.createobject("adodb.recordset")
          sql = "select * from bigclass
where bigclassname = '" & classname & "'"
          rs.Open sql, conn, 2, 2
          If rs.eof and rs.bof then
              rs.AddNew
              rs("bigclassname")       =
classname
              rs.update
```

```
              rs.close
          else
              info = "已经存在这个分类！"
          end if
      end if
  end if
%>
</head>
<body>
<table        align="center"        border="0"
width="500" cellspacing="0" cellpadding="0">
  <tr>
    <td    align="center"    valign="middle"
height="60"><b><font            size="5"
color="#0000ff"> 系  统  大  类  管  理
</font></b></td>
  </tr>
  <tr>
    <td width="100%" align="center"><table
height="75"    width="500"    cellspacing="1"
cellpadding="0"    style="font-size:    10pt"
align="center" bgcolor="#000000" border="0">
      <tr bgcolor="#ffffff">
      <td bgcolor="#ebf4e6" colspan="10"
height="50" align="center"> 请谨慎执行<font
color="#FF0000">删除</font>操作！此操作将一起
<font  color="#FF0000"> 删除相应的小类和网页
</font>！</td>
      </tr>
      <tr bgcolor="#bcdca8">
      <td    width="10%"    height="25"
align="center"><b>序号</b></td>
      <td width="70%" align="center"><b>
大类名称</b></td>
      <td colspan="2" align="center"><b>
执  行</b></td>
      </tr>
      <%
```

```
        Set                         rs         =
Server.CreateObject("ADODB.Recordset")
        sql ="SELECT * From BigClass order by
BigClassID"
        rs.open sql,conn,1,1
        for i = 1 to rs.RecordCount
    %>
        <tr bgcolor="#ebf4e6">
        <td bgcolor="#ffffff" height="25"
align="center"><%=rs("BigClassID")%> </td>
        <td                    bgcolor="#ffffff"
align="center"><%=rs("BigClassName")%></td>
        <td bgcolor="#ffffff" width="10%"
align="center"><a       href="BigClassEdit.asp?
BigClassID=<%=rs("BigClassID")%>"
color="#C0C0C0">编辑</a></td>
        <td bgcolor="#ffffff" width="10%"
align="center"><a       href="BigClassKill.asp?
BigClassID=<%=rs("BigClassID")%>"
color="#C0C0C0">删除</a></td>
        </tr>
        <%
        rs.MoveNext
    next
    %>
        <tr bgcolor="#ffffff">
        <td  bgcolor="#ebf4e6"  colspan=5
height="25" align="left"><form method="post"
action="BigClass.asp?action=add"
name="type">
            <br>
                 增 加 分
类:
            <input              type="text"
name="classname"              size="30"
value="<%=classname %>">
            <input         type="submit"
name="submit" value="添加">
            <input type="reset" value="重写
">
            <font
color="red"><b><%=info%></b></font>
        </form></td>
        </tr>
    </table></td>
  </tr>
</table>
</body>
</html>
```

该页面的运行效果如图 15-4 所示。

图 15-4　系统大类管理

【例 15-4】　大类编辑：BigClassEdit.asp

```
<!--#include file="conn.asp"-->
<%
IF Session("KEY")<>"super" THEN
  response.redirect "login.asp"
  response.end
END IF
%>
<html>
<head>
<meta            http-equiv="Content-Type"
content="text/html; charset=utf-8">
<title>大类修改</title>
</head>
<body>
 <%
 BigClassID                                =
Trim(Request.QueryString("BigClassID"))
    If BigClassID = "" Then
        Response.Redirect "BigClass.asp"
        Response.End
    End If
    Set rs = Conn.Execute("select * from
BigClass where BigClassID = " & BigClassID)
    classname = Trim(rs("BigClassName"))
    newclassname                           =
Trim(Request.Form("newclassname"))
    action                                 =
Trim(Request.QueryString("action"))
    if action = "edit" then
```

```
                if newclassname = classname then
                    info = "类名没有做任何改动！"
                elseif newclassname = "" then
                    info = "类名不能为空！"
                else
                    Set rs = Conn.Execute("select *
from BigClass where BigClassName = '" &
newclassname & "'")
                    if rs.eof and rs.bof then
'如果修改后的类名在表中不存在
                        Conn.Execute("update
BigClass set BigClassName = '" & newclassname
& "' where BigClassName = '" & classname & "'")
                        '修改 BigClass 表
                        Conn.Execute("update
SmallClass set BigClassName = '" & newclassname
& "' where BigClassName = '" & classname & "'")
                        '修改 SmallClass 表
                        Conn.Execute("update News
set BigClassName = '" & newclassname & "' where
BigClassName = '" & classname & "'")
                        '修改 News 表
                        Response.Redirect
"BigClass.asp"
                    else
                        info = "已经存在这个大类名称！
"
                    end if
                end if
            end if
    %>
    <form        name="form1"     method="post"
action="BigClassEdit.asp?action=edit
&BigClassID=<%=BigClassID%>">
        <table    width="573"    cellspacing="1"
cellpadding="10" bgcolor="#000000">
        <tr align="center" bgcolor="#abb8d6">
        <td   colspan="3"   height="55"><font
color="#ff0000" size="5"><b>修改大类名称</b>
</font></td>
        </tr>
        <tr bgcolor="#FFFFFF">
        <td      width="140"     height="60"
align="right"><b>原大类名称：</b></td>
        <td width="350"><%=classname%></td>
        </tr>
        <tr bgcolor="#FFFFFF">
        <td      width="140"     height="60"
align="right"><b>新大类名称：</b></td>
        <td              width="350"><input
id="newclassname"             size="50"
name="newclassname">
    </td>
```

```
        </tr>
        <tr bgcolor="#FFFFFF">
        <td   colspan="2"   height="40"><font
color="red"><%=info%></font> </td>
        </tr>
        <tr align="center" bgcolor="#abb8d6">
        <td         height=60        colspan=2
align="center"><input type="submit" value="修
改" name="submit"> <input type="button" value="
放弃" name="abort" onClick="javascript:history.
go(-1)">
        </td>
        </tr>
    </table>
    </form>
</body>
</html>
```

该页面的运行效果如图 15-5 所示。

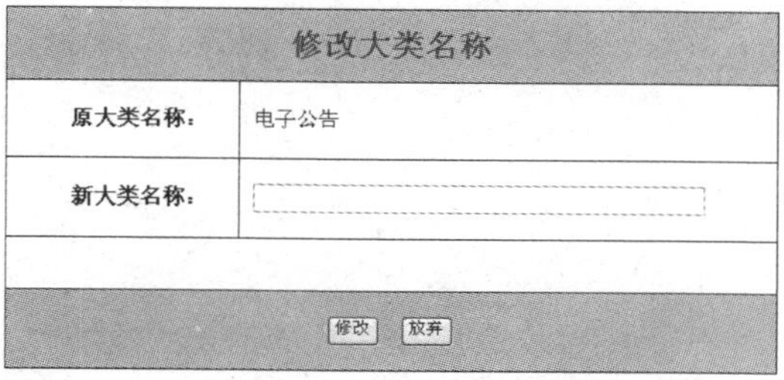

图 15-5　修改大类名称

【例 15-5】　大类删除：BigClassKill.asp

```
<!--#include file="conn.asp"-->
<%
IF Session("KEY")<>"super" THEN
    response.redirect "login.asp"
    response.end
END IF
%>
<html>
<head>
<meta           http-equiv="Content-Type"
content="text/html; charset=utf-8">
<title>大类删除</title>
</head>
<body>
<%
    BigClassID                              =
Trim(Request.QueryString("BigClassID"))
    If BigClassID = "" Then
        Response.Redirect "BigClass.asp"
```

```
        Response.End
    End If
    Set rs = Conn.Execute("select * from
BigClass where BigClassID = " & BigClassID)
    classname = Trim(rs("BigClassName"))
    '该页面首先确认用户是否真的要删除。如果是，则执行
删除操作
    action                              =
Trim(Request.QueryString("action"))
    if action = "delete" then
        '删除 BigClass 表中相关记录
        conn.execute("delete from BigClass
where BigClassName = '" & classname & "'")
        '删除 SmallClass 表中相关记录
        Conn.Execute("delete         from
SmallClass where BigClassName='" & classname
&"'")
        '删除 News 表中相关记录
        Conn.Execute("delete from News where
BigClassName = '" & classname & "'")
        Response.Redirect "BigClass.asp"
    end if
    %>
    <form      name="form1"      method="post"
action="BigClassKill.asp?action=delete&BigCl
assID=<%=BigClassID%>">
    <table    width="573"    cellspacing="1"
cellpadding="10" bgcolor= "#000000">
    <tr align="center" bgcolor="#abb8d6">
    <td                 height="55"><font
color="#ff0000"  size="5"><b> 大 类 删 除 确 认
</b></font>
        </td>
    </tr>
    <tr bgcolor="#FFFFFF">
        <td height=120 align="center"><b>删
除 大 类 ： 【 <font
color="#ff0000"><%=classname%></font>】? </b>
        <font color=red> (此操作将一起删除该类
所有的小类和网页! 并且删除后将无法恢复! ) </font>
        </td>
    </tr>
    <tr align="center" bgcolor="#abb8d6">
    <td height="60"><input type="submit"
value="是" name="submit">
          
        <input  type="button"  value=" 否 "
name="abort"     onClick="javascript:history.
go(-1)">
        </td>
    </tr>
    </table>
```

```
    </form>
</body>
</html>
```

该页面的运行效果如图 15-6 所示。

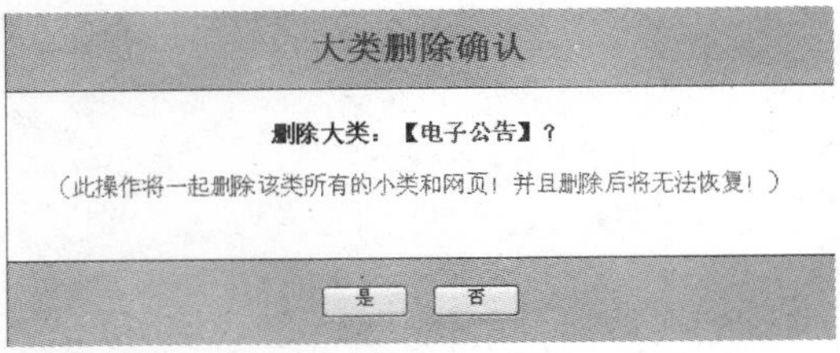

图 15-6   大类删除确认

2. 小类管理

小类管理的功能包括小类的浏览、增加、删除和修改，这里只介绍前两项功能。

【例 15-6】 小类浏览及增加：SmallClass.asp

```
<!--#include file="conn.asp"-->
<%
IF Session("KEY")<>"super" THEN
  response.redirect "login.asp"
  response.end
END IF
%>
<html>
<head>
<meta            http-equiv="Content-Type"
content="text/html; charset=utf-8">
<title>大类管理</title>
<%
  Dim action
  action = Request.QueryString("action")
  if action = "add" then
    classname                           =
Request.Form("classname")
    bigclassname                        =
Request.Form("bigclassname")
    If classname = "" then
        info = "类名不能为空! "
    else
        set           rs              =
server.createobject("adodb.recordset")
        '查找该小类名在当前大类中是否存在
        sql = "select * from smallclass
where bigclassname = '" & bigclassname & "' and
smallclassname = '" & classname & "'"
        rs.Open sql, conn, 2, 2
```

278 |

```
                    If rs.eof and rs.bof then
                        rs.AddNew
                        rs("bigclassname")          =
bigclassname
                        rs("smallclassname")         =
classname
                        rs.update
                        rs.close
                    else
                        info = "在当前大类中已经存在这
个分类! "
                    end if
                end if
            end if
        %>
    </head>
    <body>
    <table      align="center"      border="0"
width="700" cellspacing="0" cellpadding="0">
        <tr>
            <td  align="center"   valign="middle"
height="60"><b><font            size="5"
color="#0000ff"> 系 统 小 类 管 理
</font></b></td>
        </tr>
        <tr>
            <td width="100%" align="center"><table
height="75"  width="700"  cellspacing="1"
cellpadding="0"    style="font-size:    10pt"
align="center" bgcolor="#000000" border="0">
            <tr bgcolor="#ffffff">
                <td bgcolor="#ebf4e6" colspan="10"
height="50" align="center"> 请谨慎执行 <font
color="#FF0000">删除</font>操作! 此操作将一起
<font color="#FF0000">删除相应的网页</font>!
</td>
            </tr>
            <tr bgcolor="#bcdca8">
                <td     width="10%"    height="25"
align="center"><b>序号</b></td>
                <td width="30%" align="center"><b>
所属大类</b></td>
                <td width="40%" align="center"><b>
小类名称</b></td>
                <td colspan="4" align="center"><b>
执 行</b></td>
            </tr>
            <%
                Set           rs           =
Server.CreateObject("ADODB.Recordset")
                sql ="SELECT  * From SmallClass order
by SmallClassID"
```

```
                rs.open sql,conn,1,1
                for i = 1 to rs.RecordCount
            %>
                <tr bgcolor="#ebf4e6">
                    <td bgcolor="#ffffff" height="25"
align="center"><%=rs("SmallClassID")%>
                    </td>
                    <td           bgcolor="#ffffff"
align="center"><%=rs("BigClassName")%></td>
                    <td           bgcolor="#ffffff"
align="center"><%=rs("SmallClassName")%></td
>
                    <td           bgcolor="#ffffff"
width="10%"><a    href=  "SmallClassEdit.asp?
SmallClassID=<%=rs("SmallClassID")%>"
color="#c0c0c0">编辑</a></td>
                    <td           bgcolor="#ffffff"
width="10%"><a      href="SmallClassKill.asp?
SmallClassID=<%=rs("SmallClassID")%>"
color="#C0C0C0">删除</a></td>
                </tr>
                <%
                rs.MoveNext
            next
            %>
            <tr bgcolor="#ffffff">
                <td bgcolor="#ebf4e6" colspan="8"
height="25"  align="center"><form  method =
"post"   action="SmallClass.asp?action=add"
name="type">
                <br> 在     <select  size="1"
name="bigclassname" style="font-size: 9pt">
                <%
                    set rs = conn.execute("select
* from BigClass order by BigClassID)
                    if rs.eof and rs.bof then
                %>
                <option>暂无任何大类</option>
                <%
                    else
                    while not rs.eof
                %>
                <option
value="<%=rs("BigClassName")%>">

        <%=trim(rs("BigClassName")) %></option>
                <%
                    rs.MoveNext
                wend
                end if
                rs.close()
```

```
%>
            </select>中添加小类:
            <input                 type="text"
name="classname" size="35"
  value="<%=classname%>">
            <input               type="submit"
name="submit" value="添加">
            <input type="reset" value="重写
">
            <p>                    <font
color="red"><b><%=info%></b></font>
            </form></td>
        </tr>
    </table></td>
  </tr>
</table>
</body>
</html>
```

该页面的运行效果如图 15-7 所示。

图 15-7　系统小类管理

15.2.3　网页内容管理

网页内容管理包括网页增加、修改、删除和浏览 4 个模块。其中，删除网页的操作过程和代码与修改网页相似，本节将不再介绍。

1．网页增加

网页的增加分为选择网页大类、录入网页内容和提交网页内容 3 步。

【例 15-7】　选择网页大类：AddNews1.asp

```
<!--#include file=conn.asp -->
<%
IF      not(Session("KEY")="super"     or
Session("KEY")="input") THEN
    response.redirect "login.asp"
    response.end
END IF
set                rs=server.CreateObject
("ADODB.RecordSet")
rs.Source="select * from BigClass order by
BigClassID"
rs.Open rs.source,conn,1,1
%>
<html>
<head>
<meta            http-equiv="Content-Type"
content="text/html; charset=gb2312">
```

```
</head>
<body>
<form method="POST" action="AddNews2.asp">
  <table    width="588"    bgcolor="#000000"
cellspacing="1" cellpadding="3">
    <tr align="center" bgcolor="#abb8d6">
      <td height="55" bgcolor="#abb8d6"><b>
增 加 网 页</b></td>
    </tr>
    <tr bgcolor="#FFFFFF">
      <td align="center" height="197"><p>请
选择网页大类:
          <select                 size="1"
name="BigClassName">
          <%if rs.EOF then %>
              <option value="">暂无任何类
别</option>
          <%else
              if Session("KEY")="super"
then
                  do while not rs.EOF
          %>
          <option
value="<%=rs("BigClassName")%>"><%=trim(rs("
BigClassName"))%>
          </option>
              <%
```

```
                    rs.MoveNext
            loop
        else
    %>
                <option value="电子公告">电
子公告</option>
                <%  if session("Office")
= "教学研究科" then %>
                    <option value="
教学简报">教学简报</option>
                <%  elseif
session("Office") = "教学督导办公室" then%>
                    <option value="督学之
窗">督学之窗</option>
            <%  end if
            end if
        end if
    %>
        </select>
    </td>
    </tr>
    <tr bgcolor="#abb8d6">
    <td    align="center"    height="55"
bgcolor="#abb8d6"><input          type="submit"
value=" 下一步>> " name="B1">
    </td>
    </tr>
    </table>
    </form>
    </body>
    </html>
```

该页面的运行效果如图 15-8 所示。

图 15-8　选择网页大类

【例 15-8】　录入网页内容：AddNews2.asp

```
<!--#include file=conn.asp -->
<%
IF     not(Session("KEY")="super"    or
Session("KEY")="input") THEN
```

```
    response.redirect "login.asp"
    response.end
  END IF
  BigClassName=Request.Form("BigClassName")
  if BigClassName="" then BigClassName =
Request.QueryString("BigClassName")
  if BigClassName="" then
  Response.Redirect "AddNews1.asp"
  Response.End
  end if
  set            rs=server.CreateObject
("ADODB.RecordSet")
  rs.Source="select * from BigClass where
BigClassName='" & BigClassName & "'"
  rs.Open rs.source,conn,1,1
  %>
  <html>
  <head>
  <meta         http-equiv="Content-Type"
content="text/html; charset=gb2312">
  <script language="javascript">
  function CheckForm()
  {
  document.form1.content.value=document.f
orm1.doc_html.value;
  return true
  }
  </script>
  </head>
  <body>
  <form method="post" action="AddNews3.asp"
onSubmit="return CheckForm()" name="form1">
    <table   width="610"   bgcolor="#000000"
cellspacing="1" cellpadding="3">
      <tr bgcolor="#abb8d6">
      <td      colspan="2"      height="55"
align="center"><b>增 加 网 页</b></td>
      </tr>
      <input type=hidden name="BigClassName"
value="<%=BigClassName%>">
      <tr bgcolor="#FFFFFF">
      <td     width="17%"     align="right"
bgcolor="#FFFFFF">所属大类</td>
      <td
width="83%"><%=BigClassName%></td>
      </tr>
      <tr bgcolor="#FFFFFF">
      <td align="right" bgcolor="#FFFFFF">所
属小类</td>
      <td             width="83%"><select
name="SmallClassName" size="1">
```

```asp
         <%
         set
rs2=server.createobject("adodb.recordset")
         rs2.Source="select    *    from
SmallClass      where      BigClassName='"
&rs("BigClassName") & "' order by SmallClassid"
         rs2.open rs2.Source,conn,1,1
         if rs2.eof and rs2.bof then
             response.write  "<option
value="">还没有小类</option>"
         else
             if Session("KEY") = "input"
and rs("BigClassName") = "电子公告"
   then%>
             <option
value='<%=Session("Office")%>'>
   <%= trim(Session("Office"))%> </option>
         <%else%>
             <option  value=""> 选 择 小 类
</option>
             <%do while not rs2.eof%>
             <option
value='<%=trim(rs2("SmallClassName"))%>'>
   <%=
trim(rs2("SmallClassName"))%></option>
         <%
                  rs2.movenext
             loop
             end if
          end if
          rs2.close
       %>
     </select>
   <tr bgcolor="#FFFFFF">
     <td align="right" bgcolor="#FFFFFF">
是否置顶</td>
     <td width="83%">
     <select name="GotoTop" size="1">
     <option value=0>不置顶</option>
       <%'只有管理员才有置顶的权限
          if     Session("KEY")="super"
then%>
       <option value=1>置顶</option>
       <%end if%>
     </select>
     </td>
   </tr>
   <tr bgcolor="#FFFFFF">
     <td align="right">网页标题</td>
```

```asp
     <td   width="83%"><input   type="text"
name="Title" size="86">
     </td>
   </tr>
   <tr bgcolor="#FFFFFF">
     <td align="right">作者</td>
     <td   width="83%"><input   type="text"
name="Author" size="56">
     </td>
   </tr>
   <tr bgcolor="#CCCCCC" valign="bottom">
     <td      align="right"      valign="top"
bgcolor="#FFFFFF">文章内容</td>
     <td   width="83%"   bgcolor="#FFFFFF"
align="left">
       <textarea          name="Content"
style="display:none"></textarea>
       <iframe          ID="eWebEditor1"
src="webedit/ewebeditor.asp?id=Content&style
=webedit"    frameborder="0"   scrolling="no"
WIDTH="544" HEIGHT="320"></iframe></td>
   </tr>
   <tr bgcolor="#FFFFFF">
     <td width="17%" align="right">附件数目
</td>
     <td width="83%">
     <select size="1" name="FileNum">
       <option selected>0</option>
       <option>1</option>
       ……
       <option>10</option>
     </select>
     <a        href="HowToInsertFile.asp"
target="_blank"><font color=336699> 使 用 说 明
</font></a>                          <font
color="red"><b><%=Request.QueryString("info"
)%></b></font></td>
   </tr>
   <tr bgcolor="#abb8d6">
     <td       colspan="2"      width="688"
align="center" height="55">
     <input type="submit" value=" 添 加 "
name="cmdok"> 
     <input type="reset" value=" 清 除 "
name="cmdcancel">
     </td>
   </tr>
   </table>
   </form>
   </body>
   </html>
```

该页面的运行效果如图 15-9 所示。

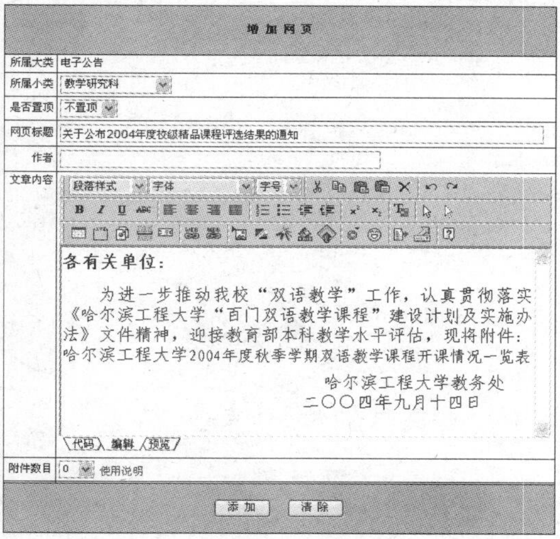

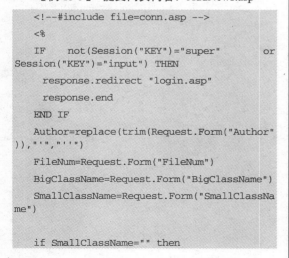

图 15-9 修改网页

在输入网页内容过程中，如果要插入一个附件，可以首先选择一段文字，然后单击工具栏上的 按钮，在弹出的对话框中输入附件的编号和文件扩展名，如图 15-10 所示。我们将在下面介绍如何添加网页附件。

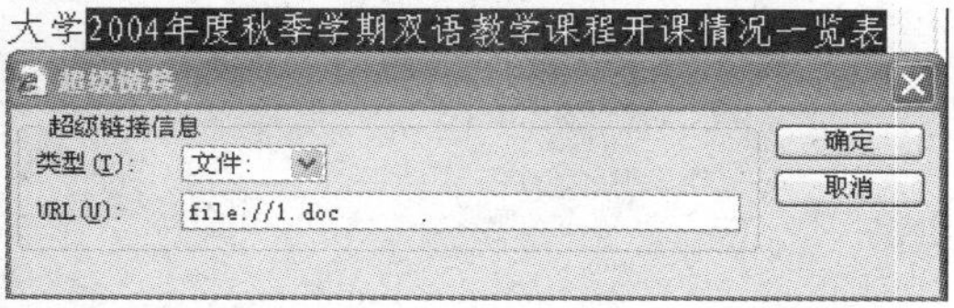

图 15-10 在网页中定义附件

【例 15-9】 提交网页内容：AddNews.asp

```
<!--#include file=conn.asp -->
<%
IF    not(Session("KEY")="super"    or
Session("KEY")="input") THEN
  response.redirect "login.asp"
  response.end
END IF
Author=replace(trim(Request.Form("Author"
)),"'","''")
FileNum=Request.Form("FileNum")
BigClassName=Request.Form("BigClassName")
SmallClassName=Request.Form("SmallClassNa
me")

if SmallClassName="" then
```

```
    Response.Redirect
"AddNews2.asp?BigClassName=" & BigClassName &
"&info=请选择该网页所属小类！"
    Response.End
  end if
  GotoTop=Request.Form("GotoTop")
  Title=request.form("Title")
  if Title="" then
    Response.Redirect
"AddNews2.asp?BigClassName=" & BigClassName &
"&info=请填写网页标题！"
    Response.End
  end if
  Content=replace(trim(Request.Form("Conten
t")),"'","''")
  if Content="" then
    Response.Redirect
"AddNews2.asp?BigClassName=" & BigClassName &
"&info=请填写输入网页内容！"
    Response.End
  end if
  sql="INSERT   INTO  News(Title,  Author,
Content,BigClassName,SmallClassName,GotoTop,
UpdateTime,FileNum) VALUES('"& title & "', '"&
Author &"', '"& Content &"', '" & BigClassName
&"', '"& SmallClassName &"',"& GotoTop &",'" &
Now() &"',"& FileNum &")"
  conn.Execute (sql)
  conn.close
  set conn=nothing
%>
```

2. 网页内容修改

内容的修改也分为选择待修改的网页、修改网页内容和提交修改结果 3 步。

【例 15-10】选择待修改的网页：ModifyNews1.asp

```
<!--#include file=conn.asp -->
<!--#include file=function.asp -->
<%
IF    not(Session("KEY")="super"    or
Session("KEY")="input") THEN
  response.redirect "login.asp"
  response.end
END IF
page = Request.QueryString("page")
if page < 1 or page = "" then page = 1
set
rs=server.CreateObject("ADODB.RecordSet")
sql=Request.QueryString("sql")
if sql="" then
```

```asp
rs.Source="select * from News order by
NewsID desc"
   else
     rs.Source="select * from News where " +
sql + " order by NewsID desc"
   end if
   rs.Open rs.Source,conn,1,1
   rs.PageSize=20
   for i=1 to rs.PageSize*(page-1)
     if not rs.EOF then
         rs.MoveNext
     end if
   next
   %>
   <html>
   <head>
   <meta            http-equiv="Content-Type"
content="text/html; charset=gb2312">
   </head>
   <body>
   <br>
   <table        width="90%"        align=center
bgcolor="#000000"          cellspacing="1"
cellpadding="0">
     <tr>
       <td    bgcolor="#abb8d6"    height="55"
align="center"><b>修 改 网 页</b></td>
     </tr>
     <tr>
       <form                    method="POST"
action="ModifyNews2.asp">
       <td      height="60"      align="center"
bgcolor="#FFFFFF"><b>直接输入网页 ID: </b>
       <input     type="text"     name="NewsID"
size="20">
       <input type="submit" value="下一步>>"
>
       <a
href="Query1.asp?url=ModifyNews1.asp">网 页 查
询</a> </td>
       </form>
     </tr>
     <tr>
       <td       colspan=2       bgcolor=#abb8d6
height=25>当前是第<%=page%>页, 转到第
       <%
         for i=1 to rs.PageCount
           Response.Write           "<a
href=""ModifyNews1.asp?Page=" & i & "&sql=" &
sql & """><font color=#000000>[" & i &
"]</font></a>"
```

```asp
         next
       %>页</td>
     </tr>
     <tr>
       <td       width="100%"       colspan=2
bgcolor=#abb8d6 align=center height=25><table
width = "100%"  border="0"  cellspacing="1"
cellpadding="0" height="25">
         <tr                      align="center"
bgcolor="#FFFFFF">
           <td width="10%">ID</td>
           <td      width="60     %     ">     标
   题</td>
           <td      width="20     %     ">     日
   期</td>
           <td width="10%">执行</td>
         </tr>
       </table></td>
     </tr>
     <tr>
       <td               bgcolor="#abb8d6"><table
width="100%" border="0" cellspacing="1">
         <%
           for i=1 to rs.PageSize
             if not rs.EOF then
           %>
           <form                    method="POST"
action="ModifyNews2.asp">
           <input type="hidden" name="NewsID"
value=<%=rs("NewsID")%>>
           <tr bgcolor=ffffff>
             <td                      width=10%
align=center><%=rs("NewsID")%></td>
             <td                      width=60%><a
href="ReadNews.asp?NewsID=<%=
rs("NewsID")%>&BigClassName=<%=rs("BigClassN
ame")%>&SmallClassName=<%=rs("SmallClassName
")%>"                    target=_blank>
<%=trim(rs("Title"))%></a></td>
             <td                      width=20%
align=center><%=rs("UpdateTime")%></td>
             <td width=10% align=center><input
type=submit value="修改"></td>
           </tr>
           </form>
           <%
             rs.MoveNext
             end if
           next
           %>
         </table></td>
```

```
    <tr>
        <td      colspan=2      bgcolor=#abb8d6
height=25>当前是第<%=page%>页，转到第
        <%
            for i=1 to rs.PageCount
                Response.Write           "<a
href=""ModifyNews1.asp?Page=" & i & "&sql=" &
sql & """><font color=#000000>[" & i &
"]</font></a>  "
            next
        %>页</td>
    </tr>
    </table>
    </body>
    </html>
```

该页面的运行效果如图 15-11 所示。

图 15-11　选择待修改的网页

【例 15-11】 修改网页内容：ModifyNews2.asp

```
<!--#include file=conn.asp -->
<%
IF    not(Session("KEY")="super"    or
Session("KEY")="input") THEN
    response.redirect "login.asp"
    response.end
END IF

NewsID=Request.Form("NewsID")
if NewsID="" then
    Response.Redirect "ModifyNews1.asp"
    Response.End
```

```
    end if
    set              rs=server.CreateObject
("ADODB.RecordSet")
    rs.Source="select   *   from   News   where
NewsID=" & NewsID
    rs.Open rs.source,conn,1,1
    if rs.EOF then
        Response.Redirect "ModifyNews1.asp"
        Response.End
    end if
%>
<html>
<head>
<meta              http-equiv="Content-Type"
content="text/html; charset=gb2312">
<script language="javascript">
function CheckForm()
{ var text
    text=document.form1.doc_html.value;
    if (text!="")
        document.form1.Content.value=text;
    return true;
}
</script>
</head>
<body>
<table      width="640"      align=center
bgcolor="#000000"           cellpadding="3"
cellspacing="1">
    <tr>
        <td      colspan="2"      height="55"
bgcolor="#abb8d6" align="center"><b> 修改网页
--该网页 ID 为: <%=NewsID%></b> </td>
    </tr>
    <tr>
        <td      width="17%"      align=right
bgcolor="#FFFFFF">网页大类</td>
        <td              width="83%"
bgcolor="#FFFFFF"><%=rs("BigClassName")%></t
d>
    </tr>
    <tr>
        <td      width="17%"      align=right
bgcolor="#FFFFFF">网页小类</td>
        <td              width="83%"
bgcolor="#FFFFFF"><%=trim(rs("SmallClassName
"))%></td>
    </tr>
    <form
action=ModifyNewsClass1.asp?NewsID=<%=NewsID
%> method=post>
        <tr>
```

```
        <td    width=17%    bgcolor="#FFFFFF"
align="center"></td>
        <td                      width="83%"
bgcolor="#FFFFFF"><input name=btn_Modi_class
type=submit value="修改网页类别">
        </td>
      </tr>
    </form>
    <form                       method="POST"
action="ModifyNews3.asp?NewsID=<%=NewsID%>"
name= "form1" onSubmit="return CheckForm()">
      <tr>
        <td    width="17%"    align="right"
bgcolor="#FFFFFF">是否置顶</td>
        <td                     width="83%"
bgcolor="#FFFFFF"><select          size="1"
name="GotoTop">
          <option    value="0"    <%if
rs("GotoTop")=0 then Response.Write "selected"
end if %>>不置顶</option>
          <%if Session("KEY")="super" then%>
          <option    value="1"    <%if
rs("GotoTop")=1 then Response.Write "selected"
end if %>>置顶</option>
          <%end if%>
        </select>
        </td>
      </tr>
      <tr>
        <td    width="17%"    align="right"
bgcolor="#FFFFFF">网页标题</td>
        <td                     width="83%"
bgcolor="#FFFFFF"><input           type="text"
name="Title"                       size=90
value="<%=trim(rs("Title"))%>">
        </td>
      </tr>
      <tr>
        <td    width=17%    align="right"
bgcolor="#FFFFFF">作者</td>
        <td                     width=83%
bgcolor="#FFFFFF"><input           type="text"
name="Author"                      size=56
value="<%=trim(rs("Author"))%>">
        </td>
      </tr>
      <tr align="center" bgcolor="#FFFFFF">
        <td    valign="top"    align="right"
width="17%">文章内容</td>
        <td    valign="top"    align="left"
width="83%"><p>
        <textarea           name="Content"
style="display:none"><%=Server.HTMLEncode
(trim(rs ("Content")))%></textarea>
```

```
        <iframe               ID="eWebEditor1"
src="webedit/ewebeditor.asp?id=Content&style
=webedit"    frameborder="0"    scrolling="no"
WIDTH="544" HEIGHT="320"></iframe>
        </p></td>
      </tr>
      <tr>
        <td    width="17%"    align="right"
bgcolor="#FFFFFF">附件数目</td>
        <td                     width="83%"
bgcolor="#FFFFFF"><select          size="1"
name="FileNum">
        <% for i = 0 to 10 %>
          <%if    rs("FileNum")=i    then
Response.Write    "<option    selected>"    &
i&"</option>"%>
        <% next %>
        </select>
        <a href="HowToInsertFile.asp"><font
color=336699> 使 用 说 明 </font></a><font
color="red"><b><%=Request.QueryString("info"
)%></b></font></td>
      </tr>
      <tr>
        <td    height="55"    colspan=2
align="center"    bgcolor="#abb8d6"><input
type="submit" value="  修改>>  " name="B1">
</td>
      </tr>
    </form>
  </table>
</body>
</html>
```

该页面的运行效果如图 15-12 所示。

图 15-12　修改网页内容

【例 15-12】　提交修改结果：ModifyNews3.asp

```asp
<!--#include file=conn.asp -->
<%
NewsID=Request.QueryString("NewsID")
Title=replace(trim(Request.Form("Title"))
,"'","''")
if Title="" then
    Response.Redirect "ModifyNews2.asp?info=
请填写网页标题!"
    Response.End
end if
Author=replace(trim(Request.Form("Author"
)),"'","''")
Content=replace(trim(Request.Form("Conten
t")),"'","''")
if Content="" then
    Response.Redirect "ModifyNews2.asp?info=
请输入网页内容!"
    Response.End
end if
FileNum=Request.Form("FileNum")
GotoTop=Request.Form("GotoTop")
sql = "update News set title='" & Title & "',
Author='" & Author & "', Content='" & Content
& "', FileNum=" & FileNum & ", GotoTop=" &
GotoTop & " where NewsID=" & NewsID
conn.execute(sql)
%>
```

3. 浏览网页内容

在修改或删除网页之前，用户可以单击网页标题，打开网页浏览窗口。

【例 15-13】　网页浏览：ReadNews.asp

```asp
<!--#include file=conn.asp -->
<!--#include file=function.asp -->
<SCRIPT language="JavaScript">
 var currentpos,timer;
 function initialize()  {
  timer=setInterval("scrollwindow()",50);
 }
 function sc(){
     clearInterval(timer);
 }
 function scrollwindow() {
 currentpos=document.body.scrollTop;
     window.scroll(0,++currentpos);
```

```asp
     if         (currentpos       !=
document.body.scrollTop)   sc();
    }
    document.onmousedown=sc
    document.ondblclick=initialize
 </ SCRIPT >
    <%
    NewsID=Request.QueryString("NewsID")
    BigClassName=trim(Request.QueryString("
BigClassName"))
    SmallClassName=trim(Request.QueryString
("SmallClassName"))
    set
rs=server.CreateObject("ADODB.RecordSet")
    rs.Source="select  *  from  News  where
NewsID=" & NewsID
    rs.Open rs.Source,conn,1,1
    BigClassName=rs("BigClassName")
    Title=trim(rs("Title"))
    Author=trim(rs("Author"))
    UpdateTime=trim(rs("UpdateTime"))
    NewsContent=trim(rs("Content"))
    FileNum=rs("FileNum")
    rs.Close
    %>
    <html>
    <head>
    <meta         http-equiv="Content-Type"
content="text/html; charset=gb2312">
    <title><%=Title%>_<%=
SmallClassName%>_<%= BigClassName%></title>
    </head>
    <body>
    <table    width="750"    cellspacing="0"
cellpadding="0"              align="center"
bgcolor="#000066">
    <tr>
    <td><table    width="748"    border="0"
bgcolor= "#A7CCFA" align="center">
        <tr>
        <td width="20"> </td>
        <td width="530" height="40">当前位
置:<a href= "../index.asp">首页</a>&gt;&gt; <%=
BigClassName%>&gt;&gt;
<%=SmallClassName%></td>
            <td width="107" height="40">双击自动
滚屏</td>
            <td          width="91"><input
type="button" name="close"  value="关闭窗口"
onClick=          "window.close();return
false;"></td>
```

```
        </tr>
      </table></td>
    </tr>
  </table>
  <table border="1" style="border-collapse:
collapse" bordercolor="#111111" width=750
align= center cellspacing="0" cellpadding="0"
bgcolor="#FFFFFF">
    <tr>
      <td    width="68%"    align="middle"
valign="top"><table          width="85%"
align="center">
        <tr>
          <td               align=center
style="font-size:18px" height="102"><br>
            <br><p><font
color="#000066"><b><%=title%></b></font></p>
</td>
        </tr>
        <tr>
          <td               align=center
style="font-size:9pt"    height="50"><font
color="#666666">
<%=updateTime%>  <%=author%></font
></td>
        </tr>
        <tr>
          <td          style="font-size:14px"
align="center"><table align="center">
            <tr>
```

```
<td><%=Encode(NewsID,NewsContent,FileNum)%><
/td>
        </tr>
      </table></td>
    </tr>
  </table></td>
  </tr>
</table>
</body>
</html>
```

该页面的运行效果如图 15-13 所示。

图 15-13　网页浏览窗口

15.2.4　网页附件管理

在增加或修改网页的过程中,用户可以标注某段文字作为超链接,但是这些超链接并没有关联实际的附件。因此,在网页增加或修改完成后,应当立即上传与这些超链接相对应的附件。附件的上传与网页中超链接的 URL 保持一致。换句话说,如果某段文字被标注一个超链接,对应的 URL 为"file://1.doc",则上传的第一个 Word 文件对应于该超链接,并且文件被重命名为"网页编号-1.doc",存放在 downloads 目录中。

网页附件的上传分为 3 个阶段,即选择待上传附件的网页,选择附件和上传附件。

1．选择待上传附件的网页

【例 15-14】　选择待上传附件的网页: UploadFile1.asp

```
<!--#include file=conn.asp -->
<!--#include file=function.asp -->
<%
IF     not(Session("KEY")="super"     or
Session("KEY")="input") THEN
  response.redirect "login.asp"
  response.end
END IF
page=Request.QueryString("page")
if page<1 or page="" then page=1
sql = Request.QueryString("sql")
set                rs                =
server.CreateObject("ADODB.RecordSet")
'只有附件数目大于 0 的网页才被显示出来
if sql = "" then
  rs.Source = "select * from News where
FileNum > 0 order by NewsID desc"
```

```
    else
    rs.Source = "select * from News where FileNum
> 0 and " & sql & " order by NewsID desc"
    end if
    rs.Open rs.Source, conn, 1, 1
    rs.PageSize = 20
    for i=1 to rs.PageSize * ( page-1)
     if not rs.EOF then
          rs.MoveNext
     end if
    next
    %>
    <html>
    <head>
    <meta                http-equiv="Content-Type"
content="text/html; charset=gb2312">
    </head>
    <body>
    <br>
    <table       width="90%"      align=center
bgcolor="#000000"            cellspacing="1"
cellpadding="0">
      <tr>
        <td    height="55"    bgcolor="#abb8d6"
align="center"><b>上传网页附件</b></td>
      </tr>
      <tr>
        <form              method="POST"
action="UploadFile2.asp">
        <td   bgcolor="#FFFFFF"   height="60"
align="center">直接输入网页 ID:
          <input type="text"  name="NewsID"
size="20">
          <input type="submit" value="下一步
>>" name="submit" >
          <a
href="Query1.asp?url=UploadFile1.asp">网页查
询</a></td>
        </form>
      </tr>
      <tr>
        <td  bgcolor="#abb8d6"  align="center"
height="25">当前是第<%=page%>页, 转到第
        <%
          '显示所有页面的超链接
          for i=1 to rs.PageCount
            Response.Write              "<a
href=""UploadFile1.asp?Page=" & i & "&sql=" &
sql  &  """"><font  color="#000000">[" & i &
"]</font></a> "
          next
```

```
    %> 页 </td>
      </tr>
      <tr>
        <td bgcolor="#abb8d6"  align="center"
height="25"><table  width="100%"  border="0"
cellspacing="1" cellpadding="0" height="25">
          <tr              align="center"
bgcolor="#FFFFFF">
            <td width="6%">ID</td>
            <td      width="60     %     ">  标
   题</td>
            <td      width="20     %     ">  日
   期</td>
            <td width="6%">附件</td>
            <td width="8%">执行</td>
          </tr>
        </table></td>
      </tr>
      <tr>
        <td bgcolor="#abb8d6"><table border="0"
cellspacing="1" width="100%" >
          <%
          for i=1 to rs.PageSize
            if not rs.EOF then
          %>
          <form              method="POST"
action="UploadFile2.asp">
            <input          type="hidden"
name="NewsID" value=<%=rs("NewsID")%>>
            <input          type="hidden"
name="FileNum" value=<%=rs("FileNum")%>>
            <tr bgcolor="#ffffff">
              <td              width="6%"
align="center"><%=rs("NewsID")%></td>
              <td      width="60%"><a
href="ReadNews.asp?NewsID=<%=
rs("NewsID")%>&BigClassName=<%=rs("BigClassN
ame")%>&SmallClassName=<%=
rs("SmallClassName")              %>"
target=_blank><%=trim(rs("Title"))%></a></td
>
              <td              width="20%"
align="center"><%=rs("UpdateTime")%></td>
              <td              width="6%"
align="center"><%=rs("FileNum")%></td>
              <td width="8%"><input
type=submit value="Next"></td>
            </tr>
          </form>
          <%
            rs.MoveNext
          end if
```

```
         next
      %>
      </table></td>
   </tr>
   <tr>
      <td    colspan="2"    bgcolor="#abb8d6"
height="25">当前是第<%=page%>页，转到第<% for
i=1 to rs.PageCount
         Response.Write            "<a
href=""UploadFile1.asp?Page=" & i & "&sql=" &
sql & """><font color="#000000">[" & i &
"]</font></a> "
      next
      %> 页 </td>
   </tr>
</table>
</body>
</html>
```

该页面的运行效果如图 15-14 所示。

图 15-14　选择待上传附件的网页

2．选择附件

【例 15-15】　选择附件：UploadFile2.asp

```
<!--#include file=conn.asp -->
<!--#include file=function.asp -->
<%
IF     not(Session("KEY")="super"     or
Session("KEY")="input") THEN
   response.redirect "login.asp"
   response.end
END IF
```

```
NewsID=Request.Form("NewsID")
if NewsID="" then
   Response.Redirect "UploadFile1.asp"
end if
set
rs=server.CreateObject("ADODB.RecordSet")
   rs.Source="select   *   from   News  where
NewsID=" & NewsID
   rs.Open rs.source,conn,1,1
   Title=trim(rs("Title"))
   FileNum=rs("FileNum")
   Content=trim(rs("Content"))
%>
<html>
   <head>
      <meta            http-equiv="Content-Type"
content="text/html; charset=gb2312">
   </head>
   <body>
   <table border="0" width="90%" align=center
bgcolor="#000000" cellspacing="1">
      <tr>
      <td        width="100%"       height="55"
bgcolor="#abb8d6" align="center">
      <form          enctype="multipart/form-data"
method="post"        action="UploadFile3.asp?
NewsID=<%= NewsID%>" name="Upload">
      <input                   type="hidden"
name="CopyrightInfo"
value="http://www.chinaasp.com">
      <table          border="0"          width="600"
align=center>
         <tr>
         <td><b><font size="3">上 传 网 页 附 件
</font></b><br>  <br>
         <b>网页编号: </b><%=NewsID%><br>
         <b>网页标题: </b><%=Title%><br><hr><br>
         该   网   页   需   要 <input    type=text
value=<%=FileNum%> disabled size=2>个附件。<br>
         如果系统检测到附件，就会在下面直接显示文件名，
并且用红色的字体表示。如果没有检测到，将按照 NewsID-i
的格式显示。<br></td>
         </tr>
         <%
         for i=1 to FileNum
            Title=Trim(DetectName(Content,i))
            if      Right(Title,4)="<BR>"         or
Right(Title,4)="<br>" then
               Title=Left(Title,Len(Title) -
4)
```

```
                end if
            if Title="" then
                Response.Write
"<tr><td><b><font color=red>附件 " & i & " 所对
应的文字链接不存在! </font></b></td></tr>"
        elseif DetectFile(NewsID, Content,
i)="" then
                Response.Write "<tr><td ><b>" &
Title & "</b></td></tr>"
            Response.Write    "<tr><td><input
type=file name=file"&i&" size=64></td></tr>"
        else
                Response.Write    "<tr><td><b><font
color=red>"&Title&"</font></b></td></tr>"
            Response.Write        "<tr><td><input
type=file name=file" &i&" size=64></td></tr>"
        end if
    next
    %>
    <tr>
        <td height="20" align=center><input
type=submit value=开始上传附件></td>
        </tr>
    </table>
    </form></td>
    </tr></table>
    </body>
    </html>
```

该页面的运行效果如图 15-15 所示。

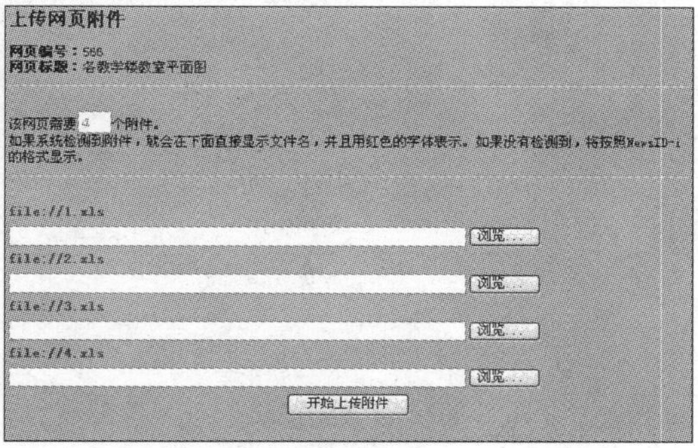

图 15-15　选择网页附件

3. 上传网页附件

【例 15-16】　上传网页附件：UploadFile3.asp

```
<!--#include file=conn.asp -->
<!--#include file=function.asp -->
<%
NewsID=Request.QueryString("NewsID")
```

```
    set
rs=server.CreateObject("ADODB.RecordSet")
    rs.Source="select   *   from   News   where
NewsID=" & NewsID
    rs.Open rs.source,conn,1,1
    Content=trim(rs("Content"))
    '获取附件的保存路径
    Savepath=server.MapPath("../downloads")
    iCount=1
    set
FileUp=server.createobject("ChinaASP.UpLoad"
)
    %>
    <html>
    <head>
    <meta             http-equiv="refresh"
content="5;url=UploadFile1.asp">
    <meta             http-equiv="Content-Type"
content="text/html; charset=gb2312">
    </head>
    <body>
    <table border="0" width="90%" align=center
bgcolor="#000000" cellspacing="1">
    <tr>
        <td      width="100%"      height="55"
bgcolor="#abb8d6"       align="center"><table
border="0" width="450" align=center>
        <tr>
            <td height="40"><b><font size="3">
上传网页附件</font></b><hr><br>
                <b>上传结果: </b></td>
        </tr>
        <%
    for each f in fileup.Files
        if f.isempty=false then
            f.saveas SavePath & "\" & NewsID
& "-" & iCount &"."& ExtName(Content, iCount)
            if f.filesize<>0 then
                Response.Write "<tr><td>已
经 保 存 "  &  NewsID  &  "-"  &  iCount
&"."&ExtName(Content,iCount) & "</td></tr>"
            else
                Response.Write "<tr><td>文
件大小为 0, 文件没保存! </td></tr>"
            end if
        else
            Response.Write  "<tr><td><font
color=red>" & NewsID & "-" & iCount & "没有选
择! </font></td></tr>"
        end if
        iCount=iCount+1
```

```
    next
    %>
        <tr>
            <td height="40">总共用去时间：
<%=fileup.UsedTime%>秒! </td>
        </tr>
    </table></td>
```

```
        </tr>
    </table>
    <%
     set fileup=nothing
    %>
    </body>
    </html>
```

15.2.5　网站主页面设计

网站主页面也是网站的门户，用户可以通过它了解网站的整体结构和内容组织。

【例 15-17】　网站主页面：index.asp

```
<!--#include file=admin\conn.asp -->
<html>
<head>
<meta                    http-equiv="Content-Type"
content="text/html; charset=gb2312">
<title>欢迎来到哈尔滨工程大学教务处</title>
</head>
<body  bgcolor="#FEFAF2"  leftmargin="0"
topmargin="0">
<table         width="778"         border="0"
align="center"                    cellpadding="2"
cellspacing="0">
    <tr>
        <td      width="14%"      height="80"
align="center"><img
src="images/xxbz.jpg"></td>
        <td       height="80"      colspan="2"
align="center"><img
src="images/title.gif"-></td>
        <td    width="28%"   align="right"><img
src="images/mainbuilding.JPG"></td>
    </tr>
    <tr valign="middle" bgcolor="#FFE0B0">
        <td        height="16"        colspan="2"
bgcolor="#FFE0B0">http://202.118.190.75</td>
        <td    colspan="2"   bgcolor="#FFE0B0"
align="right"><script language="javascript">
        clientdate = new Date();
        clientyear = clientdate.getYear();
        if(clientyear < 300)clientyear =
1900 + clientyear ;
        clientmonth                        =
clientdate.getMonth()+1;
        clientday = clientdate.getDate();
        weekday = clientdate.getDay();
        if (weekday==0) {  weekday="日" }
```

```
        if (weekday==1) {  weekday="一"  }
        if (weekday==2) {  weekday="二"  }
        if (weekday==3) {  weekday="三"  }
        if (weekday==4) {  weekday="四"  }
        if (weekday==5) {  weekday="五"  }
        if (weekday==6) {  weekday="六"  }
        document.write(clientyear+"      年
"+clientmonth+" 月 "+clientday+" 日 "+" 星期
"+weekday)
    </script>
        </td>
    </tr>
</table>
    <table          width="778"          border="0"
align="center"                    cellpadding="2"
cellspacing="0">
    <tr>
        <td   width="26%"   valign="top"><table
width="98%">
        <tr>
            <td                         colspan=3
bgcolor="#FFE0B0"><table          width="100%"
align="right">
            <tr>
                <td              width="67%"
height="14">  电子公告</td>
                <td           align="right"><a
href="zxdt.asp">More...</a></td>
            </tr>
            </table></td>
        </tr>
        <!--显示滚动公告板-->
        <tr>
            <td               bgcolor="#FFE0B0"
width=1></td>
            <td               height="360"
bordercolor="#ffffff"><marquee
behavior=scroll    direction=up    width=193
height=360   scrollamount=1   scrolldelay=60
```

```
onmouseover='this.stop()'          onmouseout=
'this.start()'>
            <table border="0" cellpadding="4"
cellspacing="0">
            <%
                sql="select top 15 * from
news where bigclassname='电子公告' order by
GotoTop desc, newsid desc"
                Set      rs      =
Server.CreateObject("ADODB.RecordSet")
                rs.open sql, conn, 1, 1
                do while not rs.eof %>
            <tr>
                <td          height=20><img
src="images/sq_top5.gif"          width="9"
height=9><%=Year(rs("UpdateTime"))&"."&Month
(rs("UpdateTime"))&"."&Day(rs("UpdateTime"))
%><a
href="list.asp?id=<%=rs("NewsID")%>"><%=trim
(rs("Title"))%></a>
            <!--如果公告发布的时间不到三天,则
显示新公告标识-->
            <%if date()-rs("UpdateTime")
< 3 then %>
            <image src="images/new.gif">
            <%end if%>
            </td>
            </tr>
            <%rs.movenext
                loop
                rs.close
            %>
            </table>
            </marquee>
            </td>
            <td          bgcolor="#FFE0B0"
width=1></td>
            </tr>
            </table>
            <table      width="98%"     border="0"
cellpadding="0" cellspacing="0">
            <tr>
            <td align="center">自 2003 年 9 月 16
日以来, 您是第<br>
            <!--#include  file="counter.asp"
-->
            <br>位访问者 </td>
            </tr>
            </table></td>
            <td      width="48%"      align="center"
valign="top"><table width="92%">
            <tr>
```

```
            <td><table width="100%" border="0"
align="center">
            <tr>
            <td          width="57%"><img
src="images/jwcgk.jpg" height="19"> </td>
            <td width="43%"> </td>
            </tr>
            <tr>
            <td          height="28"
colspan="2"><table     width="90%"
align="center">
            <tr>
            <td          height="18"
valign="bottom"><a href="jwcgk.asp?name=教务
处简介"> 教务处简介 </a> - <a
href="jwcgk.asp?name=工作职能"> 工作职能
</a></td>
            </tr>
            </table></td>
            </tr>
            </table></td>
            </tr>
            <!--此处省略了部分代码-->
            </table></td>
            <td      width="26%"      align="center"
valign="top"><table     width="94%"     border=0
align=right cellpadding="0" cellspacing="0">
            <!--此处省略了部分代码-->
            </table></td>
            </tr>
            </table>
            <table          align="center"          border=0
cellpadding=0 cellspacing=0 width=778>
            <tr>
            <td height=22 bgcolor="#FFE0B0"> 
任 何 建 议 和 意 见 请 联 系 管 理 员  <a
href="mailto:test@hrbeu.edu.cn">test@hrbeu.e
du.cn</a></td>
            </tr>
            </table>
            <table          align="center"          border=0
cellpadding=0 cellspacing=0 width=778>
            <tr>
            <td       height=20       width="100%"
align="center"> 版权所有(C) 1999-2007 哈尔滨工程
大学教务处</td>
            </tr>
            </table>
            </body>
            </html>
```

该页面的运行效果如图 15-16 所示。

图 15-16　网站主页面

在上面的代码中,包含了一个计数器文件 counter.asp,其作用是根据网页的访问次数,显示一个数字计数器。

【例 15-18】 数字计数器:counter.asp

```
<%
countfile=server.mappath("admin/aspcount.
txt")
'定义一个服务器组件
set
objfile=server.createobject("scripting.files
ystemobject")
set
out=objfile.opentextfile(countfile,1,false,f
alse)
```

```
counter=out.readline '读取数据
out.close
'如果该用户还没有访问过,则访问次数加 1;否则计数不
变
If    IsEmpty(Session("hasbeenConnected"))
then
set
objfile=server.createobject("scripting.files
ystemobject")
set
out=objfile.createtextfile(countfile,TRUE,FA
LSE)
application.lock        '暂时锁定
counter=counter+1      '访客次数加 1
out.writeline(counter)  '写入数据
application.unlock     '解锁
out.close
Session("hasbeenConnected")=True
End if
'以图片的形式显示计数值
countlen=len(counter)
for i=1 to 6-countlen
response.Write("<img
src='images/number/0.gif'        height=20
width=15>")
next
for i=1 to countlen
response.Write("<img
src='images/number/"&Mid(counter,i,1)&".gif'
height=20 width=15>")
next
%>
```

15.2.6　网页模板

由于大多数网页的架构基本相同,因此可以定义一个公共的网页模板。通过使用模板来创建网页,从而减轻网页代码的重复量,并且有利于网站整体维护。在本系统中所有网页内容都是存储在数据表中的,因此可以根据每个网页的 ID,检索出它的标题、作者和内容,进而将这些信息填充到模板的可编辑区域中。

下面给出模板的代码。其中,只有在 <!-- TemplateBeginEditable name=" "--> 和 <!-- TemplateEndEditable --> 标记间定义的内容在各个实例网页中是可编辑的,而其他区域是不可编辑的。

【例 15-19】 网页模板:nav.dwt

```
<html>
<!--                TemplateBeginEditable
name="connection" -->
<!--#include file=../admin/conn.asp -->
<!--各个实例网页在此区域设置或修改数据库连接信息,
或执行其他数据操作-->
<!-- TemplateEndEditable -->
<head>
<!-- TemplateBeginEditable name="doctitle"
-->
<!--各个实例网页在此区域修改网页标题,也可以默认现
在的标题-->
<title>欢迎来到哈尔滨工程大学教务处</title>
<!-- TemplateEndEditable -->
```

```
  <meta                  http-equiv="Content-Type"
content="text/html; charset=gb2312">
  <script                  language="JavaScript"
src="../js/sayhello.js"></script>
  <script language="JavaScript">
  function ShowHideDiv(theName) {

document.all[theName].style.display=(documen
t.all[theName].style.display           ==
"none")?'':'none';
  }
  </script>
  </head>
  <body    bgcolor="#FEFAF2"    leftmargin=0
topmargin=0>
  <table       width="778"       border="0"
align="center"              cellpadding="0"
cellspacing="0">
  <tr>
  <td      width="14%"       height="80"
align="center"><img
src="../images/xxbz.jpg"></td>
  <td    colspan="2"    align="center"><img
name="title" src="../images/title.gif" ></td>
  <td    width="28%"    align="right"><img
src="../images/mainbuilding.JPG"></td>
  </tr>
  <tr valign="middle" bgcolor="#FFE0B0">
  <td      height="16"       colspan="2"
bgcolor="#F5F2BB" valign="middle"> 
  <script language="javascript">
  sayhello()
  </script>
  </td>
 <td      colspan="2"      bgcolor="#F5F2BB"
align="right" valign="middle">
  <script language= "javascript">
  <!--此处省略了显示日期的脚本代码-->
  </script>
  </td>
  </tr>
  </table>
  <table align=center height=20 width=770
background="../images/bg.gif">
  <tr>
  <td width=54 valign=bottom></td>
  <td     width=10     valign=bottom
bgcolor="#FAFAFA"></td>
  <td     width=10     valign=bottom
bgcolor="#EFEFEF"></td>
  <td     width=10     valign=bottom
bgcolor="#E7E7E7"></td>
  <td width=76 align=center valign=bottom
bgcolor="#e0e0e0">栏目名称</td>
  <td width=4 valign=bottom></td>
  <td width=1 bgcolor="#666666"></td>
  <td width=20 valign=bottom></td>
  <td width=604 valign=bottom>您现在的位置: <a
href="/jwc/index.asp">     首     页     </a>&gt;
<!--TemplateBeginEditable name="location" -->
  <!--各个实例网页在此区域显示自己的位置,即网页名称
-->
  <!-- TemplateEndEditable --></td>
  </tr>
  </table>
  <table       align="center"       border=0
cellpadding=0 cellspacing=0 width=770>
  <tr>
  <td       width=161       valign=top
background="../images/bg.gif"><table
width="156">
  <tr>
  <td colspan=5 height=10 width=156>
  <table    border=0    cellpadding=0
cellspacing=0>
  <tr>
  <td height=20 width=28>
  <!--
TemplateBeginEditable name="zxdt" -->
  <div align="center"></div>
  <!--每一个实例网页可以在对应栏目的
此处显示一个紫色选中标记-->
  <!--        TemplateEndEditable
--></td>
  <td bgcolor=#f5f2bb height=20
align=left   width=128><img   src="../images/
tball.gif"      width="14"      height="14"><a
href="/jwc/zxdt.asp">最新动态</a> </td>
  </tr>
  </table>
  <!--此处省略了部分代码-->
  </td>
  </tr>
  </table>
  <!--此处省略了部分代码-->
  </td>
  <td     valign=top     width=623><table
cellpadding=0 cellspacing=0 width="100%">
  <tr>
  <td width=20></td>
  <td><!--        TemplateBeginEditable
name="content" -->
```

```
        <!--各个实例网页的标题、作者和内容都
是放在这个区域-->

        <!--  TemplateEndEditable  -->
</td>

      </tr>

      </table></td>

   </tr>

<!--此处省略了部分代码-->

</center>

</body>

</html>
```

通过上面模板代码的演示，读者应该已经明白在哪些区域可以插入代码，而且每一个可插入代码的区域都有一个用来标识的名字。我们将在下面的实例网页中引用这些名字。网页模板的运行效果如图 15-17 所示。

图 15-17 网页模板

15.2.7 其他网页的设计

下面我们将根据网页模板 nav.dwt 创建其他的一些页面。首先，选择【文件】/【新建】命令，弹出"新建文档"对话框，如图 15-18 所示。

图 15-18 "新建文档"对话框

在"新建文档"对话框中选择 模板中的页 ，然后在中间的列表框中选择站点，在右边的列表框中选择某个模板。单击【创建】按钮，则创建了一个基于模板的网页。在打开的网页中不可编辑的区域代码是灰色的，可编辑的区域代码是正常的颜色。

【例 15-20】 "最新动态"页面：zxdt.asp

在 name="content"的可编辑区域加入以下代码：

```
<table  border=1  borderColor="#ffe0b0"
borderColorDark="#ffffff"      cellPadding=1
cellSpacing="0" width="100%">
```

```
  <tr bgcolor="#F5F2BB">

    <td       height="20"      colspan="2"
align="center"><font      face=" 宋  体  "
color="#FF0000" size="5">最新动态</font></td>

  </tr>

  <tr>

    <td      width="19%"      height="10"
bgColor="#FEFAF2" align="center">时间</td>

  ┘  <td   width="81%"   bgColor="#FEFAF2"
align="center">标题</td>

  </tr>

  <%

    set
rs=server.createobject("adodb.recordset")

    sql="select  *  from  news  where
bigclassname='电子公告' order by newsid desc"

    rs.open sql,conn,1,1

    i=0

    do while not rs.eof

       i=i+1

  %>

  <tr>

    <td   height="10"   bgColor="#FEFAF2"
align="center">     <%=Year(rs("UpdateTime"))
%>"."&
Month(rs("UpdateTime"))&"."&Day(rs("UpdateTi
me"))%></td>

    <td             bgColor="#FEFAF2"><a
href="list.asp?id=<%=rs("NewsID")%>"><%=
trim(rs("Title"))%></a> </td>

  </tr>
```

```
    <%          rs.movenext
        loop
    %>
</table>
```

```
    <%end if%>
        </td>
    </tr>
</table>
```

该页面的运行效果如图 15-19 所示。

该页面的运行效果如图 15-20 所示。

图 15-19 "最新动态"页面

图 15-20 "教务处概况"页面

【例 15-21】 "教务处概况"页面：jwcgk.asp

在 name="content" 的可编辑区域加入以下代码：

```
<%
Set                 rs              =
Server.CreateObject("ADODB.RecordSet")
    rs.Source="select * from News where
BigClassName='教务处概况' and SmallClassName='
教务处概况' and Title='" & CurrentItem & "'"
    rs.Open rs.source,conn,1,1
%>

<table width="100%" height="800" border=
"1" cellPadding="1" borderColor= "#ffe0b0"
borderColorDark="#ffffff">
    <tr>
    <td bgColor="#F5F2BB" height="20" width=
"100%" align="center"><font color= "#FF0000"
size="5"><%=currentitem%></font></td>
    </tr>
    <tr>
    <td valign="top" bgColor="#FEFAF2" >
    <%if not rs.eof then%>
        <!--#include file=admin/function.asp
-->
<%=Encode(rs("NewsID"),rs("Content"),rs("Fil
eNum"))%>
```

【例 15-22】 "教学简报"页面：jxjb.asp

在 name="content" 的可编辑区域加入以下代码：

```
<table     border=1    borderColor="#ffe0b0"
borderColorDark="#ffffff"     cellPadding="1"
cellSpacing="0" width="100%">
    <tr>
    <td     bgColor="#F5F2BB"      height=20
width=100% align="center"><font face="宋体"
color="#FF0000" size="5">教学简报</font></td>
    </tr>
    <tr>
    <td               bgColor="#FEFAF2"
height="10"><table   width="100%"   border="1"
cellpadding="2"              cellspacing="1"
bordercolor="#FEFAF2">
        <%
        set
rs=server.createobject("adodb.recordset")
        sql="select * from news where
BigClassName='教学简报' and SmallClassName='教
学简报' order by NewsID desc"
        rs.open sql,conn,1,1
        i=0
        do while not rs.eof
            i=i+1
        %>
    <tr>
    <td/>
```

```
        <td    bgColor="#FEFAF2"><a   href=
"listjb.asp?id=<%=rs("NewsID")%>"><%=   trim
(rs("Title"))%>[<%=trim(rs("UpdateTime"))%>]
</a></td>
        </tr>
        <%

                rs.movenext
                loop
        %>
        </table></td>
    </tr>
</table>
```

该页面的运行效果如图 15-21 所示。

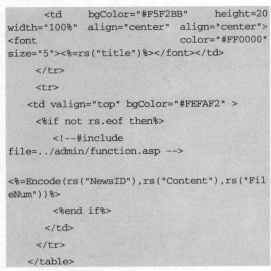

图 15-21 "教学简报"页面

【例 15-23】 "简报内容"页面：listjb.asp

当用户单击某个简报时，进入"简报内容"页面。

在 name="doctitle"的可编辑区域加入以下代码：

```
<%
id=request.querystring("id")
set               rs=server.CreateObject
("ADODB.RecordSet")
sql="select * from news where newsid="&id
rs.open sql,conn,1,1
%>
```

在 name="content"的可编辑区域加入以下代码：

```
<table        width="100%"       height="800"
border="1"    cellPadding=1    cellSpacing=0
borderColor="#ffe0b0"
borderColorDark="#ffffff">
    <tr>
```

```
        <td      bgColor="#F5F2BB"     height=20
width="100%"  align="center"  align="center">
<font                      color="#FF0000"
size="5"><%=rs("title")%></font></td>
    </tr>
    <tr>
    <td valign="top" bgColor="#FEFAF2" >
    <%if not rs.eof then%>
        <!--#include
file=../admin/function.asp -->

<%=Encode(rs("NewsID"),rs("Content"),rs("Fil
eNum"))%>
        <%end if%>
    </td>
    </tr>
</table>
```

该页面的运行效果如图 15-22 所示。

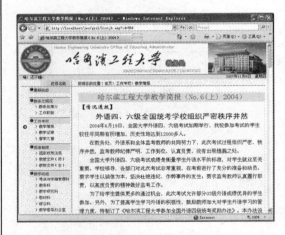

图 15-22 "简报内容"页面

【例 15-24】 "督学之窗"页面：dxzc.asp

在 name="content"的可编辑区域加入以下代码：

```
<table        width="100%"        height="800"
border="1"     cellPadding=1     cellSpacing=0
borderColor="#ffe0b0"
borderColorDark="#ffffff">

    <tr>
        <td      bgColor="#F5F2BB"        height=20
width=100% align="center"><font face=" 宋体"
color="#FF0000" size="5">督学之窗</font></td>
    </tr>
    <tr>
    <td valign="top" bgColor="#FEFAF2" >
    <%
```

```
        set         rs=server.CreateObject
("ADODB.RecordSet")
        set         rs2=server.CreateObject
("ADODB.RecordSet")
        rs.Source="select * from SmallClass
where BigClassName='督学之窗' order by
SmallClassID "
        rs.Open rs.source,conn,1,1
        i=0
        while not rs.eof
            i=i+1
    %>
        <img    src="../images/line_close.gif"
width="18"  height="16"><img  src="../images/
folder_close.gif"    width=16    height=16><a
href="javascript:ShowHideDiv('div_<%=i%>');"
> <%=rs("SmallClassName")%></a><br>
        <div               id="div_<%=i%>"
name="div_<%=i%>" style="display: none;">
        <%
            rs2.Source="Select
NewsID,title,content   from   news   where
BigClassName='督学之窗'        and
SmallClassName='"&rs("SmallClassName")&"'
order by NewsID"
            rs2.Open rs2.source,conn,1,1
            while not rs2.eof
        %>
        <img    src="../images/line_link.gif"
width="42"  height="16"><img  src="../images/
file.gif"    width="14"    height="14"><a
href="listdx.asp?id=<%=rs2("NewsID")%>"><%=r
s2("title")%> </a><br>
        <%
            rs2.MoveNext
```

```
        wend
        rs2.Close
    %>
    </div>
    <%
        rs.MoveNext
    wend
    %>
    </td>
</tr>
</table>
```

该页面的运行效果如图 15-23 所示。

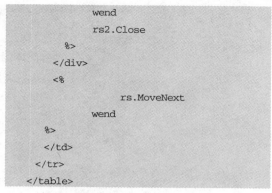

图 15-23 "督学之窗"页面

单击图 15-23 所示树状目录中的小类节点，可以浏览该小类下的所有网页。单击某个网页节点，可以阅读该网页的内容，阅读界面与图 15-22 基本相同。

15.3 学习效果测试

Dreamweaver+ASP

一、思考题

（1）简述网页模板的作用，以及使用模板创建其他网页的方法。

（2）简述网页分类管理的好处。

（3）简述在网页中增加附件的实现过程。

二、操作题

（1）试完成小类的修改和删除功能。

（2）试完成网页删除功能。

（3）通过使用网页模板创建一个"教学记事"网页。"教学记事"的运行效果图如图 15-24 和图 15-25 所示。

图 15-24 "教学记事" 首页

图 15-25 "教学记事" 详细内容

第16章 网上商城购物系统

学习要点

随着 Internet 的发展和信息技术的不断进步，网上购物越来越普及，它具备快捷性、价格低等特点，受到消费用户的欢迎，已经成为一种新的购物方式。针对这种趋势，笔者将介绍一个网上商城购物系统。通过本章的学习，读者应掌握网上商城的几个模块及实现原理。

学习提要

- 用户登录和注册功能
- 商品和公告展示功能
- 在线购物支付功能
- 用户管理功能
- 公告管理功能
- 商品管理功能
- 订单管理功能
- 评论管理公告

16.1 数据库设计

网上商城购物系统是一个方便用户浏览和购买商品，方便管理员管理商品和订单的系统，需要实现的功能较多。对此，我们要先对系统进行需求分析，进而进行数据库的设计。

16.1.1 系统需求分析

网上商城购物系统需要方便用户进行浏览商品、购买商品、在线支付，以及管理商品和订单等活动。它通常需要提供以下功能：

- 用户登录与注册：用户身份的验证和新用户的添加；

- 商品展示和管理：包括对商品的添加、修改和删除，以及商品的展示，方便用户浏览；

- 商品查询：方便用户找到需要的商品；

- 公告展示和管理：包括公告的添加、修改和删除，以及公告的显示，便于管理者发布信息；

- 购买商品：主要是购物车功能的实现；

- 订单管理：对订单进行处理；

- 用户管理：包括对各种用户的添加、删除和更改等内容；

- 评论管理：方便购物者发表评论，和方便管理者对评论进行处理。

根据系统功能设计的要求，可以设计出其功能模块图，如图16-1所示。

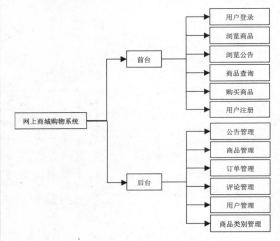

图 16-1 系统功能模块图

16.1.2 数据库详细设计

根据系统功能设计的要求以及功能模块的划分，需要在数据库中创建4个数据表：

1. 用户信息表（Users）

用户信息表Users用来存储系统管理员和注册用户的基本信息，其结构如表 16-1所示。

表 16-1 用户信息表（Users）

字 段 名	数 据 类 型	描 述
ID	自动编号	用户序号
UserID	文本	用户名
PWD	文本	用户密码
UserName	文本	用户姓名

字　段　名	数据类型	描　述
Address	文本	用户地址
Sex	是/否	性别
Email	文本	邮件地址
Telephone	文本	联系电话
Allow	数字	用户权限类别
UserCheck	是/否	用户是否通过验证

2．商品类别表（GoodsType）

商品类别表 GoodsType 用来存储商品的类别信息，其结构如表 16-2 所示。

表 16-2　商品类别表（GoodsType）

字　段　名	数据类型	描　述
ID	自动编号	商品类别序号
Name	文本	商品类别名称
Type	文本	商品类别

3．商品信息表（Goods）

商品信息表 Goods 用来商品的信息，其结构如表 16-3 所示。

表 16-3　商品信息表（Goods）

字　段　名	数据类型	描　述
Name	文本	商品名称
Sn	文本	商品代号
Producer	文本	商品生产商
Package	文本	包装型号
Price	数字	进货价格
SalePrice	数字	销售价格
Content	备注	商品说明
UpTime	日期/时间	商品上传时间
ReadCount	数字	商品被浏览次数
BuyCount	数字	商品被购买次数
Image	文本	商品图片名称和路径
GoodsCheck	是/否	商品是否通过验证

4．订单信息表（Orders）

订单信息表 Orders 用来订单信息，其结构如表 16-4 所示。

表 16-4　订单信息表（Orders）

字　段　名	数据类型	描　述
ID	自动编号	订单序号
User	文本	购买商品的用户姓名
ShopName	文本	购买商品的名称
ShopID	数字	购买商品的序号
Cost	数字	购买价格
Num	数字	购买数量

续表

字 段 名	数 据 类 型	描 述
TotalCost	数字	总金额
OrderTime	日期/时间	购买时间
Check	数字	订单处理类型
OrderSn	文本	订单号

5．公告信息表（Board）

公告信息表 Board 用来存储公告信息，其结构如表 16-5 所示。

表 16-45　公告信息表（Board）

字 段 名	数 据 类 型	描 述
ID	自动编号	公告序号
Title	文本	公告标题
Content	文本	公告内容
UpTime	日期/时间	时间
Poster	文本	发布公告的用户名

6．用户评论表（Complain）

公告信息表 Complain 用来存储评论信息，其结构如表 16-6 所示。

表 16-6　订单信息表（Orders）

字 段 名	数 据 类 型	描 述
ID	自动编号	评论序号
UserID	文本	发表评论的用户名
OrderSn	文本	发表评论的订单号
UpTime	日期/时间	评论时间
Content	文本	评论内容
Result	文本	结果
Flag	数字	评论的状态

16.2　制作实现过程

Dreamweaver+ASP

本节主要讨论网上商城购物系统的制作实现过程，包括以下一些功能：用户注册与登录、用户个人信息管理、商品查询、信息统计、浏览和购买商品、商品分类管理、商品管理、订单管理、评论管理、用户管理以及公告管理。

16.2.1　用户注册与登录

网上商城系统用户有 3 种类型，即系统管理员、验证用户、未验证用户。系统管理员是系统的管理人员，可以管理网站和其他用户，该系统默认的管理员是 Admin；验证用户是由系统管理员审核通过的注册用户，拥有发布商品和管理自有商品的权限，未验证用户是没有通过管理员验证的注册用户，只拥有查看和购买商品，以及修改个人信息的权限，不能发布商品。

本节主要介绍注册用户的方法。

1．用户注册界面

当用户打开网上商城系统主页，如图16-2 所示，可以看到主页上有 注册 按钮，单击进入用户注册页面，如图 16-3 所示。下面将介绍与用户注册有关的代码实现。

图 16-2　网上商城主页

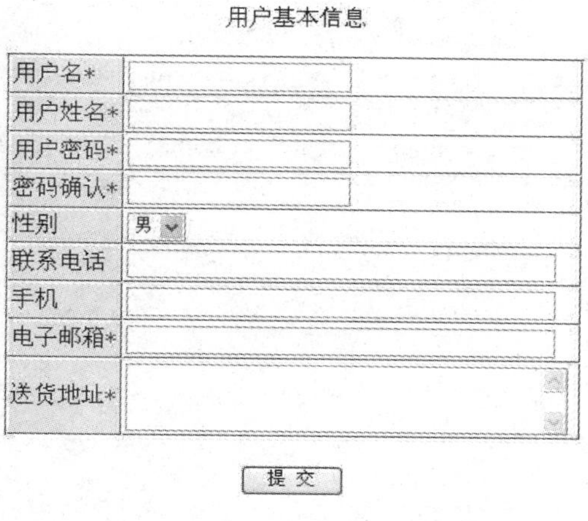

用户基本信息

图 16-3　用户注册界面

【例 16-1】　用户注册界面的代码

```
<form                    method="POST"
action="UserInsert.asp?ActionType=new"
name="Userform" >
  <h3></h3>
  <p align="center">用户基本信息</p>
  <table       align="center"       border="1"
cellpadding="1" cellspacing="1" width="100%"
```

```
bordercolor="#008000"
bordercolordark="#FFFFFF">
    <%
    Set
Conn=Server.CreateObject("ADODB.Connection")

Conn.ConnectionString="Provider=Microsoft.Je
t.OLEDB.4.0;"&_
             "Data
Source="&Server.MapPath("../user.mdb")
    Conn.Open
    Sql="select    *    from    users    WHERE
usercheck=true      and      Allow=1      and
UserId='"&Session("userid")    &"'    and
PWD='"&Session("Password")&"'"
    '读取用户数据
    set rs=Conn.Execute(Sql)
    If not rs.EOF Then
    %>
    <tr>
        <td align=left bgcolor="#E1F5FF">用
户类型<font color="#FF0000">*</font></td>
        <td> <select size="1" name="typeid">
        <option value="admin" > 超级管理员
</option>
        <option value="Manager" selected>管
理员</option>
        <option  value="user"  >  普 通 用 户
</option>
        </select></td>
    </tr>
    <%
    End If
    %>
    <tr>
        <td align=left bgcolor="#E1F5FF">用
户名<font color="#FF0000">*</font></td>
        <td><input            type="text"
name="userid" size="20"></td>
    </tr>
    <tr>
        <td align=left bgcolor="#E1F5FF">用
户姓名<font color="#FF0000">*</font></td>
        <td><input            type="text"
name="username" size="20"></td>
    </tr>
    <tr>
        <td align=left bgcolor="#E1F5FF">用户
密码<font color="#FF0000">*</font></td>
        <td><input          type="password"
name="pwd" size="20"></td>
    </tr>
```

```
        <tr>
            <td align=left bgcolor="#E1F5FF">密码
确认<font color="#FF0000">*</font></td>
            <td><input          type="password"
name="pwd1" size="20"></td>
        </tr>
        <tr>
            <td align=left bgcolor="#E1F5FF">性别
</td>
            <td><select name="sex">
            <option value="0">男</option>
            <option value="1">女</option>
            </select></td>
        </tr>
        <tr>
            <td align=left bgcolor="#E1F5FF">联系
电话</td>
            <td><input             type="text"
name="telephone" size="40"></td>
        </tr>
        <tr>
            <td align=left bgcolor="#E1F5FF">手机
</td>
            <td><input type="text" name="mobile"
size="40"></td>
        </tr>
        <tr>
            <td align=left bgcolor="#E1F5FF">电子
邮箱<font color="#FF0000">*</font></td>
            <td><input type="text" name="email"
size="40"></td>
        </tr>
        <tr>
            <td align=left bgcolor="#E1F5FF">送货
地址:<font color="#FF0000">*</font></td>
            <td>
            <textarea     rows="3"     cols="40"
name="address"></textarea></td>
        </tr>
    </table>
    <p  align="center"><input  type="submit"
value=" 提 交 " name="B2"></p>
    </form>
```

2. 用户注册信息的处理

在处理注册信息时，其主要步骤是：
获得注册信息；检查注册信息是否完整；
检查是否存在该用户名；添加新用户。其
代码如下：

【例 16-2】 用户注册信息的处理

```
<!--#include file="md5.asp"-->
<html>
<head>
<title>保存用户信息</title>
</head>
<body>
<%
Dim Result
Result=""
uid =trim(Request("userid"))
Action=trim(Request("ActionType") )
If Action="new" Then
    If  uid  =""   Then   result=".<font
color='#FF0000'>用户名不能为空! </font><BR>"
    If len(uid )<4 Then result=result&".<font
color='#FF0000'>用户名字符个数不能少于 4 个!
</font><BR>"
    End If
    username=trim(Request.form("username"))
    If username="" Then result=result&".<font
color='#FF0000'>用户姓名不能为空! </font><BR>"
    address=trim(Request.form("address"))
    If address="" Then result=result&".<font
color='#FF0000'>请输入详细的地址! </font><BR>"
    If Action="new" Then
    pwd=trim(Request.form("pwd"))
    If  pwd=""   Then  result=result&".<font
color='#FF0000'>用户密码不能为空! </font><BR>"
    If len(pwd)<6 Then result=result&".<font
color='#FF0000'>密码字符个数不能少于 6 个!
</font><BR>"
        pwd1=trim(Request.form("pwd1"))
    If pwd1<>pwd Then result=result&".<font
color='#FF0000'>两次输入的密码不同! </font><BR>"
    End If
    email1=Request.form("email")
    n=Instr(email,"@")
    If n>0 Then
        m=Instr(n,email,".")
        if m>=len(email) then
        result="EMail 格式有误"
        End If
    else
        Result="EMail 格式有误"
    End If
    If Cint(Request("sex"))=1 Then
        Sex=true'女为 1 和 Ture
    Else
```

```
      Sex=false
    End If
    TypeUser=Trim(Request("typeid"))
    If TypeUser="admin" Then
      TypeUser=1
    ElseIf TypeUser="Manager" Then
      TypeUser=2
    Else
      TypeUser=3
    End If
    If result="" Then
      Dim sql,uid
      Set
Conn=Server.CreateObject("ADODB.Connection")
      Conn.ConnectionString="Provider=Microso
ft.Jet.OLEDB.4.0;"&_
            "Data
Source="&Server.MapPath("../User.mdb")
      Conn.Open
      If Action="new" Then
        '判断此用户是否存在
      Set rs = Conn.Execute("Select * from
Users where  UserId='" & uid & "'")
        If Not rs.Eof Then
              %>
            <script language="javascript">
                alert("已经存在此用户名！");
                history.go(-1);
            </script>
            <%
      Else
        Set rs = Nothing
        pwd=MD5(pwd)
          '在数据库表 Users 中插入新商品信息
          sql="insert    into
Users(UserID,PWD,UserName,Sex,Address,E
mail,Telephone,Mobile,Allow) values('"&_
```

```
      uid
&"','"&pwd&"','"&username&"','"&Sex&"','"&addr
ess&"','"&email&"','"&_
      Request("telephone")&"','"&Request("mobil
e")&"','"&TypeUser&")"
              Result="<p align=center><h2>用
户成功添加！</h2></p><p align=center><h2><a
href='/index.asp'>返回首页登陆</a></h2></p>"
        End If
      ElseIf Action="modify" Then
          '更新用户信息
          sql      =      "Update  Users  Set
UserName='"&Request("username")&"',Sex="&Sex
&"," &_
        "Address='"&Request("address")&"',Telep
hone='"&Request("telephone")&"',Mobile='"&Re
quest("mobile")&_
        "',Email='"&Request("email")&"',Allow="
&TypeUser&" Where UserId='"&uid &"'"
              Result="用户成功更新"
          Session("UserName")              =
Request("username")
Session("Address")=Request("address")
      Session("Email")=Request("email")
    End If
    Conn.Execute(sql)
    Conn.close
    Response.Write result
  %>
  </body>
  <%
  Else
  response.write(Result)
  end If
  %>
  </html>
```

16.2.2　用户个人信息管理

　　网上商城系统提供了用户管理功能。所有用户都可以对个人资料、密码、购物情况进行管理。另外，只有系统管理员才可以修改其他用户的资料，只有购买过商品的用户才能评论购买的商品，这样可以防止非法用户恶意攻击某种商品。

1.　用户管理界面
　　用户登录后，主页的左侧显示用户管理中心的界面，如图 16-4 所示，可提供如下功能：

- 修改资料
- 修改密码

- 客户投诉
- 我的投诉
- 管理界面
- 购物车
- 退出登录

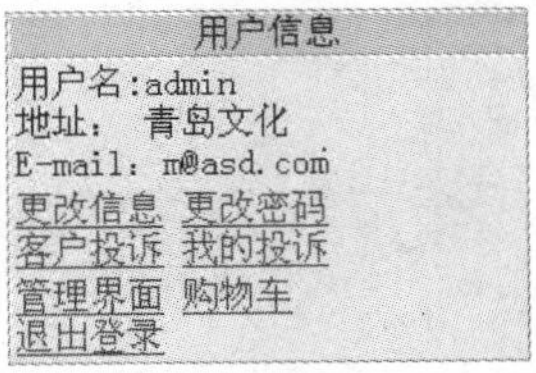

用户信息
用户名:admin
地址： 青岛文化
E-mail： m@asd.com
更改信息 更改密码
客户投诉 我的投诉
管理界面 购物车
退出登录

图 16-4 用户管理界面

【例 16-3】 用户管理界面

```
    If Session("Pass")=true Then
    %>
    <tr>
    <td  width="100%"  bgcolor="#97DDFF"
height="18" align="center">用户信息</td>
    </tr>
    <tr>
      <td   width="100%"    height="18"
bgcolor="#E1F5FF">
        <table border="0" cellspacing="1"
width="100%">
        <tr>
        <td             width="100%"
bgcolor="#E1F5FF">           用       户
名:<%=Session("userid")%><br>地址:
        <%=Session("Address")%><br>
        E-mail                   :
<%=Session("Email")%></td>
        </tr>
        <tr>
        <td width="100%" align="left"
bgcolor="#E1F5FF">
        <p      style="margin-top:      0;
margin-bottom: 0">
        <a
href="user/UserModify.asp?userid=<%=Session(
"userid")%>" target=_blank>更改信息</a>
                <a
href="user/ModifyPwd.asp?userid=<%=Session("
userid")%>" target=_blank>更改密码</a></p>
                <p style="margin-top: 0;
margin-bottom: 0">
```

```
        <a
href="Complain/ComplainAdd.asp"
target=_blank>客户投诉</a>
        <a
href="Complain/ComplainView.asp"
target=_blank>我的投诉</a></td>
        </tr>
        <tr>
        <td width="100%" align="left"
bgcolor="#E1F5FF">
        <p     style="margin-top:     0;
margin-bottom: 0">
        <a  href="Manager/index.asp"
target=_blank>管理界面</a>
        <a         href="Goods/CAR.asp"
target=_blank>购物车</p>
            <p style="margin-top: 0;
margin-bottom: 0">
        <a href="user/Loginout.asp" >
退出登录</a>
        </p>
        </td>
        </tr>
        </table>
    </td>
    </tr>
    <%
    End If
    set rs=Nothing
    If Session("Pass")=False Then
    %>
    <tr>
        <td width="100%" bgcolor="#97DDFF"
height="18" align="center">用户登录</td>
    </tr>
    <tr>
        <td width="100%" bgcolor="#E1F5FF"
align="left">
    <form  method="POST"  action="index.asp"
name="Form" >
    <p style="margin-top: 0; margin-bottom:
0" >用户名:<input type="text" name="UserName"
size="10"></p>
    <p style="margin-top: 0; margin-bottom:
0"  > 密   码 : <input type="password"
name="UserPwd" size="10"></p>
    <p style="margin-top: 0; margin-bottom:
0"  > 验证码: <input type="text" name="YZM"
size="5"><img           src='user/yzma.asp'
align='absmiddle' border='0' ></p>
    <p style="margin-top: 0; margin-bottom:
0"   ><input  type="submit"  value=" 提 交 "
name="B3">
```

```
    <a href="/user/UserReg.asp" >注册</a><a
href="/user/GetPWD_JM.asp" > 密码丢失</a></p>
    </form>
            </td>
        </tr>
        <%End If%>
```

2. 修改个人信息

单击用户管理中心的 更改信息 链接，进入修改用户资料的界面，如图 16-5 所示：

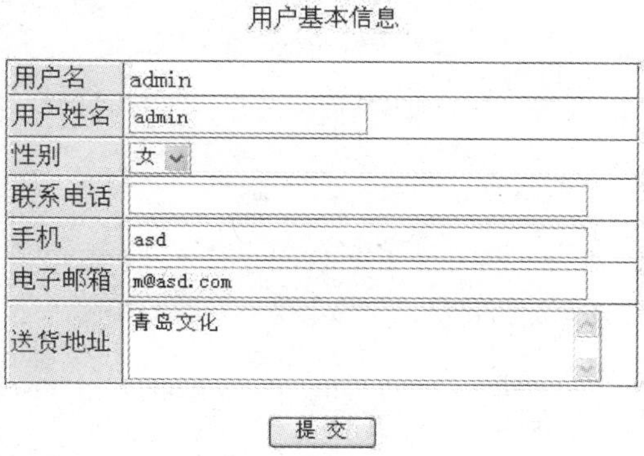

用户基本信息

用户名	admin
用户姓名	admin
性别	女
联系电话	
手机	asd
电子邮箱	m@asd.com
送货地址	青岛文化

提 交

图 16-5　更改信息界面

【例 16-4】　修改个人资料

```
<html>
<head>
<link rel="stylesheet" href=" style.css">
<title>修改用户注册</title>
</head>
<body>
<%
  Dim uid
  userID = Request.QueryString("userid")
  Set
Conn=Server.CreateObject("ADODB.Connection")

Conn.ConnectionString="Provider=Microsoft.Je
t.OLEDB.4.0;"&_
           "Data
Source="&Server.MapPath("../User.mdb")
  Conn.Open
  sql  =  "Select  *  From  Users  Where
UserId='"&userID         &"'         and
PWD='"&Session("Password")&"'"
  Set rs = Conn.Execute(sql)
  If rs.Eof Then
Response.Write "<h2>不存在此用户名! </h2>"
```

```
    Else
    %>
    <form                         method="POST"
action="UserInsert.asp?userid=<%=userid%>&Ac
tionType=modify" name="Modifyform" >
      <p align="center">用户基本信息</p>
      <table       align="center"       border="1"
cellpadding="1" cellspacing="1" width="100%"
bordercolor="#008000"
bordercolordark="#FFFFFF">
        <tr>
            <td align=left bgcolor="#E1F5FF">用
户名</td>
            <td><%=rs("UserId")%></td>
        </tr>
        <tr>
            <td align=left bgcolor="#E1F5FF">用
户姓名</td>
            <td><input          type="text"
name="username"              size="20"
value="<%=rs("UserName")%>"></td>
        </tr>
        <tr>
            <td align=left bgcolor="#E1F5FF">性别
</td>
            <td><select name="sex">
            <%If rs("Sex")=True Then%>
            <option value="0">男</option>
            <option   value="1"   selected>  女
</option>
            <%Else%>
            <option   value="0"   selected>  男
</option>
            <option value="1">女</option>
            <%End If%>
            </select></td>
        </tr>
        <tr>
            <td align=left bgcolor="#E1F5FF">联系
电话</td>
            <td><input          type="text"
name="telephone"             size="40"
value="<%=rs("Telephone")%>"></td>
        </tr>
        <tr>
            <td align=left bgcolor="#E1F5FF">手机
</td>
            <td><input type="text" name="mobile"
size="40" value="<%=rs("Mobile")%>"></td>
        </tr>
        <tr>
```

```
        <td align=left bgcolor="#E1F5FF">电子
邮箱</td>
        <td><input type="text" name="email"
size="40" value="<%=rs("Email")%>"></td>
        </tr>
        <tr>
        <td align=left bgcolor="#E1F5FF">送货
地址</td>
        <td>
        <textarea       rows="3"      cols="40"
name="address"><%=rs("Address")%></textarea>
</td>
        </tr>
    </table>
    <p    align="center"><input    type="submit"
value=" 提 交 " name="B2"></p>
    <%End If%>
    </form>
    </body>
    </html>
```

修改用户信息的代码实现如下：

```
If Action="modify" Then
        '更新用户信息
    sql      =       "Update    Users    Set
UserName='"&Request("username")&"',Sex="&Sex
&"," &_

    "Address='"&Request("address")&"',Telep
hone='"&Request("telephone")&"',Mobile='"&Re
quest("mobile")&_

    "',Email='"&Request("email")&"',Allow="
&TypeUser&" Where UserId='"&uid &"'"
            Result="用户成功更新"
        Session("UserName")                =
Request("username")

Session("Address")=Request("address")
        Session("Email")=Request("email")
    End If
    Conn.Execute(sql)
    Conn.close
    Response.Write result
```

3. 修改密码

单击用户管理中心的 更改密码 链接，
进入修改用户密码的界面，如图 16-6 所示。

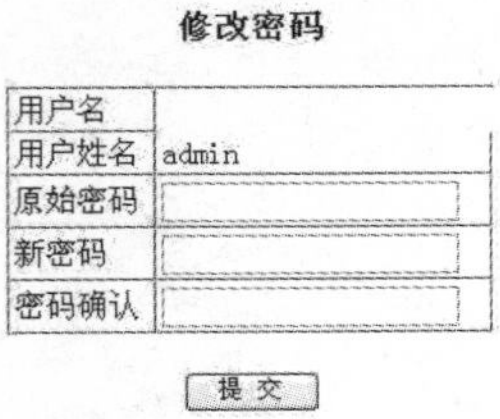

修改密码

用户名	
用户姓名	admin
原始密码	
新密码	
密码确认	

提 交

图 16-6　修改密码界面

【例 16-5】 修改密码

```
<%
    UserId= request.queryString("userid")
    oldpwd=
MD5(trim(Request.form("oldpwd")))
    Dim result
    result=""
    newpwd=trim(Request.form("newpwd"))
    If newpwd="" Then result=result&".<font
color='#FF0000'>用户密码不能为空! </font><BR>"
    If          len(newpwd)<6          Then
result=result&".<font  color='#FF0000'>密码字
符个数不能少于 6 个! </font><BR>"
    confirmpwd=trim(Request.form("confirmpw
d"))
    If        confirmpwd<>newpwd        Then
result=result&".<font  color='#FF0000'>两次输
入的密码不同! </font><BR>"
    IF result="" Then
    '判断是否存在此用户
        Set
Conn=Server.CreateObject("ADODB.Connection")

        Conn.ConnectionString="Provider=Microso
ft.Jet.OLEDB.4.0;"&_
            "Data
Source="&Server.MapPath("../user.mdb")
        Conn.Open
        sql = "Select * From Users Where
UserId='"&UserId&"' And PWD='"&oldpwd&"'"
        Set rs = Conn.Execute(sql)
        if rs.Eof Then
            Response.Write "不存在此用户名或
密码错误! "
        Else
            newpwd=MD5(newpwd)
            Conn.Execute("Update  users  set
PWD='"& newpwd&"' where UserId='"&UserId&"'")
            Session("userid") = UserId
            Session("Password") = newpwd
```

```
            Response.Write "<h2>更改密码成功!
</h2>"
         End If
    Else
      Response.write(result)
%>
<script language="javascript">

  setTimeout("history.go(-1)",1000);
</script>
<%
End If
%>
```

4. 取回用户密码

网上商城系统还提供取回密码的功能。单击主页中的 密码丢失 链接，打开界面，如图 16-7 所示。用户输入正确的信息，提交后，系统就会向用户邮箱发一封带有新密码的信件，这样用户既可以取回密码。

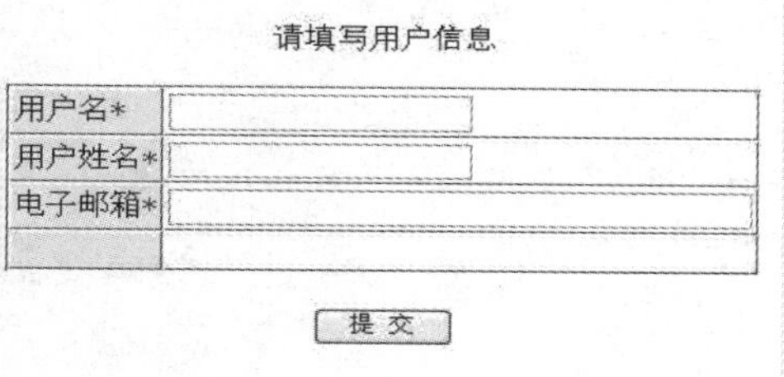

请填写用户信息

用户名*	
用户姓名*	
电子邮箱*	

提 交

图 16-7 取回密码界面

【例 16-6】 取回用户密码

```
    <%
    UserId= DoChar(Trim(request("userid")))
    username= request("username")
    email= request("email")
    Set
Conn=Server.CreateObject("ADODB.Connection")
    Conn.ConnectionString="Provider=Microso
ft.Jet.OLEDB.4.0;"&_
                    "Data
Source="&Server.MapPath("../user.mdb")
    Conn.Open
    sql = "Select * From Users Where
UserId='"&UserId&"'"
    Set rs = Conn.Execute(sql)
    Const          cCode          =
"0123456789ABCDEFGHIJKLMNOPQRSTUVWXYZ"
    if rs.Eof Then
        Response.Write "输入用户信息错误! "
    Else
```

```
        If    username=trim(rs("UserName"))
and   UserId=lcase(trim(rs("UserId")))   and
email=trim(rs("email"))   Then
            Dim m, strCodes
            Randomize
            For i = 0 To 5
              m = Int(Rnd * 36)
              strCodes   =   strCodes   &
Mid(cCode, m + 1, 1)
            Next
            md5PWD=MD5(strCodes)
            Sql="Update      Users      Set
PWD='"&md5PWD&"' where UserId='"&UserId&"'"
            Conn.Execute(Sql)
        Set
JMail=Server.CreateObject("JMail.Message")
            JMail.Silent = True
            JMail.AddHeader
"Originating-IP",
Request.ServerVariables("REMOTE_ADDR")
        JMail.From=From
            JMail.AddRecipient
trim(rs("email"))
            JMail.Subject="在购物商城的密码!"
            JMail.HTMLBody ="在邮件中的密码
为: "&strCodes&"。请安全保存好! "
            JMail.AppendHTML "man 的 JMail 邮
件测试系统"
            JMail.Charset = "gb2312"
            JMail.Priority = 3
            Sender="asp_man@163.com"
            PWD="asdf"
            SMTP="smtp.163.com"
            JMail.MailServerUserName    =
Sender
            JMail.MailServerPassWord = PWD
            JMail.MailServerUserName =SMTP

    err=JMail.Send(Sender&":"&PWD&"@"&SMTP)
        If Jmail.Errorcode <>0 Then
            Response.Write "ERR CODE is
"&Jmail.Errorcode&"<BR>"
        End If
        If
Trim(Jmail.errormessage)<>""Then
            Response.Write "ERR Message
is "&Jmail.errormessage&"<BR>"
        End If
        If
Trim(Jmail.errorsource)<>""Then
            Response.Write "Err Source is
"&Jmail.errorsource&"<BR>"
```

```
            End IF
            if err then
                SendMail= err.description
                err.clear
            else
                SendMail="发送成功"
            end if
            JMail.Close
            set JMail= nothing
        End If
    End If
%>
<script language="javascript">
    setTimeout("history.go(-1)",1000);
</script>
```

5．取回用户密码

购物车即用户所选中，但尚未付款成交的商品。

【例 16-7】 购物车界面

```
<BODY >
    <%
    Set
Conn=Server.CreateObject("ADODB.Connection")

Conn.ConnectionString="Provider=Microsoft.Je
t.OLEDB.4.0;"&_
            "Data
Source="&Server.MapPath("/user.mdb")
    Conn.Open
    Sql=                        "SELECT
ID,User,ShopName,Cost,Num,TotalCost,Time,Sho
pCheck,OrderNumber  FROM  shop_list  WHERE
ShopCheck=0 and user='" & Session("userid") &
"'"
    set rs=Conn.Execute(Sql)
    If rs.EOF Then
        Response.Write "<CENTER> <P>购物车内
没任何商品! </P>" & _
            "<P><A HREF='GoodsList.asp'>产品类
型</A></P></CENTER>"
    Else
    %>
    <TABLE BORDER="0" ALIGN="Center">
        <TR  BGCOLOR="#ACACFF"  HEIGHT="30"
ALIGN="Center">
            <%
            For I = 0 To rs.Fields.Count - 1
```

```
                If rs.Fields(I).Name<>"ID" Then
                    Response.Write        "<TD>"      &
rs.Fields(I).Name & "</TD>"
                End If
            Next
            Response.Write "<TD>删除</TD>"
            %>
        </TR>
        <%
        Total = 0
        Do While Not rs.EOF
            Data      =      "<TR      HEIGHT='30'
BGCOLOR='#EAEAFF'>"
            For I = 0 To rs.Fields.Count - 1
                If   rs.Fields(I).Name="ShopCheck"
Then
                    If rs.Fields(I).Value=1 Then
                        Data = Data & "<TD>订单已处
理</TD>"
                    ElseIf     rs.Fields(I).Value=0
Then
                        Data = Data & "<TD>订单正处
理</TD>"
                    End If
                ElseIf     rs.Fields(I).Name<>"ID"
Then
                    Data  =  Data  &  "<TD>"  &
rs.Fields(I).Value & "</TD>"
                End If
            Next
            Response.Write Data
            Response.Write          "<TD><A
HREF='Delete.asp?ID=" & rs("ID") & "'>删除
</A></TD></TR>"
            Total = Total + rs("TotalCost")
            rs.MoveNext
        Loop
        rs.Close
        Set rs = Nothing
        Conn.Close
        Set Conn = Nothing
        %>
        <CAPTION ALIGN="Right">总金额:<%= Total
%></CAPTION>
    </TABLE>
    <% End If %>
    <P                        align=center><A
HREF='GoodsList.asp'> 查 看 产 品 类 型 </A>  <A
HREF='ORDER.asp'>在线付款</A></P></CENTER>
</BODY>
```

16.2.3　商品查询

商品查询功能是网上商城系统的一个重要部分，可以方便用户找到想要的商品。该功能包括简单查询和高级查询两种。

商品的简单查询依据商品类别和名称来查询所有符合添加的商品，并将所得结果为用户显示出来；而高级查询的原理与简单查询类似，但其查询的条件比较多，设置查询语句也比较复杂。

1. 简单查询

在网上购物商城的首页上，左侧可以看到简单查询的界面，如图 16-8 所示。

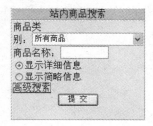

图 16-8　简单查询界面

简单查询的实现流程是这样的：

（1）获得查询条件和分页的参数

（2）生成查询条件

（3）生成分页条件

（4）执行查询

（5）显示商品信息

【例 16-8】　简单查询

> ○ **小技巧**
>
> 商品查询功能模块提供了两种查询显示的方式：显示详细信息和显示简略信息，用户可以根据自己的偏好来选择显示方式。同理，在系统设计时，考虑用户的感受，使得人性化是一个信息系统成功的重要方面。

```
<body>
 <p align="center"><font face="华文行楷"
size="6" color="#0000FF">搜索结果</font>
 <%
 '取得查询条件
 Dim itype, gname, SearchSql , typeid
 typeid= Trim(Request("typeid"))
```

```
 '根据不同情况生成 WHERE 子句 SearchSql
 If typeid="" Then
  '显示指定分类的所有商品信息，typeid 代表分类编号
  typeid="all"
 End If
 SearchSql = "Where goodscheck=true"
 If typeid<>"all" Then
  SearchSql  = SearchSql&" and TypeId like '"
& typeid&"%'"
 End If
 '在指定分类中，查询指定商品
 gname = Trim(Request("name"))
 If  Not(isNull(gname)  Or  Len(gname)=0)
Then
  SearchSql  = SearchSql &" and Name Like
'%" & gname & "%'"
 End If
 Dim DispType
 DispType=Cint(Request("DispType"))
 %>
</p>
<center>
<table    border="0"    width="60%"
cellspacing="0" cellpadding="0">
 <tr>
  <td    width="100%"    valign="top"
align="center">
   <table    border="1"    width="100%"
cellspacing="0"          cellpadding="0"
bordercolorlight="#63CFFF"
bordercolordark="#FFFFFF">
    <tr>
     <td width="99%" bgcolor="#63CFFF"
height="18">
      <p align="center">查询商品列表
     </td>
    </tr>
    <tr>
     <td    width="99%"    valign="top"
align="left" height="1">
      <table    border="1"    width="600"
cellspacing="1"   bordercolorlight="#63CFFF"
bordercolordark="#FFFFFF">
  <%
  Dim curpage
  If Request.QueryString("page")="" Then
```

```
      curpage = 1
    Else
      curpage                              =
Cint(Request.QueryString("page"))
    End If
    '处理分页显示，每页显示每种商品
    Set
Conn=Server.Createobject("Adodb.Connection")
    Conn.ConnectionString="Provider=Microsoft
.Jet.OLEDB.4.0;"&_
               "Data
Source="&Server.MapPath("user.mdb")
    Conn.Open
    Sql="Select count(*) As RecordCount from
Goods "& SearchSql
    Set rs=Conn.Execute(Sql)
    Dim nPageSize,nPageCount,nCursePos,nCount
    nCount=rs("RecordCount")
    If DispType=0 Then
     nPageSize=5
    Else
     nPageSize=2
    End If
    nPageCount=Int((nCount/nPageSize)*(-1))*(
-1)
    nPageNo=Int(Request.QueryString("page"))
    If nPageNo<1 Then
     nPageNo=1
    ElseIf nPageNo>nPageCount Then
     nPageNo=nPageCount
    End If
    If nCount=0 Then
    %>
      <tr><td    width="100%"   valign="top"
align="left" colspan="6" bgcolor="#FFFFFF">暂
且没有商品</td></tr>
    <%
    Else
    If    Request.QueryString("CurseID")=""
Then
        nCursePos=0
    Else

    nCursePos=Clng(Request.QueryString("Cur
seID"))
    End If
    If Request.QueryString("Type")="" Then
        strType="next"
    Else

    strType=Request.QueryString("Type")
```

```
    End If
    If SearchSql <> "" Then SearchSql
=SearchSql &" and "
    If SearchSql = "" Then SearchSql =" where
"
    If strType="next" Then

        Sql="Select    Top    "&nPageSize&"
ID,name,Sn_Number,SalePrice,ReadCount,Conten
t,ImageFile From Goods "&SearchSql &"
ID>"&nCursePos&" order by ID"
    Else
        Sql="Select    Top    "&nPageSize&"
ID,name,Sn_Number,SalePrice,ReadCount,Conten
t,ImageFile From Goods "&SearchSql &"  ID IN"&_
          " (Select Top "&nPageSize&" ID
From Goods "&SearchSql &" ID<"&nCursePos&_
          " order by ID DESC) order by ID
"
    End IF
    If DispType=0 Then
    %>
    <tr>
    <td align="center" bgcolor="#E1F5FF">商
品编号</td>
    <td align="center" bgcolor="#E1F5FF">商
品名称</td>
    <td align="center" bgcolor="#E1F5FF">商
品价格</td>
    </tr>
    <%
    End if

    Set rs= Conn.Execute(Sql)
    For i=1 to nPageSize
        If rs.EOF Then Exit For
        If           i=1          Then
nCurseStart=rs.Fields("ID")
        nCurseEnd=rs.Fields("ID")
    If DispType=1 Then
        If i mod 2=1 Then Response.write
"<TR>"
    %>
    <td        valign="top"       align="left"
bgcolor="#FFFFFF"                width="150"><p
align="center">
    <%
        If    isNull(rs("ImageFile"))    Or
rs("ImageFile")="" Then
        '处理无图片的情况
    %>
```

```
            <img                        border="0"
src="images/noImg.jpg"                width="90"
height="110">
        <%Else%>
        <a
href="images/<%=rs("ImageFile")%>"
target="blank">
            <img                       border="0"
src="images/<%=rs("imageFile")%>" width="90"
height="110"></a>
        <%End If%>
    </center>
    <br>商品名称: <%=rs("name")%><br>
        商品编号: <%=rs("Sn_Number")%><br>
        商品价格: <%=rs("SalePrice")%>元<br>
        浏览次数: <%=rs("ReadCount")%><br>
        详细资料: <%=rs("Content")%><br>
    <center>


    <a
href='javascript:OpenBask(<%=rs("id")%>)'><i
mg border="0" src="img/order.gif"></a>
    </center>
    </td>
    <center>
    <%
        If i mod 2<>1 Then Response.write
"</TR>"
        ElseIf DispType=0 Then
    %>
    <tr>
    <td                        align="center"
bgcolor="#E1F5FF"><%=rs("Sn_Number")%></td>
        <td    align="center"   bgcolor="#E1F5FF"
width="80"><a
href="GoodsView.asp?id=<%=rs("id")%>"><%=rs(
"name")%></a></td>
        <td                        align="center"
bgcolor="#E1F5FF"><%=rs("SalePrice")%>  元
</td>
    </tr>
    <%
    End If
    rs.movenext
    Next
    %>
        </tr>
    </table>
</center>
        </td>
        </tr>
```

```
    <tr>
        <td    width="99%"    valign="top"
align="left" height="5"></td>
    </tr>
    <tr>
        <td    width="99%"    valign="top"
align="left" height="1"></td>
    </tr>
        <tr><td    width='99%'    height=15
colspan=3><center> <font color="#0000FF"> 第
<%=Cstr(nPageNo)%> 页/总计<%=Cstr(nPageCount)
%>页
    总 计 <%=Cstr(nCount) %> 条 </font><p><font
color="#0000FF"> <%
    End If

    Conn.Close

    If nPageNo=1 Then
        If    nPageNo<=nPageCount    Then
Response.Write("首页")
    ElseIf nPageNo>1 Then
        Response.Write("<a
href=Search.asp?type=before&page="&nPageNo-1
&"&typeid="&typeid&"&gname="&gname&"&CurseID
="&nCurseStart&"&DispType="&DispType&">前一页
</a>")
    End If
    If nPageNo=nPageCount Then
        Response.Write( "尾页")
    ElseIf nPageNo<nPageCount Then
        Response.Write("<a
href=Search.asp?type=next&page="&nPageNo+1"
&typeid="&typeid&"&gname="&gname&"&CurseID="
&nCurseEnd&"&DispType="&DispType&"> 下 一 页
</a>")
    End If
    %>
        </font>
        </p>
        </td></tr>

    </table>
    <p                        align=center><a
href="javascript:window.close();">[关闭]</a>
    </body>
```

2. 高级查询

单击 <u>高级搜索</u> 链接，进入高级查询界面，
如图 16-9 所示。由于高级查询的实现流程
与简单查询相似，下面是获取查询条件和设
置查询语句的代码，其他的参考简单查询的
代码。

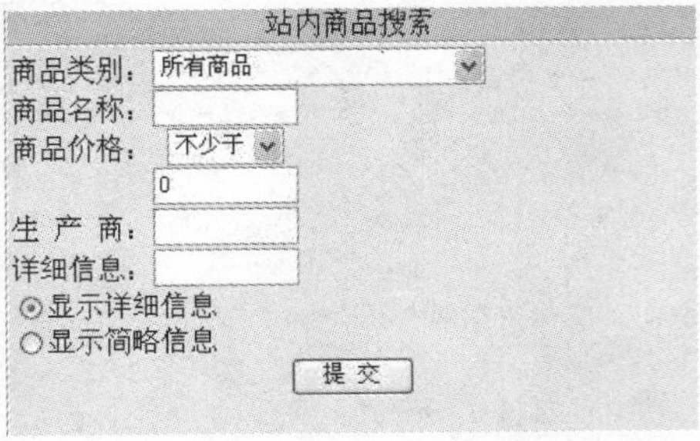

图 16-9 高级查询界面

【例 16-9】 高级查询

```asp
<%
  '取得查询条件
  Dim itype, gname, SearchSql , typeid,href
  typeid= trim(Request("typeid"))
  If typeid="" Then
   ' typeid 为空则显示指定分类的所有商品信息
   typeid="all"
  End If
  '根据不同情况生成WHERE 子句 SearchSql
  SearchSql =" where goodscheck=true "
  If typeid<>"all" Then
  SearchSql = SearchSql &" and TypeId like
' " & typeid&"%'"
  End If
  href="TypeId="&typeid
   '在指定分类中，查询指定商品
   gname =Trim( Request("name"))
   If Len(gname)>0 Then
    SearchSql = SearchSql & " and Name Like
'%" & gname & "%' "
```

```asp
     href=href&"&Name="&gname
    End If
    Compare = Request("Compare_Type")
    If Compare="GE" Then
       Compare_Type=">="
    ElseIf Compare="LE" then
       Compare_Type="<="
    else
       Compare_Type="="
    End If
    Price=Cint( Request("Price"))
    If Price>0 Then
       SearchSql   =SearchSql   &" and
SalePrice"&Compare_Type&Price

    href=href&"&Compare_Type="&Compare&""
       href=href&"&Price="&Price
    End If
    Producer= Trim(Request("Producer"))
    If Produce<>"" Then
     SearchSql =SearchSql &" and Producer
like '%"&Producer&"%'"
       href=href&"&Producer ="&Producer
    End If
    Content=Trim( Request("Content"))
    If Content<>"" Then
     SearchSql =SearchSql &" and Content
like '%"&Content&"%'"
       href=href&"&Content ="&Content
    End If
  %>
```

16.2.4 信息统计

网上商城系统提供了两种信息统计工具：销售统计和浏览统计。本节以销售排行榜和关注排行榜的形式来介绍销售统计和浏览统计。

1. 销售排行榜

销售排行榜依据商品的购买次数进行降序排列，即购买次数多的商品排在前面，购买次数少的商品排在后面，如图 16-10 所示。

商品购买榜

商品编号	商品名称	购买数目
YJ00003	联想电脑	4
YPXY00001	阿莫西林	3
YJ00002	512内存	2
YJ00001	华硕p51d2	1
YJ00005	音响	0
YJ00004	摄像头	0
YJ00003	r-cd光驱	0

16-10 销售排行榜

【例 16-10】　销售排行榜

```
<%
Set
Conn=Server.CreateObject("ADODB.Connection")

Conn.ConnectionString="Provider=Microsoft.Je
t.OLEDB.4.0;"&_
                "Data
Source="&Server.MapPath("/User.mdb")
Conn.Open
sql = "Select ID,Name,BuyCount as
ShopCount,Sn_Number From Goods where
goodscheck=true order by BuyCount DESC"
set rs=Conn.Execute(sql)
If rs.Bof Or rs.Eof Then
Response.Write   "<tr><td   colspan=5
align=center> 目前还没有排行记录。
</td></tr></table>"
Else
  Do while rs.Eof=false
%>
<tr>
<td   width="10%"   align="center"
bgcolor="#E1F5FF"><a
href="../GoodsView.asp?id=<%=rs("id")%>"><%=
rs("Sn_Number")%></a></td>
<td   width="10%"   align="center"
bgcolor="#E1F5FF"><%=rs("Name")%></td>
<td   width="30%"   align="center"
bgcolor="#E1F5FF"><%=rs("ShopCount")%></td>

</tr>
<%
rs.movenext
loop
End If
```

○ **小技巧**

除了有一个销售列表外，通常还需要在网上商城的首页有一个 TOP-5 的销售排行榜，这样可以达到吸引消费者目光，促进销售的目的。类似的还有关注数 TOP-5

16.2.5　浏览和购买商品

浏览商品即显示商品的信息，以方便用户购买商品。网上购物商城系统提供了购物车在线支付功能，用户可以轻松实现在线购买商品。

2．关注排行榜

关注排行榜依据商品的浏览次数进行降序排列，实现方法与销售排行榜相似，其代码如下：

【例 16-11】　关注排行榜

```
<%
Set
Conn=Server.CreateObject("ADODB.Connection")

Conn.ConnectionString="Provider=Microsoft.Je
t.OLEDB.4.0;"&_
                "Data
Source="&Server.MapPath("/User.mdb")
Conn.Open
sql = "Select ID,Name,ReadCount as
ShopCount,Sn_Number From Goods where
goodscheck=true order by ReadCount DESC"
set rs=Conn.Execute(sql)
If rs.Bof Or rs.Eof Then
Response.Write   "<tr><td   colspan=5
align=center> 目前还没有排行记录。
</td></tr></table>"
Else
  Do while rs.Eof=false
%>
<tr>
 <td   width="10%"   align="center"
bgcolor="#E1F5FF"><a
href="../GoodsView.asp?id=<%=rs("id")%>"><%=
rs("Sn_Number")%></a></td>
<td   width="10%"   align="center"
bgcolor="#E1F5FF"><%=rs("Name")%></td>
<td   width="30%"   align="center"
bgcolor="#E1F5FF"><%=rs("ShopCount")%></td>

</tr>
<%
rs.movenext
loop
End If
```

单击商品的 详细 按钮，可以显示商品的详细信息。

【例 16-12】　浏览商品

```
<body>
```

```asp
<%
    Set
Conn=Server.CreateObject("ADODB.Connection")

Conn.ConnectionString="Provider=Microsoft.Je
t.OLEDB.4.0;"&_
                    "Data
Source="&Server.MapPath("User.mdb")
    Conn.Open
    Dim id,iname
    id = Request.QueryString("id")
    sql = "Select * From Goods Where
goodscheck=true and id="&Cint(id)
    Set rsGoods = conn.Execute(sql)
    If rsGoods.Eof Then
      Response.Write "没有此商品信息"
      Response.End
    End If
    iname = rsGoods("ImageFile")
    '更新阅读次数
    sql =           "Update Goods Set
ReadCount=ReadCount+1 Where id="&Cint(id)
    conn.Execute(sql)
%>
<form method="POST" name="form1">
    <table     border="1"    width="100%"
cellspacing="1"    bordercolorlight="#C0C0C0"
bordercolordark="#FFFFFF">
        <tr>
            <td width="70%"><font color=blue>
商品类别</font>
    <%
    sql = "SELECT * FROM GoodsType WHERE
Type='" & rsGoods("typeid")&"'"
    set rs=Conn.Execute(sql)
    If rs.EOF Then
%> 没有类别信息
    <%
    Else
      Response.Write(rs("Name"))
    End If
    rs.Close
    %>
        </td>
            <td    width="30%"   rowspan="5"
align=center><% If IsNull(iname) Or iname = ""
Then%>
            <img     src="/images\noImg.jpg"
width="120" border=0>
                <%Else%><img
src="/images\<%=rsGoods("ImageFile")%>"
width="90" border=0>
```

```asp
<%End If%></td>
        </tr>
        <tr>
          <td><font color=blue> 商品名称
</font>
            <%=rsGoods("Name")%></td>
        </tr>
        <tr>
          <td><font color=blue> 商品编号
</font>
            <%=rsGoods("Sn_Number")%></td>
        </tr>
        <tr>
          <td><font color=blue> 生产公司
</font>
            <%=rsGoods("Producer")%></td>
        </tr>
        <tr>
          <td><font color=blue> 包装型号
</font>
            <%=rsGoods("Package")%></td>
        </tr>
        <tr>
          <td colspan="2"><font color=blue>
销售价格</font>
            <%=rsGoods("SalePrice")%></td>
        </tr>
        <tr>
          <td colspan="2"><font color=blue>
商品简介</font></td>
        </tr>
        <tr>
          <td
colspan="2"><%=rsGoods("Content")%></td>
        </tr>
        <tr>
          <td colspan="2"><font color=blue>
商品评论</font></td>
        </tr>
        <%
        Sql="Select Content,Result from
Complain where OrderNumber in"&_
            " (select OrderNumber From
shop_list where shopID="&Cint(id)&")"
        set
rs_complain=Conn.Execute(Sql)
        If rs_complain.Eof Then
        %>
        <tr>
          <td colspan="2"><font color=blue>
暂无商品评论</font></td>
```

```
          </tr>
          <%
          Else
            Dim count
            count=1
            Do while not rs_complain.Eof
          %>
          <tr>
            <td colspan="2"><font color=blue>
评      论    <%=count%>:</font><font
color=black><%=rs_complain("Content")%></fon
t></td>
          </tr>
          <tr>
            <td        colspan="2"><font
color=blue> 解 决 方 案 ： </font><font
color=black><%=rs_complain("Result")%></font
></td>
          </tr>
          <%
              count=count+1
              rs_complain.movenext
              loop
              End If
          %>
          </tr>
        </table>
        <p align="center"><center>
        <a
href="Goods/CATALOG.asp?id=<%=rsGoods("id")%
>"><img                        border="0"
src="images/order.gif"></a><BR><BR>
        <a
href="javascript:window.close();">[     关
闭]</a></center></p>
      </form>
    </body>
```

○ 小提示

　　浏览和购买商品模块的一个完整的流程是这样的：浏
览或者查询商品—>查看商品详细信息—>放入购物车—>
填写收货人信息—>提交订单—>在线支付。

【例 16-13】 购买商品

```
    <%
    User=Session("userId")
    goodsid=Request.QueryString("id")
    Set
Conn=Server.CreateObject("ADODB.Connection")
```

```
Conn.ConnectionString="Provider=Microsoft.Je
t.OLEDB.4.0;"&_
          "Data
Source="&Server.MapPath("/User.mdb")
    Conn.Open
    Sql=                      "SELECT
ID,Name,Sn_Number,Producer,SalePrice,Content
FROM    Goods   where   goodscheck=true   and
ID="&Cint(goodsid)
    set rs=Conn.Execute(Sql)
    %>
    <TABLE      BORDER="0"     ALIGN="Center"
WIDTH="90%">
      <TR   BGCOLOR="#008080"   HEIGHT="30"
ALIGN="Center">
        <%
        '读取数据表的字段名称以作为表格的标题
        For I = 0 To rs.Fields.Count - 1
          Response.Write      "<TD>"      &
rs.Fields(I).Name & "</TD>"
        Next
        Response.Write "<TD>数量</TD>"
        Response.Write "<TD>订购</TD>"
        %>
      </TR>
      <%
      '读取各个字段的数据并显示在表格内
      Do While Not rs.EOF
      Data          =      "<TR      HEIGHT='30'
BGCOLOR='#97DDFF'>"
        For I = 0 To rs.Fields.Count - 1
        Data   =   Data   &   "<TD>"   &
rs.Fields(I).Value & "</TD>"
        Next
        Response.Write Data
        Response.Write            "<TD><FORM
METHOD='POST'       TARGET=       'Bottom'
ACTION='AddToCar.asp?shopname=" & _
        rs("Name") & "&shopId=" & rs("ID") &
"&saleprice=" & rs("SalePrice") & _
        "'><INPUT            TYPE='TEXT'
NAME='Quantity' SIZE='5'></TD>"
        Response.Write            "<TD><INPUT
TYPE='SUBMIT'    VALUE=' 放 入 购 物 车
'></TD></FORM></TR>"
      rs.MoveNext
    Loop
    '关闭数据库连接并释放对象
    rs.Close
    Set rs = Nothing
```

```
    Conn.Close
    Set Conn = Nothing
    %>
  </TABLE>


<!--#include file=../function.asp -->
<%
  If  not(IsAdmin(Session("userid"))  or
IsUser(Session("userid"))) Then
            Session("Pass")=false

  Response.Redirect("/user/logon.asp")
  End If


  GoodsId = Request("shopId")
  Num = Cint(Request("Quantity"))
  If Num<=0 Then

Response.Redirect(Request.ServerVariables("H
TTP_REFERER"))
          Response.write "输入的数量不正确！请重
新输入"
    End If
    name= Request("shopname")
    SalePrice = Request("saleprice")
    subTotal = SalePrice * Num '计算金额=定价
*数量
    userid = Session("userid")
  %>
<HTML>
  <BODY BGCOLOR="LightYellow">
    <%
    '新增记录
    Set
Conn=Server.CreateObject("ADODB.Connection")

Conn.ConnectionString="Provider=Microsoft.Je
t.OLEDB.4.0;"&_
            "Data
Source="&Server.MapPath("/user.mdb")
    Conn.Open
    Sql="Select ID from shop_list where
ShopCheck=0 and shopID="&GoodsID
    set rs=Conn.Execute(Sql)
    if rs.EOF=False Then
        Response.write("该商品已经购买过，还没
有成功交易！请删除原有商品后重新购买！")
    Else
        Sql="Insert           into
[shop_list]([User],[ShopName],[shopID],[Cost
```

```
],[Num],[TotalCost],[Time],[OrderNumber])
"&_
        "
values('"&Session("UserName")&"','"&name&"',
"&GoodsId              &","&SalePrice
&","&Num&","&subTotal &","'"&Now()&_
"','"&MakeOrderNumber(GoodsId )&"')"
        set rs=Conn.Execute(Sql)
    End If
    '关闭数据库连接并释放对象
    Conn.close
    %>
  <CENTER> <P>选取的商品已放入购物车！<P>
    <P><A  HREF="CAR.asp"> 返 回 购 物 车
</A></P></CENTER>
    </BODY>
  </HTML>
```

【例 16-14】 填写收货人信息

```
  <HTML>
    <BODY BACKGROUND="bg1.jpg">
    <H3>注意事项</H3>
    <OL TYPE="1">
    <LI>订阅方法一：本网站使用网银在线支付。
</LI>
    <LI>订阅方法二：请利用邮局汇款单，填妥姓名、
户名、商品、数目，直接至邮局邮购付款。账号：*****户名：
*****</LI>
    </OL><HR>
    <%
    Set
Conn=Server.CreateObject("ADODB.Connection")

Conn.ConnectionString="Provider=Microsoft.Je
t.OLEDB.4.0;"&_
            "Data
Source="&Server.MapPath("/User.mdb")
    Conn.Open
    Sql= "SELECT * FROM shop_list WHERE
user='" & Session("userid") & "'"
    set rs=Conn.Execute(Sql)
    Dim Name
    If rs.EOF Then
      Response.Write "<CENTER> <P>购物车内
没任何商品！</P>" & _
      "<P><A HREF='Catalog.asp'>产品类型
</A></P></CENTER>"
      Response.End
    Else
      Total = 0
      Do While Not rs.EOF
```

```
              Name=Name&rs("ShopName")&","
              Total = Total + rs("TotalCost")
              rs.MoveNext
        Loop
        End If
     sql="select
UserName,Address,Telephone from Users where
UserID='"&Session("userid")&"'"
         set rsaddress=Conn.Execute(sql)
      if not rsaddress.EOF Then
          address=rsaddress("Address")
          UserName=rsaddress("UserName")
          Telephone=rsaddress("Telephone")
      End If
      Response.write("<form  method='post'
action='ORDER_Send.asp?total="&Total&"'>")
      %>
      <TABLE     BORDER="1"     BGCOLOR="White"
RULES="Cols" ALIGN="Center" CELLPADDING="5">
        <TR HEIGHT="25"> <TD ALIGN="Center"
BGCOLOR="#CCCC00">订单信息</TD></TR>
        <TR HEIGHT="25"><TD>商品名称: <U><%=
Name %></U></TD></TR>
        <TR HEIGHT="25"><TD>货款: <U><%= Total
%>元</U></TD></TR>
        <TR  HEIGHT="25"><TD> 收 货 地 址 <font
color="#FF0000">*</font>  :  <U><input
type="text"   name="address"   size="20"
value="<%=address%>"></U></TD></TR>
        <TR  HEIGHT="25"><TD> 收 货 人 姓 名 <font
color="#FF0000">*</font>  :  <U><input
type="text"   name="UserName"   size="20"
value="<%=UserName%>"></U></TD></TR>
        <TR  HEIGHT="25"><TD> 收 货 人 电 话 <font
color="#FF0000">*</font>  :  <U><input
type="text"   name="Telephone"   size="20"
value="<%=Telephone%>"></U></TD></TR>
        </TABLE>
    <p align="center"> <input type="submit"
value="提交" name="B1"></p>
    <p align="center"><a href="car.asp">返回
购物车</a> </p>
    </form>
      </BODY>
    </HTML>
    <HTML>
     <BODY BACKGROUND="bg1.jpg">
     <p align="center"><font face="华文行楷"
size="5" color="#0000FF">在线付款</font></p>
     <HR>
       <%
```

```
      Set
Conn=Server.CreateObject("ADODB.Connection")
Conn.ConnectionString="Provider=Microsoft.Je
t.OLEDB.4.0;"&_
           "Data
Source="&Server.MapPath("/User.mdb")
     Conn.Open

address=trim(Request.Form("address"))

Telephone=trim(Request.Form("Telephone"))

UserName=trim(Request.Form("UserName"))
      If  address=""  or  UserName=""  or
Telephone="" Then
        Response.redirect("ORDER.asp")
      End If
    sql="Update        shop_list        set
Address='"&address&"',Phone='"&Telephone&_
        "',Name='"&UserName&"'        where
User='"&Session("userid")&"'"

    Conn.Execute(sql)

total=CLng(Request.QueryString("total"))
        Session("Total")=total
        Response.write("<form  method='post'
action='chinabank/send.asp?v_amount="&Total&
"'>")
      %>
      <TABLE     BORDER="1"     BGCOLOR="White"
RULES="Cols" ALIGN="Center" CELLPADDING="5">
        <TR HEIGHT="25"> <TD ALIGN="Center"
BGCOLOR="#CCCC00">订单信息</TD></TR>
        <TR HEIGHT="25"><TD>商品名称: <U><%=
Name %></U></TD></TR>
        <TR HEIGHT="25"><TD>货款: <U><%= Total
%>元</U></TD></TR>
        <TR  HEIGHT="25"><TD> 收 货 地 址 :
<U><%=address%></U></TD></TR>
        <TR  HEIGHT="25"><TD> 收 货 人 姓 名 :
<U><%=Telephone%></U></TD></TR>
        <TR  HEIGHT="25"><TD> 收 货 人 电 话 :
<U><%=UserName%></U></TD></TR>
        </TABLE>
    <p align="center"> <input type="submit"
value="提交" name="B1"></p>
    <p align="center"><a href="car.asp">返回
购物车</a> </p>
    </form>
    </BODY>
    </HTML>
```

16.2.6 后台管理界面

单击用户管理中心界面的 管理界面 链接，进入管理界面，如图 16-11 所示。该界面使用框架结构，左窗格中显示管理界面的菜单，右窗格为管理界面的工作区。管理员可以发布商品、管理商品、处理评论和订单，并拥有管理用户的权限。

【例 16-15】 管理界面的代码实现

```
<html>
<head>
<meta HTTP-EQUIV="Content-Type" CONTENT=
"text/html; charset=gb2312">
<title>管理界面</title>
</head>
<frameset cols="200,*">
```

```
<frame name="contents" target="main"
src="left.asp">
<frame src="UntitledFrame-1" name="main">
<noframes>
<body>
<p>此网页使用了框架，但您的浏览器不支持框架。
</p>
</body>
</noframes>
</frameset>
</html>
```

○ 小提示

函数 IsAdmin（ ）判断当前用户是否为系统管理员：是，则返回 TRUE；否则返回 FALSE。该函数常在进入管理界面判断用户权限的时候使用。

网上商城管理

公告管理
　　公告管理

商品管理
　　类别管理
　　商品列表

订单管理
　　未处理订单
　　已处理订单
　　查询订单

投诉管理
　　未处理 评论
　　已处理 评论

用户管理
　　修改密码
　　查找用户
　　添加用户
　　退出登录
　　返回主界面

商品管理

电脑硬件 ｜ 药品 ｜ 软件 ｜ 手机 ｜ 书 ｜ 日用家电 ｜ 返回

编号	名称	销售价格	销售数量	阅读次数	拥有者	是否验证	修改	删除
1	512内存	280	2	7	admin	已验证	修改	删除
2	r-cd光驱	400	0	3	admin	已验证	修改	删除
3	摄像头	1000	0	10	admin	已验证	修改	删除
4	音响	200	0	12	admin	已验证	修改	删除
5	联想电脑	4999	4	31	admin	已验证	修改	删除
6	华硕p51t2	550	1	7	sdaf	已验证	修改	删除

添加商品

16-11 后台管理界面

【例 16-16】 管理界面菜单栏

```
<!--#include File="../function.asp"-->
<%
    If not(IsAdmin(Session("userid")) or
IsUser(Session("userid"))) Then
            Session("PASS")=false

    Response.Redirect("/user/logon.asp")
    End If
%>
<html>
```

```
<head>
<meta http-equiv="Content-Language"
content="zh-cn">
<meta http-equiv="Content-Type"
content="text/html; charset=gb2312">
<meta name="GENERATOR" content="Microsoft
FrontPage 6.0">
<meta name="ProgId"
content="FrontPage.Editor.Document">
<title>站点管理</title>
<base target="main">
</head>
<body bgcolor="#E1F5FF">
```

```
        <div             align="center"><b><font
color="#CC0000" face="华文行楷" size="5">网上商
城管理</font></b><br>

    <hr size="1" color="#800080"></div>
    <table        border="0"        width="80%"
align="center" height="402">
    <%
     If IsAdmin(Session("userid")) Then
    %>
     <tr>
        <td width="100%" style="font-size: 9pt"
height="14"><font  color="#000080"> 公 告 管 理
</font></td>
      </tr>
      <tr>
        <td width="100%" style="font-size: 9pt"
align="center"            height="14"><font
color="#0000FF"><a
href="/board/BoardList.asp" target="main">公
告 </a><a  href="/board/BoardList.asp"> 管 理
</a></font></td>
      </tr>
        <td width="100%" style="font-size: 9pt"
align="center" height="14"></td>
      </tr>
     <%
     End If
     %>
      <tr>
        <td width="100%" style="font-size: 9pt"
height="14"><font  color="#000080"> 商 品 管 理
</font></td>
      </tr>
     <%
     If IsAdmin(Session("userid")) Then
     %>
      <tr>
        <td width="100%" style="font-size: 9pt"
align="center"            height="14"><font
color="#0000FF"><a
href="/Goods/GoodsType.asp"  target="main">类
别管理</a></font></td>
      </tr>
     <%
     End If
     %>
      <tr>
        <td width="100%" style="font-size: 9pt"
align="center"            height="14"><font
color="#0000FF"><a
```

```
href="/Goods/GoodsList.asp"  target="main">商
品列表</a></font></td>
      </tr>
      <tr>
        <td width="100%" style="font-size: 9pt"
height="14"></td>
      </tr>
      <tr>
        <td width="100%" style="font-size: 9pt"
height="14"><font color="#000080"> 订 单 管 理
</font></td>
      </tr>
      <tr>
        <td width="100%" style="font-size: 9pt"
align="center"           height="17"><font
color="#0000FF"> 
        <a
href="/Goods/OrderManager.ASP?flag=0"> 未 处 理
订单</a></font></td>
      </tr>
      <tr>
        <td width="100%" style="font-size: 9pt"
align="center"           height="17"><font
color="#0000FF"> 
        <a
href="/Goods/OrderManager.ASP?flag=1"> 已 处 理
订单</a></font></td>
      </tr>
      <tr>
        <td width="100%" style="font-size: 9pt"
align="center"           height="17"><font
color="#0000FF"> 
        <a href="/Goods/Order_Search_JM.asp ">
查询订单</a></font></td>
      </tr>
      <tr>
        <td width="100%" style="font-size: 9pt"
height="14"><font  color="#000080"> 投 诉 管 理
</font></td>
      </tr>
      <tr>
        <td width="100%" style="font-size: 9pt"
align="center"           height="14"><font
color="#0000FF"><a
href="/Complain/ComplainList.asp?flag=0">未处
理
     评论</a></font></td>
      </tr>
      <tr>
        <td width="100%" style="font-size: 9pt"
align="center"           height="14"><font
color="#0000FF"><a
```

```
href="/Complain/ComplainList.asp?flag=1">已处
理
    评论</a></font></td>
    </tr>
    <tr>
        <td width="100%" style="font-size: 9pt"
height="14"></td>
    </tr>
    <tr>
        <td width="100%" style="font-size: 9pt"
height="8"><font  color="#000080">用户管理
</font></td>
    </tr>
    <tr>
        <td width="100%" style="font-size: 9pt"
align="center"          height="14"><font
color="#0000FF"><a
href="/User/ModifyPwd.asp"> 修 改 密 码
</a></font></td>
    </tr>
    <%
    If IsAdmin(Session("userid")) Then
    %>
    <tr>
        <td width="100%" style="font-size: 9pt"
align="center" height="14">
        <a href="../user/User_Search.asp">查找用
户</a></td>
```

```
    </tr>
    <tr>
        <td width="100%" style="font-size: 9pt"
align="center" height="14">
        <a href="../user/UserReg.asp">添加用户
</a></td>
    </tr>
    <%
    End If
    %>
    <tr>
        <td width="100%" style="font-size: 9pt"
height="14">
        <p             align="center"><font
color="#0000FF"><a
href="/user/Loginout.asp"> 退 出 登 录
</a></font></td>
    </tr>
    <tr>
        <td width="100%" style="font-size: 9pt"
height="14">
        <p             align="center"><font
color="#0000FF"><a        href="/index.asp"
target=_parent>返回主界面</a></font></td>
    </tr>
    </table>
    </body>
    </html>
```

16.2.7　商品分类管理

商品形形色色，种类繁多，如果没有一个有效的分类管理，用户也是无所适从。商品分类管理是商品管理的重要部分，可以采取先分大类，再分小类的方式，进行管理。

本系统只允许系统管理员管理商品类别。商品类别管理界面，如图 16-12 所示。该界面实现商品类别的添加、修改和删除。

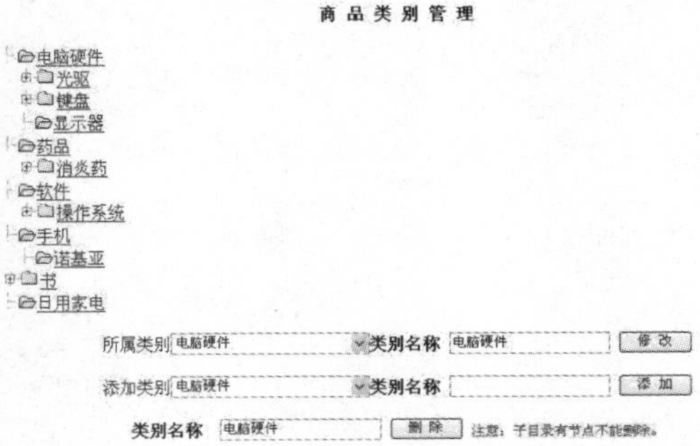

图 16-12　商品类别管理界面

1.　浏览商品类别信息

【例 16-17】　浏览商品类别信息

○ **小提示**

函数 IsUser（）判断当前用户是否为普通管理员：是，则返回 TRUE；否则返回 FALSE。该函数常在进入管理界面判断用户权限的时候使用。用法与函数 IsAdmin（）相似。

```
<%
'生成文档节点
If not(IsAdmin(Session("userid")) ) Then
  Session("Pass")=False
  Response.Redirect("/Index.asp")
End If
Sub WriteNode (layer,title,ParentName,id )
For i=1 To len(layer)
  Response.Write(" ")
Next
```

```
     Response.write("<img    id='img"&layer&"'
src='/img/plus.gif' border=0>"&_
                      "<a           href='#'
onclick=showObj('"&layer&"','"&ParentName&"'
,'"&title&"','"&id&")">"&title&" </a><BR>")
     Response.write("<div       id=id"&layer&"
style='display:none'>")
    End Sub
    Sub Generate (layer,ParentName)
    Set
Conn_Gen=Server.Createobject("Adodb.Connecti
on")

Conn_Gen.ConnectionString="Provider=Microsof
t.Jet.OLEDB.4.0;"&_
          "Data
Source="&Server.MapPath("/user.mdb")
    Conn_Gen.Open
    Set
rs_Gen=Server.Createobject("Adodb.Recordset"
)
    Sql="Select * from GoodsType where  Type
Like '"&layer&"'"
     set rs_Gen=Conn_Gen.Execute(Sql)
    do while rs_Gen.EOF=False
     If trim(ParentName)="" Then
         ParentID=rs_Gen("Type")
     Else
         ParentID=ParentName
     End If
     call
WriteNode(rs_Gen("Type"),rs_Gen("Name"),Pare
ntID,rs_Gen("id"))
     call                        Generate
(rs_Gen("Type")&"__",rs_Gen("Type"))
     Response.write("</div>")
     rs_Gen.movenext
    loop
    rs_Gen.close
    Conn_Gen.close
    End Sub
    %>
```

2. 修改商品类别信息

【例16-18】 修改商品类别信息

```
     <form     name="UForm"    method="post"
action="GoodsType.asp?id=<%=id
%>&action=update">
     <div align="center">
     <input   type="hidden"   name="modifyid"
value="">
```

```
     <input    type="hidden"    name="oldtype"
value="">
        所 属 类 别 <select    size="1"
name="modifytype">
           <%
                 sql = "Select *
From GoodsType order by id"
                 Set
rs=Conn.Execute(Sql)
           If Not rs.Eof Then
              Do While Not rs.Eof
           %>
           <option
value="<%=rs("Type")%>"><%=rs("Name")%></opt
ion>
           <%
           rs.MoveNext
           Loop
           End If
           rs.close
           %>
           </select><font
color="#FFFFFF"><b><font color="#000000">类别
名称</font></b></font>
       <input                    type="text"
name="modifytitle"                  size="20"
value="<%=sTitle%>">
       <input type="submit"  name="Submit"
value=" 修 改 ">
       </div>
   </form>

   <script>
   function showObj(str,Parentid,Name,id) {

   divObj=eval("id"+str);
   imgObj=eval("img"+str);
   if (divObj.style.display=="none") {
    imgObj.src="/img/open.gif";
    divObj.style.display="inline";
   }
   else {
    imgObj.src="/img/plus.gif";
    divObj.style.display="none";
   }

document.AForm.addid.selectedIndex=GetIndex(
"AForm","addid",str);
```

```
document.UForm.modifytype.selectedIndex=GetI
ndex("UForm","modifytype",Parentid);
    document.UForm.modifytitle.value=Name;
    document.UForm.oldtype.value=str;

    document.UForm.modifyid.value=id;
    document.DForm.deltitle.value=Name;
    document.DForm.deltype.value=str;
}
function GetIndex(form,con,strid)
{
    controlstr="document."+form+"."+con;
    control=eval(controlstr);
    var i;
    for(i=0;i<control.length;i++)
    {
    if(control.options[i].value==strid)
    {
        break;
    }
    }
    return i;
}
</script>

<%
    Set
Conn=Server.CreateObject("ADODB.Connection")

Conn.ConnectionString="Provider=Microsoft.Je
t.OLEDB.4.0;"&_
                    "Data
Source="&Server.MapPath("/User.mdb")
    Conn.Open
    '处理添加、修改和删除操作
    Dim action
    '读取参数 oper，决定当前要进行的操作
    action = Request.QueryString("action")
    '修改记录
    If action = "update" Then
    newTitle = Request("modifytitle")
    If newTitle="" Then
        Response.write("修改的名称不能为空！")
    Else
        newType=Request("modifytype")
        Operid=Request("modifyid")
        oldtype=Request("oldtype")
```

```
    '判断数据库中是否存在此类别
    If oldtype<>newType Then
        sql = "Select * from GoodsType where
Name='"&newTitle&"'    and    Type    like
'"&newType&"__'"
        Set rsInsert = Conn.Execute(sql)
        If Not rsInsert.EOF Then
        Response.Write "已经存在此商品类别,更
新失败！"
        Else
        set rs_count=Conn.Execute("Select
count(*) as TotalDir from GoodsType where Type
Like '"&newType&"__'")
        i=rs_count("TotalDir")+1
        if i<10 Then newType=newType&"0"&i
        If i>=100 then
        Response.End
        response.write("请重新分类，该类子类
太多！")
        End If
        Conn.Execute("Update GoodsType Set
type='"&newType&"',name='"&newTitle&"' Where
id="&cint(Operid))
        Response.Write"商品类别已经成功修改！"
        End If
    Else
        If len(oldtype)=2 Then
        oldtype="__"
        Else
        oldtype=oldtype&"__"
        End If
        sql = "Select * from GoodsType where
Name='"&newTitle&"'    and    Type    like
'"&oldtype&"'"
        Set rsInsert = Conn.Execute(sql)
        If Not rsInsert.EOF Then
        Response.Write "已经存在此商品类别,更
新失败！"
        Else
        Conn.Execute("Update GoodsType Set
name='"&newTitle&"' Where id="&cint(Operid))
        Response.Write"商品类别已经成功修改！"
        End If

    End If
    Response.redirect("GoodsType.asp")
    End If
    End If
%>
```

3．添加商品类别信息

【例 16-19】　添加商品类别

```asp
<form         name="AForm"         method="post"
action="GoodsType.asp?action=add">
    <div align="center">
        添 加 类 别 <select   size="1"
name="addid">
            <%
                sql = "Select * From
GoodsType order by id"
                    Set
rs=Conn.Execute(Sql)
            %>
            <option
value="new">新的大类</option>
            <%
            If Not rs.Eof Then
            Do While Not rs.Eof
            %>
            <option
value="<%=rs("Type")%>"><%=rs("Name")%></opt
ion>
            <%
            rs.MoveNext
            Loop
            End If
            rs.close
            %>
        </select><font
color="#FFFFFF"><b><font color="#000000">类别
名称</font></b></font>
        <input type="text" name="addtitle"
size="20">
        <input type="submit" name="Submit"
value=" 添 加 ">
    </div>
</form>
<%
Set
Conn=Server.CreateObject("ADODB.Connection")

Conn.ConnectionString="Provider=Microsoft.Je
t.OLEDB.4.0;"&_
            "Data
Source="&Server.MapPath("/User.mdb")
    Conn.Open
'处理添加、修改和删除操作
Dim action
'读取参数 oper，决定当前要进行的操作
action = Request.QueryString("action")
If action ="add" Then
    newTitle = trim(Request("addtitle"))
    If newTitle="" Then
        Response.write("添加的名称不能为空！")
    Else
        ParentType=trim(Request("addid"))
        If ParentType="new" Then ParentType=""
        sql="select * FROM GoodsType WHERE
name='" & newTitle & "'"
        sql=sql&"     and     type     like
'"&ParentType&"__'"
        '判断数据库中是否存在此类别
        Set rsInsert = Conn.execute(sql)
        '如果没有此类别名称，则创建新记录
        If Not rsInsert.EOF Then
        Response.Write "已经存在此商品类别,添加
失败!"
        Else
        sql="select count(*) as CountRecord
FROM     GoodsType     WHERE     type     like
'"&ParentType&"__'"
        Set rsInsert = Conn.execute(sql)
        num=rsInsert("CountRecord")+1
        If num<10 Then
        InsertType=ParentType&"0"&num
        Else
        InsertType=ParentType&num
        End If
        If num>100 Then
            Response.write"请把该类重新划分!"
            response.end
        End IF

        sql        =        "Insert        into
GoodsType(name,type)
values('"&newTitle&"','"&InsertType&"')"
        Conn.Execute(sql)
        Response.redirect("GoodsType.asp")
        Response.Write"商品类别已经成功添加！"

    End if
End If
```

4．删除商品类别

【例 16-20】　删除商品类别

```asp
<%
    Set
Conn=Server.CreateObject("ADODB.Connection")
    Conn.ConnectionString="Provider=Microso
ft.Jet.OLEDB.4.0;"&_
```

```
                      "Data
Source="&Server.MapPath("/User.mdb")
    Conn.Open
    '处理添加、修改和删除操作
    Dim action
    '读取参数 oper，决定当前要进行的操作
    action = Request.QueryString("action")
    id = Request("deltype")
    '删除记录
    If action ="delete" Then
      sql="select id From GoodsType where Type
like '"&id&"__'"
      set rs=Conn.Execute(sql)
```

```
      if rs.EOF=false Then
          Response.write "该类下还有其他小类，不
能删除！"
          Response.end
      Else
      sqldelt = "Delete From GoodsType Where
type ='"&id &"'"
      Conn.Execute(sqldelt)
      Response.redirect("GoodsType.asp")
      Response.Write "商品类别已经成功删除！"
    ENd If
    %>
```

16.2.8　商品管理

　　网上商城系统对商品的管理包括：添加商品、修改商品、删除商品、审批商品以及展示商品几个部分。商品管理的界面如图 16-13 所示。

商 品 管 理

电脑硬件 ｜ 药品 ｜ 软件 ｜ 手机 ｜ 书 ｜ 日用家电 ｜ 返回

编号	名称	销售价格	销售数量	阅读次数	拥有者	是否验证	修改	删除
1	512内存	280	2	7	admin	已验证	修改	删除
2	r-cd光驱	400	0	3	admin	已验证	修改	删除
3	摄像头	1000	0	10	admin	已验证	修改	删除
4	音响	200	0	12	admin	已验证	修改	删除
5	联想电脑	4999	4	31	admin	已验证	修改	删除
6	华硕p51d2	550	1	7	sdaf	已验证	修改	删除

添加商品

图 16-13　商品管理界面

1．浏览商品

　　【例 16-21】 浏览商品

```
<%@LANGUAGE="VBSCRIPT" CODEPAGE="65001"%>
<%
    '如果用户名为空或者用户类型不是个人用户，则转到个
人用户登录页面。
    if        session("UserName")=""        or
session("type")<>1 then
      response.Redirect("../person/person_log
in.asp")
    end if
    %>
<form        id="form1"        name="form1"
method="post" action="search_result.asp">
    <table                    width="100%"
background="../images/bg5.gif"
bgcolor="#CCFFFF">
        <tr>
```

```
        <td    height="343"    align="center"
valign="top"><table width="550">
        <tr>
            <td                    colspan="4"
align="center"><h3> 单位查询</h3></td>
        </tr>
        <tr>
            <td width="77" align="right">关键
字: </td>
            <td                    width="201"
align="left"><input            name="txtKeyWord"
type="text" id="txtKeyWord" value="不限" />
</td>
            <td width="65" align="right"> 按
</td>
            <td                    width="167"
align="left"><input        name="rbnKeyType"
type="radio"        id="radio"        value="1"
checked="checked" />职位名称
    <input    type="radio"    name="rbnKeyType"
id="radio2" value="2" />单位名称
```

```html
        </td>
      </tr>
      <tr>
        <td align="right">工作性质: </td>
        <td align="left"><select
name="lstNatureofWork" id="lstNatureofWork">
          <option value=" 不 限 "> 不 限
</option>
          <option value=" 全 职 "> 全 职
</option>
          <option value=" 兼 职 "> 兼 职
</option>
        </select>
        </td>
        <td align="right">工作地点: </td>
        <td align="left"><select
name="lstWorkPlace" id="lstWorkPlace">
          <option value=" 不 限 "
selected="selected">不限</option>
          <option value=" 北 京 "> 北 京
</option>
        </select>
        </td>
      </tr>
      <tr>
        <td align="right">最低学历: </td>
        <td align="left"><select
name="lstDegree" id="lstDegree">
          <option value=" 不 限 "
selected="selected">不限</option>
          <option value=" 本 科 "> 本 科
</option>
        </select>
        </td>
        <td colspan="2"> </td>
      </tr>
      <tr>
        <td colspan="4"
align="center"><input type="submit"
name="btnSearch" id="btnSearch" value="开始查
询" /></td>
      </tr>
    </table></td>
  </tr>
  </table>
  </form>
```

2．添加新商品

【例 16-22】 添加新商品

```asp
<!--#include file="../function.asp" -->
  <html>
```

```html
  <head>
    <meta            http-equiv="Content-Type"
content="text/html; charset=gb2312">
    <title>商品管理</title>
    <link href="style.css" rel="stylesheet">

  </head>
  <body link="#000080" vlink="#080080">
    <form       id="form1"       name="form1"
method="POST">

    <p            align="center"><font
color="#000080"><b><font   style="font-size:
12pt">商 品
    管 理</font></b></font></p><BR>
    <%
    '读取当前商品类别编号
    typeid =trim(Request("typeid"))
    Dim rs
    Set
Conn=Server.CreateObject("ADODB.Connection")

Conn.ConnectionString="Provider=Microsoft.Je
t.OLEDB.4.0;"&_
            "Data
Source="&Server.MapPath("/User.mdb")
    Conn.Open
    '读取商品类别
    sql = "SELECT * FROM GoodsType where Type
like '"&typeid &"__' ORDER BY Id"
    set rs=Conn.Execute(Sql)
    If rs.EOF Then
      Response.Write("没有商品类别")
      Response.Write(" | ")
    Else
      Do While Not rs.EOF
        If typeid="" Then typeid=rs("type")
        Response.Write("<a
href='GoodsList.asp?typeid="          &
Trim(rs("type")) & "'>" & Trim(rs("Name")) &
"</a>")
        Response.Write(" | ")
        rs.MoveNext
      Loop
    End If
    temp=mid(typeid,1,len(typeid)-2)
    Response.write                 "<A
href='GoodsList.asp?typeid="&temp&"'  > 返 回
</a>"
    %>
```

```
<table         align=center        border="1"
cellspacing="0"                   width="100%"
bordercolorlight="#4DA6FF"
bordercolordark="#ECF5FF"    style='FONT-SIZE:
9pt'>
    <tr>
       <td      width="6%"       align="center"
bgcolor="#FFFFCC"><strong>编号</strong></td>
       <td      width="15%"      align="center"
bgcolor="#FFFFCC"><strong>名称</strong></td>
       <td      width="9%"       align="center"
bgcolor="#FFFFCC"><strong> 销  售  价  格
</strong></td>
       <td      width="10%"      align="center"
bgcolor="#FFFFCC"><strong> 销  售  数  量
</strong></td>
    .  <td      width="9%"       align="center"
bgcolor="#FFFFCC"><strong> 阅  读  次  数
</strong></td>
       <td      width="8%"       align="center"
bgcolor="#FFFFCC"><strong> 拥  有  者
</strong></td>
       <%
       If    IsUser(Session("userid"))    Or
IsAdmin(Session("userid")) Then
       %>
       <td      width="11%"      align="center"
bgcolor="#FFFFCC"><strong> 是  否  验  证
</strong></td>
       <td      width="7%"       align="center"
bgcolor="#FFFFCC"><strong>修改</strong></td>
       <td      width="9%"       align="center"
bgcolor="#FFFFCC"><strong>删除</strong></td>
    <%End If%>
    </tr>
    <%
    rs.Close
    '设置 SQL 语句，读取当前指定商品类别中的所有商品
列表
    User=Session("userId")
    If IsAdmin(User) Then
    sql = "SELECT * FROM Goods WHERE TypeId like
'" & Trim(typeid) & "%' or TypeId like
'"&Trim(typeid)&"' ORDER BY Posttime"
    ElseIf IsUser(User) Then
    sql = "SELECT * FROM Goods WHERE (TypeId
like '" & Trim(typeid) & "%' or TypeId like
'"&Trim(typeid)&"')   and   userID='"&user&"'
ORDER BY Posttime"
    Else
    sql = "SELECT * FROM Goods WHERE TypeId like
'"  &  Trim(typeid)  &  "%'  or  TypeId  like
'"&Trim(typeid)&"' ORDER BY Posttime"
    End If
```

```
    rs.Open sql,Conn,1,1
    If rs.EOF Then
     Response.Write   "<tr><td   colspan=8
align=center>目前还没有商品。</td></tr></table>"
    Else
       '设置每页显示记录的数量
    rs.PageSize = 15
    '读取参数 page，表示当前页码
    iPage = CLng(Request("page"))
    If iPage > rs.PageCount Then
     iPage = rs.PageCount
    End If
    If iPage <= 0 Then
     iPage = 1
    End If
    rs.AbsolutePage = iPage
    For i=1 To rs.PageSize
    n = n + 1
    %>
       <tr><td align="center"><%=n%></td>
       <td><a
href="../GoodsView.asp?id=<%=rs("id")%>"
target=_blank><%=rs("Name")%></a></td>
       <td
align="center"><%=rs("SalePrice")%></td>
       <td
align="center"><%=rs("BuyCount")%></td>
       <td
align="center"><%=rs("ReadCount")%></td>
       <td
align="center"><%=rs("userID")%></td>
    <%
       If  rs("UserID")=Session("userid")  Or
IsAdmin(Session("userid")) Then
         If rs("GoodsCheck")=true Then
    %>
    <td                      align="center"><a
href="GoodsCheck.asp?id=<%=rs("id")%>&flag=0
" target=_blank>已验证</td>
    <%
       Else
    %>
    <td                      align="center"><a
href="GoodsCheck.asp?id=<%=rs("id")%>&flag=1
" target=_blank>未验证</a></td>
    <%end If%>
    <td                      align="center"><a
href="GoodsModify.asp?id=<%=rs("id")%>&actio
n=modify" target=_blank>修改</a></td>
```

```asp
      <td                align="center"><a
href="GoodsModify.asp?id=<%=rs("id")%>&actio
n=delete" target=_blank>删除</a></td>
   <%
      End If
      rs.MoveNext()
      If rs.EOF Then
       Exit For
      End If
    Next
  %>
  </table>
  <%
    '显示页码
    If rs.PageCount>1 Then
      Response.Write "<table border='0'>"
      Response.Write "<tr>"
      Response.Write "<td><b>分页:</b></td>"
      For i=1 To rs.PageCount
       Response.Write            "<td><a
href='GoodsList.asp?typeid=" & Trim(typeid) &
"&page=" & i & "'>"
       Response.Write "[<b>"   &   i   &
"</b>]</a></td>"
      Next
      Response.Write "</tr></table>"
    End If
   End If
  %>
  <p align="center">
   <%
   If     IsAdmin(Session("userid"))     or
IsUser(Session("userid")) Then
    %>
        <a
href="GoodsModify.asp?action=add"
target=_blank>添加商品</a>
   <%
   End IF
   %>
   <br><br>
   <input type=hidden name="goods">
   </form>
   </body>
   </html>
```

小技巧

在使用函数 IsAdmin（ ）和 IsUser（ ）时，常需要过滤
用户名的特殊字符，以防止非法用户的攻击。这就是函数
DoChar（ ）的作用了，它可以过滤单引号、回车键、"<%"、
"<"、">"等字符。

3．修改商品

【例16-23】 修改新商品

```asp
   <%
   Set
Conn=Server.CreateObject("ADODB.Connection")

Conn.ConnectionString="Provider=Microsoft.Je
t.OLEDB.4.0;"&_
             "Data
Source="&Server.MapPath("/User.mdb")
   Conn.Open
   %>
   <html>
   <head>
   <title>编辑商品信息</title>
   <meta            http-equiv="Content-Type"
content="text/html; charset=gb2312">
   <link    href=style.css    rel=STYLESHEET
type=text/css>
   </head>
   <body>
   <%
   Dim id,iname
   id =Request.QueryString("id")
   action=trim(lcase(Request("Action")))

   If action="add" Then
    TypeId=0
    Name=""
    GoodsID=0
    Producer=""
    Package=""
    SalePrice=0
    Price=0
    Content="暂时无该商品信息。"
    ImageFile=""
   ElseIf action="modify" Then
    sql = "Select  *  From  Goods  Where
id="&Cint(id)
     Set rsGoods = Conn.Execute(sql)
     If rsGoods.Eof Then
       Response.Write "没有此商品信息"
       Response.End
     End If
    TypeId=rsGoods("typeid")
    Name=rsGoods("name")
    GoodsID=rsGoods("Sn_Number")
    Producer=rsGoods("Producer")
```

```asp
        Package=rsGoods("Package")
        SalePrice=rsGoods("SalePrice")
        Price=rsGoods("Price")
        Content=rsGoods("Content")
        ImageFile=rsGoods("ImageFile")
    ElseIf action="delete" Then
        id = Request.QueryString("id")
        sql = "Select * From Goods Where id ="&id
            Set rs = Conn.Execute(sql)
        If rs.Eof Then
         '删除图片
         filename                              =
trim(Server.MapPath("/images\"&rs("imageFile
")))
        Set
fo=Server.CreateObject("Scripting.FileSystem
Object")
        If fo.FileExists(filename) Then
          fo.DeleteFile filename
         End If
        End If
        '删除商品记录
        sql = "Delete From Goods Where id ="&id
        Conn.Execute(sql)
        Set Rs = Nothing
        Conn.Close()
        Response.write "删除操作成功！"
    Else
        Response.write "操作错误！"
        Response.end
        End If
    If action="modify" or action="add" Then
    %>
    <form name="modifyform" method="POST"
action="GoodsSave.asp?action=<%=action%>&id=
<%=id%>" name="form1">
        <table    border="0"    width="100%"
cellspacing="1">
            <tr>
            <td width="73%">商品类别
              <select size="1" name="typeid">
               <%
               sql = "Select * From GoodsType"
               Set rs = Conn.Execute(sql)
               If rs.Eof Then
               %>
                <option value="">没有类别信息
</option>
                <%
```

```asp
               Else
                Do While Not rs.Eof
                    If rs("Type")=TypeId Then
               %>
               <option
value="<%=rs("Type")%>"
selected><%=rs("name")%></option>
                    <%
                    Else
                    %>
               <option
value="<%=rs("Type")%>"><%=rs("name")%></opt
ion>
                    <%
                    End If
                    rs.MoveNext
                Loop
                End If
                rs.Close
                %>
                </select>
                </td>
                <td    width="20%"    rowspan="6"
align=left>
       <%
         If Instr(action,"modify")>0 Then
         %>
         <input    type="hidden"    name="upimage"
value="<%=ImageFile%>">
         <%
           If ImageFile="" Then
             url = "EditUpload.asp?id="&id
           %>
           <a
href="modify_upload.asp?id=<%=id%>") alt="设
置照片" target=_blank><font color=blue>无照片
</font></a>
           <%
           Else
             url = "EditUpload.asp?id="&id
             url_delt                         =
"GoodsImageDelt.asp?id="&id
           %>
           <img    src="..\images\<%=ImageFile%>"
width="120" border=0><br><br>
           <a
href="modify_upload.asp?id=<%=id%>"
target=_blank>设置照片</a>   
```

```
            <a
href="deleteGoodsImg.asp?id=<%=id%>"
target=_blank>删除照片</a>
      <%
        End If
      End If
      %>
      </td>
      </tr>
          <tr>
          <td>商品名称
            <input type="text" name="name"
size="20" value="<%= Name %>">
            </td>
          </tr>
          <tr>
          <td>生 产 公 司 <input type="text"
name="producer"                size="20"
value="<%=Producer%>">
            </td>
          </tr>
          <tr>
          <td>包装型号
            <input          type="text"
name="package" size="20" value="<%= Package
%>">
            </td>
          </tr>
          <tr>
          <td>销售价格
            <input          type="text"
name="saleprice"    size="20"    value="<%=
SalePrice %>"></td>
            </td>
          </tr>
          <tr>
          <td>进货价格
            <input          type="text"
name="storeprice" size="20" value="<%= Price
%>">
            </td>
          </tr>
          <tr>
          <td colspan="2.">商品简介</td>
          </tr>
          <tr>
          <td colspan="2">
            <textarea          rows="6"
name="content"   cols="56"   class=input><%=
Content %></textarea>
            </td>
```

```
          </tr>
          <tr>
          <td colspan="2">
            <%
              If action="add" Then
              %>
                <iframe    frameborder="0"
height="40"   width="400"   scrolling="no"
src="upload.asp" ></iframe>
                <input     type="hidden"
name="upimage">
                <%
              End If
              %>
            </td>
          </tr>
          <tr>
          <td                  width="73%"
align=center><input type="submit" value=" 提
交 " name="B1" >    
      <input type="reset" value=" 重 写 "
name="B2"></td>
          </tr>
        </table>
      </form>
  <%
    End If
  %>
  </body>
```

4．审核新商品

【例 16-24】 审核新商品

```
<html>
<head>
<title>审核用户信息</title>
</head>
<body>
<%
Dim Result,flag
Result=""
flag=Request("flag")
If flag<>"" Then
   If flag=0 Then
       flag=false
   ElseIf flag=1 then
       flag=true
   End if
   GoodsID=trim(Request.QueryString("id"))
```

```
    If  GoodsID=""   Then  result=".<font
color='#FF0000'> 审核商品序号不能为空！
</font><BR>"
    If result="" Then
      Sql="Update          Goods        set
Goodscheck="&flag&" where Id="&GoodsID
        Set
Conn=Server.CreateObject("ADODB.Connection")

      Conn.ConnectionString="Provider=Microso
ft.Jet.OLEDB.4.0;"&_
              "Data
Source="&Server.MapPath("/User.mdb")
        Conn.Open
        Conn.Execute(Sql)
        Conn.close
        If flag=true Then
            Response.Write  "<h2>商品已经入
库! </h2>"
        Else
            Response.Write  "<h2>商品已经出
库! </h2>"
        End If
    Else
    response.write(Result)
    end If
    End If
    %>
    </body>
    </html>
```

5. 修改商品信息

【例 16-25】 修改商品信息

```
    <%
    Set
Conn=Server.CreateObject("ADODB.Connection")

Conn.ConnectionString="Provider=Microsoft.Je
t.OLEDB.4.0;"&_
              "Data
Source="&Server.MapPath("/User.mdb")
    Conn.Open
    %>
    <html>
    <head>
    <title>编辑商品信息</title>
    <meta            http-equiv="Content-Type"
content="text/html; charset=gb2312">
```

```
    <link    href=style.css    rel=STYLESHEET
type=text/css>

    </head>
    <body>
    <%
    Dim id,iname
    id =Request.QueryString("id")
    action=trim(lcase(Request("Action")))

    If action="add" Then
      TypeId=0
      Name=""
      GoodsID=0
      Producer=""
      Package=""
      SalePrice=0
      Price=0
      Content="暂时无该商品信息。"
      ImageFile=""
    ElseIf action="modify" Then
      sql = "Select * From Goods Where
id="&Cint(id)
      Set rsGoods = Conn.Execute(sql)
      If rsGoods.Eof Then
        Response.Write "没有此商品信息"
        Response.End
      End If
      TypeId=rsGoods("typeid")
      Name=rsGoods("name")
      GoodsID=rsGoods("Sn_Number")
      Producer=rsGoods("Producer")
      Package=rsGoods("Package")
      SalePrice=rsGoods("SalePrice")
      Price=rsGoods("Price")
      Content=rsGoods("Content")
      ImageFile=rsGoods("ImageFile")
    ElseIf action="delete" Then
      id = Request.QueryString("id")
      sql = "Select * From Goods Where  id="&id
      Set rs = Conn.Execute(sql)
      If rs.Eof Then
        '删除图片
        filename                          =
trim(Server.MapPath("/images\"&rs("imageFile
")))
        Set
fo=Server.CreateObject("Scripting.FileSystem
Object")
```

```
    If fo.FileExists(filename) Then
        fo.DeleteFile filename
      End If
    End If
    '删除商品记录
    sql = "Delete From Goods Where id ="&id
    Conn.Execute(sql)

    Set Rs = Nothing
    Conn.Close()
    Response.write "删除操作成功!"
  Else
    Response.write "操作错误!"
    Response.end
    End If
  If action="modify" or action="add" Then
  %>
<form    name="modifyform"    method="POST"
action="GoodsSave.asp?action=<%=action%>&id=
<%=id%>" name="form1">
    <table      border="0"      width="100%"
cellspacing="1">
        <tr>
            <td width="73%">商品类别
              <select size="1" name="typeid">
              <%
              sql = "Select * From GoodsType"
              Set rs = Conn.Execute(sql)
              If rs.Eof Then
              %>
              <option value="">没有类别信息
</option>
              <%
              Else
                Do While Not rs.Eof
                    If rs("Type")=TypeId Then
              %>
              <option
value="<%=rs("Type")%>"
selected><%=rs("name")%></option>
              <%
                    Else
              %>
              <option
value="<%=rs("Type")%>"><%=rs("name")%></opt
ion>
              <%
                    End If
                    rs.MoveNext
```

```
            Loop
          End If
          rs.Close
          %>
        </select>
      </td>
      <td    width="20%"    rowspan="6"
align=left>
    <%

      If Instr(action,"modify")>0 Then
      %>
      <input    type="hidden"    name="upimage"
value="<%=ImageFile%>">
      <%
        If ImageFile="" Then
          url = "EditUpload.asp?id="&id
        %>
        <a
href="modify_upload.asp?id=<%=id%>") alt="设
置照片" target=_blank><font color=blue>无照片
</font></a>
        <%
        Else
          url = "EditUpload.asp?id="&id
          url_delt                    =
"GoodsImageDelt.asp?id="&id
        %>
        <img    src="..\images\<%=ImageFile%>"
width="120" border=0><br><br>
        <a
href="modify_upload.asp?id=<%=id%>"
target=_blank>设置照片</a>   
        <a
href="deleteGoodsImg.asp?id=<%=id%>"
target=_blank>删除照片</a>
    <%
      End If
    End If
    %>
  </td>
            </tr>
        <tr>
          <td>商品名称
            <input    type="text"    name="name"
size="20" value="<%= Name %>">
          </td>
        </tr>
        <tr>
```

```asp
        <td>生产公司 <input type="text"
name="producer"                size="20"
value="<%=Producer%>">
        </td>
      </tr>
      <tr>
        <td>包装型号
        <input              type="text"
name="package" size="20" value="<%= Package
%>">
        </td>
      </tr>
      <tr>
        <td>销售价格
        <input              type="text"
name="saleprice"    size="20"    value="<%=
SalePrice %>"></td>
      </tr>
      <tr>
        <td>进货价格
        <input              type="text"
name="storeprice" size="20" value="<%= Price
%>">
        </td>
      </tr>
      <tr>
        <td colspan="2">商品简介</td>
      </tr>
      <tr>
        <td colspan="2">
        <textarea              rows="6"
name="content"   cols="56"   class=input><%=
Content %></textarea>
        </td>
      </tr>
        <tr>
        <td colspan="2">
        <%
          If action="add" Then
        %>
                <iframe    frameborder="0"
height="40"   width="400"   scrolling="no"
src="upload.asp" ></iframe>
                <input      type="hidden"
name="upimage">
                <%
                End If
                %>
        </td>
      </tr>
```

```asp
    <tr>
        <td                    width="73%"
align=center><input type="submit" value=" 提
交 " name="B1" >    
        <input type="reset" value=" 重 写 "
name="B2"></td>
      </tr>
    </table>
    </form>
  <%
    End If
  %>
</body>
```

6. 删除商品

【例 16-26】 删除商品

```asp
<!--#include file=../function.asp -->
<html>
<head>
<title>删除图片信息</title>
</head>
<body>
<%
    If  not(IsAdmin(Session("userid"))  or
IsUser(Session("userid"))) Then
            Session("Pass")=false

    Response.Redirect("/user/logon.asp")
    End If
    Dim ImageFile,id
    Set
Conn=Server.CreateObject("ADODB.Connection")

Conn.ConnectionString="Provider=Microsoft.Je
t.OLEDB.4.0;"&_
                "Data
Source="&Server.MapPath("/User.mdb")
    Conn.Open
    '读取商品编号参数
    id = Request.QueryString("id")
    '读取指定商品的数据到记录集 rs
    Set rs = Conn.Execute("SELECT * FROM Goods
WHERE id="&id)
    If Not rs.EOF Then
    ImageFile = rs("ImageFile")
    '删除图片
    filename                            =
trim(Server.MapPath("/images\"&ImageFile))
```

```
        Set
fo=Server.CreateObject("Scripting.FileSystem
Object")
        If fo.FileExists(filename) Then
            fo.DeleteFile filename
            '更新表 Goods 中此商品的图片信息
            Conn.execute("Update      Goods    set
ImageFile='' where id="&id)
        End If
```

```
        End If
%>
<script language="JavaScript">
  opener.location.reload();
  window.close();
</script>
</body>
</html>
```

16.2.9　订单管理

1．查看订单信息

用户把商品放入购物车时，系统会给一个订单号，管理员可以对订单进行管理。订单分为已处理订单和未处理订单两类，单击商品管理界面左侧菜单目录下的 未处理订单 或者 已处理订单 链接，即可看到相应的界面。

【例 16-27】　查看订单信息

```
<!--#include file=../function.asp -->
<%
Dim iflag,BtTitle
'iflag = 0 表示未处理；iflag = 1 表示已处理；
iflag = Request.QueryString("flag")
%>
<html>
<head><title>查询订单信息</title>
<link href="style.css" rel="stylesheet">
</head>
<body>
<br>
    <table       align=center     border="1"
width="100%"                     cellspacing="1"
bordercolorlight="#63CFFF"
bordercolordark="#FFFFFF">
    <tr>
    <td colspan="10"><font color="red"><%If
iflag=0 Then%>未处理订单
    <%ElseIf iflag=1 Then%>已处理订单<%End
If%></font></td>
    </tr>
    <tr>
    <td align="center" bgcolor="#E1F5FF">订
单号</td>
    <td align="center" bgcolor="#E1F5FF">订
购用户</td>
    <td align="center" bgcolor="#E1F5FF">提
交时间</td>
```

```
    <td align="center" bgcolor="#E1F5FF">商
品编号</td>
    <td align="center" bgcolor="#E1F5FF">商
品名称</td>
    <td align="center" bgcolor="#E1F5FF">商
品价格</td>
    <td align="center" bgcolor="#E1F5FF">购
买数量</td>
    <td align="center" bgcolor="#E1F5FF">合
计(元)</td>
    <td align="center" bgcolor="#E1F5FF">投
诉</td>
    <td align="center" bgcolor="#E1F5FF">处
理订单</td>
    </tr>
    <%
    Set
Conn=Server.CreateObject("ADODB.Connection")
Conn.ConnectionString="Provider=Microsoft.Je
t.OLEDB.4.0;"&_
            "Data
Source="&Server.MapPath("/User.mdb")
    Conn.Open
    sql="Select b.*,g.Name From shop_list
b,Goods g Where b.Check="&iflag&_
        " And b.shopID=g.ID"
    If not IsAdmin(Session("userid")) Then
      sql=sql&"                        and
g.UserID='"&Session("userid")&"'"
    End If
    Set rs = Conn.Execute(sql)
    If rs.Eof Then
    %><tr><td colspan="9" align="center">没有
订单的信息</td></tr>
    <%Else
      Dim total
      total = 0
      Do While Not rs.Eof
```

```
        total = total + Clng(rs("TotalCost"))
   %>
   <tr>
   <td
align="left"><%=rs("OrderNumber")%></td>
     <td
align="center"><%=rs("User")%></td>
     <td
align="center"><%=rs("Time")%></td>
     <td
align="center"><%=rs("ShopID")%></td>
     <td
align="center"><%=rs("ShopName")%></td>
   <td   align="right"><%=rs("Cost")%> 元
</td>
     <td align="right"><%=rs("Num")%></td>
     <td
align="right"><%=Clng(rs("TotalCost"))%></td
>
     <td              align="right"><a
href="/complain/ComplainView.asp?OrderNumber
=<%=rs("OrderNumber")%>">察看投诉</a></td>
     <td align="center">
   <%
   If iflag=0 Then
   %>
    <a
href="DoOrderCheck.asp?flag=1&id=<%=rs("ID")
%>">验证</a> </td>
      <%
   ElseIf iflag=1 Then
     %>
    <a
href="DoOrderCheck.asp?flag=2&id=<%=rs("ID")
%>">删除</a> </td>
     </tr>
     <%
    End If
   rs.MoveNext
   Loop
     End If
     rs.Close%>
     <tr><td                  colspan="10"
align="right"><font color=red>总计: <%=total%>
元</font></td>
      </tr>
   </table>
   </body>
   </html>
```

2. 查询订单信息

由于只提供了订单的列表,所以当订单量很大的时候,查看会很不方便。本系统提供了查询订单的功能,如图 16-14 所示。用户可以根据用户名、商品名称或者订单号进行查询。

图 16-14 查询订单信息界面

【例 16-28】 查询订单信息

```
<html>
<head>
<link    href=style.css    rel=STYLESHEET
type=text/css>
</head>
<body>
<%
 '取得查询条件
 Dim itype, gname, whereTo, typeid,href
 Dim HaveAnd
 HaveAnd=false
 user= Request.form("user")
 '根据不同情况生成WHERE 子句whereTo
 whereTo=" where "
 If user<>"" Then
 whereTo = whereTo&" User='" &user&"'"
 HaveAnd=true
 End If
 '在指定分类中,查询指定商品
 name=Trim( Request.Form("name"))
 If trim(name)<>"" Then
   If HaveAnd then whereTo = whereTo& " And
"
   whereTo = whereTo& " ShopName like '%" &
name& "%'"
   HaveAnd= True
 End If
 BasketNumber=
Trim(Request.Form("BasketNumber"))
  If Produce<>"" Then
    If HaveAnd then whereTo = whereTo& " And
"
   whereTo =whereTo &" OrderNumber =
'"&BasketNumber&"'"
```

```
    End If
    If HaveAnd=false Then
    whereTo=""
    End If
    %>
    <center>
    <table          border="0"          width="760"
cellspacing="0" cellpadding="0">
    <tr>
        <td     width="100%"     valign="top"
align="center">
        <table     border="1"     width="100%"
cellspacing="0"              cellpadding="0"
bordercolorlight="#63CFFF"
bordercolordark="#FFFFFF">
        <tr>
            <td width="100%" bgcolor="#63CFFF"
height="18" align="center">
            查询订购列表
            </td>
        </tr>
        <tr>
            <td     width="100%"     valign="top"
align="left" height="1">
            <table    border="1"    width="760"
cellspacing="1"    bordercolorlight="#63CFFF"
bordercolordark="#FFFFFF">
    <%
    Dim curpage
    If Request.QueryString("page")="" Then
    curpage = 1
    Else
    curpage                                  =
Cint(Request.QueryString("page"))
    End If
    '处理分页显示，每页显示订单
    Set
Conn=Server.Createobject("Adodb.Connection")
    Conn.ConnectionString="Provider=Microsoft
.Jet.OLEDB.4.0;"&_
                "Data
Source="&Server.MapPath("/user.mdb")
    Conn.Open
    Sql="Select count(*) As RecordCount from
shop_list "& whereto
    Set rs=Conn.Execute(Sql)
    Dim nPageSize,nPageCount,nCursePos,nCount
    nCount=rs("RecordCount")
    nPageSize=2
    nPageCount=Int((nCount/nPageSize)*(-1))*(
-1)
    nPageNo=Int(Request.QueryString("page"))
    If nPageNo<1 Then
    nPageNo=1
    ElseIf nPageNo>nPageCount Then
    nPageNo=nPageCount
    End If
    If nCount=0 Then
    %>
        <tr><td    width="100%"    valign="top"
align="center" colspan="9" bgcolor="#FFFFFF">
暂且没有商品</td></tr>
    <%
    Else
    If    Request.QueryString("CurseID")=""
Then
        nCursePos=0
    Else
    nCursePos=Clng(Request.QueryString("Cur
seID"))
    End If
    If Request.QueryString("Type")="" Then
        strType="next"
    Else
    strType=Request.QueryString("Type")
    End If
    If whereTo="" Then
        whereTo=" where "
    Else
        whereTo=whereTo&" and "
    End If
    If strType="next" Then
        Sql="Select     Top     "&nPageSize&"
ID,User,ShopID,ShopName,OrderNumber,Cost,Num
,TotalCost,Time,Check     From     shop_list
"&whereto&" ID>"&nCursePos
    Else
        Sql="Select     Top     "&nPageSize&"
ID,User,ShopID,ShopName,OrderNumber,Cost,Num
,TotalCost,Time,Check     From     shop_list
"&whereto&" ID IN"&_
        " (Select Top "&nPageSize&" ID
From Goods "&whereto&" goodscheck=true and
ID<"&nCursePos&_
            " order by ID DESC) order by ID
"
    End IF
    Set rs= Conn.Execute(Sql)
    %>
    <tr>
```

```
        <td align="center" bgcolor="#E1F5FF">订
单号</td>
    <td    align="center"    bgcolor="#E1F5FF"
width="80">订购用户</td>
    <td align="center" bgcolor="#E1F5FF">提
交   时   间   </td><td   align="center"
bgcolor="#E1F5FF">商品编号</td>
    <td align="center" bgcolor="#E1F5FF">商
品名称</td>
    <td    align="center"    bgcolor="#E1F5FF"
width="105">商品价格</td>
    <td    align="center"    bgcolor="#E1F5FF"
width="97">购买数量</td>
    <td    align="center"    bgcolor="#E1F5FF"
width="109">合计(元)</td>
    <td    align="center"    bgcolor="#E1F5FF"
width="77">处理订单</td>
    </tr>
    <%
    For i=1 to nPageSize
        If rs.EOF Then Exit For
        If            i=1            Then
nCurseStart=rs.Fields("ID")
        nCurseEnd=rs.Fields("ID")
    %>
    <br>
    <tr>
    <td                         align="center"
bgcolor="#E1F5FF"><%=rs("OrderNumber")%></td
>
    <td    align="center"    bgcolor="#E1F5FF"
width="80"><%=rs("User")%></td>
    <td                         align="center"
bgcolor="#E1F5FF"><%=rs("Time")%></td>
    <td                         align="center"
bgcolor="#E1F5FF"><%=rs("ShopID")%></td>
    <td                         align="center"
bgcolor="#E1F5FF"><%=rs("ShopName")%></td>
    <td    align="center"    bgcolor="#E1F5FF"
width="105"><%=rs("cost")%></td>
    <td    align="center"    bgcolor="#E1F5FF"
width="97"><%=rs("Num")%></td>
    <td    align="center"    bgcolor="#E1F5FF"
width="109"><%=rs("TotalCost")%></td>
    <td    align="center"    bgcolor="#E1F5FF"
width="77">
        <%
        If rs("Check")=0 Then
            response.write "未处理"
        else
            response.write "已处理"
        End If
```

```
    %>
        </td>
    </tr>
    <center>
    </center>
    </td>
    <center>
    <%
        rs.movenext
    Next
    %>
        </tr>
        </table>
    </center>
        </td>
    </tr>
    <tr>
        <td    width="100%"    valign="top"
align="1left" height="5"></td>
    </tr>
    <tr>
        <td    width="100%"    valign="top"
align="left" height="1"></td>
    </tr>
    <tr><td    width='100%'    height=15
colspan=3><center>  <font  color="#0000FF">第
<%=Cstr(nPageNo)%>页/总计<%=Cstr(nPageCount)
%>页
    总 计 <%=Cstr(nCount)  %> 条 </font><p><font
color="#0000FF"> <%
    End If
    Conn.Close
    If nPageNo=1 Then
        If    nPageNo<=nPageCount    Then
Response.Write("首页")
    ElseIf nPageNo>1 Then
        Response.Write("<a
href=Search_Super.asp?type=before&page="&nPa
geNo-1&"&"&href&"&CurseID="&nCurseStart&"> 前
一页</a>")
    End If
    If nPageNo=nPageCount Then
        Response.Write( "尾页")
    ElseIf nPageNo<nPageCount Then
        Response.Write("<a
href=Search_Super.asp?type=next&page="&nPage
No+1&"&"&href&"&CurseID="&nCurseEnd&"> 下 一 页
</a>")
    End If
    %>
```

```
        </font>
      </p>
    </td></tr>

  </table>
  <p                align=center><a
href="javascript:window.close();">[关闭]</a>
  </body>
  </html>
```

3. 修改订单状态

订单有两种状态,即已处理订单和未处理订单。未处理订单的状态可以修改为已处理状态;已处理订单可以删除。单击商品管理界面中的 未处理订单 链接后进行验证操作,即可验证未处理订单。验证过的订单表示订单已经成交,需要更新订单商品的购买次数。代码如下:

【例16-29】 修改订单状态

```
<%
Set Conn=Server.CreateObject("ADODB.Connection")
```

16.2.10 评论管理

已经购买过商品的用户如果对商品不满或者订单处理的不好,还可以依据订单号对商品发表评论,并为以后的购买者提供指导。

1. 浏览所有的评论

在购买商品后,用户对商品的使用或者服务情况会有反馈信息,商品管理界面中提供了查看和管理评论的功能。

单击商品管理界面左窗格中的 未处理 评论 或者 已处理 评论 链接,即可以看到未处理评论和已处理评论的界面。如图16-15和图16-16所示。

编号	评论时间	订单号	当前状态
1	2006-10-5 14:22:27	20061051920504	解决
	评论内容: 快点发货! 解决方案:		
2		20061051920504	解决
	评论内容: 价格已经在贴了怎么还没有调低价格阿? 解决方案: 不调低价格!		

图 16-15 未处理评论

```
Conn.ConnectionString="Provider=Microsoft.Je
t.OLEDB.4.0;"&_
                "Data
Source="&Server.MapPath("/User.mdb")
    Conn.Open
    Dim iflag,id,n
    id = Request.QueryString("id")
    iflag = Request.QueryString("flag")
    If iflag=2 Then
      sql = "Delete From shop_list Where id="&id
    Else
      sql    =    "update    shop_list    set
ShopCheck="&iflag&" Where ID="&id
      Conn.Execute(sql)
      sql="Update            Goods            set
BuyCount=BuyCount+1 where ID="&id
    End If
    Conn.Execute(sql)
    Response.Write "<h2>订单处理完毕! </h2>"
  %>
```

编号	评论时间	订单号	当前状态
1	2006-10-5 14:24:58	20061051920504	删除
	评论内容: 商品不错 解决方案: xxdfg		

图 16-16 已处理评论

【例16-30】 浏览所有的评论

```
<%
Dim rs,uid,n
userid = Session("userid")
n=0
%>
<p                align=center><font
style='FONT-SIZE:12pt' color="#000080"><b>评
论</b></font></p>
<table        align=center        border="1"
cellspacing="0"                width="100%"
bordercolorlight="#E0D3E4"
bordercolordark="#ECF5FF">
  <tr>
   <td        width="10%"        align="center"
bgcolor="#E1F5FF"><strong>编号</strong></td>
```

```
    <td         width="30%"      align="center"
bgcolor="#E1F5FF"><strong> 投 诉 时 间
</strong></td>
    <td         width="30%"      align="center"
bgcolor="#E1F5FF"><strong> 订   单   号
</strong></td>
    <td         width="30%"      align="center"
bgcolor="#E1F5FF"><strong> 当 前 状 态
</strong></td>
    </tr>
    <%
    '投诉信息
    Set
Conn=Server.CreateObject("ADODB.Connection")

Conn.ConnectionString="Provider=Microsoft.Je
t.OLEDB.4.0;"&_
                    "Data
Source="&Server.MapPath("../User.mdb")
    Conn.Open

OrderNumber=trim(Request.QueryString("OrderN
umber"))
    sql = "Select * From Complain "
    if OrderNumber<>"" Then
    sql=sql&"                        where
OrderNumber='"&OrderNumber&"'"
    else
    sql=sql&" where UserId='"&userid &"'"
    End If

    sql=sql&" Order By Posttime Desc"
  set rs=Conn.Execute(sql)
  If rs.Bof Or rs.Eof Then
    Response.Write    "<tr><td    colspan=5
align=center> 目 前 还 没 有 评 论 记 录 。
</td></tr></table>"
    Else

      Do While Not rs.Eof
      n = n + 1
      '处理日期格式
      strTime = rs("PostTime")
      If Left(strTime,2)<>"20" Then
        strTime = "20" & strTime
      End If
    %>
    <tr>
    <td                        align="center"
rowspan="2"><%=n%></td>
      <td align="center"><%=strTime%></td>
```

```
    <td
align="center"><%=rs("OrderNumber")%></td>
      <td align="center"><FONT COLOR="RED">
      <%
      If rs("flag")=False Then
        Sql="select User from shop_list where
OrderNumber='"&rs("OrderNumber")&"'"
        Set rs_Order=Conn.Execute(Sql)
        Dim Have
        Have=false
        If rs_Order.EOF=false Then
        if rs_Order("User")=userid    Then
Have=true
        End If
        If Have or IsAdmin(userid ) Then
      %>
      <a
href="ComplainDeal.asp?action=do&id=<%=rs("i
d")%>">解决</a>
      <%
        End If
      Else
        If    rs("UserID")=userid         or
IsAdmin(userid ) Then
      %>
      <a
href="ComplainDeal.asp?action=delete&id=<%=r
s("id")%>">删除</a>
      <%
      End If
      End If
      %>
      </FONT></td>
    </tr>
    <tr>
    <td align="left" colspan="3">
    <table><tr><td>
    <%
    If iflag="0" Then
    %>
    投诉内容: <%=rs("content")%>
    <%Else%>
    投诉内容: <%=rs("content")%><br>
    解决方案: <%=rs("result")%>
    <%End If%>
    </td></tr>
    </table>
    </td>
    </tr>
```

```
<%
  rs.MoveNext()
  Loop
  %>
</table>
<%End If%>
```

所有的评论或者投诉信息全部放在表 Complain 中，字段 Flag 表示评论是否处理。普通管理员只能查看所有的评论，但是他可以处理该用户所拥有商品的评论；及查看和处理所有的评论。可以依据订单号和用户名来查询评论。

2．审核评论

只有管理员或者发布商品的用户拥有解决评论的权限，审核评论界面如图 16-17 所示。

客户评论解决

评论时间　　2006-10-5 14:22:27
用户名　　　admin
订单号　　　20061051920504
评论内容　　快点发货！

解决方式

[确定]

图 16-17　审核评论界面

要想实现该界面，需要获取评论的信息，其代码如下：

【例 16-31】　审核评论

```
<%
Dim id,rs,sql
id = Request.QueryString("id")
```

```
action=Request.QueryString("action")
  Set
Conn=Server.CreateObject("ADODB.Connection")
  Conn.ConnectionString="Provider=Microsoft
.Jet.OLEDB.4.0;"&_
            "Data
Source="&Server.MapPath("../User.mdb")
  Conn.Open
  If action="do" Then
  sql = "Select * From Complain Where id = "
& id
  Set rs = Conn.Execute(sql)
  If rs.Bof OR rs.Eof Then
   Response.Write "没有此客户评论。"
   Response.End
  Else
```

在提出评论解决方案后，单击【确定】按钮，即可保存评论解决方案，其代码如下：

```
  Dim id
  id = Request.QueryString("id")
  '将投诉处理结果放入表 Result 字段，同时更改状态标
志 flag=1(已经解决的投诉)
  sql    =    "Update    Complain    Set
Result='"&Request.Form("deal")&"',flag=1
Where id="&id
  '执行数据库操作
  Conn.Execute(sql)
  Response.Write "<h3>客户投诉已经解决</h3>"
```

3．删除评论

【例 16-32】　删除评论

```
If action="delete" Then
  sql = "Delete From Complain Where id ="&id
  '执行数据库操作
  Conn.Execute(sql)
  Response.Write "<h3>客户投诉已经删除</h3>"
End If
```

16.2.11　用户管理

本系统有 3 类用户，即系统管理员、普通管理员和普通用户。系统管理员拥有对该系统的所有操作权限；普通管理员是系统管理员增加的管理人员，可以发布商品、管理商品、管理评论和管理订单，但是只能管理与其发布商品相关的信息；普通用户只用浏览、查询商品、发表评论、购买商品和修改个人信息，没有管理系统的权限。

1．查询用户

本系统提供了查询用户的功能，既可以查询所有验证用户，亦可以查询所有未验证

用户，还可以依据指定条件查询。查询用户界面如图 16-18 所示。

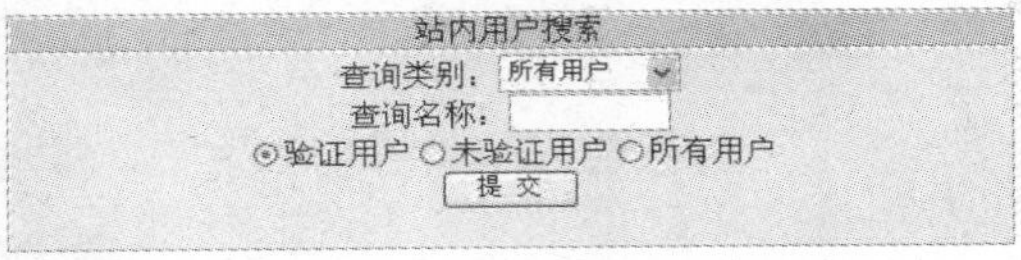

图 16-18　查询用户界面

【例 16-33】　查询用户

```
<!--#include file="../function.asp"-->
<html>
<head>
<meta          http-equiv="Content-Type"
content="text/html; charset=gb2312">
<title>站内商品搜索</title>
</head>
<body>
<table        border="1"          width="100%"
cellspacing="0"            cellpadding="0"
bordercolorlight="#FF9933"
bordercolordark="#FFFFFF"   bgcolor="#FFFFFF"
id="table1">
     <tr>
          <td    width="100%"   height="18"
bgcolor="#97DDFF" align="center">站内用户搜索
</td>
     </tr>
     <tr>
          <td width="100%" bgcolor="#E1F5FF"
align="center">
          <table  border="0"  width="100%"
cellspacing="1" id="table2">
          <tr>
             <td             width="100%"
bgcolor="#E1F5FF" align="center">
             <form         method="POST"
action="User_Search.asp?Type=search"
name="Search">
               <p  style="margin-top:  0;
margin-bottom: 0">查询类别: <select size="1"
name="typeid">
               <option value="all" >所有用
户</option>
               <%
                    Set
Conn=Server.CreateObject("ADODB.Connection")

Conn.ConnectionString="Provider=Microsoft.Je
t.OLEDB.4.0;"&_
```

```
                              "Data
Source="&Server.MapPath("/user.mdb")
                 Conn.Open
                 Sql="select  *  from
users"
                 set
rs=Conn.Execute(Sql)
                 If rs.EOF=false Then
                 For      i=0      To
rs.Fields.Count-1
                      If
trim(rs.Fields(i).Name)<>"PWD"          and
trim(rs.Fields(i).Name)<>"Allow" _
                              and
trim(rs.Fields(i).Name)<>"usercheck" Then

     Response.write("<option
value='"&rs.Fields(i).Name&",",&rs.Fields(i).
type&"'>"&rs.Fields(i).Name&"</option>")
                      End If
                 Next

Response.write("<option value='admin,202'>系
统管理员</option>")

Response.write("<option  value='manager,202'>
普通管理员</option>")

Response.write("<option value='user,202'>用户
</option>")
End If
                         %>
               </select>
               <br> 查 询 名 称 : <input
type="text" name="name" size="10"> </p>
               <p style="margin-top:
0; margin-bottom: 0">

               <input    type="radio"
value="1" checked name="CheckRadio">验证用户
<input       type="radio"       value="0"
name="CheckRadio"> 未 验 证 用 户 <input
type="radio" value="2" name="CheckRadio">所有
用户</p>

               <center><input
type="submit"  value=" 提  交 " name="B1"
></center>

          </form>
          </td>
          </tr>
          </table>
        </td>
      </tr>
      </table>
```

```asp
<%
Dim typeId
typeId=Trim(Request.querystring("Type"))
If typeId="search" Then
%>
<p align="center">用户列表</p></h3>
<table          width='90%'         align=center
cellspacing=1      cellpadding=2        border=1
bordercolor="#808080"
bordercolordark="#FFFFFF"
bordercolorlight="#E1F5FF">
  <tr>
  <td        align="center"        width='10%'
bgcolor="#E1F5FF"><b>用户名</b></td>
  <td        align="center"        width='10%'
bgcolor="#E1F5FF"><b>用户姓名</b></td>
  <td        align="center"        width='20%'
bgcolor="#E1F5FF"><b>用户类型</b></td>
  <td        align="center"        width='30%'
bgcolor="#E1F5FF"><b>送货地址</b></td>
  <td        align="center"        width='10%'
bgcolor="#E1F5FF"><b>是否验证</b></td>
  <td        align="center"        width='20%'
bgcolor="#E1F5FF"><b>删 除</b></td>
  </tr>
  <%
  Dim cnt
  cnt = 0
  ID=Request.Form("typeid")
  checked=Cint(Request.Form("CheckRadio"))
  If checked=0 Then
    Sql="Select  *  From  Users  where
usercheck=false"
  ElseIf checked=1 Then
    Sql="Select  *  From  Users  where
usercheck=true"
  Else
    Sql="Select * From Users "
  End If
  If ID="all" Then
    Sql=Sql&" Order by UserId"
  Else
    Content=trim(Request.Form("name"))
    IDarr=split(ID,",")
    Dim Field ,VarType
    If IsArray(IDarr) Then
      Field=IDarr(0)
      VarType=Cint(IDarr(1))
    End If
```

```asp
      If Field="admin" or Field="manager" or
Field="user" Then
        Field_Temp=Field
        Field="Allow"
      End If
      If checked=2 Then
        Sql=Sql&" where "&Field
      Else
        Sql=Sql&" and "&Field
      End If
      If       Field_Temp="admin"         or
Field_Temp="manager" or Field_Temp="user" Then
        If        Field_Temp="admin"       Then
Sql=Sql&"=1"
        If        Field_Temp="manager"     Then
Sql=Sql&"=2"
        If        Field_Temp="user"        Then
Sql=Sql&"=3"
        If Content<>"" ThenSql=Sql&"  and
userId='"&Content&"'"
      Else
        If VarType=202 Then
          Sql=Sql&"='"&Content&"'"
        ElseIf VarType=11 Then
          If Content="" or Content="男"
Then
            Sql=Sql&"=false"
          ElseIf Content="女" Then
            Sql=Sql&"=true"
          Else
            Sql=Sql&"=false"
          End If
        Else
          Sql=Sql&"="&Content
        End If
      End If
    End If
    Set rs = Conn.Execute(sql)

    Do While Not rs.Eof
      cnt = cnt + 1
  %>
  <tr>
  <td><a
href=/user/adminModify.asp?userid=<%=rs("Use
rId")%> ><%=rs("UserId")%></a></td>
  <td><%=rs("UserName")%></td>
  <td><%
  If rs("Allow")=1 Then
```

```
    Response.write "超级管理员"
ElseIf rs("Allow")=2 Then
   Response.write "管理员"
Else
   Response.write "普通用户"
End If
%> </td>
<td><%=rs("Address")%></td>
<td align="center">
<%
If rs("usercheck")=false Then
%>
   <a
href="usercheck.asp?userid=<%=rs("UserId")%>
&flag=0">未验证</a>
   <%
   Else
   %>
   <a
href="usercheck.asp?userid=<%=rs("UserId")%>
&flag=1">已验证</a>
   <%
   End If
   %>
   </td>
   <td                       align="center"><a
href=UserDelete.asp?ActionType=Delete&userid
=<%=rs("UserId")%> >删除</a></td>
   </tr>
   <%
      rs.MoveNext
   Loop
   If cnt=0 Then
   Response.Write "<tr align='center'><td
colspan=5><font color=red>目前还没有用户记录
</font></td></tr>"
   End If
   %>
   </table>
   <%
   End If
   %>
</body>
```

2. 浏览和修改用户信息

如果当前用户为系统管理员,单击查询用户结果界面中的用户名称,即可浏览并修改所选用户的信息。浏览用户详细信息界面如图 16-19 所示。

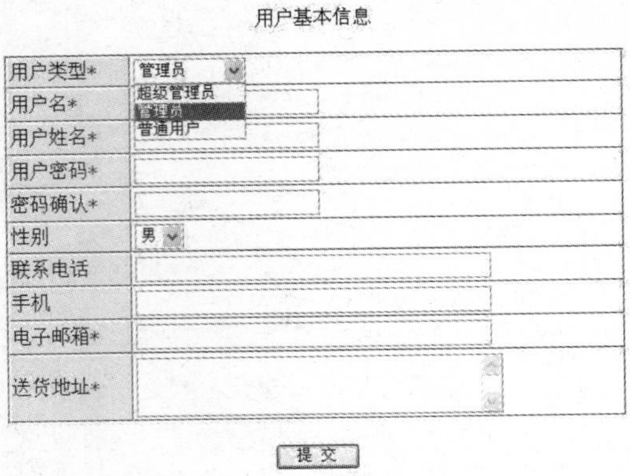

图 16-19　修改用户信息

该界面和用户注册界面相似,但是增加了"用户类型"下拉框。提交后的操作代码如下:

【例 16-34】　浏览和修改用户信息

```
<html>
<head>
<link rel="stylesheet" href=" style.css">
<title>修改用户注册</title>
</head>
<body>
<%
   Dim uid
   userID = Request.QueryString("userid")
   Set
Conn=Server.CreateObject("ADODB.Connection")

Conn.ConnectionString="Provider=Microsoft.Je
t.OLEDB.4.0;"&_
           "Data
Source="&Server.MapPath("../User.mdb")
   Conn.Open
   sql = "Select  *  From  Users  Where
UserId='"&userID          &"'         and
PWD='"&Session("Password")&"'"
   Set rs = Conn.Execute(sql)
   If rs.Eof Then
   Response.Write "<h2>不存在此用户名! </h2>"
   Else
   %>
   <form                    method="POST"
action="UserInsert.asp?userid=<%=userid%>&Ac
tionType=modify" name="Modifyform" >
   <p align="center">用户基本信息</p>
   <table       align="center"       border="1"
cellpadding="1" cellspacing="1" width="100%"
```

```
bordercolor="#008000"
bordercolordark="#FFFFFF">
        <tr>
        <td align=left bgcolor="#E1F5FF">用
户名</td>
        <td><%=rs("UserId")%></td>
    </tr>
    <tr>
        <td align=left bgcolor="#E1F5FF">用
户姓名</td>
        <td><input          type="text"
name="username"           size="20"
value="<%=rs("UserName")%>"></td>
        </tr>
    <%
    Sql="select    *    from   users   WHERE
usercheck=true     and      Allow=1     and
UserId='"&Session("userid")    &"'   and
PWD='"&Session("Password")&"'"
    '读取用户数据
    set rs_Type=Conn.Execute(Sql)
    If not rs_Type.EOF Then
    Response.write  "<tr>  <td  align=left
bgcolor=#E1F5FF>  用  户  类  型  <font
color=#FF0000>*</font></td>"
    Response.write  "<td>  <select  size=1
name=typeid>"
    If rs("Allow")=1 Then
        Response.write "<option value=admin
selected>超级管理员</option> "
        Response.write          "<option
value=Manager >管理员</option>"
        Response.write " <option value= user
>普通用户</option> "
    ElseIf rs("Allow")=2 Then
        Response.write "<option value=admin
>超级管理员</option> "
        Response.write          "<option
value=Manager selected>管理员</option>"
        Response.write " <option value= user
>普通用户</option> "
    Else
        Response.write "<option value=admin
>超级管理员</option> "
        Response.write          "<option
value=Manager >管理员</option>"
        Response.write " <option value= user
selected>普通用户</option> "
    End If
    %>
        </select></td>
    </tr>
```

```
<%
End If
%>
    <tr>
        <td align=left bgcolor="#E1F5FF">性别
</td>
        <td><select name="sex">
        <%If rs("Sex")=True Then%>
        <option value="0">男</option>
        <option    value="1"    selected> 女
</option>
        <%Else%>
        <option    value="0"    selected> 男
</option>
        <option value="1">女</option>
        <%End If%>
        </select></td>
    </tr>
    <tr>
        <td align=left bgcolor="#E1F5FF">联系
电话</td>
        <td><input          type="text"
name="telephone"          size="40"
value="<%=rs("Telephone")%>"></td>
        </tr>
    <tr>
        <td align=left bgcolor="#E1F5FF">手机
</td>
        <td><input type="text" name="mobile"
size="40" value="<%=rs("Mobile")%>"></td>
        </tr>
    <tr>
        <td align=left bgcolor="#E1F5FF">电子
邮箱</td>
        <td><input type="text" name="email"
size="40" value="<%=rs("Email")%>"></td>
        </tr>
    <tr>
        <td align=left bgcolor="#E1F5FF">送货
地址</td>
        <td>
        <textarea    rows="3"    cols="40"
name="address"><%=rs("Address")%></textarea>
</td>
        </tr>
    </table>
    <p  align="center"><input  type="submit"
value=" 提 交 " name="B2"></p>
    <%End If%>
    </form>
    </body>
    </html>
```

3. 删除指定用户

【例 16-35】 删除指定用户

```
<%
If not(IsAdmin(Session("userid"))) Then
  Session("Pass")=false
  Response.Redirect("/user/logon.asp")
End If
Dim Result
Result=""
User=trim(Request("userid"))
If    User=""    Then    result=".<font
color='#FF0000'>用户名不能为空! </font><BR>"
  If result="" Then
    if Request("ActionType")="Delete" Then
        sql = "DELETE FROM Users WHERE
UserID In ('" & user & "')"
```

```
        Result="用户成功删除"
    End If
    Set
Conn=Server.CreateObject("ADODB.Connection")

Conn.ConnectionString="Provider=Microsoft.Je
t.OLEDB.4.0;"&_
        "Data
Source="&Server.MapPath("../User.mdb")
    Conn.Open
    Conn.Execute(sql)
    Conn.close
    Response.Write "<h2>"&result&"</h2>"
  Else
  response.write(Result)
  end If
  %>
```

16.2.12 公告管理

本系统还提供了公告模块,用于向用户发布信息。只有系统管理员可以添加、修改和删除公告,所有用户可以浏览公告。

1. 公告管理界面

管理员单击管理界面左窗格中的 公告管理 链接,显示公告管理界面,如图 16-20 所示。

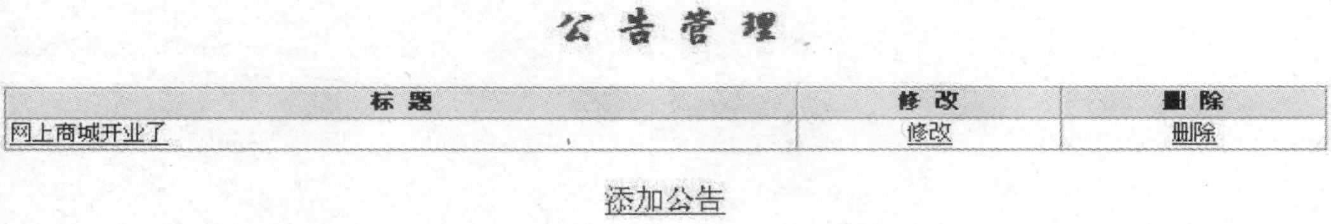

公 告 管 理

标 题	修 改	删 除
网上商城开业了	修改	删除

添加公告

图 16-20 公告管理界面

【例 16-36】 公告管理界面

```
<!--#include file=../function.asp -->
  <%
   If  not(IsAdmin(Session("userid"))  )
Then
         Session("Pass")=false

  Response.Redirect("/user/logon.asp")
  End If
%>
<html>
<head>
<meta           http-equiv="Content-Type"
content="text/html; charset=gb2312">
<title>公告管理</title>
```

```
  <link                rel="stylesheet"
href="/shop/style.css">
  </head>
  <body link="#000080" vlink="#080080">
  <form       id="form1"       name="form1"
method="POST">
  <p align='center'><font face="华文行楷"
size="5" color="#0000FF"><b>公 告 管 理
</b></font></p>
  <center>
  <table       border="1"       cellspacing="0"
width="90%"        bordercolorlight="#4DA6FF"
bordercolordark="#ECF5FF"   style='FONT-SIZE:
9pt'>
    <tr>
    <td       width="60%"       align="center"
bgcolor="#FEEC85"><strong>标 题</strong></td>
```

```
        <td       width="20%"       align="center"
bgcolor="#FEEC85"><strong>修 改</strong></td>
        <td       width="20%"       align="center"
bgcolor="#FEEC85"><strong>删 除</strong></td>
      </tr>
      <%
      Dim rs
      Set
Conn=Server.Createobject("Adodb.Connection")

Conn.ConnectionString="Provider=Microsoft.Je
t.OLEDB.4.0;"&_
                                 "Data
Source="&Server.MapPath("/user.mdb")
      Conn.Open

      '读取所有的商品类别数据到记录集 rs 中
      sql = "Select * From Board Order By PostTime
Desc"
      Set rs=Conn.Execute(sql)
      If rs.EOF Then
        Response.Write    "<tr><td    colspan=3
align=center><font style='COLOR:Red'>目前还没
有公告。</font></td></tr></table>"
      Else
        Do While Not rs.EOF
      %>
        <tr><td><a
href="BoardView.asp?id=<%=rs("ID")%>"
><%=rs("title")%></a></td>
        <td            align="center"><a
href="BoardEdit.asp?action=modify&id=<%=rs("
id")%>">修改</a></td>
        <td            align="center"><a
href="BoardDelete.asp?id=<%=rs("id")%>"> 删除
</a></td></tr>
      <%
        rs.MoveNext()
      Loop
      %>
      </table>
        <p align="center">
      <% End If
      %>
      </form>
<p                       align=center><a
href="BoardEdit.asp?action=add"> 添 加 公 告
</a></p>
      <input type="hidden" name="type">
      </BODY>
```

2．添加和修改公告

当管理员单击添加公告链接时，进入添加公告界面，如图 16-21 所示。

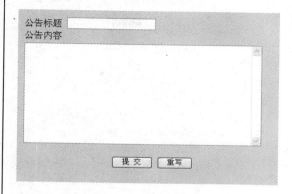

图 16-21 添加公告界面

【例 16-37】 添加和修改公告

```
      <%
      Dim action
      '得到动作参数，如果为 add 则表示创建公告，如果为
modify 则表示更改公告
      action = Request.QueryString("action")
      '取得公告题目和内容和提交人用户名
      title = Trim(DoChar(Request("title")))
      If    title=""    and   (action="add"    or
action="modify") Then
        Response.Write("标题不能为空! ")

        Response.redirect("BoardEdit.asp?action
=add")
      Else
        content                                =
DoChar(Trim(Request("content")))
        poster = Session("userid")
      If action="add" Then
        Result="公告成功增加"
        '在数据库表 Board 中插入新公告信息
      sql         =         "Insert       into
Board(title,content,posttime,poster)
Values('"&title&"','"&content&"','"&now&"','
"&poster&"')"
        ElseIf action="modify" Then
        '更改此公告信息
        Result="公告成功更新"
        id = Request.QueryString("id")
      sql       =      "Update     Board    Set
title='"&title&"',content='"&content&"',post
time='"&now&"',poster='"&poster&"'      where
id="&id
```

```
      Else
       Result="公告成功删除"
       id = Request.QueryString("id")
       sql = "DELETE FROM Board WHERE id In ("
& id & ")"
      End If
      Set
Conn=Server.Createobject("Adodb.Connection")

Conn.ConnectionString="Provider=Microsoft.Je
t.OLEDB.4.0;"&_
                               "Data
Source="&Server.MapPath("/user.mdb")
      Conn.Open
      Conn.Execute(sql)
      Response.Write Result
      End if
      %>
```

修改公告的代码与添加公告的代码有些类似，但修改公告需要先载入原数据库里的初始信息。其代码如下：

```
      <%
      Dim action
      '得到动作参数，如果为 add 则表示创建公告，如果为
modify 则表示更改公告
      action = Request.QueryString("action")
      Dim id,rs,sql
      id = Request.QueryString("id")
      Title=""
      Content=""
      If action="modify" Then
        Set
Conn=Server.Createobject("Adodb.Connection")
        Conn.ConnectionString="Provider=Microso
ft.Jet.OLEDB.4.0;"&_
```

```
                               "Data
Source="&Server.MapPath("/user.mdb")
      Conn.Open
      sql = "Select * From Board Where id = " &
Cint(id)
      Set rs=Conn.Execute(Sql)
      If rs.Bof Or rs.Eof Then
       Response.Write "没有此公告。"
       Response.End
      Else
          Title=rs("title")
          Content=rs("content")
      End If
      End If
      %>
```

3．删除公告

【例 16-38】 删除公告

```
      <%
      Dim rs
      Set
Conn=Server.Createobject("Adodb.Connection")

Conn.ConnectionString="Provider=Microsoft.Je
t.OLEDB.4.0;"&_
                               "Data
Source="&Server.MapPath("/user.mdb")
      Conn.Open
      id=Cint(Request.QueryString("id"))
      sql = "delete * From Board where ID="&id
      Set rs=Conn.Execute(sql)
      Response.write("<p align=center>公告删除!
<p>")
      %>
```

16.3 学习效果测试

Dreamweaver+ASP

1．思考题

（1）如何对一个较为复杂的信息系统进行需求分析？

（2）简述商品分类管理的实现过程。

2．操作题

（1）试完成信息统计模块的功能。

（2）试完成购物车功能。

附录 A
HTTP 常见错误解释

HTTP 错误 400

400 请求出错

由于语法格式有误,服务器无法理解此请求。不作修改,客户程序就无法重复此请求。

HTTP 错误 401

401.1 未授权:登录失败

此错误表明传输给服务器的证书与登录服务器所需的证书不匹配。

请与 Web 服务器的管理员联系,以确认您是否具有访问权限。

401.2 未授权:服务器的配置导致登录失败

此错误表明传输给服务器的证书与登录服务器所需的证书不匹配。此错误通常由未发送正确的 WWW 验证表头字段所致。

请与 Web 服务器的管理员联系,以确认您是否具有访问权限。

401.3 未授权:由于资源中的 ACL 而未授权

此错误表明客户所传输的证书没有对服务器中特定资源的访问权限。此资源可能是客户机中的地址行所列出的网页或文件,也可能是处理客户机中的地址行所列出的文件所需服务器上的其他文件。

请记录试图访问的完整地址,并与 Web 服务器的管理员联系以确认您是否具有访问权限。

401.4 未授权:授权服务被筛选程序拒绝

此错误表明 Web 服务器已经安装了筛选程序,用来验证连接到服务器的用户。此筛选程序拒绝连接到此服务器的真品证书的访问。

请记录试图访问的完整地址,并与 Web 服务器的管理员联系以确认您是否具有访问权限。

401.5 未授权:ISAPI/CGI 应用程序的授权失败

此错误表明试图使用的 Web 服务器中的地址已经安装了 ISAPI 或 CGI 程序,在继续之前用来验证用户的证书。此程序拒绝用来连接到服务器的真品证书的访问。

请记录试图访问的完整地址,并与 Web 服务器的管理员联系来确认您是否具有访问权限。

HTTP 错误 403

403.1 禁止:禁止执行访问

如果从并不允许执行程序的目录中执行 CGI、ISAPI 或其他执行程序就可能引起此错误。

如果问题依然存在,请与 Web 服务器的管理员联系。

403.2 禁止:禁止读取访问

如果没有可用的默认网页或未启用此目录的目录浏览,或者试图显示驻留在只标记为执行或脚本权限的目录中的 HTML 页时就会导致此错误。

如果问题依然存在,请与 Web 服务器的管理员联系。

403.3 禁止:禁止写访问

如果试图上载或修改不允许写访问的目录中的文件,就会导致此问题。

如果问题依然存在,请与 Web 服务器

的管理员联系。

403.4　禁止：需要 SSL

此错误表明试图访问的网页受安全套接字层（SSL）的保护。如果要查看，必须在试图访问的地址前输入 https:// 以启用 SSL。

如果问题依然存在，请与 Web 服务器的管理员联系。

403.5　禁止：需要 SSL 128

此错误消息表明您试图访问的资源受 128 位的安全套接字层（SSL）保护。如果要查看此资源，需要有支持此 SSL 层的浏览器。

请确认浏览器是否支持 128 位 SSL 安全性。如果支持，就与 Web 服务器的管理员联系，并报告问题。

403.6　禁止：拒绝 IP 地址

如果服务器含有不允许访问此站点的 IP 地址列表，并且您使用的 IP 地址在此列表中，就会导致此问题。

如果问题依然存在，请与 Web 服务器的管理员联系。

403.7　禁止：需要用户证书

当试图访问的资源要求浏览器具有服务器可识别的用户安全套接字层（SSL）证书时就会导致此问题。可用来验证您是否为此资源的合法用户。

请与 Web 服务器的管理员联系以获取有效的用户证书。

403.8　禁止：禁止站点访问

如果 Web 服务器不为请求提供服务，或您没有连接到此站点的权限时，就会导致此问题。

请与 Web 服务器的管理员联系。

403.9　禁止访问：所连接的用户太多

如果 Web 太忙并且由于流量过大而无法处理您的请求时就会导致此问题。请稍后再次连接。

如果问题依然存在，请与 Web 服务器的管理员联系。

403.10　禁止访问：配置无效

此时 Web 服务器的配置存在问题。

如果问题依然存在，请与 Web 服务器的管理员联系。

403.11　禁止访问：密码已更改

在身份验证的过程中如果用户输入错误的密码，就会导致此错误，请刷新网页并重试。

如果问题依然存在，请与 Web 服务器的管理员联系。

403.12　禁止访问：映射程序拒绝访问

拒绝用户证书试图访问此 Web 站点。

请与站点管理员联系以建立用户证书权限。如果有必要，也可以更改用户证书并重试。

HTTP 错误 404

404　找不到

Web 服务器找不到您所请求的文件或脚本。请检查 URL 以确保路径正确。

如果问题依然存在，请与服务器的管理员联系。

HTTP 错误 405

405　不允许此方法

对于请求所标识的资源，不允许使用请求行中所指定的方法。请确保为所请求的资源设置了正确的 MIME 类型。

如果问题依然存在，请与服务器的管理员联系。

HTTP 错误 406

406　不可接受

根据此请求中所发送的"接受"标题，此请求所标识的资源只能生成内容特征为"不可接受"的响应实体。

如果问题依然存在，请与服务器的管理

员联系。

HTTP 错误 407

407　需要代理身份验证

在为此请求提供服务之前,您必须验证此代理服务器。请登录到代理服务器,然后重试。

如果问题依然存在,请与 Web 服务器的管理员联系。

HTTP 错误 412

412　前提条件失败

在服务器上测试前提条件时,部分请求标题字段中所给定的前提条件估计为FALSE。客户机将前提条件放置在当前资源metainformation(标题字段数据)中,以防止所请求的方法被误用到其他资源。

如果问题依然存在,请与 Web 服务器的管理员联系。

HTTP 错误 414

414　Request-URI 太长

Request-URI 太长,服务器拒绝服务此请求。仅在下列条件下才有可能发生此条件:

客户机错误地将 POST 请求转换为具有较长的查询信息的 GET 请求。

客户机遇到了重定向问题(例如,指向

自身的后缀的重定向前缀)。

服务器正遭受试图利用某些服务器(将固定长度的缓冲区用于读取或执行Request-URI)中的安全性漏洞的客户干扰。

如果问题依然存在,请与 Web 服务器的管理员联系。

HTTP 错误 500

500　服务器的内部错误

Web 服务器不能执行此请求。请稍后重试此请求。

如果问题依然存在,请与 Web 服务器的管理员联系。

HTTP 错误 501

501　未实现

Web 服务器不支持实现此请求所需的功能。请检查 URL 中的错误,如果问题依然存在,请与 Web 服务器的管理员联系。

HTTP 错误 502

502　网关出错

当用作网关或代理时,服务器将从试图实现此请求时所访问的 upstream 服务器中接收无效的响应。

如果问题依然存在,请与 Web 服务器的管理员联系。

读书笔记

附录 B
HTTP 错误解释

1. Array()

函数说明：返回一个数组。

语法格式：Array(list)

参数说明：字符，数字均可。

代码范例：User=Array("张三","李四","王五")

返回结果：建立了一个包含 3 个元素的数组。

2. CInt()

函数说明：将一个表达式转化为数字类型。

语法格式：CInt(expression)

参数说明：任何有效的字符均可。

代码范例：CInt(236.42)

返回结果：236 (如果字符串为空，则返回 0 值)。

3. CreateObject()

函数说明：建立和返回一个已注册的 ACTIVEX 组件的实例。

语法格式：CreateObject(objName)

参数说明：objName 是任何一个有效、已注册的 ActiveX 组件的名字。

代码范例：Set Conn=Server.CreateObject ("Adodb.Connection")

返回结果：无。

4. CStr()

函数说明：转化一个表达式为字符串。

语法格式：CStr(expression)

参数说明：expression 是任何有效的表达式。

代码范例：Response.Write CStr(123)

返回结果："123"

5. Date()

函数说明：返回当前系统日期。

语法格式：Date()

参数说明：无。

代码范例：Date()

返回结果：2007-09-14

6. DateAdd()

函数说明：返回一个被改变了的日期。

语法格式：DateAdd(timeinterval,number, date)

参数说明：timeinterval 是要增加的时间间隔类型，如"y"，"m"，"d"，"h"等等；number 是要增加的时间间隔的数量;date 是时间增加的基准时间。

代码范例：DataAdd("m",1,Date ("2007-09-14 17:12:23"))

返回结果：2007-10-14 17:12:23。

这里有一个技巧（对于初学者而言），如果 number 为负数，则相当于减去 Abs(number)个时间间隔。

7.　DateDiff()

函数说明：返回两个日期之间的差值 。

语法格式：DateDiff(timeinterval,date1, date2 [, firstdayofweek [, firstweekofyear>>)

参数说明：timeinterval 表示相隔时间的类型，如"M"表示"月"。

代码范例：DateDiff("d","2000-1-1", "1999-8-4")

返回结果：150

8.　Day()

函数说明：返回一个月的第几日。

语法格式：Day(date)

参数说明：date 是任何有效的日期。

代码范例：Day(CDate("2007-09-14"))

返回结果：14

9.　FormatCurrency()

函数说明：返回表达式，此表达式已被格式化为货币值。

语法格式：FormatCurrency(Expression [, Digit [, LeadingDigit [, Paren [, GroupDigit >>>>)

参数说明：Digit 指示小数点右侧显示位数的数值。默认值为 -1，指示使用的是计算机的区域设置；LeadingDigit 指示是否显示小数值小数点前面的零。

代码范例：FormatCurrency(34.3456)

返回结果：$34.35

10.　FormatDateTime()

函数说明：返回表达式，此表达式已被格式化为日期或时间。

语 法 格 式 ： FormatDateTime(Date, [, NamedFormat])

参数说明：NamedFormat 指示所使用的日期/时间格式的数值。

代 码 范 例 ： FormatDateTime ("2007-10-10 12:30:45",2)

返回结果：2007-10-10

11.　FormatNumber()

函数说明：返回表达式，此表达式已被格式化为数值。

语法格式：FormatNumber(Expression [, Digit [, LeadingDigit [, Paren [, GroupDigit >>>>)

参数说明：Digit 指示小数点右侧显示位数的数值。默认值为 -1，指示使用的是计算机的区域设置。；LeadingDigit i 指示小数点右侧显示位数的数值。默认值为 -1，指示使用的是计算机的区域设置。；Paren 指示小数点右侧显示位数的数值。默认值为 -1，指示使用的是计算机的区域设置。；GroupDigit i 指示小数点右侧显示位数的数值。默认值为 -1，指示使用的是计算机的区域设置。

代码范例：FormatNumber(1/3,2,-1)

返回结果：0.33

12.　Instr()

函数说明：返回字符或字符串在另一个字符串中第一次出现的位置。

语法格式：Instr([start, > strToBeSearched, strSearchFor [, compare>)

参数说明：Start 为搜索的起始值，strToBeSearched 接受搜索的字符串 strSearchFor 要搜索的字符 compare 比较方式（详细见 ASP 常数）。

代 码 范 例 ： Instr(1,"abcdefgabcdefg", "bc")

返回结果：2

13.　InstrRev()

函数说明：同上，只是从字符串的最后一个搜索起。

语法格式：InstrRev([start, > strToBeSearched, strSearchFor [, compare>)

参数说明：同上。

代码范例： InstrRev(1,"abcdefgabcdefg","bc")

返回结果：9

14.　IsDate()

函数说明：判断一对象是否为日期，返回布尔值。

语法格式：IsDate(expression)

参数说明：expression 是任意合法的表达式。

代码范例：IsDate("abc")

返回结果：False

15.　IsNumeric()

函数说明：判断一对象是否为数字，返回布尔值。

语法格式：IsNumeric(expression)

参数说明：expression 是任意合法的表达式。

代码范例：IsNumeric(6)

返回结果：True

就算数字加了引号，ASP 还是认为它是数字。

16.　IsObject()

函数说明：判断一对象是否为对象，返回布尔值。

语法格式：IsObject(expression)

参数说明：expression 是任意合法的表达式。

代码范例：

返回结果：True/False

17.　LBound()

函数说明：返回指定数组维的最小可用下标。

语法格式： Lbound(arrayname [, dimension>)

参数说明：dimension 指明要返回哪一维下界的整数。使用 1 表示第一维，2 表示第二维，以此类推。如果省略 dimension 参数，默认值为 1。

代码范例：Lbound(User)

返回结果：0

18.　LCase()

函数说明： 返回字符串的小写形式。

语法格式：Lcase(string)

参数说明：string 是任意合法的表达式。

代码范例：LCase("THIS Is A Test!")

返回结果：this is a test!

19.　Left()

函数说明： 返回字符串左边第 length 个字符以前的字符（含第 length 个字符)。

语法格式：Left(string, length)

参数说明： string 是原字符串，length 是要取得的字符个数。

代码范例：Left("Left",3)

返回结果：Lef

20.　Len()

函数说明： 返回字符串的长度。

语法格式：Len(string | varName)

参数说明：string 是任意合法的表达式。

代码范例：

返回结果：15

21. LTrim()

函数说明：去掉字符串左边的空格。

语法格式：LTrim(string)

参数说明：string 为字符串。

代码范例：LTrim("   This is a test! ")

返回结果："This is a test! "

22. Mid()

函数说明：返回特定长度的字符串(从 start 开始,长度为 length)。

语法格式：Mid(string, start [, length>)

参数说明：string 是原字符串，start 为开始截取的位置，length 为截取的字符串长度。

代码范例：Mid("abcdefg",2,3)

返回结果：bcd

如果省略 length，则截取从 start 位置到末尾的所有字符。

23. Minute()

函数说明：返回时间的分钟。

语法格式：Minute(time)

参数说明：time 是任意合法的日期表达式。

代码范例：Minute("2004-09-14 17:12:23")

返回结果：14

24. Month()

函数说明：返回月份。

语法格式：Month(date)

参数说明：date 是任意合法的日期表达式。

代码范例：Month("2004-09-14 17:12:23")

返回结果：9

25. MonthName()

函数说明：以本地系统格式返回用于识别特定月份的字符串。

语法格式：MonthName(month, [, Abb>]

参数说明：month 是给定月的数字表示；Abb (可选的)是一个逻辑值，用于控制是否显示月份缩写，True 表示显示月份缩写，False 则不显示。

代码范例：MonthName("2004-09-14 17:12:23")

返回结果：September

26. Now()

函数说明：返回当前日期和时间。

语法格式：Now()

参数说明：无。

代码范例：Now()

返回结果：2007-10-10 17:12:23

27. Replace()

函数说明：返回一个字符串 strToBeSearched 中的子字符串 strSearchFor 被另一个字符串 strReplaceWith 替换 count 次后的字符串。

语法格式：Replace(strToBeSearched, strSearchFor, strReplaceWith [, start [, count [, compare>>>)参数说明：strToBeSearched 是被替换的字符串；strSearchFor 是要在 strToBeSearched 中查找的子字符串；strReplace 是要替换成的字符串; start (可选的)是开始搜索的位置；count (可选的)是要替换的次数，省略则全部替换。

代码范例：Replace("This is an apple!","apple","orange")

返回结果：This is an orange!

28．Right()

函数说明：返回字符串右边第 length 个字符以前的字符（含第 length 个字符）。

语法格式：Right(string, length)

参数说明：string 是原字符串，length 是要截取的字符个数。

代码范例：Right("right",3)

返回结果：ght

29．Rnd()

函数说明：产生一个随机数。

语法格式：Rnd [(number) >

参数说明：

代码范例：

返回结果：任何一个在 0 到 1 之间的数。

30．Round()

函数说明：返回按指定位数进行四舍五入的数值。

语 法 格 式 ： Round(expression [, numRight>)

参数说明：numRight 数字表明小数点右边有多少位进行四舍五入。如果省略，则 Round 函数返回整数。

代码范例：Round(1234.567,2)

返回结果：1234.57

31．Rtrim()

函数说明：去掉字符串右边的字符串。

语法格式：Rtrim(string)

参数说明：

代码范例：RTim(" This is a test! ")

返回结果：" This is a test!"

32．Second()

函数说明：返回秒。

语法格式：Second(expression)

参数说明：expression 是任意合法的时间表达式。

代码范例：MonthName("2007-10-10 17:12:23")

返回结果：23

33．StrReverse()

函数说明：反排一字符串。

语法格式：StrReverse(string)

参数说明：

代码范例：StrReverse("This is a test!")

返回结果："!tset a si sihT"

34．Time()

函数说明：返回系统时间。

语法格式：Time()

参数说明：.

代码范例：Time()

返回结果：17:12:23

35．Trim()

函数说明：去掉字符串左右的空格。

语法格式：Trim(string)

参数说明：string 是任意合法的字符串表达式。

代码范例：Trim("This is a test!")

返回结果："This is a test!"

36.　UBound()

函数说明：返回指定数组维数的最大可用下标。

语法格式：Ubound(arrayname [, dimension>)

参数说明：dimension (optional) 指定返回哪一维上界的整数。1 表示第一维，2 表示第二维，以此类推。如果省略 dimension 参数，则默认值为 1。

代码范例：Ubound(User)

返回结果：2

37.　UCase()

函数说明：返回字符串的大写形式。

语法格式：UCase(string)

参数说明：

代码范例：UCase("This is a test!")

返回结果：THIS IS A TEST!

38.　VarType()

函数说明：返回指示变量子类型的值。

语法格式：VarType(varName)

参数说明：varName 是任意可用的表达式。

代码范例：VarType（3+8）

返回结果：2(数字)

39.　WeekDay()

函数说明：返回在一周的第几天。

语法格式：　WeekDay(date　[, firstdayofweek>)

参数说明：date 是任意合法的时间表达式。

代码范例：　WeekDay("2007-10-10 17:12:23")

返回结果：4(星期三)

注意外国人的习惯，周日为第一天，既是 1，周一是第二天既是 2，依此类推。

40.　WeekDayName()

函数说明：返回一周第几天的名字。

语法格式：WeekDayName(date [, Abb [, firstdayofweek>>]

参数说明：date 是任意合法的时间表达式，Abb(可选的)Boolean 值，指明是否缩写表示星期各天的名称。如果省略，默认值为 False，即不缩写星期各天的名称，firstdayofweek 指明星期第一天的数值。

代码范例：WeekDayName("2007-10-10 17:12:23")

结果：星期三

41.　Year()

函数说明：返回当前的年份。

语法格式：Year(date)

参数说明：date 是任意合法的时间表达式。

代码范例：Year("2007-09-14 17:12:23")

返回结果：2007

习 题 答 案

第 1 章　Dreamweaver 中的工作环境

一、选择题：

（1）A　　　（2）C

二、填空题：

（1）设计视图、代码视图、拆分视图。

（2）标题栏、菜单栏、插入栏、文档
窗口、属性面板

三、思考题：

（1）有以下几个主要功能

1）Adobe Photoshop 和 Fireworks 集成

直接从 Adobe Photoshop CS3 或
Fireworks CS3 复制和粘贴到 Dreamweaver
CS3 中，以利用来自已完成项目中的原型的
资源。

2）浏览器兼容性检查

借助全新的浏览器兼容性检查，节省时
间并确保跨浏览器和操作系统的更加一致
的体验。生成识别各种浏览器中与 CSS 相
关的问题的报告，而不需要启动浏览器。

3）CSS Advisor 网站

借助全新的 CSS Advisor 网站（具有丰
富的用户提供的解决方案和见解的一个在
线社区），查找浏览器特定 CSS 问题的快速
解决方案。

4）CSS 布局

借助全新的 CSS 布局，将 CSS 轻松合
并到项目中。在每个模板中都有大量的注释
解释布局，这样初级和中级设计人员可以快
速学会。可以为您的项目自定义每个模板。

5）CSS 管理

轻松移动 CSS 代码：从行中到标题，
从标题到外部表，从文档到文档，或在外部
表之间。清除较旧页面中的现有 CSS 从未
像现在这样容易。

6）Spry 数据

使用 XML 从 RSS 服务或数据库将数据
集成到 Web 页中，集成的数据很容易进行
排序和过滤。

第 2 章　管理和设置 Web 站点

一、选择题：

（1）D　　　（2）A

二、填空题：

（1）站点向导、站点面板。

（2）IE、Netscape

三、操作题：

略。

第 3 章　基础网页设计

一、选择题：

（1）B　　　（2）A

二、填空题：

（1）文本。

（2）GIF、JPEG 和 PNG。

三、思考题：

（1）参考 3.9.4 节。

（2）参考 3.3 节

第 4 章　表格和框架

一、选择题：

（1）B　　　（2）A

二、操作题：

（1）参考 4.1.2 节

（2）参考 4.3 节

第5章　CSS样式和层的使用

一、选择题：

（1）A　　（2）C

二、填空题：

（1）Shift+F11　　（2）一个单独

三、思考题：

（1）层是 CSS 中的定位技术，在 Dreameaver 中对其进行了可视化操作。文本、图像和表格等元素只能固定其位置，不能互相叠加在一起。使用层功能，可以将其放置在网页文档内的任何一个位置，还可以按顺序排放网页文档中的其他构成元素。层体现了网页技术从二维空间向三维空间的一种延伸。如果读者觉得用表格定位页面元素太难掌握，不妨尝试利用层，层的好处是可以放置在页面任何位置。

（2）层是网页中的一个元素，就像表格、单元格、图片、文字一样，层里面也可插入表格等其他元素，可以说，它是一个容器；而 CSS（样式）是用来控制这些元素的样式属性。

四、操作题：

（1）答：程序代码如下：

```
stype1 {
  font-size: 9px;
  font-style: italic;
  color: #3598ff;
}
```

（2）步骤如下：

将光标停留在页中要插入层的位置，选择【插入】中的【布局】快捷栏，单击左侧第 3 个【描绘层】按钮；在"属性"面板中对层进行命名，如下图左侧部分，输入"ap1"；在"背景图像"中选择待插入的图片即可。

第6章　使用表单

一、选择题：

（1）B　　（2）BC　　（3）D

二、填空题：

（1）单行、多行、密码。

（2）8192。

三、思考题：

（1）隐藏域在网页中不显示，只是将一些必要的信息提供给服务器。隐藏域存储用户输入的信息，例如姓名、电子邮件地址等，并在该用户下次访问此站点时使用这些数据。

（2）参考 6.2.3 节

四、操作题：

答：程序代码如下：

```
<html
xmlns="http://www.w3.org/1999/xhtml">
  <head>
  <meta              http-equiv="Content-Type"
content="text/html; charset=utf-8" />
  <title>无标题文档</title>
  </head>

  <body>
  <form id="first" name="first" method="get"
action="_blank">
  <table        width="600"        border="1"
align="center"            cellspacing="0"
bordercolor="#0000FF" bgcolor="#F5F5F5">
    <tr>
    <td      colspan="3"      align="center"
bgcolor="#CCCCCC">学生信息</td>
    </tr>
    <tr>
    <td  width="168"  align="center"> 姓 名
</td>
    <td  width="214"  align="center"> 年 龄
</td>
    <td  width="204"  align="center"> 手 机
</td>
    </tr>
    <tr>
    <td                        width="168"
align="center"><label>
```

```
        <input name="textfield" type="text"
id="textfield" size="12" />
        </label></td>
        <td width="214" align="center"><input
name="textfield2" type="text" id="textfield2"
size="12" /></td>
        <td width="204" align="center"><input
name="textfield3" type="text" id="textfield3"
size="12" /></td>
    </tr>
    <tr>
        <td       colspan="3"       align="center"
bgcolor="#CCCCCC"><label>
            <input   type="submit"   name="button"
id="button" value="提交" />
        </label></td>
    </tr>
  </table>
 </form>
 </body>
</html>
```

生成表单如下图所示：

第 7 章　基础网页设计

一、思考题：

（1）什么是 ASP，ASP 的特点有哪些？

答：ASP 是一种动态网页，文件后缀名为.asp。ASP 网页包含在 IIS 服务器当中，在 IIS 服务器上建立动态、交互式、高效率的站点服务器应用程序。ASP 的特点主要有以下几点：ASP 语言无需编译，由 Web 服务器解释执行；ASP 文件是纯文本文件，编辑工具可以是任意的文字编辑器；命令格式简单，不分大小写；与浏览器的无关性。ASP 的脚本语言在服务器端执行，用户只要使用可以执行 HTML 语言的浏览器，即可浏览由 ASP 设计的网页内容；ASP 与任何 ActiveX Scripting 语言相兼容。

目前，ASP 最常使用的脚本语言是 VBScript、JavaScript 和 JScript，它们都是简单易学的脚本语言。服务器端的脚本可以生成客户端的脚本；ASP 的源程序在服务器端运行，不会传到客户端，传回客户端的是 ASP 程序运行生成的 HTML 代码。因此，避免了源程序的泄露，加强了程序的安全性；方便了数据库操作。ASP 通过 ADO 实现对后台数据库的连接和操作，并可以方便地控制、管理和检索数据，具有很强的交互能力。

（2）概述 ASP 文档的语法结构。

答：ASP 文件的代码包含了 3 个部分：HTML 超文本标记代码、服务器端脚本语言和客户端脚本语言，其中 HTML 代码与静态网页的 HTML 代码是相同的，是网页的主体部分。服务器端和客户端代码的脚本语言可以是 VBScript 或 JavaScript，还可以是其他的脚本语言。

二、操作题：

（1）编写一个 ASP 程序并在浏览器中浏览显示效果。

答：打开一个文本文档，在其中编写 ASP 程序代码，编写完毕后把该文本文档另存为.asp 格式的文件。然后把.asp 文件存放到一个虚拟目录下，打开 IIS。在 IIS 中找到相应的虚拟目录使用鼠标右键单击.asp 文件，在弹出的快捷菜单中选择【浏览】命令，即可在浏览器中浏览显示效果。

（2）将目录路径"D:\ASP"设置为虚拟目录别名为"MyASP"的虚拟路径。

答：步骤如下：

依次选择【开始】/【控制面板】/【管理工具】/【Internet 信息服务】命令，打开 IIS 5.0 管理界面选择"默认网站"选项，使用鼠标右键单击并在弹出的菜单中选择【新建】/【虚拟目录】，选择"虚拟目录"后，会弹出"虚拟目录创建向导"对话框。单击【下一步】按钮，填写虚拟目录的别名，这里填写"MyASP"，单击【下一步】按钮，选择要发布站点内容所在的目录路径，这里填写的路径为"D:\ASP"。单击【下一步】按钮，设置虚拟目录的访问权限，默认为"读取"和"运行脚本"，推荐用户使用默认值，可以保证网站的安全性。单击【下一步】按钮完成虚拟目录创建向导的流程。

第 8 章　ASP 的脚本语言——

VBScript

一、思考题：

（1）简述 Sub 过程和 Function 函数的区别。

答：Function 函数和 Sub 过程类似，但是 Function 过程可以返回值。Function 函数通过函数名返回一个值，这个值在函数的语句中赋给函数名的，Function 函数的返回值的数据类型总是 Variant。

（2）简述变量的作用范围。

答：变量的作用范围由声明它的位置决定。如果在过程和函数中声明变量，则只有该过程和函数中的代码可以访问或修改它的值，此时变量的作用范围为局部并被称为局部变量。如果在过程和函数之外声明变量，则该变量可以被所有脚本代码所识别，这时称变量为全局变量。

二、操作题：

（1）编写一个程序，判断今天是星期几，如果是星期一到星期五，则显示"今天是工作日，祝你工作顺利！"；如果是星期六和星期天，则显示"今天是休息日，祝你假期愉快！"。

答：程序代码如下：

```
<html>
<head>
<meta             http-equiv="Content-Type"
content="text/html; charset=utf-8" />
<title>不同的问候</title>
<script language="vbscript">
sub differentwelcome()
dim d
d=Weekday(Date())
if d<6 then
document.write(""今天是工作日,祝你工作顺利!")
else
document.write("今天是休息日,祝你假期愉快!")
end if
end sub
</script>
</head>
<body>
```

```
<script language="vbscript">
call differentwelcome()
</script>
</body>
</html>
```

（2）编写一个程序，实现简单的计算器的功能。

答：程序代码如下：

```
<%@ language="VBScript" %>
<html>
<head>
<meta             http-equiv="Content-Type"
content="text/html; charset=utf-8" />
<title>计算器</title>
</head>
<body>
<%
dim x, y, result, sign
x=cint(inputbox("请输入第一个运算值"))
sign=inputbox("请输入运算符")
y=cint(inputbox("请输入第二个运算值"))
select case sign
case "+"
result=x+y
document.write("运算结果为: " & result)
case "-"
result=x-y
document.write("运算结果为: " & result)
case "*"
result=x*y
document.write("运算结果为: " & result)
case "/"
result=x/y
document.write("运算结果为: " & result)
case else
document.write("输入运算符不正确! ")
end select
%>
</body>
</html>
```

第 9 章　ASP 内置对象

一、思考题：

（1）ASP 中 Application 对象和 Session 对象的区别是什么？

答：Application 对象是一个应用程序级别的对象，它可以为应用程序提供全局变量。当一个应用程序创建了一个 Application 对象后，所有的用户都可以共享它的数据信息，使用它可以在所有的用户和所有的应用程序之间进行数据的传递和共享。这些被共享的数据信息，在服务器运行期间可永久保存。Session 对象也是用于存储数据，是进程级别的对象。它面向的对象是单个用户，每个用户都会有一个独立的 Session 对象，保存在该对象中的数据，只能被用户自己访问，其他用户没有权限访问。

（2）试述 Global.asa 文件的作用。

答：Global.asa 是一个可选文件，程序编写者可以在该文件中指定事件脚本，并声明具有会话和应用程序作用域的对象。该文件的内容不是用来给用户显示的，而是用来存储事件信息和由应用程序全局使用的对象。该文件必须存放在应用程序的根目录内，每个应用程序只能有一个 Global.asa 文件。例如每一个访客访问服务器时都会触发一个 OnStart 事件（第一个访客会同时触发 Application 和 Session 的 OnStart 事件，Application 先于 Session），每个访客的会话结束时都会触发一个 OnEnd 事件（最后一个访客会话结束时会同时触发 Application 和 Session 的 OnEnd 事件，Session 先于 Application），这两个事件代码需要写在 Global.asa 文件中。

二、操作题：

（1）设计一个简单的网页计数器。

答：程序代码如下：

```
<%@ language= "VBScript" %>
<html>
<head>
<meta            http-equiv="Content-Type"
content="text/html; charset=utf-8" />
<title>网页计数器</title>
</head>
<body>
<%
Application.Lock()
Application("num")=Application("num")+1
Application.UnLock()
%>
```

```
您是第<%=Application("num")%>位访问该网站的用
户！
</body>
</html>
```

（2）利用 Form 表单创建一个网页并获得用户提交的数据信息。

答：表单页"form.asp"的代码如下：

```
<%@ language= "VBScript" %>
<html>
<head>
<meta            http-equiv="Content-Type"
content="text/html; charset=utf-8" />
<title>表单</title>
</head>
<body>
<from method="post" action="result.asp">
<p> 姓 名： <input type="text" name="name"
size="20"></p>
<p>密码: <input type="password" name="pwd"
size="20"></p>
<p>
<input     type="submit"     name="button1"
value="提交" >
<input type="reset" name="button2" value="
重置">
</p>
</body>
</html>
```

读取表单结果页"result.asp"的代码如下：

```
<%@ language= "VBScript" %>
<html>
<head>
<meta            http-equiv="Content-Type"
content="text/html; charset=utf-8" />
<title>表单</title>
</head>
<body>
<%
Dim name, pwd
name=request.form("name")
pwd=request.form("pwd")
%>
您的名字为: <%=name%><br>
您的密码为: <%=pwd%>
</body>
</html>
```

第 10 章　ASP 的文件处理

一、思考题：

（1）ASP 文件组件包含有哪些对象？它们分别能实现什么功能？

答：ASP 文件组件的对象主要包括 FileSystemObject 对象、TextStream 对象、File 对象、Folder 对象和 Drive 对象。其中，FileSystemObject 对象提供对服务器端文件的基本操作；TextStream 对象指向一个打开的文件，为操作其内容提供属性和方法；File 对象指向一个文件，为该文件提供操作的属性和方法；Folder 对象指向一个文件夹，为其提供处理的属性和方法；Drive 对象指向一个驱动器，为其提供处理的属性和方法。

（2）怎样打开一个文件？有哪些参数？各有什么意义？

答：可以通过 FileSystemObject 对象的 OpenTextFile 方法打开指定的文件，OpenTextFile 方法的语法格式为：

```
Set ts=fso.OpenTextFile (filename, [I/O],
[create], [format])
```

参数说明：参数 ts 为创建对象实例的变量名。

参数 fso 为前面建立的 FileSystemObject 对象实例的变量名。

参数 filename 指定要打开的文件的文件名，可以包括完整的路径。

参数 I/O 指定输入输出方式，参数是下列 3 个常数之一：ForReading、ForWriting 或 ForAppending。如果选择参数 ForReading，则以只读方式打开文件，不能对此文件进行写操作；如果选择参数 ForWriting，则以只写方式打开文件，不能对此文件进行读操作；如果选择参数 ForAppending，则打开文件并在文件末尾进行写操作。

参数 create 指定打开的文件不存在时是否新建文件。如果取值 true，则在打开指定的文件不存在时，新建一个空文件；如果取值为 false，则在打开指定的文件不存在时，返回一个错误信息。

参数 format 指定使用什么格式打开文件，可以是 Unicode 格式或 ASCII 格式，系统默认为 ASCII 格式。

三、操作题：

（1）实现创建一个新文件夹。

答：如果我们想在目录"C:\"下创建一个名为"asp"的文件夹，则代码如下：

```
<%@ language="VBScript"%>
<html>
<head>
<title>创建文件夹</title>
</head>
<body>
<%
Set  fso=server.createobject("scripting.
FileSystemObject")
Set myfolder=fso. CreateFolder (" c:\asp")
%>
</body>
</html>
```

（2）实现将某个目录下的某个文件复制到另外一个目录下。

答：如果我们想把目录"C:\asp"下的文件"1.txt"复制到目录"D:\asp"下，则代码如下：

```
<%@ language="VBScript"%>
<html>
<head>
<title>复制文件</title>
</head>
<body>
<%
Set  fso=server.createobject("scripting.
FileSystemObject")
if fso.FileExists("c:\asp\1.txt") then
  set myfile=fso.GetFile("c:\asp\1.txt")
  myfile.copy("d:\asp")
%>
</body>
</html>
```

第 11 章　Web 数据库基础

一、思考题：

（1）Access 2003 和 SQL Server 2000 分别适合于那种类型的应用？

答：Access 2003 适合于为简单的单机版数据库应用程序提供数据存储和管理功能；SQL Server 2000 通常用来支持多个用户同时在线访问的大型数据库应用。

（2）在 Access 2003 中，如何修改表中的数据？

答：打开 Access 数据库中的某个数据表后，就可以对表中的数据进行修改。

（3）是否可以直接采用文件拷贝的方式备份 Access 数据库？

答：可以。这也是备份 Access 数据库的一种最简便的方法。

二、操作题：

（1）在 Access 2003 中建立一个"图书"表，其字段名及字段的数据类型如下：书号 文本、书名 文本、作者 文本、出版社 文本、出版时间 日期/时间、定价 数字，并且将"书号"设置为图书表的主键。

答：表的创建过程如 11.2.2 和 11.2.3 节所述，创建好的"图书"表如下图所示。

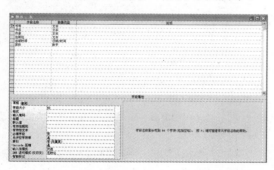

（2）在 Access 2003 中建立一个"学生"数据库，然后在"ODBC 数据源管理器"中建立一个连接"学生"数据库的系统数据源，数据源的名称为"Student"。

答：创建数据源步骤如下：（1）在"创建新数据源"对话框中，选择"Microsoft Access Driver (*.mdb)"驱动程序；（2）在"ODBC Microsoft Access 安装"对话框中设置数据源名为"Student"，单击【选择】按钮，找到"学生"数据库在磁盘上的位置，设置好的数据源如下图所示。单击【确定】按钮完成系统数据源 Student 的创建。

第 12 章 ADO 访问数据库

一、思考题：

（1）简述 ASP 访问数据库的方式。

答：ASP 程序对数据库的访问过程是：客户端浏览器向 Web 服务器提出 ASP 页面文件的请求；服务器对该页面进行解释，并在服务器端运行从而完成数据库操作，再把数据库操作结果所生成的网页返回浏览器；浏览器将该网页内容显示在客户端。

（2）简述 ADO 各对象和数据集合的作用。

答：ADO 各对象和数据集合的作用如下：

1）Connection（连接对象）：用于创建 ASP 程序和数据源之间的连接。

2）Command（命令对象）：用于定义对数据源执行的命令，包括 SQL 命令、存储过程等。

3）RecordSet（记录集对象）：表示来自基本数据表或命令执行结果的记录全集。

4）Field（字段对象）：表示一个 RecordSet 中的某个字段。

5）Parameter（参数对象）：代表与 SQL 存储过程或基于参数化查询相关联的 Command 对象的参数。

6）Property（属性对象）：代表 ADO 对象的动态特性。

7）Error（错误对象）：包含与单个操作（涉及提供者）有关的数据访问错误的详细信息。

8）Fields 数据集合：所有 Field 对象的

集合，该集合与一个 RecordSet 对象的所有字段相关联。

9）Parameters 数据集合：所有 Parameter 对象的集合，该集合与一个 Command 对象相关联。

10）Properties 数据集合：所有 Property 对象的集合，该集合与 Connection、RecordSet 和 Command 对象相关联。

11）Errors 数据集合：包含在响应单个失败（涉及提供者）时所产生的所有 Error 对象。

（3）简述 Connection 对象的功能。

答：Connection 对象用于建立和管理应用程序与 OLE DB 兼容数据源或 ODBC 兼容数据库之间的连接，并可以对数据库进行一些相应的操作。要建立数据库连接，必须首先创建 Connection 对象的实例。

（4）简述 Command 对象的功能。

答：Command 对象用于定义对数据源所执行的命令，包括 SQL 命令、存储过程等。Command 对象不仅能对一般的数据库信息进行操作，该对象还可以有输入、输出参数，从而可以完成对数据库存储过程的调用。当需要使某些命令具有持久性并可重复执行或使用查询参数时，应该使用 Command 对象。

（5）简述 RecordSet 对象的功能。

答：RecordSet 对象是 ADO 对象中最灵活、功能最强大的一个对象。利用该对象可以方便地操作数据库中的记录,完成对数据库的几乎所有操作。

RecordSet 对象表示来自数据表或命令执行结果的记录集。也就是说，该对象中存储着从数据库中取出的符合条件的记录集合。该集合就像一个二维数组，数组的每一行代表一条记录，数据的每一列代表数据表中的一个数据列。在 RecordSet 对象中有一个记录指针，它指向的记录称为当前记录。

二、操作题：

（1）使用 Connection 对象的 Open 方法，建立与某个 Access 2003 数据库或 SQL Server 数据库的连接。

答：假设 Access 2003 数据库名为

"test.mdb"，并且与当前页面存放于同一文件夹中，则建立连接的方法如下：

Set conn = Server.CreateObject("ADODB.Connection")

str = "Provider = Microsoft.Jet.OLEDB.4.0; Data Source=" & Server.MapPath("test.mdb")

conn.Open str

假设本地 SQL Server 数据库的名字为"test"，我们建立了一个名字为"test"的系统数据源，则建立连接的方法如下：

Set conn = Server.CreateObject("ADODB.Connection")

conn.Open "Provider = SQLOLEDB.1; DataSource = 127.0.0.1; Initial Catalog = test; User ID = sa; Password = "

（2）使用 Command 对象，实现对数据表数据的查询、插入、删除和修改功能。

答：使用 Command 对象查询数据的部分示例代码如下：

```
strSQL = "select * from 学生表 order by 学号"
Set comm = Server.CreateObject("ADODB.Command")
comm.ActiveConnection = conn      'conn 是先前被创建的连接对象
comm.CommandText = strSQL
comm.Execute
```

使用 Command 对象插入数据记录的代码参考例 12-3。

使用 Command 对象删除数据记录的部分示例代码如下：

```
strSQL = "delete from 学生表 where 学号='99001003'"
Set comm = Server.CreateObject("ADODB.Command")
comm.ActiveConnection = conn      'conn 是先前被创建的连接对象
comm.CommandText = strSQL
comm.Execute
```

使用 Command 对象更新数据记录的代码参考例 12-5。

（3）使用 RecordSet 对象，实现对数据表数据的分页显示功能。

答：可以参考 12.3.2 节中的代码，也可以参考 13.2.2 节中留言板主页的设计。

第 13 章 常用 Web 应用系统

一、思考题：

（1）Web 应用程序的公共模块通常包含那些内容？它们分别起什么作用？

答：Web 应用程序的公共模块主要包括数据库连接文件、计数器文件、日期时间文件和网页公共模板等。其中，数据库连接文件用来建立与各种数据库（数据源）的连接；计数器文件通常用来显示网站的访问量；日期时间文件通常使用 JavaScript 代码滚动显示当前日期和时间；网页公共模板用来简化网页的设计工作、减轻网页维护的工作量。后 3 个文件可以在第 15 章中找到对应的源代码文件。

（2）如何合理地划分 Web 应用程序的功能模块？

答：（1）首先，分析系统都有那些具体的应用需求，并将这些需求进行分类；（2）然后根据分类情况将系统划分为不同的模块；（3）最后详细描述每个模块的具体功能，并画出模块的流程图。

二、操作题：

（1）为网络留言板补充"留言编辑"功能。

答：留言编辑对于管理员来说也是一项重要的功能，其实现过程与留言回复比较相似。具体实现方法读者可以查看光盘中的源代码。

（2）设计一个简化的网络投票系统，即每个投票主题只有一个投票标题。

答：根据题目的要求，可以简化系统的功能设计和数据库设计。其中，数据库表可以只保留投票主题表（Subject）和投票项表（Vote），并在 Vote 表中删除字段 TID。在设计投票项目管理模块时，可以只考虑投票主题管理和投票项管理，删除 Title.asp 等 ASP 页面，并修改 index.asp 和 Item.asp 等页面中的相关代码。

读者可以参考本章中的网络投票系统的设计来完成制作。

第 14 章 网上求职系统

一、思考题：

（1）如何创建合理、高效的数据库？创建数据库表时应注意哪些问题？

答：为了创建合理、高效的数据库，需要系统地掌握关系数据库的规范化理论。在建立好的数据表中要尽量减少冗余数据的存在，并在各个数据表之间建立正确的关联。

通常在数据表中建立一个自动增长类型的字段，并将它作为关系的主键。数据表间用来建立关联的字段类型要保持一致，字段名也要尽量相同。

（2）如何对表单所提交的数据进行有效性验证？当表单中提交的数据项很多时，应该如何验证数据项的有效性。

答：对表单所提交的数据有两种验证方法，一种是在服务器端验证；另一种是在客户端验证。在服务器端编写 VBScript 代码来实现对表单所提交的数据进行验证；在客户端用 JavasScript 进行验证，不需要访问服务器，大大减轻了服务器的负担，但不是很安全。

当表单所提交的数据较多时再采用 JavaScript 来验证数据的有效性就显得冗余，这时可以采用 Dreamweaver CS3 的新特征适合于 Ajax 的 Spry 框架，其窗口组件表单验证可以完成数据的验证，不需要我们写 JavasScript 代码，从而大大加快了我们的开发速度。

二、操作题：

（1）设计一个"通讯录"，可以实现添加、删除、查找和浏览人员记录功能，并使用 Access 数据库存取通讯录的记录数据。

提示：首先划分好系统模块，设计添加、删除、查找和浏览人员记录 4 个前台显示页面。在需求分析中得到要用到的字段，设计好数据库的结构。接着再设计 3 个后台处理页面，分别实现添加、删除和查找功能，此处主要完成对数据库的操作，可以采用 ADO 对象访问数据库。

第15章 教务处网站系统

一、思考题:

（1）简述网页模板的作用，以及使用模板创建其他网页的方法。

答：通过使用模板来创建网页，可以减少网页代码的重复量，并且有利于网站整体维护。

使用模板创建其他网页的方法如下：首先，选择【文件】/【新建】命令，弹出"新建文档"对话框；接着在"新建文档"对话框左边选择"模板中的页"，然后再在中间的列表框中选择站点，在右边的列表框中选择某个模板。单击【创建】按钮，就创建了一个基于模板的网页。

（2）简述网页分类管理的好处。

答：在一个网站中可能存在几百个以上的网页。逐个地建立和维护这些网页是很繁琐的。因此，可以根据网页的内容对网页进行分类。首先，为同一种类型的网页设计一个网页模板；然后，将网页的内容存放在数据库中。在页面访问时，首先从数据库中读取数据填充到网页模板中，然后将页面显示给 Web 用户。网页分类管理大大减少了网页设计的数量。

网页分类管理的另一个好处在于实现网页权限管理。任何用户只可以修改某一类网页，只有系统管理员才可以对所有网页和整个系统进行维护，从而保证了网页内容的安全性。

（3）简述在网页中增加附件的实现过程。

答：首先，在输入网页内容时选择一段文字作为附件的标题；然后，单击工具栏上的 WEB 按钮，在弹出的对话框中输入附件的编号和文件扩展名，例如 file://1.doc。在网页内容保存后，进入"网页附件管理"模块，依次上传与每个超链接相对应的网页附件。

二、操作题:

（1）完成小类的修改和删除功能。

答：小类的修改和删除功能与大类相似，具体实现读者可以参考光盘上的源代码。

（2）完成网页删除功能。

答：删除网页的操作过程和代码修改网页相似，具体实现读者可以参考光盘上的源代码。

（3）通过使用网页模板创建一个"教学记事"网页。

答："教学记事"网页的设计和实现与"教学简报"相似，具体实现读者可以参考光盘上的源代码。

第16章 晚上商城购物系统

一、思考题:

（1）如何对一个较为复杂的信息系统进行需求分析？

答：需求分析是做好一个信息系统的前提，也是一个较为复杂的任务。通常分为下面几个阶段：

①了解用户需求，提炼关键业务，明晰业务流程

从众多的业务中提取出用户核心的、主要的、急需的业务，这些是我们软件需求主要关心所在。

②运用管理思想，优化业务流程

在进行业务流程优化时，我们需要分析用户的业务流程合理吗，还有缺陷吗，怎样做能提高效率、解决问题，可以运用更先进的管理思想吗……一般情况下，我们采用了网络计算机这些新的技术手段，较之原先手工、电话等方式在信息的传递、信息的共享、数据的处理等方面将会带来新的方式，必将改变原有的业务流程。

③进行业务分类，规划系统蓝图

以上都明确了以后，我们可以描绘系统蓝图了。系统有几个子系统，每个子系统有哪些模块，各个模块处理哪些业务，很重要的一点还有各子系统模块之间的数据接口关系，基础数据从哪里进入，通过哪些处理生成哪些结果等。

④详细描述系统功能点

规划出了软件的功能模块，只是软件的功能框架结构，下一步就需要明确描述每个

模块的具体内容了。包含什么内容、能做什么操作，每一个功能点的说明、优先级、业务规则、详细功能描述等。这些也是软件需求规格必须描述的内容。

需求分析的表现方式，我们现在采用需求规格文档，UML 语言描述的用例图、类图、活动图，还有实体关系图、界面原型等，从不同角度、不同需求描述规划出的软件全貌。

当完成这些后就可以针对系统功能模块进行代码编写了。

（2）简述商品分类管理的实现过程。

答：首先，在后台管理界面，单击 `类别管理` 链接，进入商品类别管理界面后就可以进行类别的新增、修改和删除操作了；然后，可以新增一个大类，也可以在某个类别的目录下新增一个子类；还可以对某个指定的类别进行修改和删除操作。除此以外，有两点还应当注意：一是分类要合理科学；二是删除某个类别的时候，要确认其目录下没有子类。

二、操作题：

（1）试完成信息统计模块的功能。

答：信息统计功能模块与销售排行榜和关注排行榜相似，具体实现读者可以参考光盘上的源代码。

（2）试完成购物车功能。

答：购物车功能在"浏览和购买商品"这一小节中有具体实现，读者可以参考光盘上的源代码。

反侵权盗版声明

电子工业出版社依法对本作品享有专有出版权。任何未经权利人书面许可，复制、销售或通过信息网络传播本作品的行为；歪曲、篡改、剽窃本作品的行为，均违反《中华人民共和国著作权法》，其行为人应承担相应的民事责任和行政责任，构成犯罪的，将被依法追究刑事责任。

为了维护市场秩序，保护权利人的合法权益，我社将依法查处和打击侵权盗版的单位和个人。欢迎社会各界人士积极举报侵权盗版行为，本社将奖励举报有功人员，并保证举报人的信息不被泄露。

举报电话：（010）88254396；（010）88258888

传　　真：（010）88254397

E-mail：dbqq@phei.com.cn

通信地址：北京市万寿路 173 信箱
　　　　　电子工业出版社总编办公室

邮　　编：100036